JN322538

理工系の
基礎物理

力　学

新訂版

原　康夫著

学術図書出版社

まえがき

日本社会の国際化は著しく進んだ．今後も国際化，技術の高度化，技術革新，高度情報化はますます進むと考えられる．今後の社会人に期待されるものは学歴でも単なる知識でもなく，問題設定能力，問題解決能力，自己学習能力などの諸能力である．そして，専門的職業人の能力は国際基準で評価されるようになる．現に，国際的に通用するエンジニア資格を視野に入れたエンジニア教育が日本でも検討されている．

さて，本来の大学教育は学生諸君の自学自習を前提にしている．すなわち，大学設置基準では，1 単位の講義課目は通算 15 時間の教室での講義に参加するだけではなく，教室外での 30 時間の予習と復習が行われることを前提にしている．このような前提で行われるのが国際的基準を満たす教育である．

このような形態の教育が行われるためには学生諸君が自学自習するのに適した教科書が必要である．すなわち，学生諸君が独力で読み進むことができ，しかもその本 1 冊で足りるような教科書である．

また，理科系の学問の基礎である物理学の教育を通じて，問題設定能力，問題解決能力，自己学習能力などの養成が期待される．

このような条件を満たす力学の教科書として本書を執筆した．すなわち，本書を執筆する際に心がけたことは，

（1） 物理や数学の予備知識が十分でなくても，学生諸君が独力で読み進むことができるように，論理の展開，文章表現，数式の扱いに細心の注意を払った．

（2） 物理学を単なる知識の集積ではなく，物理学の考え方，ものの見方が理解できるように努めた．

（3） 各章の最初に適切な導入部を置き，各章で何を目指しているのかを明示した．

（4） 豊富な例題で理解を助け，解答をつけた問で理解を確かめられるようにした．

（5） 復習のために，各章の最後に「各章のまとめ」を示し，難易度の異なる多くの演習問題 A と演習問題 B を用意した．

（6） 国際的エンジニア教育を視野に入れるため，米国の Professional Engineer の FE 試験用マニュアル記載事項をカバーするよう努めた．

このような方針で執筆したので，本書を最初から最後まで授業でカバーするのではなく，かなりの箇所は学生に自習を指示していただきたい．その際，わからない箇所は他の類書を調べるのではなく，この本を読めば十分である旨を伝えていただきたい．

本書の中核の部分は

第 1 章　直線運動　　第 3 章　平面運動　　第 4 章　運動の法則
第 6 章　振動　　第 7 章　仕事とエネルギー
第 8 章　運動量と力積（衝突は除く）　　第 11 章　剛体の重心
第 12 章　固定軸のまわりの剛体の回転　　第 14 章　力のつり合い

であり，ここだけを読んでもわかるようになっている．これらの箇所の講義にはベクトル積の知識は不要で，スカラー積の知識は不可欠ではない．

上記の中核の部分に加えて，残りの部分から受講者に適切な章を選んで利用していただきたい．

本書の構成と内容が学生諸君に適切かどうかを確かめるために，校正刷を千葉県東葛飾高等学校の吉田良一教諭および帝京平成大学の6名の学生諸君に読んでもらった．7氏のコメントを全面的に取り入れて完成したのが本書である．皆さんに厚く感謝したい．

なお，多くの学生諸君がいちばん理解にてこずった箇所は，放物運動，雨滴の落下，単振動の3か所に出てくる微分方程式であった．これらの箇所は学生諸君に理解してもらえるように話し合いながら修正した．

最後になったが，本書の執筆を強く勧め，粘り強く励ましていただいた学術図書出版社の発田孝夫氏に厚く感謝する．

1998年7月

原　康夫

力学について

力学の主役は力と運動である．われわれは毎日の生活で力と運動をたえず経験しているので，力と運動について経験的に得られた知識をもっている．このような知識を素朴な自然観とよべるだろう．この素朴な自然観は，いまから2000年以上も昔の紀元前4世紀に活躍したギリシャの学者のアリストテレス（BC 384-BC 322）が著書の中に記したものに近いのではなかろうか．

アリストテレスによれば，すべての物体には「自然な場所」と「自然な運動」が存在する．太陽や星のような天体の「自然な場所」は宇宙の中心である地球を中心とする円の上であり，その円の上を永久に回りつづけるのが天体の「自然な運動」である，とアリストテレスは考えた．

これに対して，地上の物体はその材質によって決まっている「自然な場所」で静止しているのが「自然な状態」であると考えた．そして，物体の運動には「自然な運動」と「強制された運動」があると考えた．

アリストテレスは，物体は「自然な場所」より下に置かれると上に昇り，「自然な場所」より上へ置かれると下に落ちると考えた．これが「自然な運動」である．重い物体を持ち上げて手を放すと地面に向かって落下するのは自然な運動の一例である．落下運動では，手を放すと物体は急速に最終的な落下速度に達し，それ以後はずっとその速度で落下しつづけると考えた．そしてこの落下速度 v は，物体の重さ W に比例して増加し，周囲の空気や水などの抵抗力 R に反比例して減少すると考えた．したがって，落下する物体に対するアリストテレスの運動の法則は $v = W/R$ と表される．

アリストテレスによると，「自然な運動」以外の運動が「強制された運動」である．彼は「強制された運動」は力によって引き起こされ，力が強ければ運動は速く，力を加えるのをやめると運動はすぐに止まると考えた．

このようなアリストテレスの力学は，定性的にはわれわれの日常生活での経験に基づく素朴な自然観に合っているように感じられる．しかし，これから本書で説明するように，彼の力学にはいくつもの誤りがある．本書で学ぶ力学ではアリストテレスのようには考えない．このような考え方では，力と運動について定量的に正しい結果が得られないし，理論に発展性がない．

力と運動についての正しい見方は，ガリレオ（1564-1642）が先駆者になり，ニュートン（1642-1727）が確立した力学（ニュートン力学）に基づいた見方である．ガリレオは，空気の抵抗が無視できるときの物体の落下運動は，アリストテレスが主張するような等速運動ではなく，速度が一様に増加していく等加速度運動であることを科学的な方法で示した（1.5節参照）．ニュートンは，天体の運動と地上の物体の運動は別の法則に従うのではなく，地球のまわりの月の公転運動と地上でのりんごの落下運動は同一の法則（運動の法則と万有引力の法則）に従うことを示した（10.1節参照).

ガリレオは,「空気の抵抗が無視できるときの物体の落下運動は，速度が一様に増加していく等加速度運動であるという仮説を立て，等加速度運動では落下距離は落下時間の2乗に比例することを数学的に証明し，この仮説を検証するための実験を考案し，実験を行って，落下距離と落下時間を測定して実験結果を数量的に把握し」，このようにして，仮説に基づいて実験結果を数理的に説明するという科学的な研究方法を導入した.

ニュートンは，運動の法則と万有引力の法則を発見し，微分と積分を発明し，微積分を使って万有引力による天体の運動を運動の法則から導き，惑星や月などの天体の運動と地上でのりんごの落下運動とが同一の法則によって支配されていることを示した.

読者諸君が，力と運動についてのニュートン力学での見方を理解し，日常生活で遭遇する運動を，アリストテレス的な力学ではなく，これから学ぶニュートン力学によって理解するようになるとともに，科学的方法を身につけることを期待している．それが力学の学習目標である.

さて，力学の1つの主役は力である．もともと日常用語として使われる「力」とは，筋肉の作用を表す言葉であり，アリストテレスのいう「強制された運動」を引き起こす原因であった．しかし，物理学ではこの日常生活で使われる「力」という言葉を借用して，物体の運動状態を変化させたり，物体を変形させたり，物体を支えたりする作用を一般的に表す言葉として使う．このように物理学では独特な言葉の使い方をするので注意してほしい.

力学では,

(1) 物体にはどのような力が作用するか,

(2) 物体に力が作用すると物体の運動状態はどのように変化するか,

という2つの課題が中心的な研究テーマである．物体にはどのような力が作用するのかを決めるのが力の法則であり，物体に力が作用すると物体の運動状態がどのように変化するのかを決めるのが運動の法則である.

物体の運動状態を表す重要な量にエネルギーと運動量がある．エネルギーを変化させるものは,「力」×「物体の移動距離」の仕事である．運動量を変化させるものは,「力」×「作用時間」の力積である．このように力学では力と運動が基本であるが，場合に応じて適切な見方で理解するのが重要である.

本書では，力学の基本的な考え方，見方を理解することが主目的なので，細かいこと，たとえば，解答の有効数字などにはこだわらないことにする.

本書で使用する物理量の単位は国際単位系の単位であるが，質量が1キログラム［kg］の物体に作用する地球の重力の大きさである1重力キログラム［kgf］は日常体験と結びついた親しみ深い力の実用単位なので，ところどころで使用する.

国際単位系　物理量の測定結果は基準の大きさの実数倍という形で表される．この基準の大きさをその物理量の単位という．これらの単位には，基本単位と，それから定義や法則を使って組み立てられる組立単位（誘導単位）がある．力学に現れる物理量の単位は，長さ，質量，時間の3つの物理量の単位を決めれば，それからすべて定まる．長さの単位としてメートル［m］，質量の単位としてキログラム［kg］，時間の単位として秒［s］をとり，これを基本にして他の物理量の単位を定めた単位系をMKS単位系とよぶ．この3つの基本単位に電流の強さの単位のアンペア［A］を4番目の基本単位として加えた単位系をMKSA単位系という．

例：長さの単位はm，時間の単位はsなので，速さの単位は（1.1）式からm/s，加速度の単位は（1.25）式からm/s^2となる．力の単位は質量の単位kgと加速度の単位m/s^2から（4.1）式を使って$kg{\cdot}m/s^2$となる．

1960年の国際度量衡総会は，あらゆる分野において広く世界的に使用される単位系として，MKSA単位系を拡張した国際単位系（Système International d'Unités），略称SIを採択した．日本の計量法もこれを基礎にしているので，本書でも国際単位系を使うことにする．

取り扱っている現象に現れる物理量の大きさが基本単位や組立単位の大きさに比べて大きすぎたり小さすぎたりする場合には，表紙の裏見返しに示す接頭記号をつけた単位を使う．たとえば，1000 m ＝ 1 km，10^{-3} m ＝ 1 mm，10^{-15} m ＝ 1 fmなどである．

時間の単位，長さの単位，質量の単位　時間を測定する装置を時計という．現在われわれが使っている時計は周期運動を利用している．周期運動の周期を単位にして時間を測定するのである．時間を正確に測るためには，周期が正確に一定でしかも短い必要がある．クォーツ時計では人工水晶の振動を利用している．この振動の周期はきわめて正確に一定であり，しかも温度の変化でほとんど変わらない．しかし，原子から放射される光の振動の周期はさらに正確に一定なので，現在では時間の基準として原子時計を使っている．時間の単位は秒［s］である．

もともとは，1秒は太陽が南中してから翌日に南中するまでの1日の長さの$(1/24)\times(1/60)\times(1/60)=1/86400$として定義されていたが，地球の自転の速さは一定ではなく，きわめてわずかだが徐々に遅くなっているので，現在では^{133}Cs原子の基底状態の2つの超微細準位の間の遷移で放射される光の振動の周期の9192631770倍に等しい時間を1秒として定義している．

長さの単位はメートル［m］である．はじめ，1 mは地球の北極から赤道までの子午線の長さの$1/10^7$の長さと規定され，これに基づいた国際メートル原器がつくられ，これによって1 mの長さが定義された．近年，科学技術の精密化に伴い，この定義は不適当になってきた．そこで，1983年からは精密に測定できる真空中の光の速さを299792458 m/sと定義することにして，この定義値を使って，長さの単位の1 mを『光が真空中で1/299792458秒の間に進む距離』と定義している．

質量の単位の1 kgは歴史的には1気圧，最大密度の温度における水1000 cm^3（1 L）の質量と規定されたが，現在ではフランスのセーブルの国際度量衡局に保管されている白金イリジウム合金製の国際キログラム原器の質量によって1 kgの質量の大きさが定義されている．

計算問題での単位の扱い

すべての物理量の測定値は「数値」×「単位」という形をしているので，たとえば，「速さ 5 m/s で走っている車の 4 秒間の移動距離を求めるには，

$$s = v \times t \qquad (\text{移動距離} = \text{速さ} \times \text{移動時間}) \tag{1}$$

の右辺の v に 5 m/s，t に 4 s を代入し，数値計算（5×4 = 20）と単位計算［(m/s)×s = m］をして

$$s = (5\,\mathrm{m/s}) \times (4\,\mathrm{s}) = 20\,\mathrm{m} \tag{2}$$

という答えを求めるのが正式な計算である．

しかし，本書の多くの計算では，

$$s = vt = 5 \times 4 = 20\ [\mathrm{m}] \tag{3}$$

のように，数値部分の計算のみを行い，その結果の最後に［m］のように国際単位を記して，答えが $s = 20$ m であることを示している．

この手法を採用すると計算が簡単になるとともに，N, J, W, Hz などの SI 系固有の記号の単位が現れるときの混乱が避けられる．ただし，速さの単位に km/h を選んだときに，移動時間の単位に s や距離の単位に m を選ぶことがないように注意する必要がある．

なお，本書では単位に m/s を使ったときの速度の数値部分を v［m/s］，単位に m を使ったときの移動距離の数値部分を s［m］，単位に s を使ったときの時間の数値部分を t［s］のように，物理量の数値部分を物理量［単位］と記すことがある．この手法は物理量の関係をグラフで表す場合の手法でもある．

数値計算問題で，たとえば，$x = 3t^2+4t+2$ のように，単位を省いて x, t, s などを単なる数値として扱っているように見える場合もあるが，数値計算の答えの数値には，物理量の国際単位がつくことを忘れないでほしい．単位が気になる場合には，式の中の各項の単位が同じになるように，定数に適切な国際単位をつけてみることをお勧めする．たとえば，

$$x = 3t^2+4t+2$$

という式だと，すべての項の単位が m になるようにすれば，

$$x = 3(\mathrm{m/s^2})t^2+4(\mathrm{m/s})t+2\,\mathrm{m}$$

となる．

表 0.1 に本書にでてくる SI 単位系固有の記号を示す．

表 0.1　本書で使用する固有の名称をもつ SI 組立単位

物理量	単位	単位記号	他の SI 単位による表し方	基本単位による表し方
周波数，振動数	ヘルツ	Hz		s^{-1}
力	ニュートン	N		$m \cdot kg \cdot s^{-2}$
エネルギー，仕事	ジュール	J	N·m	$m^2 \cdot kg \cdot s^{-2}$
仕事率，パワー	ワット	W	J/s	$m^2 \cdot kg \cdot s^{-3}$
圧力	パスカル	Pa	N/m^2	$m^{-1} \cdot kg \cdot s^{-2}$

もくじ

1 直線運動

いちばん簡単な運動は直線運動である．まっすぐな線路を走る電車の運動，真上に投げ上げられたボールの運動，鉛直に吊るしたばねの下端につけたおもりの鉛直方向の振動などは直線運動の例である．

物体の運動とは位置が時間的に変化することであるから，運動を表すにはまず物体の位置を表すことが必要である．物体は運動によって移動する．物体の移動した距離が移動距離である（図 1.1 (a)）．プールでの競泳では，選手が泳いだ往復の移動距離の合計が重要であるが，物体の位置を考える場合には，最初の位置からの正味の変化，すなわち最初の位置を始点とし，現在の位置を終点とする矢印の長さ（直線距離）とその向きの方が重要である．この物体の位置の変化を表す量を変位という（図 1.1 (b)）．

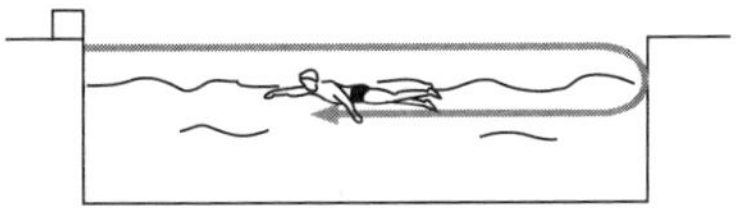

(a)　移動距離

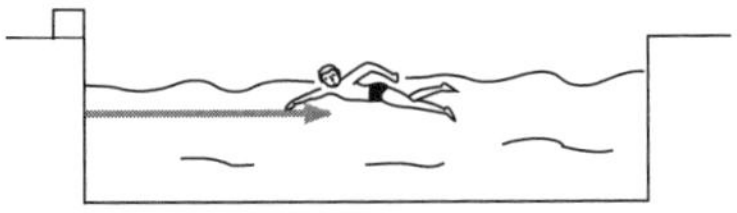

(b)　変　位

図 1.1　移動距離と変位

物体の運動状態を表す量は速度と加速度である．われわれは自動車や電車に乗った経験から，速度や加速度を体験的に知っている．空気の抵抗が無視できる場合に，物体は空気中をどのように落下するのだろうか．図 1.2 (a) のように，長い糸に等間隔に鈴をつけて，この糸を鉛直にして手を離すと，鈴はつぎつぎに床に落下して鳴る．鈴が一定の速さで落下すれば（等速運動すれば），鈴がつぎつぎに鳴る時間間隔は等間隔になるはずである．しかし，鈴が鳴る時間間隔が等間隔になるのは，長い糸の端からの間隔の比が 1：3：5：7：… になるように鈴をつけた場合である（図 1.2 (b)）．この事実は，鈴の落下速度は一定ではなく，一様に増加していくことを示す．鈴の落下運動は，速度が時間とともに変化する割合（加速度）が一定な，等加速度運動である．

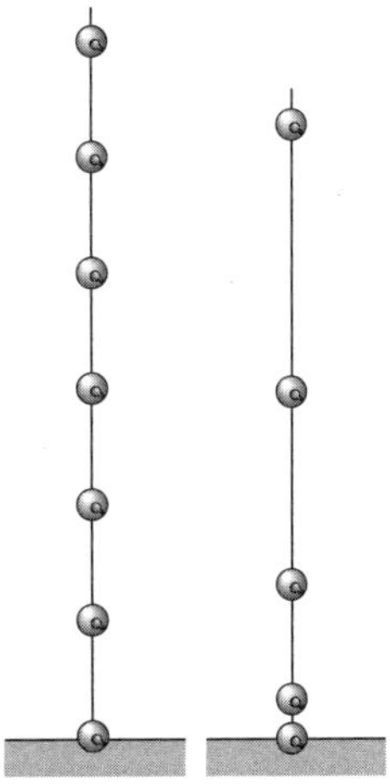

(a)　　(b)

図 1.2

本章では直線運動を行う物体の位置，速度，加速度と等加速度直線運動を学ぶ．物体の速度，加速度の正確な定義，速度と変位の関係などの理解には，微分と積分の知識が必要なので，本章では必要最小限の知識を説明する．微分と積分は力学とともに誕生したので，微分と積分を力学を通じて学ぶことは微分・積分の自然な学び方である．

物体には大きさがある．しかし，物体の回転や変形を無視して，物体の全体としての運動（並進運動）のみを考えるときには，物体を代表的な点で代表させる．すなわち，物体を質量をもった 1 つの点と考えて，質点とよぶ．本書では質点という見慣れない言葉のかわりに，物体という言葉をなるべく使うことにする．なお，物体を代表する点は第 11 章で学ぶ重心である．

1.1 速　さ

速　さ　物体の運動状態を表す量に**速さ**（スピード）がある．「平均の速さ $\bar{v}$」は「移動した距離 s」÷「移動にかかった時間 t」，すなわち，

$$\text{平均の速さ} = \frac{\text{移動距離}}{\text{移動時間}}, \qquad \bar{v} = \frac{s}{t} \tag{1.1}$$

である*．

* 平均の速さの記号の $\bar{v}$ の v 上のバーとよばれる横棒ーは平均を意味する．

速さの単位　長さの単位には km，m，cm などがあり，1 km = 1000 m，1 m = 100 cm という関係がある．時間の単位には時 (h；hour)，分 (min；minute)，秒 (s；second) などがあり，1 h = 60 min，1 min = 60 s などの関係がある．

「速さの単位」は「長さの単位」÷「時間の単位」なので，速さの単位として，km/h，m/min，m/s などがある．国際単位系では，長さの単位はメートル m，時間の単位は秒 s なので，国際単位系での速さの単位は m/s である．ここで A/B は $A \div B$ を意味する．

例 1　通学の際に自宅から 900 m 離れた駅まで徒歩で 10 分かかったとすると，この人の歩く速さは

$$900\ \text{m}/10\ \text{min} = 90\ \text{m/min}$$

である．これを分速 90 m というが，その意味は，1 分間に 90 m の割合で歩くということである．駅まで行くときに，途中の赤信号で止まったり (速さは 0)，坂道を登るときにはゆっくりと歩き，坂道を下るときには速く歩くので，速さは一定ではない．上で計算した速さ 90 m/min は平均の速さである．

速さの単位の変換　速さの別の単位を使うと，速さを表す数値は異なる．

$$36\ \text{km} = 36000\ \text{m}, \qquad 1\ \text{h} = 60\ \text{min} = 3600\ \text{s}$$

なので，たとえば，

$$36\ \text{km/h} = 36000\ \text{m}/3600\ \text{s} = 10\ \text{m/s} \tag{1.2}$$

である．このように単位によって速さの数値が異なるので，速さの一般的な定義では「1 秒間あたりの移動距離」とか「1 時間あたりの移動距離」というようには定義せず，「単位時間あたりの移動距離」と定義する．こう定義すると，都合のよい時間の単位と距離の単位を使って速さを計算できるからである．

例 2　陸上競技の 100 m 走の世界記録は約 10 秒である．このときの平均の速さは 100 m/10 s = 10 m/s であるが，この速さを 36 km/h と表すこともできる．これは 100 m 走の速さで 1 時間走りつづければ，36 km 走ることになることを意味する．人間がこのような速さで 1 時間も走りつづけることはできない．マラソン競技で 3 分間に 1.8 km ではなく，3 分間に 1.0 km の割合，(1/3) km/min = 20 km/h の速さで走りつづけると，42.195 km のコースを約 2 時間 7 分で走ることになる．

例題1　地球は太陽を中心とする半径 r_E = 約1億5000万 km の円軌道を周期 $T_E = 1$ 年 で公転している．地球の公転の速さ v_E は約3万 m/s（秒速約3万 m）であることを示せ．これは何 km/h か．

解　$v_E = \dfrac{s}{t} = \dfrac{2\pi r_E}{T_E} = \dfrac{2\pi \times 1.5 \times 10^{11}\ \mathrm{m}}{365 \times 24 \times 60 \times 60\ \mathrm{s}}$

$$= 3.0 \times 10^4\ \mathrm{m/s}$$

$$1\ \mathrm{m/s} = \left(\frac{1}{1000}\ \mathrm{km}\right) \Big/ \left(\frac{1}{3600}\ \mathrm{h}\right) = 3.6\ \mathrm{km/h}$$

なので，

$$v_E = 3.0 \times 10^4 \times 3.6\ \mathrm{km/h} = 1.1 \times 10^5\ \mathrm{km/h}$$

（時速11万 km）

等速運動　速さが一定な運動，つまり等しい時間に等しい距離を通過する運動を**等速運動**という．速さが v_0 の等速運動の場合，移動距離 s は移動時間 t に比例し，(1.1) 式から

$$s = v_0 t \tag{1.3}$$

であることがわかる．横軸に移動時間 t，縦軸に移動距離 s を選んで物体の運動状態を表す図を描くと，等速運動の場合は図1.3に示すような原点を通る直線になる．直線の傾きが等速運動の速さ v_0 なので，傾きが大きい場合には速さが大きく，傾きが小さい場合には速さが小さい．

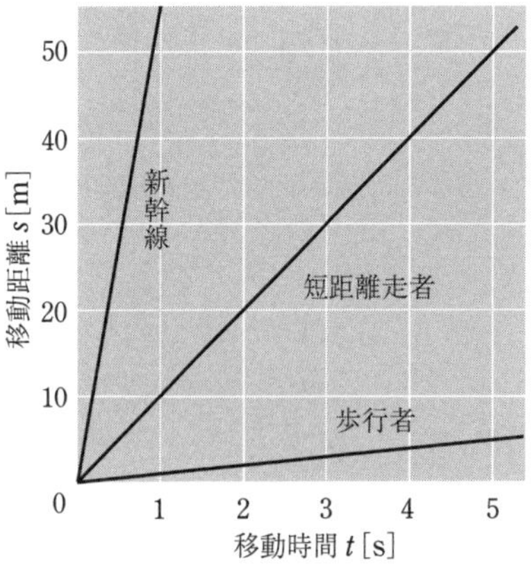

図 1.3　移動距離-移動時間図（等速運動の場合）

瞬間の速さ　自動車の運転席の前にはスピードメーター（速度計）がある．その針の指す数値は自動車の速さの変化とともにたえず変化する．ある瞬間に針の指す数値は自動車のその瞬間の速さである．

時刻 $t = 0$ から時刻 t までの物体の移動距離を $s(t)$ とする．時刻 t から時刻 $t + \Delta t$ までの微小時間 Δt での移動距離 Δs は

$$\Delta s = s(t + \Delta t) - s(t)$$

なので，微小時間 Δt での平均の速さ $\bar{v}$ は

$$\bar{v} = \frac{微小移動距離}{微小時間} = \frac{\Delta s}{\Delta t} \tag{1.4}$$

である．Δt を小さくしていった極限，すなわち $\Delta t \to 0$ での平均の速さ $\Delta s/\Delta t$ の極限値を，この物体の時刻 t での**速さ**，あるいは**瞬間の速さ**という．次節でこの極限の詳しい数学的な説明を行う．$\Delta t \to 0$ での極限としての瞬間の速さを数学的に定義するのは容易であるが，実際に測定することはできない．

なお，(1.3) 式の左辺の s は移動時間が t のときの移動距離を意味するので，$s(t)$ と表してもよい．

なお，速さは，「移動距離」/「時間」として定義されるが，物体の速さの実際的測定には，いろいろな物理現象が利用される．たとえば，動いているボールにマイクロ波をあてると，反射して返ってくるマイクロ波の振動数は変化している（ドップラー効果という）．この振動数の変化をボールの速さの測定に利用するスピードガンはその一例である（図1.4）．

図 1.4　スピードガン

1.2 直線運動をする物体の位置と速度

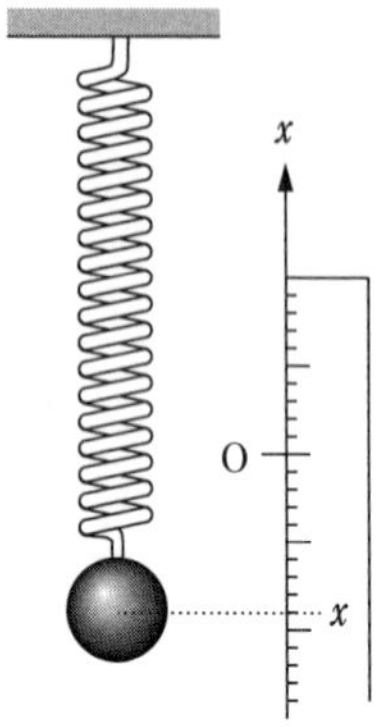

図 1.5 ばねの下端につけたおもりの上下方向の振動．点 O は基準の位置（高さ）である．

これまでの速さの議論では，物体の運動の道筋は曲線でもよかったが，本章ではこれからは物体が直線上を運動する場合だけを考える．たとえば，おもりを鉛直なばねの下端につけて上下に振動させる場合のおもりの運動である．この場合には，おもりの位置は基準の位置（高さ）と比較することによって指定できる（図 1.5）．

位　置　ある直線に沿って運動する物体の位置を表すには，その直線を座標軸（x 軸）に選び，原点 O と正の向きと負の向きを定め，長さの単位を決める（図 1.6）．そうすると，物体の位置は $x = 2.0\,\mathrm{m}$ のように，座標 x によって表される．座標 x の絶対値 $|x|$ は，物体と原点との距離である．座標 x の符号は，物体が原点から正の向きにあれば正であり，負の向きにあれば負である．

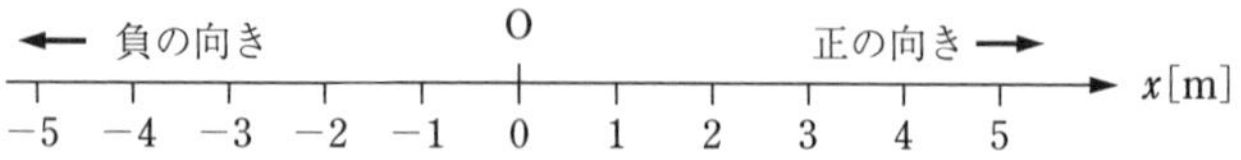

図 1.6 座標軸（x 軸）

物体の位置が時刻 t とともに変化する場合には，物体の位置（位置座標）は時刻 t の関数 $x(t)$ である．物体の位置の時間的な変化は，横軸に時刻 t，縦軸に物体の位置 $x(t)$ を選んだグラフで図示できる．このグラフを位置-時刻図あるいは x-t 図とよぶ．

例 3　長さ 50 m のプールを分速 100 m，すなわち，$v_0 = 100\,\mathrm{m/min}$ の一定な速さで 200 m 泳いだ場合の x-t 図は図 1.7 のようになる．

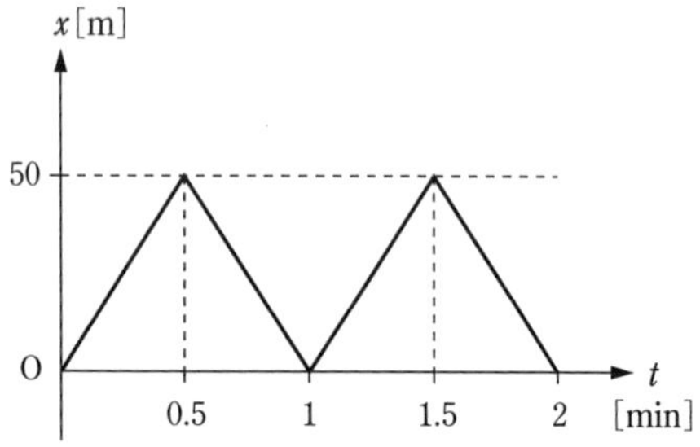

図 1.7 50 m プールを一定の速さで泳ぐ人の x-t 図

例 4　図 1.5 のおもりに上下方向の振動をさせる場合の x-t 図は図 1.8 のようになる．

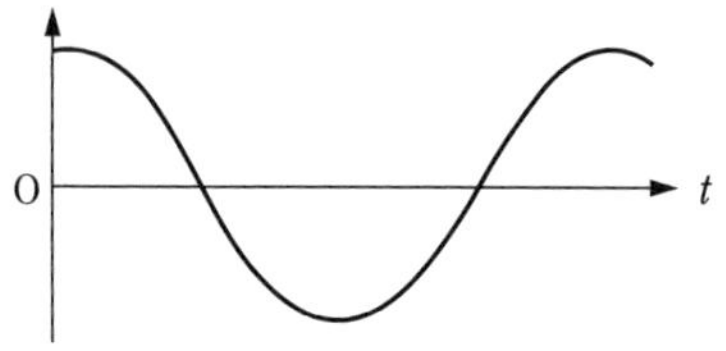

図 1.8 ばねの下端につけたおもりの上下方向の振動の x-t 図

平均速度　直線に沿っての運動の場合，正の向きに進む物体の速さと負の向きに進む物体の速さを区別するために速度を使う．時刻 t に位置 $x(t)$ にあった物体が時刻 $t+\Delta t$ に位置 $x(t+\Delta t)$ に移動したときには，時間 Δt に位置が $x(t+\Delta t)-x(t) \equiv \Delta x$ だけ変化したので* (図 1.9，図 1.10)，時間 Δt の**平均速度** $\bar{v}$ を

$$\bar{v} = \frac{\Delta x}{\Delta t} = \frac{x(t+\Delta t)-x(t)}{\Delta t} \quad \left(\text{平均速度} = \frac{\text{変位}}{\text{時間}}\right) \tag{1.5}$$

と定義する．なお，Δx を時間 Δt での物体の**変位**という．物体が x 軸の正の向きに運動すれば，$\Delta x > 0$ なので平均速度は正 ($\bar{v} > 0$) であり，負の向きに運動すれば，$\Delta x < 0$ なので平均速度は負 ($\bar{v} < 0$) である．$|\Delta x| = |x(t+\Delta t)-x(t)|$ は移動距離なので，$|\bar{v}| = |\Delta x|/\Delta t$ は時間 Δt での平均の速さである．平均速度 $\Delta x/\Delta t$ は図 1.10 の線分 $\overline{\mathrm{PP'}}$ の勾配 (傾き) である．$\bar{v} > 0$ なら，有向線分 $\overrightarrow{\mathrm{PP'}}$ は右上がりであり，$\bar{v} < 0$ なら，有向線分 $\overrightarrow{\mathrm{PP'}}$ は右下がりである．

* Δx は変位を表すひとまとまりの量であり，Δ (デルタと読む) と x の積ではないことに注意すること．また，Δt も 2 つの時刻の間隔を表すひとまとまりの量であり，Δ と t の積ではない．

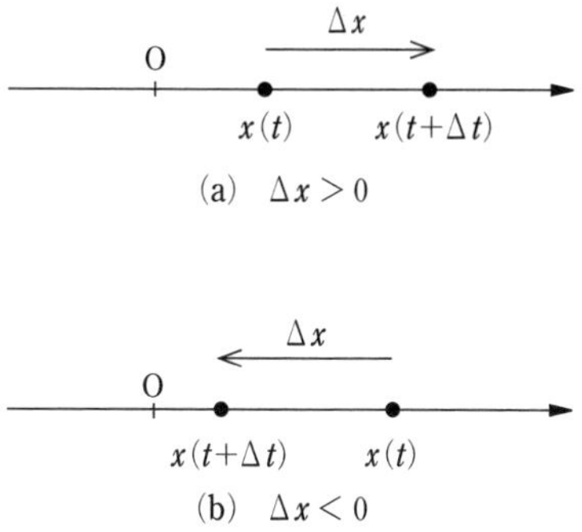

図 1.9　変位 $\Delta x = x(t+\Delta t)-x(t)$

速　度　速さが時間とともに変化する場合には，(1.5) 式の平均速度 $\Delta x/\Delta t$ の時間間隔 Δt を限りなく小さくした極限での値

$$v(t) = \lim_{\Delta t \to 0} \frac{\Delta x}{\Delta t} = \lim_{\Delta t \to 0} \frac{x(t+\Delta t)-x(t)}{\Delta t} \equiv \frac{\mathrm{d}x}{\mathrm{d}t} \tag{1.6}$$

を時刻 t での**速度**，あるいは**瞬間速度**という (図 1.11)．$A \equiv B$ は「B は定義によって A に等しい」ことを意味する．

速度 $v(t)$ は x-t 図の曲線 (x-t 曲線) の時刻 t での接線の勾配に等しい．接線が右上がりならば x 軸の正の向きの運動，右下がりならば負の向きの運動で，傾きが急なほど速さが速い (図 1.12)．接線が水平ならば，その時刻での瞬間速度は 0 である．

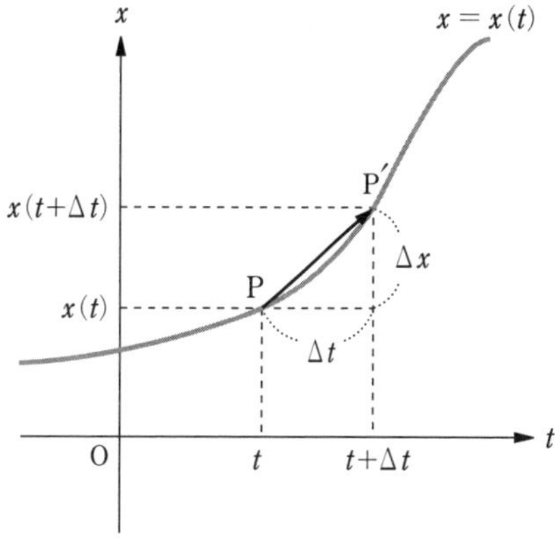

図 1.10　位置-時刻図 (x-t 図)．有向線分 $\overrightarrow{\mathrm{PP'}}$ の勾配 $\Delta x/\Delta t$ は時間 Δt での平均速度である．

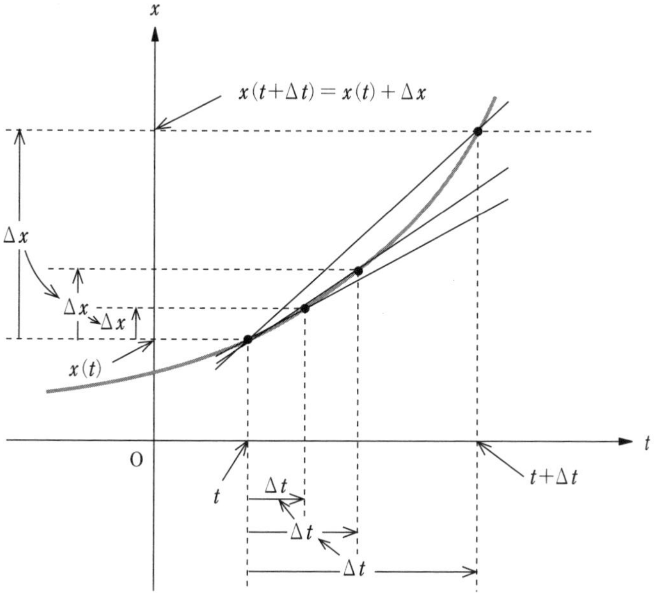

図 1.11　位置-時刻図 (x-t 図) と速度．直線の勾配 $\Delta x/\Delta t$ は時間 Δt での平均速度を表す．これらの直線の勾配の $\Delta t \to 0$ での極限の値は，時刻 t での x-t 曲線の接線の勾配に一致する．この接線の勾配が時刻 t での速度である．

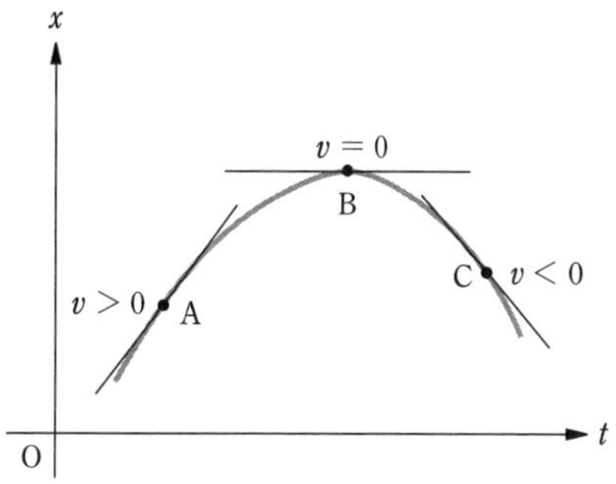

図 1.12　位置-時刻曲線 (x-t 曲線) の勾配と速度．点 A では接線は右上がりなので，$v > 0$．点 B では接線は水平なので，$v = 0$．点 C では接線は右下がりなので，$v < 0$．

■ **速度-時刻図（v-t 図）** ■　速度 v を縦軸に，時刻 t を横軸に選んで物体の運動を描いた図を速度-時刻図あるいは v-t 図という．

図 1.13 に例 3，例 4 の運動の v-t 図を示す．

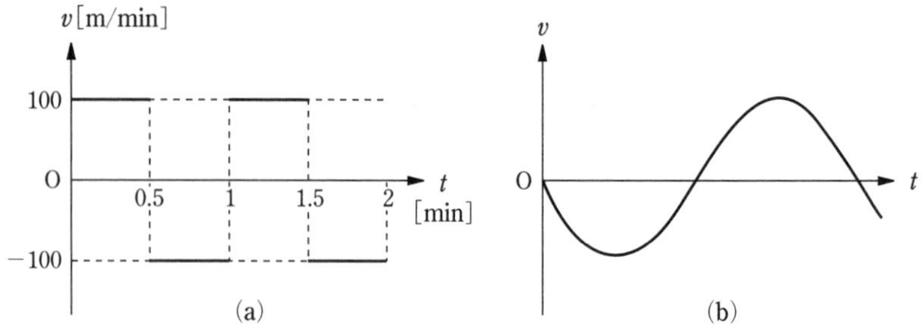

図 1.13　速度-時刻図（v-t 図）．(a) 50 m プールを一定の速さで泳ぐ人の場合（図 1.7 参照）．(b) ばねの下端につけたおもりの上下方向の振動の場合（図 1.8 参照）．

■ **等速直線運動** ■　等速運動では，移動距離は移動時間に比例する．x 軸に沿って一定の速度 $v = v_0$ で等速直線運動する物体の時間 t での変位は，時間 t に比例し $v_0 t$ なので，時刻 t での物体の x 座標は

$$x = v_0 t + x_0 \tag{1.7}$$

である．x_0 は時刻 $t = 0$ での物体の位置（x 座標）である．物体が $-x$ 軸方向に進む場合には，v_0 は負（$v_0 < 0$）である．もちろん

$$\frac{\mathrm{d}x}{\mathrm{d}t} = v_0 \tag{1.8}$$

である．

速度が一定な運動の等速度運動の場合には，v-t 図は水平な直線である．図 1.14 (a) は $v_0 > 0$ の場合の v-t 図で，図 1.14 (b) は $v_0 < 0$ の場合の v-t 図である．

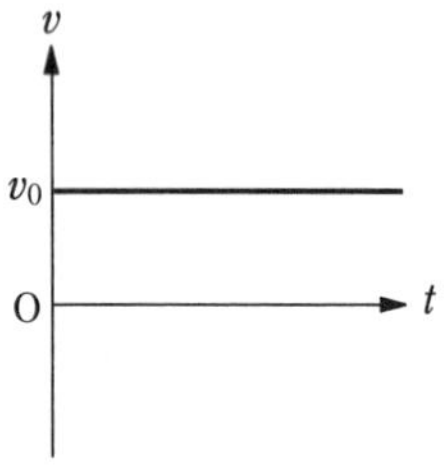

(a)　$v_0 > 0$ の場合

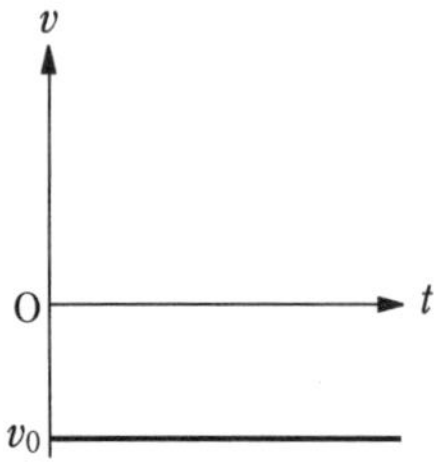

(b)　$v_0 < 0$ の場合

図 1.14　等速度運動の場合の v-t 図は水平な直線である．

例題 2　図 1.15 は x 軸に平行な直線道路を走る 4 台の乗り物 A, B, C, D の x-t 図である．

（1）　4 台の乗り物 A, B, C, D の速度を求めよ．

（2）　速さの大きい方から順に記せ．

（3）　速度の大きい方から順に記せ．

（4）　2 つの直線 C と D の交点はどのような状態に対応しているか．

（5）　時刻 t[s] における乗り物 C と D の位置 x[m] を表す式を求めよ．

（6）　C と D がすれちがう時刻と位置を求めよ．

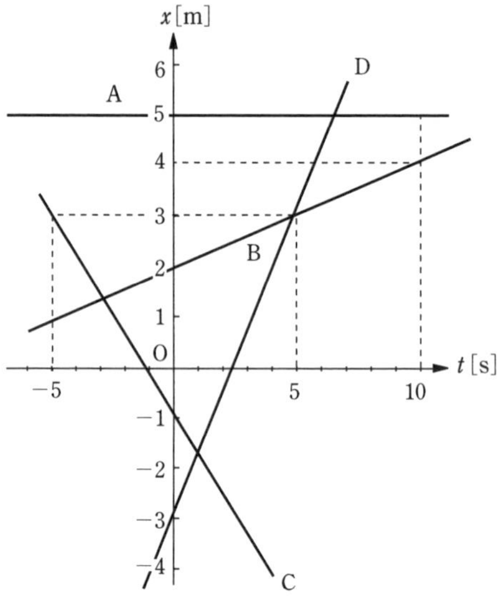

図 1.15　4 台の乗り物 A, B, C, D の x-t 図

解　（1）　直線 A, B, C, D の勾配から，

$v_A = 0$，　$v_B = 0.2$ m/s，

$v_C = -0.8$ m/s，　$v_D = 1.2$ m/s

（2）　勾配の絶対値の大きさの順に，D, C, B, A．

（3）　正・負を考慮した勾配の大きさの順に，

D, B, A, C.

（4） 交点では2つの乗り物が同時刻に同じ位置にあるので，2つの乗り物CとDがすれちがう状態に対応している．

（5） 乗り物Cの位置と時刻の関係は，直線Cを表す式

$$x_C = -0.8t - 1.0 \qquad (1)$$

乗り物Dの位置と時刻の関係は，直線Dを表す式

$$x_D = 1.2t - 3.0 \qquad (2)$$

（6） 2つの直線C, Dの交点を求める．(1)式の x_C と(2)式の x_D を等しいとおくと，

$$-0.8t - 1.0 = 1.2t - 3.0, \quad 2.0t = 2.0$$

$$\therefore \quad t = 1.0\,[\mathrm{s}]$$

これを(1)式に代入すると

$$x = -0.8 \times 1.0 - 1.0 = -1.8\,[\mathrm{m}]$$

相対速度 物体Bから見た物体Aの相対的な位置は

$$x_{AB} = x_A - x_B \qquad (1.9)$$

である．物体Bから見た物体Aの相対的位置が単位時間あたりに変化する割合は

$$\frac{\mathrm{d}x_{AB}}{\mathrm{d}t} = \frac{\mathrm{d}x_A}{\mathrm{d}t} - \frac{\mathrm{d}x_B}{\mathrm{d}t} = v_A - v_B \equiv v_{AB}$$

である．したがって，

$$v_{AB} = v_A - v_B \qquad (1.10)$$

は物体B(速度 v_B)から見た物体A(速度 v_A)の速度(v_{AB})なので，v_{AB} を物体Bに対する物体Aの**相対速度**という．

例5 例題2で乗り物Bから見た乗り物Cの速度 v_{CB}，乗り物Bから見た乗り物Dの速度 v_{DB} は

$v_{CB} = v_C - v_B = -0.8 - 0.2 = -1.0\,[\mathrm{m/s}]$ （左向きに1.0 m/s）

$v_{DB} = v_D - v_B = 1.2 - 0.2 = 1.0\,[\mathrm{m/s}]$ （右向きに1.0 m/s）

である．

微　分 時刻 t の関数

$$x = f(t) \qquad (1.11)$$

があるとき

$$\frac{\mathrm{d}x}{\mathrm{d}t} = \lim_{\Delta t \to 0} \frac{\Delta x}{\Delta t} = \lim_{\Delta t \to 0} \frac{f(t+\Delta t) - f(t)}{\Delta t} \qquad (1.12)$$

を，この関数の**導関数**という．導関数を求めることを**微分**するという．

例6 $x = c$ (c は定数)の導関数は0である．

$$\because \quad \frac{\mathrm{d}x}{\mathrm{d}t} = \lim_{\Delta t \to 0} \frac{c - c}{\Delta t} = \lim_{\Delta t \to 0} \frac{0}{\Delta t} = 0 \qquad (1.13)$$

例7 $x = ct$ (c は定数)の導関数は c である．

$$\because \quad \frac{\mathrm{d}x}{\mathrm{d}t} = \lim_{\Delta t \to 0} \frac{c(t+\Delta t) - ct}{\Delta t} = \lim_{\Delta t \to 0} c = c \qquad (1.14)$$

例8 $x = ct^2$ (c は定数)の導関数は $2ct$ である．

$$\because \quad \frac{\mathrm{d}x}{\mathrm{d}t} = \lim_{\Delta t \to 0} \frac{c(t+\Delta t)^2 - ct^2}{\Delta t} = \lim_{\Delta t \to 0} \frac{2ct\,\Delta t + c(\Delta t)^2}{\Delta t}$$
$$= \lim_{\Delta t \to 0} (2ct + c\,\Delta t) = 2ct \qquad (1.15)$$

例9 $x = at^2 + bt + c$ (a, b, c は定数)の導関数は $2at + b$ である．

$$\because \quad \frac{\mathrm{d}x}{\mathrm{d}t} = \frac{\mathrm{d}}{\mathrm{d}t}(at^2 + bt + c) = \frac{\mathrm{d}}{\mathrm{d}t}(at^2) + \frac{\mathrm{d}}{\mathrm{d}t}(bt) + \frac{\mathrm{d}c}{\mathrm{d}t} \qquad (1.16)$$
$$= 2at + b$$

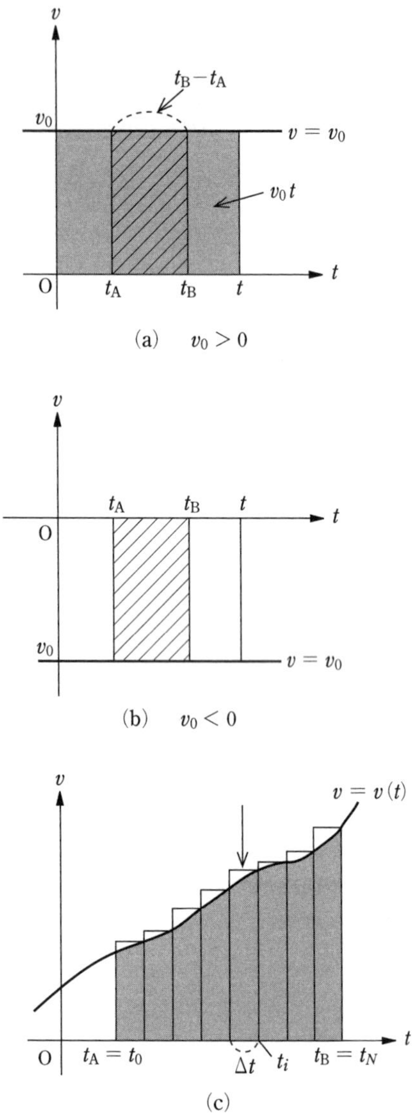

図 1.16　速度-時刻図（v-t 図）
(a)　$v_0 > 0$ の場合．斜線の部分の面積が時刻 t_A から t_B までの変位．
$x_B - x_A = v_0(t_B - t_A) > 0$
(b)　$v_0 < 0$ の場合．
$x_B - x_A = v_0(t_B - t_A) < 0.$
$|v_0|(t_B - t_A)$ は $-x$ 方向への移動距離．
(c)　アミの部分の面積が時刻 t_A から t_B までの変位．
$x_B - x_A = \int_{t_A}^{t_B} v(t)\,dt$

問 1　次の関数の導関数を求めよ．

$$x = 3t + 2$$
$$x = 4t^2$$
$$x = -3t^2 + 5t + 6$$
$$x = 2t^2 - 6t + 5$$

1.3　速度と変位

図 1.16 (a), (b) は等速直線運動の v-t 図（速度-時刻図）である．図 1.16 (a) は $v_0 > 0$ の場合の v-t 図で，図 1.16 (b) は $v_0 < 0$ の場合の v-t 図である．一定な速さ v_0 で運動している物体が時刻 t_A から t_B までの時間 $t_B - t_A$ に移動する距離 s は，

$$s = v_0(t_B - t_A) \quad （「移動距離」＝「速さ」×「移動時間」） \tag{1.17}$$

であるが，運動の向きも考慮するとき (1.17) 式は

「変位」＝「速度」×「移動時間」

$$x_B - x_A = v_0(t_B - t_A) \tag{1.18}$$

となる．x_A，x_B は時刻 t_A，t_B での物体の位置である．変位 $x_B - x_A$ は点 x_A を基準にした点 x_B の相対的な位置である．

図 1.16 (a), (b) の斜線の部分の面積 $|v_0|(t_B - t_A)$ が時刻 t_A から t_B までの間での物体の移動距離を表すが，図 1.16 (a) の場合は斜線の部分が上半平面にあるので変位が正であり，x 軸の正の方向への移動であることを示す．図 1.16 (b) の場合は斜線の部分が下半平面にあるので変位が負であり，x 軸の負の方向への移動であることを示す．

図 1.16 (c) のように，速度が時刻 t とともに変化する場合の変位の計算法を示そう．この場合には，移動時間 $t_B - t_A$ を N 等分し，N 個の各微小時間では物体は速度が一定な等速運動をすると近似して，N 個の微小時間 $\Delta t = (t_B - t_A)/N$ での微小な変位の和を計算する．時刻 t_{i-1} と $t_i = t_{i-1} + \Delta t$ の間の微小時間 Δt での微小変位

$$\Delta x_i = x(t_i) - x(t_{i-1})$$

は，図 1.16 (c) の矢印で示した細長い長方形の面積 $v(t_i)\,\Delta t$ にほぼ等しい．

$$\Delta x_i \approx v(t_i)\,\Delta t$$

したがって，N 個の長方形の面積の和をとると，変位 $x_B - x_A$ の近似値

$$x_B - x_A = \sum_{i=1}^{N} \Delta x_i \approx \sum_{i=1}^{N} v(t_i)\,\Delta t$$

が得られる．この和の $N \to \infty$，$\Delta t \to 0$ の極限での値

$$x_B - x_A = \lim_{\substack{\Delta t \to 0 \\ N \to \infty}} \sum_{i=1}^{N} v(t_i)\,\Delta t \equiv \int_{t_A}^{t_B} v(t)\,dt \tag{1.19}$$

が時刻 t_A から時刻 t_B の間での物体の変位である．これを関数 $v(t)$ の $t = t_A$ から $t = t_B$ までの**定積分**という．なお，$A \approx B$ は A と B が近似的に等しいこと，あるいは数値的にほぼ等しいことを意味する．

時刻 t_A から時刻 t_B の間での物体の変位 x_B-x_A は，v-t 図の $t=t_A$，$t=t_B$，$v=0$，$v=v(t)$ の4本の線で囲まれた領域（図1.16(c)のアミの部分）の面積に等しい．ただし，$v(t)<0$ の部分の面積は負なので，図1.17の場合の定積分は

$$x_B-x_A = s_1-s_2$$

である．

問2 v-t 図が図1.18の場合，物体の時刻 $t=1,2,3,4$ s での位置を求めよ．$t=0$ での位置は $x=0$ とせよ．

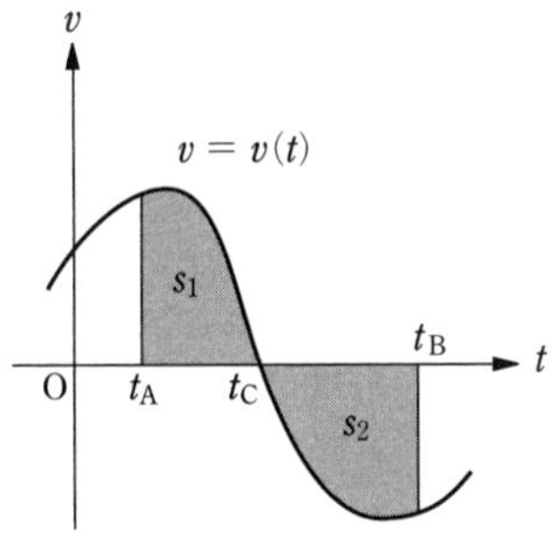

図 1.17 $\int_{t_A}^{t_B} v(t)\,dt = s_1-s_2$, $\int_{t_C}^{t_B} v(t)\,dt = -s_2<0$

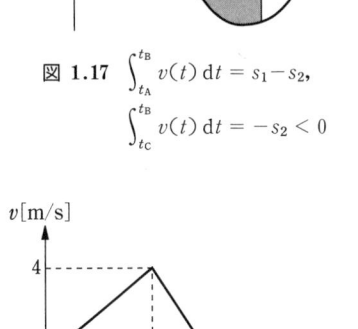

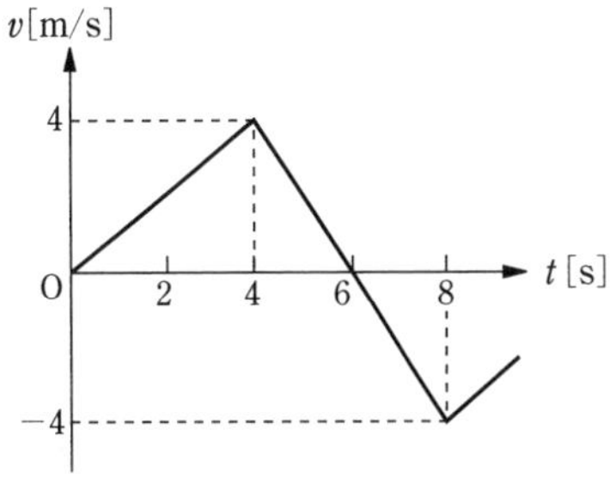

図 1.18

■定積分と不定積分■　導関数が $f(t)$ である関数 $F(t)$，すなわち

$$\frac{dF(t)}{dt} = f(t) \tag{1.20}$$

である関数 $F(t)$ を関数 $f(t)$ の**原始関数**という．1つの原始関数 $F(t)$ に任意の定数 C を加えた関数 $F(t)+C$ の導関数は $f(t)$ なので，関数 $F(t)+C$ も $f(t)$ の原始関数である．関数 $f(t)$ のすべての原始関数をひとまとめにして関数 $f(t)$ の**不定積分**といい，次のように表す．

$$\int f(t)\,dt \quad \text{あるいは} \quad \int dt\, f(t) \tag{1.21}$$

例10　$\frac{d}{dt}\left(\frac{1}{2}gt^2+bt+c\right) = gt+b$　(g, b, c は定数)

なので，

$$\int (gt+b)\,dt = \frac{1}{2}gt^2+bt+C \quad (C\text{ は任意定数}) \tag{1.22}$$

問3 次の関数の原始関数を求めよ．

$x = 3t+2$

$x = 4t^2+t$

$x = 3t^2-2t+1$

$x = -2t^2+3t-2$

■定積分と不定積分の関係■

$$\frac{dF(t)}{dt} = f(t)$$

だとすると，(1.19)式の $x(t)$ を $F(t)$，$v(t)=\frac{dx}{dt}$ を $f(t)=\frac{dF}{dt}$ で置き換えれば，次の関係式，

$$\int_{t_A}^{t_B} f(t)\,dt = \int_{t_A}^{t_B} \frac{dF}{dt}\,dt = F(t_B)-F(t_A) \equiv F(t)\Big|_{t_A}^{t_B} \tag{1.23}$$

および

$$F(t) = F(t_0)+\int_{t_0}^{t} \frac{dF(t')}{dt'}dt' = F(t_0)+\int_{t_0}^{t} f(t')\,dt' \tag{1.24}$$

が得られる．

例題 3　簡単のために位置，速度，時刻の数値部分を $x(t)$，$v(t)$，t と記す．速度が $v(t) = 2t - t^2$ の場合，

（1）　運動の向きはどのようか．

（2）　時刻 t での位置 $x(t)$ を求めよ．

（3）　$t = 2$ での位置 $x(2)$ と，$t = 0$ から $t = 2$ までの移動距離 s_2 を求めよ．

（4）　$t = 3$ での位置 $x(3)$ と，$t = 0$ から $t = 3$ までの移動距離 s_3 を求めよ．

ただし，$t = 0$ での位置 $x(0) = 0$ とする．

解　（1）　図 1.19 (a) に示されているように，$v(t) = 2t - t^2 = t(2-t)$ は，

　$2 > t > 0$ では $v > 0$ なので，運動は右向き，

　$t > 2$ では $v < 0$ なので，運動は左向き

である．

（2）

$$x(t) = x(0) + \int_0^t v(t)\,\mathrm{d}t = \int_0^t (2t - t^2)\,\mathrm{d}t = t^2 - \frac{t^3}{3}$$

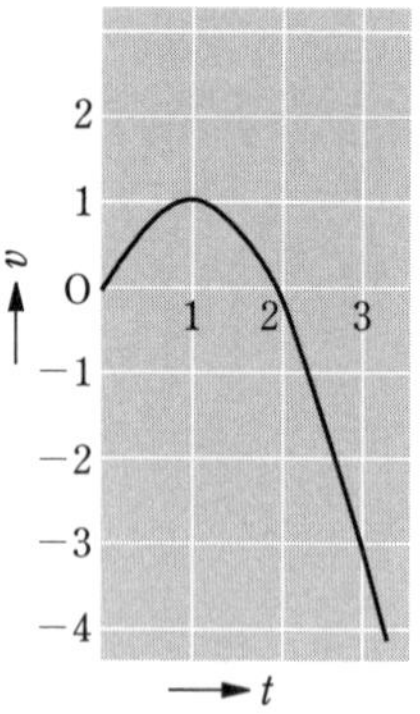

(a)　$v(t) = 2t - t^2$

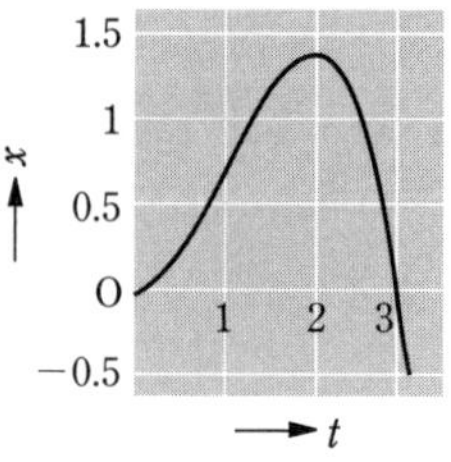

(b)　$x(t) = t^2 - \frac{1}{3}t^3$

図 1.19

（3）　$x(2) = 4/3$．移動距離 $s_2 = x(2) - x(0) = x(2) = 4/3$．

（4）　$x(3) = 0$．物体は $2 > t > 0$ では右向きに距離 $x(2)$ 動き，$t > 2$ では左向きに距離 $[x(2) - x(3)] = x(2)$ 動くので（図 1.19 (b)），移動距離 $s_3 = 2x(2) = 2s_2 = 8/3$．

速度 $v(t)$ は変位 $x(t) - x_0$ の導関数なので，変位 $x(t) - x_0$ は速度 $v(t)$ の原始関数である．この原始関数と導関数の関係をよく理解するとともに，導関数と勾配，原始関数で表される定積分と図形の面積の関係もよく理解し，物理現象を図で表現すること，および，図で表現された物理現象の特徴を理解することはきわめて重要である．

1.4　加　速　度

加速度（acceleration）という言葉はふだんはあまり使われない言葉であるが，アクセルを踏んで自動車を加速するという表現はよく使う．加速性能がよい自動車とは，アクセルを踏むと短い時間で静止状態から大きなスピードで走りだす自動車という意味である．直線道路上に静止していた自動車（$v = 0$）が 20 秒間で時速 180 km（180 km/h）にまで加速されるときには，速度は 1 秒間に 9 km/h の割合で増加する．この場合の平均加速度 $\bar{a}$ を

$$平均加速度\ \bar{a} = \frac{速度の変化\ \Delta v}{速度の変化する時間\ \Delta t}, \qquad \bar{a} = \frac{\Delta v}{\Delta t} \tag{1.25}$$

と定義すると，この自動車の平均加速度は

$$\bar{a} = \frac{180\ \mathrm{km/h}}{20\ \mathrm{s}} = 9\,\frac{\mathrm{km}}{\mathrm{h{\cdot}s}}$$

となる．国際単位系の速度の単位は m/s で時間の単位は s なので，国際単位系での加速度の単位は $\mathrm{m/s^2}$ である．

$$180\ \mathrm{km/h} = 180 \times 1000\ \mathrm{m}/3600\ \mathrm{s} = 50\ \mathrm{m/s}$$

なので，上の例の自動車の平均加速度は，国際単位系では

$$\bar{a} = \frac{50\ \mathrm{m/s}}{20\ \mathrm{s}} = 2.5\ \mathrm{m/s^2}$$

ということになる．

地震での加速度の大きさを表すのにガル（gal）という実用単位も使われる．$1\ \mathrm{gal} = 1\ \mathrm{cm/s^2} = 0.01\ \mathrm{m/s^2}$ である．地表付近での物体の落下運動の加速度である重力加速度 $g = 9.8\ \mathrm{m/s^2} = 980\ \mathrm{gal}$ である．

時刻 $t = 0$ での速度を v_0，時刻 t での速度を $v(t)$ とすれば，平均加速度 $\bar{a}$ は

$$\bar{a} = \frac{v(t) - v_0}{t}$$

と表せる．この式を変形すると

$$v(t) - v_0 = \bar{a}t, \qquad v(t) = \bar{a}t + v_0 \tag{1.26}$$

という関係が得られる．

例 11　時速 288 km（80 m/s）の速さのジェット機が 50 秒で静止した．このときの平均加速度は

$$\bar{a} = \frac{0 - 80\ \mathrm{m/s}}{50\ \mathrm{s}} = -1.6\ \mathrm{m/s^2}$$

である．加速度が負の場合には速度は減少している．

等加速度直線運動　一定な加速度で速度が変化している直線運動を等加速度直線運動という．時刻 $t = 0$ での速度を v_0 とすれば，一定な加速度 a_0 での等加速度直線運動をする物体の時刻 t での速度 v は，(1.26) 式の $\bar{a}$ を a_0 で置き換えた

$$v = a_0 t + v_0 \tag{1.27}$$

である．(1.27) 式は物体の速度 v が一定の割合 a_0 で増加あるいは減少することを示す．等加速度直線運動とは，等しい時間に速度が等しい変化をする直線運動なのである．

等加速度直線運動の v-t 図は図 1.20 に示す勾配が a_0 の直線である．時刻 0 と時刻 t の間での平均速度 $\bar{v}$ は $\bar{v} = (v + v_0)/2 = v_0 + a_0 t/2$ なので，時刻 0 と時刻 t の間での物体の変位 $x - x_0$ は

$$x - x_0 = \bar{v}t = v_0 t + \frac{1}{2} a_0 t^2 \tag{1.28}$$

（アミのかかった台形の面積）であり，時刻 t での物体の位置 x は

$$x = x_0 + v_0 t + \frac{1}{2} a_0 t^2 \tag{1.29}$$

と表されることがわかる．x_0 は時刻 0 での物体の位置である．

(1.27) 式から導かれる

$$t = \frac{v - v_0}{a_0} \tag{1.30}$$

を (1.28) 式の右辺の

$$\frac{t(2v_0 + a_0 t)}{2} = \frac{t(v_0 + v)}{2}$$

に代入すると，速さ v_0 の物体が一定の加速度 a_0 で $x - x_0$ だけ変位したあとの速さ v は，関係

$$v^2 - {v_0}^2 = 2a_0(x - x_0) \tag{1.31}$$

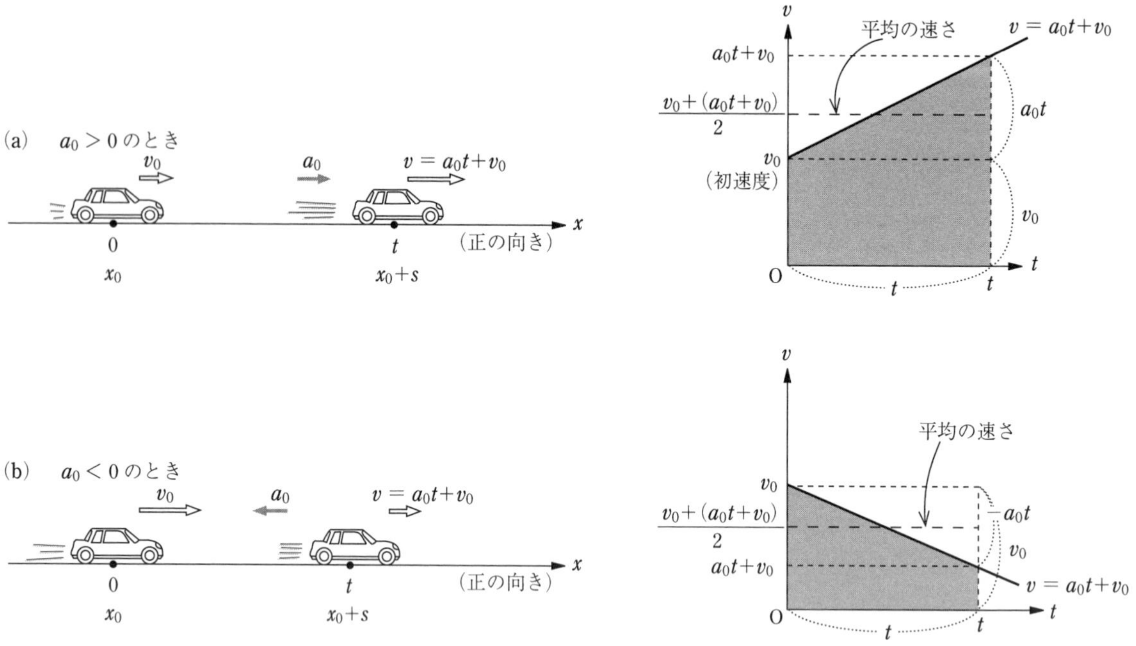

図 1.20　等加速度直線運動．アミの部分の面積 $v_0t+\frac{1}{2}a_0t^2$ が移動距離 s である．

を満たすことがわかる．

ここで，$t=0$ で $v=0$，$x=0$ ($v_0=0$，$x_0=0$) の場合の (1.27)，(1.29)，(1.31) 式は

$$v=a_0t, \quad x=\frac{1}{2}a_0t^2, \quad v^2=2a_0x \tag{1.32}$$

となることを注意しておこう．(1.32) 式を記憶しておくと便利なことが多い．

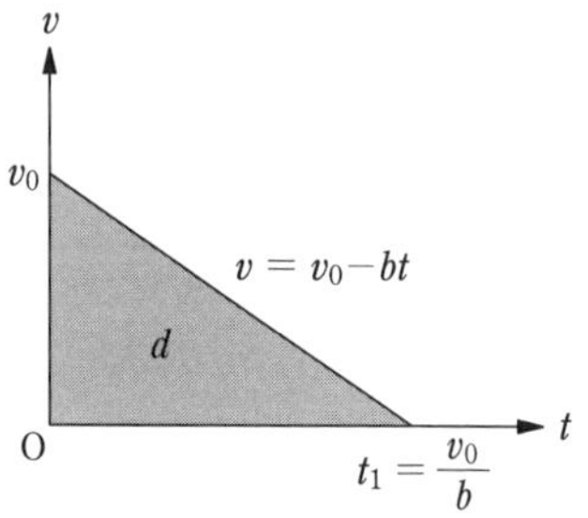

図 1.21　$v=v_0-bt$，$d=\frac{1}{2}v_0t_1=\frac{1}{2}bt_1{}^2=\frac{v_0{}^2}{2b}$

例 12　ジェット機の着陸　ブレーキをかけると自動車の速さは遅くなる．日常生活ではこれを減速という．ジェット機が滑走路に進入速度 $v_0=72\,\mathrm{m/s}$ で進入し，1 秒間に $1.5\,\mathrm{m/s}$ の割合で一様に減速しながら着陸した．この場合には減速度が $1.5\,\mathrm{m/s^2}$ であるとはいわず，加速度が $-1.5\,\mathrm{m/s^2}$ であるという．進入して t 秒後のジェット機の速さ v は

$$v=v_0-bt \quad (b=1.5\,\mathrm{m/s^2}) \tag{1.33}$$

と表される．ジェット機が停止するまでの時間 t_1 は，

$$v_0-bt_1=0$$

から

$$t_1=\frac{v_0}{b}=\frac{72\,\mathrm{m/s}}{1.5\,\mathrm{m/s^2}}=48\,\mathrm{s} \tag{1.34}$$

なので 48 秒である．このときの着陸距離 d は v-t 図 (図 1.21) のアミの部分の底辺 t_1，高さ v_0 の三角形の面積なので，

$$d=\frac{1}{2}v_0t_1=\frac{1}{2}bt_1{}^2=\frac{v_0{}^2}{2b}=\frac{1}{2}\times72\,\frac{\mathrm{m}}{\mathrm{s}}\times48\,\mathrm{s}=1728\,\mathrm{m} \tag{1.35}$$

このように，$t=0$ で速さが v_0 の物体が一定の加速度 $-b\ (b>0)$ で一様に減速し，距離 d を移動して時刻 t_1 に静止したときには，次の関係が成り立つ．

$$v_0 = bt_1, \quad d = \frac{1}{2}bt_1{}^2, \quad v_0 t_1 = 2d, \quad v_0{}^2 = 2bd \qquad (1.36)$$

例 13 時速 72 km で走っていた機関車が急ブレーキをかけて，車輪をロックし，100 m 滑った後に静止した．速度の減少の割合は一定だとして，ブレーキをかけてから静止するまでの時間を求めてみよう．初速度 v_0 は

$$v_0 = \frac{72\ \mathrm{km}}{\mathrm{h}} = \frac{72000\ \mathrm{m}}{3600\ \mathrm{s}} = 20\ \mathrm{m/s}$$

(1.36) の第 3 式から

$$t_1 = \frac{2d}{v_0} = \frac{2\times 100\ \mathrm{m}}{20\ \mathrm{m/s}} = 10\ \mathrm{s}$$

問 4 時速 72 km で走っていた自動車がブレーキをかけ，5 秒間で停止した．このときの加速度と停止するまでの走行距離を求めよ．

加速度の数学的定義 直線運動での加速度をもう少し数学的に定義しよう．x 軸に沿って直線運動している物体の運動を考える．速度が時刻とともに変化する割合が加速度である．時刻 t に速度が $v(t)$ であった物体の速度が時刻 $t+\Delta t$ に $v(t+\Delta t)$ になったとすると，時間 Δt に速度が $v(t+\Delta t)-v(t) \equiv \Delta v$ だけ変化したので，時間 Δt の平均加速度 $\bar{a}$ は

$$\bar{a} = \frac{\Delta v}{\Delta t} = \frac{v(t+\Delta t)-v(t)}{\Delta t} \quad \left(\text{平均加速度} = \frac{\text{速度の変化}}{\text{変化時間}}\right) \qquad (1.37)$$

と定義される．速度が増加しているときの加速度は正で，速度が減少しているときの加速度は負である．

時刻 t での加速度（瞬間加速度）$a(t)$ は，(1.37) 式の時間間隔 Δt を限りなく小さくした極限 $\Delta t \to 0$ での値の

$$a(t) = \lim_{\Delta t\to 0}\frac{\Delta v}{\Delta t} = \lim_{\Delta t\to 0}\frac{v(t+\Delta t)-v(t)}{\Delta t} = \frac{\mathrm{d}v}{\mathrm{d}t} \qquad (1.38)$$

である．速度 v は位置（x 座標）x の導関数，すなわち，

$$v = \frac{\mathrm{d}x}{\mathrm{d}t} \qquad (1.39)$$

である．そこで (1.38) 式に (1.39) 式を代入すると，加速度 a は

$$a = \frac{\mathrm{d}v}{\mathrm{d}t} = \frac{\mathrm{d}}{\mathrm{d}t}\left(\frac{\mathrm{d}x}{\mathrm{d}t}\right) = \frac{\mathrm{d}^2x}{\mathrm{d}t^2} \qquad (1.40)$$

と表せる．$\mathrm{d}^2x/\mathrm{d}t^2$ は $x(t)$ を t で 2 回続けて微分したものなので，x の 2 階の導関数という．

例 14 $x = a_0t^2$（a_0 は定数）のとき，

$$\frac{\mathrm{d}x}{\mathrm{d}t} = \frac{\mathrm{d}}{\mathrm{d}t}(a_0t^2) = 2a_0t, \quad \frac{\mathrm{d}^2x}{\mathrm{d}t^2} = \frac{\mathrm{d}}{\mathrm{d}t}\left(\frac{\mathrm{d}x}{\mathrm{d}t}\right) = \frac{\mathrm{d}}{\mathrm{d}t}(2a_0t) = 2a_0 \qquad (1.41)$$

例 15 x 軸に沿って直線運動している物体の時刻 t での位置 $x(t)$ が

$$x(t) = 3t^2-4t+2$$

のとき，時刻 t での，速度 $v(t)$ および加速度 $a(t)$ は

$$v = \frac{\mathrm{d}x}{\mathrm{d}t} = \frac{\mathrm{d}}{\mathrm{d}t}(3t^2-4t+2) = 6t-4$$

$$a = \frac{\mathrm{d}v}{\mathrm{d}t} = \frac{\mathrm{d}}{\mathrm{d}t}(6t-4) = 6$$

である．

問5　例15の場合について，

（1）　$t=2$ での，位置，速度および加速度を求めよ．

（2）　$t=1$ と $t=2$ の間での変位を求めよ．

加速度から速度を求める　加速度 $a(t)$ は速度 $v(t)$ の導関数なので，速度 $v(t)$ は加速度 $a(t)$ の原始関数である．したがって，

$$v(t) = v_0 + \int_0^t a(t')\,\mathrm{d}t' \tag{1.42}$$

ここで $v_0 = v(0)$ である．

問6　x 軸に沿って直線運動している物体の時刻 t での速度 $v(t)$ が

$$v(t) = 6t-3t^2$$

だとする．ただし，$t=0$ での位置 $x(0)=0$ とする．

（1）　このとき，時刻 t での，加速度 $a(t)$ および位置 $x(t)$ を求めよ．

（2）　$t=5$ での速度とその向きを求めよ．

1.5　重力加速度

自由落下と重力加速度　手で石をつかみ，指を静かに開くと石は真下に落下する．これを**自由落下運動**という．ガリレオは，自然界で観察できるすべての運動の中で，自由落下運動がすべての物体のすべての運動を理解する鍵であることを見抜いた．どの現象が研究の鍵であるのかを見抜けるのは優れた科学者の才能である．

ガリレオの研究は『新科学対話』とよばれている『機械学と位置運動に関する2つの新しい科学についての論述と数学的証明』という1638年に刊行された本に記述されている．

ガリレオは，「アリストテレスの理論によると，すべての物体は重さに比例する一定の速さで落下する．したがって，ある石とその10倍の重さの石を同じ高さから同時に落とすと，重い石が地上に落下したときに軽い石は1/10の距離しか落下していないはずであるが，アリストテレスはこのようになることを実験で確かめたとは思えない」ことを指摘し，「読者が実際に実験してみると，2つの石はほぼ同時に落下することを保証する」と主張した．

伝説によると，ガリレオはピサの斜塔（図1.22）の上から重い球と軽い球を同時に落下させて，2つの球が地面にほぼ同時に落下することを示したことになっている．しかし，『新科学対話』の中では，このような実験については触れず，同じ材料でできた重さの異なる2つの物体を結び合わせたものを落下させるという思考実験を記している．「この場合，結び付けられた物体は重い物体の落下速度と軽い物体の落下速度の中間の速度で落下すると直観的に思われる．しかし，アリストテレスの理論では，結び

図 1.22　ピサの斜塔（写真提供：共同フォトサービス）

付けられた物体の重さは重い方の物体よりも大きいので，結び付けられた物体は重い物体の落下速度よりも大きい速度で落下することになる．これはおかしい」とガリレオは指摘した．

ガリレオは 100 ポンドの鉄球と 1 ポンドの鉄球はほぼ同時に地面に到達すると主張したが，彼は空気の抵抗が無視できればすべての物体は正確に同時に地面に落下するという考えをもっていた．ガリレオの死の数年後に真空ポンプが発明され，真空容器の中で鳥の羽と重い金貨を同じ高さから同時に落とせば，鳥の羽と金貨は同時に容器の底にぶつかることが確かめられ，ガリレオの考えの正しさが示された．

ガリレオは，自由落下運動は，等速運動ではなく，等加速度運動であると考え，それが事実であることを『新科学対話』の中で次のような手順で証明した．

1. 等加速度運動（等しい時間間隔に速さが等しく増加する運動，すなわち一様に加速する運動）の数学を議論する．
2. 重い物体は等加速度運動をすると主張する．
3. この主張をもとにして斜面を転がり落ちる球についての予想をたてる．
4. 最後に実験がこの予想を支持していることを示す．

石の自由落下運動が等加速度運動だとして，石の落下運動についての予想をたてよう．落下運動の加速度を重力加速度とよび，g と記すことにする．このとき石の速度 v は落下時間 t に比例して，

$$v = gt \tag{1.43}$$

のように増加する（(1.27) 式で $a_0 = g$，$v_0 = 0$ とおいた式）．

図 1.23 の v-t 図を見ると，時間 t の自由落下での落下距離 d は，底辺が t，高さが gt の三角形の面積

$$d = \frac{1}{2}gt^2 \tag{1.44}$$

である．すなわち，初速度が 0 の等加速度直線運動では，移動距離 d は運動しはじめてからの時間 t の 2 乗である t^2 に比例する．

また，次のような事実もある．時刻 $t = T, 2T, 3T, 4T, \cdots$ での落下距離 d は，(1.44) 式を使うと，$x = gT^2/2$, $2gT^2$, $9gT^2/2$, $8gT^2$, $\cdots$ なので，落下開始後の時間 T ごとの落下距離は，

$$\frac{1}{2}gT^2, \quad 2gT^2 - \frac{1}{2}gT^2 = \frac{3}{2}gT^2, \quad \frac{9}{2}gT^2 - 2gT^2 = \frac{5}{2}gT^2,$$
$$8gT^2 - \frac{9}{2}gT^2 = \frac{7}{2}gT^2, \quad \cdots \tag{1.45}$$

となり，

$$1 : 3 : 5 : 7 : \cdots \tag{1.46}$$

という比になる．この事実は図 1.23 (b) の v-t 図からも明らかである．

物体の自由落下を等時間間隔で写したストロボ写真の図 1.24 を見ると，一定の時間ごとの落下距離の比は $1 : 3 : 5 : 7 : 9 : \cdots$ であることから，自由落下運動は等加速度運動であることがわかり，また，重力加速度 g は

$$g \approx 9.8\,\mathrm{m/s^2} \tag{1.47}$$

であることがわかる．実験によると，空気の抵抗が無視できるときは，す

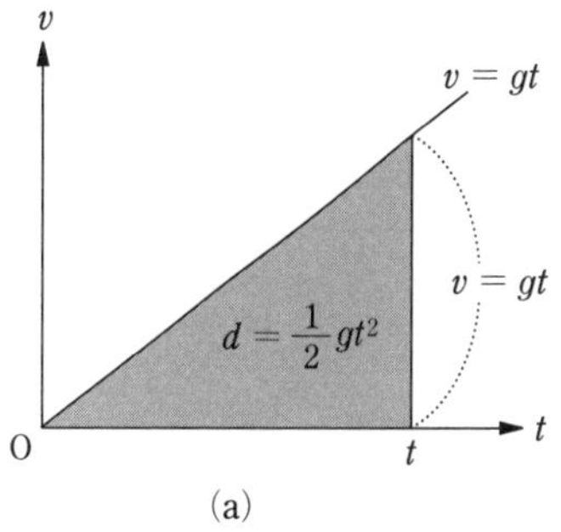

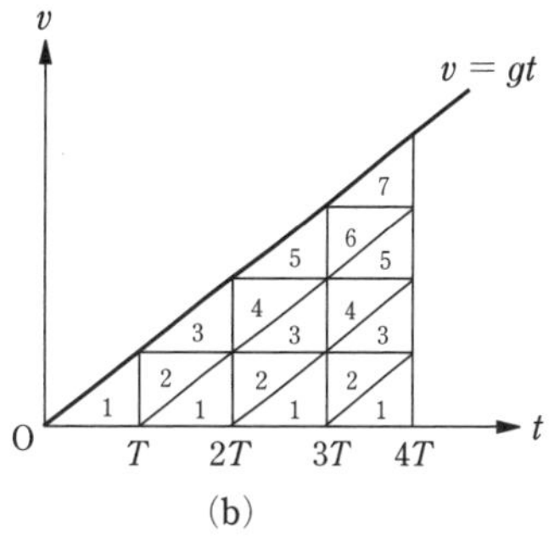

図 1.23 石の自由落下運動．(a) 落下距離 $d = \frac{1}{2}gt^2$，(b) 一定時間 T ごとの落下距離の比は $1:3:5:7:\cdots$．

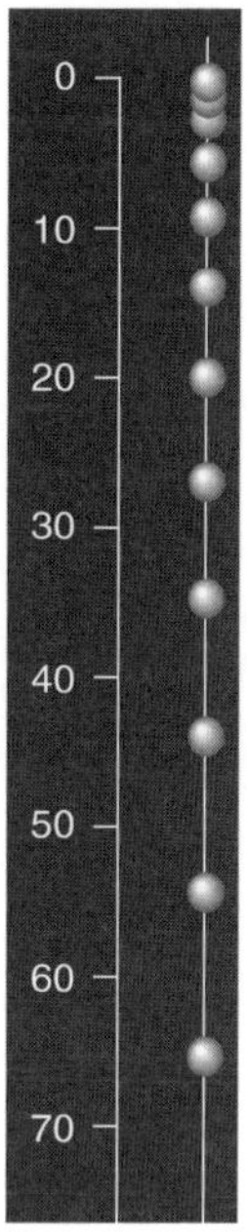

図 1.24 自由落下のストロボ写真．1/30 秒ごとに光をあてて写した写真．ものさしの目盛は cm．

表 1.1

落下時間 [s]	落下の速さ [m/s]	落下した距離 [m]
0	0	0
1	9.8	4.9
2	19.6	19.6
3	29.4	44.1
4	39.2	78.4

べての物体の自由落下運動の加速度は一定で，その大きさは (1.47) 式の値である．

自由落下する物体の速さ v と落下距離 d を (1.43) 式と (1.44) 式，すなわち

$$v\,(\text{単位 m/s}) = 9.8t\,(\text{単位 s})$$
$$d\,(\text{単位 m}) = 4.9[t\,(\text{単位 s})]^2$$

を使って計算すると，表 1.1 のようになる．

自由落下距離が落下時間の 2 乗に比例する事実は 1604 年にガリレオによって発見された．自由落下運動は速すぎるので，ガリレオは材木に溝を掘った斜面の上で金属球を転落させる実験を行ってこの事実を発見した (図 1.25)．斜面と水平のなす角 θ が小さいときには球がゆっくり落ちるので，実験がしやすいからである．ガリレオは斜面の傾きを変えても，移動距離 d が移動時間 t の 2 乗 t^2 に比例することを確かめた．ガリレオは，この結果は角 θ が 90° のときにも成り立つと推論した (ただし，斜面の傾きが小さいので球が斜面を滑らずに転がり落ちるときの加速度は $g \sin\theta$ ではなく $(5/7)g\sin\theta$ なので，彼の推論のこの部分には問題がある (14.3 節参照))．

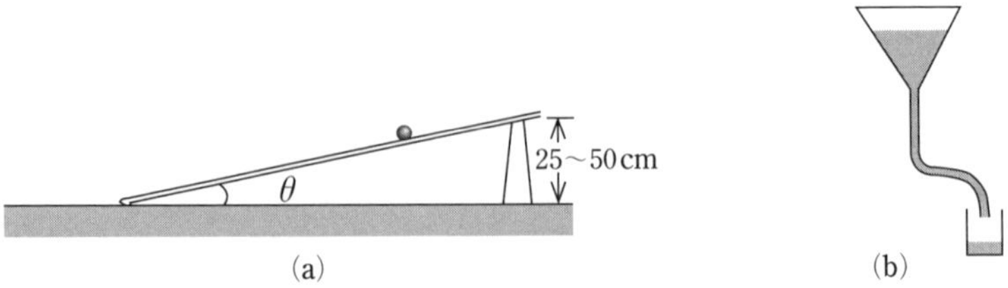

図 1.25 ガリレオの実験．

(a) 長さ 12 キュービット (約 6 m)，幅 1/2 キュービット (約 25 cm)，厚さ指 3 本の角材を持ってきて，そのふちに指 1 本の幅より少し太いみぞを切りました．そのみぞはできるだけまっすぐで平らに作り，よく磨いて，できるだけなめらかでつるつるした羊皮紙をその内側に貼りました．このみぞの上を，硬く，なめらかで，できるだけ丸いしんちゅうの球をころがします (『新科学対話』より)．

(b) 時間を測るために，水が入った大きな容器を高い所に置き，この容器の底に細い管を接着して，その管から細い水流が噴出するようにし，この水を小さなコップに集め，この水の重さを正確な天秤で測定しました．

ガリレオは，各時刻での落下運動の速度を測定して，落下速度が落下時間に比例することを実験的に確かめて，落下運動が等加速度運動であることを直接的に示すことはできなかった．しかし，落下距離が (落下時間)^2 に比例することを実験的に確かめて，落下運動が等加速度運動であることを間接的に証明することに成功した．

また，ガリレオは重さの異なる球が同一の斜面を転がり落ちるときは同じ加速度で落ちることを確かめた．

それでは，空気抵抗が無視できるときには，なぜすべての物体は一定の重力加速度 g で落下するのだろうか．その答は第 10 章まで待たなければならない．

ガリレオが落下運動の研究で使った，

「観察」⟶「仮説」⟶「数学的解析」

または

「仮説からの推論」⟶「推論の実験によるテスト」

（⟶ 場合によっては「テストと比較して仮説の修正」）

という順序で研究を進める科学的な研究方法は，現代の科学的研究でふつうに使われている研究方法である．

問 7　物体が距離 d だけ自由落下したときの落下速度 v は，$v = gt$［(1.43) 式］，と $d = gt^2/2$［(1.44) 式］から t を消去して，

$$v = \sqrt{2gd} \tag{1.48}$$

であることを示せ．

問 8　物体が距離 d だけ自由落下するときの落下時間 t は，(1.44) 式から

$$t = \sqrt{\frac{2d}{g}} \tag{1.49}$$

であり，物体が距離 d [cm] だけ自由落下するときの落下時間 t [秒] は

$$t\,[\text{秒}] = 0.045\sqrt{d\,[\text{cm}]} \tag{1.50}$$

であることを示せ．

(1.50) 式を使って神経の反応時間を測定できる．図 1.26 のように，学生 A が紙の上端を指ではさみ，学生 B が紙の下端付近で親指と人差し指を開いている．A が指を開き，紙が落下しはじめたのに B が気づいた瞬間に B が指を閉じて紙をつかむまでの紙の落下距離 d から，学生 B の神経の反応時間 t が (1.50) 式を使って計算できる．相手を見つけてやってみよう．

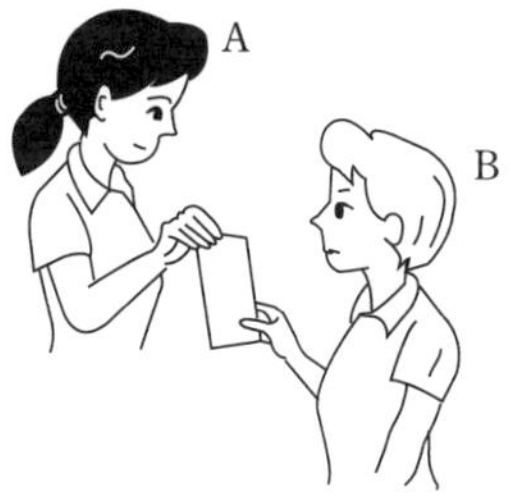

図 1.26

■鉛直投げ上げ■　石を真上に速さ v_0 で投げ上げると，下向きに働く重力のために，1 秒あたり 9.8 m/s の割合で石の速度 v は減少する．重力加速度 $g = 9.8\,\text{m/s}^2$ を使うと，石の速度は

$$v = v_0 - gt \tag{1.51}$$

と表される．ここでは，鉛直上向きを x 軸の正の向きに選んだ．

時間 t での上昇距離（石の高さ）x は，v-t 図の図 1.27 (b) の斜線部の台形の面積（長方形の面積 v_0t から右上の三角形の面積 $gt^2/2$ を引いたもの）なので，

$$x = v_0t - \frac{1}{2}gt^2 \tag{1.52}$$

である（石が手から離れた点を原点 $x = 0$ とした）．

投げてから，$v = v_0 - gt_1 = 0$ となる，時刻

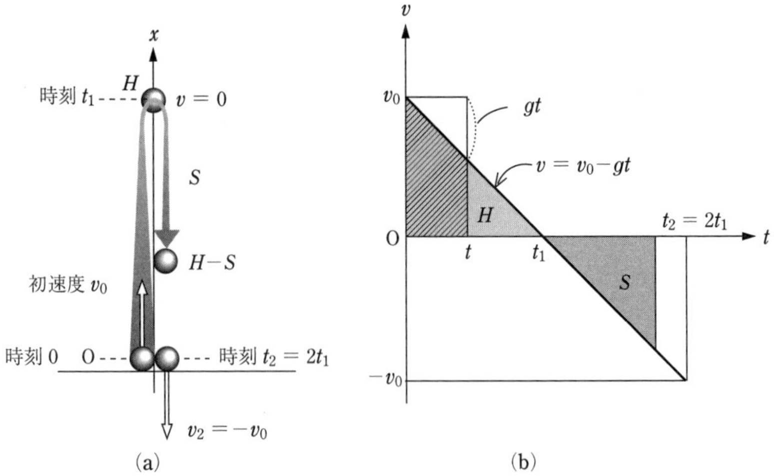

図 1.27 (a) 鉛直投げ上げ運動. (b) 斜線の部分は時刻 t までの上昇距離 (高さ) $v_0t-gt^2/2$. 左上のアミの部分の面積 H は最高点までの上昇距離. 右下のアミの部分の面積 S は最高点からの落下距離.

$$t_1=\frac{v_0}{g}\quad（最高点の時刻）\tag{1.53}$$

までは $v>0$ なので，石は上昇しつづける.

時間 $t_1=v_0/g$ が経過した瞬間には石の速度は 0 になり，このとき石は高さ H

$$H=\frac{1}{2}v_0t_1=\frac{{v_0}^2}{2g}\quad（最高点の高さ）\tag{1.54}$$

の最高点にある.

最高点に到達後の $t>t_1$ の場合には (1.51) 式の石の速度 v はマイナス ($v<0$) になるが，これは石が落下状態にあり，石の運動方向が鉛直下向きであることを示す. 図 1.27 (b) の最高点までの上昇距離 H と最高点からの落下距離 S が等しくなる時刻

$$t_2=2t_1=\frac{2v_0}{g}\tag{1.55}$$

に石は地面に落下する. 着地直前の石の速度は $-v_0$，すなわち投げ上げたときと同じ速さで落ちてくる.

問 9 東京ドームの天井の最高点の高さは約 60 m である. この真下でボールを真上に打ったとき，ボールが天井にあたるためには初速 v_0 は 34 m/s = 123 km/h 以上であることを示せ.

運動エネルギーと重力による位置エネルギー 鉛直投げ上げ運動は，鉛直上方への加速度 $-g$ の等加速度運動である. したがって，時刻 $t=0$ での位置 (高さ) を x_0，速度を v_0 とし，時刻 t での位置 (高さ) を x，速度を v とすると，(1.31) 式で $a_0=-g$ とおいた式

$$v^2-{v_0}^2=-2g(x-x_0)\tag{1.56}$$

が成り立つ. これを $v^2+2gx={v_0}^2+2gx_0$ と変形し，両辺を $m/2$ 倍すると，

$$\frac{1}{2}mv^2 + mgx = \frac{1}{2}m{v_0}^2 + mgx_0 = 一定 \tag{1.57}$$

という式が導かれる．m は物体の質量である．(1.57) 式は，石は高い (x が大きい) ところでは速さが遅く (v が小さく)，低い (x が小さい) ところでは速い (v が大きい) という事実を定量的に示す関係である．

物理学では

$\frac{1}{2}$(質量)×(速さ)$^2 = \frac{1}{2}mv^2$　を運動エネルギー

(質量)×(重力加速度)×(高さ) $= mgx$　を重力による位置エネルギー

とよぶ．そこで，(1.57) 式は

「運動エネルギー」+「重力による位置エネルギー」= 一定

であることを示す．運動エネルギーと位置エネルギーの和を力学的エネルギーというので，(1.57) 式を**力学的エネルギー保存則**という．ある量が保存するとは，「時間が経過してもその量は増加もせず減少もせず一定である」ということを意味する．(1.57) 式は等加速度直線運動で一般に成り立つ (1.31) 式の特別な場合である．

エネルギーについては第7章で学ぶが，ここでは関連事項としてふれた．

第1章のまとめ

位　置　直線運動の道筋に沿って x 軸を選び，x 座標の値で物体の位置を定める．

平均速度　時間 Δt での物体の変位を Δx とすると，この物体の時間 Δt における平均速度 $\bar{v}$ は

$$\bar{v} = \frac{\Delta x}{\Delta t} \tag{1}$$

である．

速度 (瞬間速度)　速度 v は平均速度 $\bar{v}$ の時間間隔 Δt が 0 の極限，すなわち位置 $x(t)$ の時刻 t についての導関数

$$v(t) = \lim_{\Delta t \to 0}\frac{\Delta x}{\Delta t} = \frac{\mathrm{d}x}{\mathrm{d}t} \tag{2}$$

である．速度は位置の時間変化率である．物体の速度の絶対値が物体の速さである．

x-t 図　縦軸に物体の位置 x，横軸に時刻 t を選んだ図を x-t 図という．x-t 曲線の勾配は物体の速度に等しい．

v-t 図　縦軸に物体の速度 v，横軸に時刻 t を選んだ図を v-t 図という．v-t 曲線の勾配は物体の加速度に等しい．2つの時刻の間での v-t 曲線の下の面積は，この時間の物体の変位に等しい．

平均加速度　時間 Δt での速度の変化を Δv とすると，この物体の時間 Δt における平均加速度 $\bar{a}$ は

$$\bar{a} = \frac{\Delta v}{\Delta t} \tag{3}$$

である．

加速度（瞬間加速度）　加速度 a は平均加速度 $\Delta v/\Delta t$ の $\Delta t \to 0$ の極限

$$a(t) = \lim_{\Delta t \to 0} \frac{\Delta v}{\Delta t} = \frac{\mathrm{d}v}{\mathrm{d}t} \tag{4}$$

である．加速度は速度 v の時刻 t についての導関数，すなわち速度の時間変化率である．

等加速度直線運動　加速度が一定（大きさも向きも一定）な直線運動を等加速度直線運動という．時刻 0 での物体の位置を x_0，速度を v_0 とすると，x 軸に沿っての一定な加速度 a_0 の等加速度直線運動では，時刻 t での物体の位置 x と速度 v は次のように表される（括弧の中は $x_0 = v_0 = 0$ の場合）．

$$v = v_0 + a_0 t \qquad (v = a_0 t) \tag{5}$$

$$x - x_0 = v_0 t + \frac{1}{2} a_0 t^2 \qquad \left(x = \frac{1}{2} a_0 t^2\right) \tag{6}$$

$$v^2 = {v_0}^2 + 2a_0(x - x_0) \qquad (v^2 = 2a_0 x) \tag{7}$$

重力加速度　空気抵抗が無視できるときは，すべての物体は地表付近で一定の加速度で鉛直下方に落下する．この加速度を重力加速度といい，g と記す．

$$g \approx 9.8\,\mathrm{m/s^2} \tag{8}$$

空気抵抗が無視できるときの，物体の空中での鉛直方向の運動では，鉛直下方を $+x$ 方向とすると，公式(5)〜(7)で a_0 を g とした公式が成り立つ．

$$v = v_0 + gt \qquad (v = gt) \tag{9}$$

$$x - x_0 = v_0 t + \frac{1}{2} g t^2 \qquad \left(x = \frac{1}{2} g t^2\right) \tag{10}$$

$$v^2 = {v_0}^2 + 2g(x - x_0) \qquad (v^2 = 2gx) \tag{11}$$

演習問題1

各章の最後にある演習問題はA, Bに分かれている．問題Bは問題Aよりも少し難しい．

A

***1*．** x 軸上を運動する質点の位置が図1(a)～(f)に示されている．机の角の上で手を動かして，おのおのの場合を示してみよ．

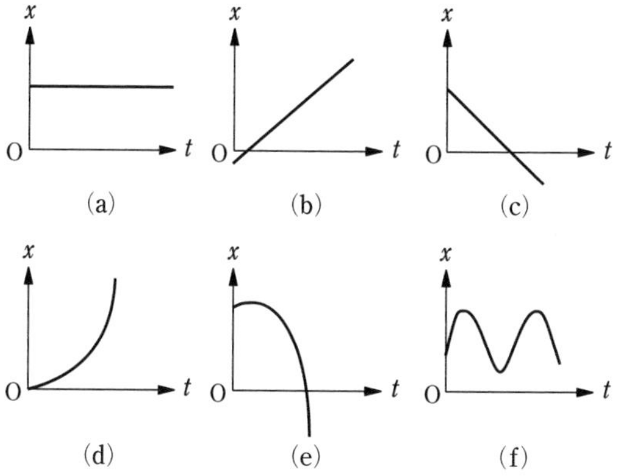

図1

***2*．** x 軸上を運動する2つの質点A, Bの運動を示すのが図2である．2つの質点の衝突地点と衝突時刻を求めよ．

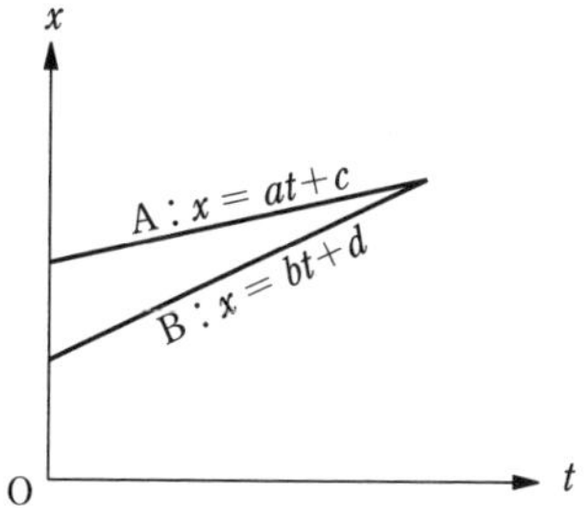

図2

***3*．** 停車していた電車が発車30秒後に速度が18 m/sになった．加速度を求めよ．

***4*．** 図3は2つの駅A, Bの間を走る電車の v-t 図である．

（1） 2つの駅の距離 d を求めよ．

（2） この電車がA駅を出発してからB駅に着くまでの平均の速さを求めよ．

（3） この電車の加速度-時刻図を描け．

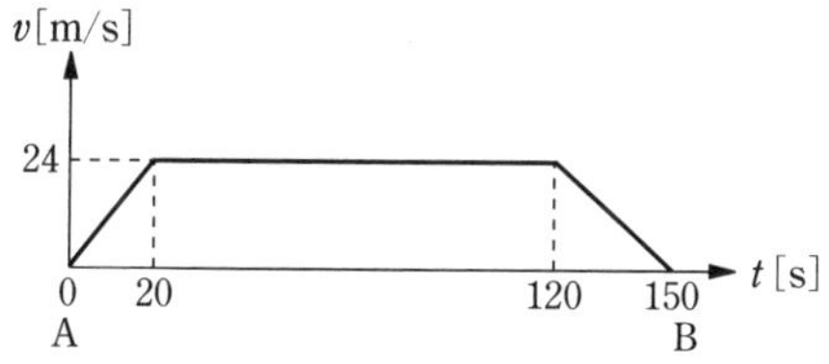

図3

***5*．** x 軸上を運動する質点の速度が

$$v = V_0(1-t), \quad v = V_0(1-t)^2$$

の2つの場合について，加速度 a を計算せよ．

***6*．（乗物の出発時の加速度）** 新幹線の出発時の加速度は0.3 m/s^2，ジャンボジェットは2.0 m/s^2，超高層ビルのエレベーターは1.0 m/s^2，JRの電車は0.6 m/s^2，乗用車の急発進時は1.5～2.0 m/s^{2}である．短距離走や自転車の出発後1秒間の平均加速度を推定せよ．

***7*．** 高さ122.5 mのところから物体を落とした．地面に届くまでの時間と地面に到達直前の速さを求めよ．

***8*．** 性能のよいブレーキとタイヤのついた自動車では，ブレーキをかけると約7 m/s^{2}で減速できる．時速100 kmで走っていた自動車が急停止するまでに，どのくらい走行するか．

***9*．** 中速（時速 V km）で走っている車が急ブレーキをかけたとき，止まるまでに走る距離はだいたい$(V^2/100)$ mであるという．ブレーキの加速度の大きさはどのくらいか．

***10*．** 高さ $h = 8.0$ mから砂場に鉄球を自由落下させたとき，鉄球は砂の中に深さ $d = 2.0$ cmめり込んだ．着地の際の鉄球の加速度はいくらか．

***11*．** ロケット内での重力に耐えるための訓練用の乗り物が，宇宙飛行士を乗せて距離 d を走る間に，速さ200 m/sから静止した．宇宙飛行士の受ける加速度が重力加速度の6倍を越えないためには，d の最小値はいくらか．

***12*．** 成田からパリに向かうジェット機は，離陸距離が3300 m，離陸速度が330 km/h，着陸の進入速度が260 km/h，着陸距離が1750 mである．離陸時と着陸時の平均加速度を求めよ．

***13*．** あるジェット機のエンジンはそのジェット機に約2 m/s^{2}の加速度を与える．離陸するためには約80 m/sの速さが必要である．離陸するために必要な距離を求めよ．このジェット機は -3 m/s^{2}の加速度で止まる．離陸直前に離陸を中止しても大丈夫なための滑走路の長さを求めよ．

***14*．** 赤信号でブレーキを踏み停止する．赤信号に気づいてからブレーキを踏むまでの時間を空走時間という．空走時間はほぼ0.5秒である．時速50 kmで走っている車は空走時間に何m走るか．時速50 kmの車で急ブレーキを踏んでから車が停止するまでの制動時間は，路面が乾燥している場合は平均1.5秒である．この間の平均加速度と走行距離（制

動距離）を求めよ．

15．x 方向に $-5\,\mathrm{m/s^2}$ の等加速度直線運動をしている物体がある．時刻 $t=0$ での速度は $10\,\mathrm{m/s}$ であった．

（1） 時刻 t での速度を表す式を求めよ．

（2） 時刻 $t=0$ から $t=5\,\mathrm{s}$ までの移動距離と変位を求めよ．

B

1．x 軸に沿ってランナーが直線運動をしている．位置 x におけるランナーの速度 $v(x)$ が次の式で与えられるとき，加速度 a を x の関数として求めよ．

$$v=V_0\left(1-\frac{x}{2}\right)\quad (V_0 \text{ は定数})$$

2．気球が速さ $10\,\mathrm{m/s}$ で真上に上昇している．高度が $100\,\mathrm{m}$ のときに荷物を落とした．この荷物が地面に到達するまでの時間と到達直前の速さを求めよ．空気の抵抗は無視できるものとする．

3．ロケットが加速度 $2g$ で 1 分間真上に上昇してエンジンを停止させた．

（1） このときのロケットの速度 v_1 と高さ h を求めよ．

（2） その後上昇しつづけて最高点に到達したときの高さ H と打ち上げてから経過した時間 t_2 を求めよ．

（3） ロケットが地表に落下直前の速度 v_2 とロケットの全飛行時間 T を求めよ．

ただし，空気の抵抗は無視し，上空でも重力加速度は地表付近と同じとせよ．

4．図 4 に示すように，長いひもを滑車にかけて，その一端に荷物をつけ，もう一方の端を少年が握って速度 v_0 で歩いている．荷物が上昇する速度 v と加速度 a を求めよ．

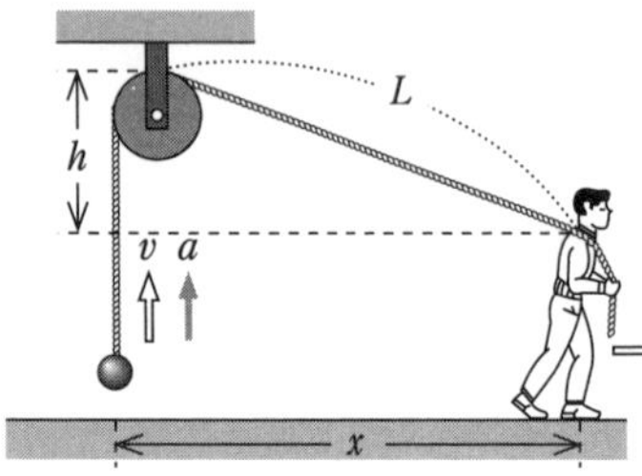

図 4

5．x 軸に沿って初速度 v_0，加速度 a_0 の等加速度直線運動をする物体の位置 $x(t)$ は図 5 のようになることを説明せよ．$t=0$ での位置 $x_0=0$ とした．

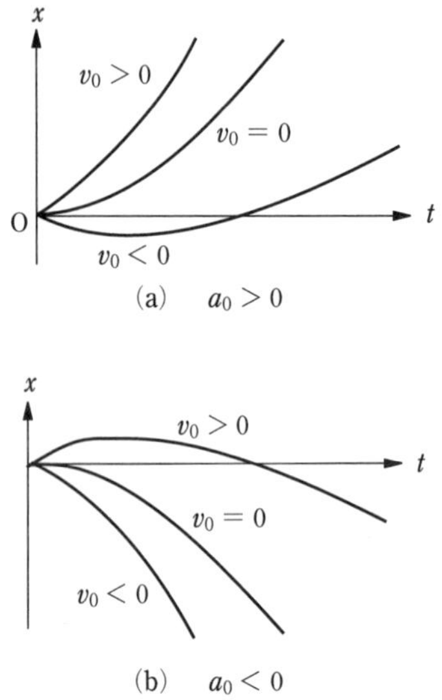

図 5

6．x 軸に沿って直線運動する物体の速度 v と加速度 a の符号が次の場合の運動の様子を定性的に述べよ．(1) $v>0$，$a>0$，(2) $v>0$，$a<0$，(3) $v<0$，$a>0$，(4) $v<0$，$a<0$．

2 ベクトル

次章以降に登場する多くの物理量，たとえば速度 $\boldsymbol{v}$，加速度 $\boldsymbol{a}$，力 $\boldsymbol{F}$ などは数学でベクトルとよばれる量である．

ベクトルとは，「大きさと向きをもつ量」である．方向と向きとを区別して「ベクトルは大きさと方向と向きをもつ量である」ということもある．これに対して，大きさだけをもち，向きのない量をスカラーという．大きさと向きをもつ量であるベクトル $\boldsymbol{A}$ を図 2.1 のように矢印で図示する．

図 2.1 ベクトル $\boldsymbol{A}$

力はベクトルの一例である．2 人の人間 A, B が荷物をいっしょに持つ場合，図 2.2 (a) のように持つ場合は図 2.2 (b) のように持つ場合よりも，大きな力 $\boldsymbol{F}_{\mathrm{A}}$, $\boldsymbol{F}_{\mathrm{B}}$ が必要である．これは力 $\boldsymbol{F}_{\mathrm{A}}$, $\boldsymbol{F}_{\mathrm{B}}$ は，大きさだけではなく，向きももつベクトルだからである．2 つの力 $\boldsymbol{F}_{\mathrm{A}}$, $\boldsymbol{F}_{\mathrm{B}}$ の合力（2 つの力 $\boldsymbol{F}_{\mathrm{A}}$, $\boldsymbol{F}_{\mathrm{B}}$ と同じ効果をもつ 1 つの力）$\boldsymbol{F}$ は，図 2.3 に示す，平行四辺形の規則に従って定義される．

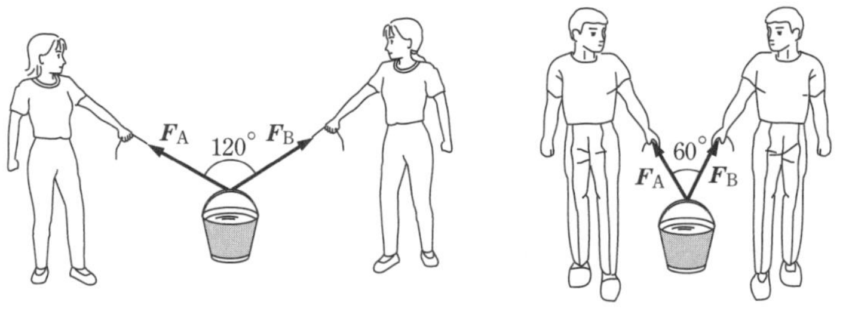

(a) (b)

図 2.2 1 つの荷物を 2 人で持つ．

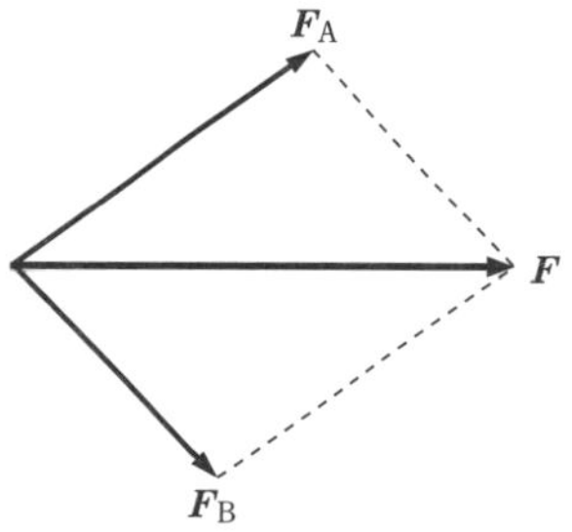

図 2.3 2 つの力 $\boldsymbol{F}_{\mathrm{A}}$, $\boldsymbol{F}_{\mathrm{B}}$ と同じ効果をもつ 1 つの力 $\boldsymbol{F}$．

ベクトルは大きさと向きをもつばかりでなく，2 つのベクトルの和が平行四辺形の規則に従って定義される量である．本書に出てくる大きさと向きをもつ量は，平行四辺形の規則で和が定義できる，ベクトルだと考えてよい．

ベクトルを使うと，視覚的にわかりやすいばかりでなく，物理法則が簡単に表せ，見通しがよいという利点がある．たとえば，ニュートンの運動方程式は

$$m\boldsymbol{a} = \boldsymbol{F} \tag{2.1}$$

と表せる．

2.1 ベクトル

ベクトルは大きさと方向と向きをもつ量である．ベクトルを，図 2.4 (a) のように，有向線分を使って図示できる．ベクトルの矢印の始点の位置が異なっていても，大きさと方向と向きが同じ 2 つのベクトルは同じベクトルであるという．本書ではベクトルを $\boldsymbol{A}$ のような太文字で表し，ベクトル $\boldsymbol{A}$ の大きさ (長さ) を A あるいは $|\boldsymbol{A}|$ と記す．これに対して，質量や温度のように，大きさはもつが方向も向きももたない量を**スカラー**という．

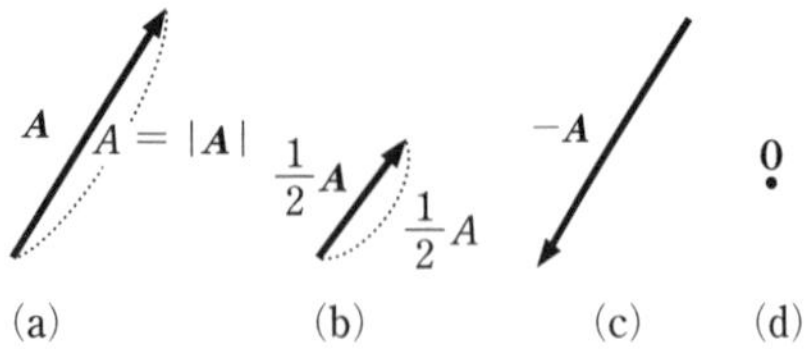

図 2.4

ベクトルのスカラー倍　k を任意のスカラーとすると，任意のベクトル $\boldsymbol{A}$ に対してそのスカラー倍のベクトル $k\boldsymbol{A}$ が定義できる．$k\boldsymbol{A}$ は，大きさがベクトル $\boldsymbol{A}$ の大きさ $|\boldsymbol{A}|$ の $|k|$ 倍で，$k > 0$ なら $\boldsymbol{A}$ と同方向，$k < 0$ なら $\boldsymbol{A}$ と逆方向を向いているベクトルである (図 2.4 (b),(c))．$-\boldsymbol{A}$ は $\boldsymbol{A}$ と同じ大きさをもち，$\boldsymbol{A}$ と逆方向を向いているベクトルである．

長さが 0 のベクトルを**零ベクトル**とよび，$\boldsymbol{0}$ と書く (図 2.4 (d))．

ベクトルの和　ベクトルは大きさと方向と向きをもち，図 2.5 に示されている平行四辺形の規則によって加法 (たし算) が定義される量である．任意の 2 つのベクトル $\boldsymbol{A}$ と $\boldsymbol{B}$ との和 $\boldsymbol{A}+\boldsymbol{B}$ は，ベクトル $\boldsymbol{B}$ を平行移動して，ベクトル $\boldsymbol{B}$ の始点をベクトル $\boldsymbol{A}$ の終点に一致させたときに，ベクトル $\boldsymbol{A}$ の始点を始点としベクトル $\boldsymbol{B}$ の終点を終点とするベクトルとして定義される．図 2.5 からわかるように，

$$\boldsymbol{A}+\boldsymbol{B} = \boldsymbol{B}+\boldsymbol{A} \tag{2.2}$$

である．ベクトル $\boldsymbol{A}$ と $\boldsymbol{B}$ の和の $\boldsymbol{A}+\boldsymbol{B}$ は，$\boldsymbol{A}$ と $\boldsymbol{B}$ を相隣る 2 辺とする平行四辺形の対角線でもある (図 2.5)．

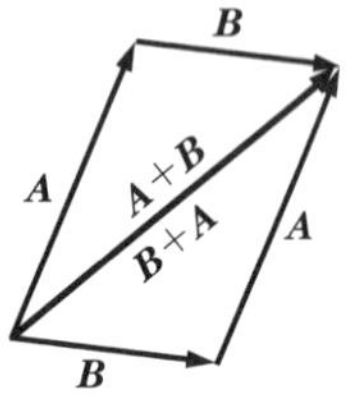

図 2.5　2 つのベクトル $\boldsymbol{A}, \boldsymbol{B}$ の和 $\boldsymbol{A}+\boldsymbol{B} = \boldsymbol{B}+\boldsymbol{A}$

ベクトル $\boldsymbol{A}$ からベクトル $\boldsymbol{B}$ を引き算した $\boldsymbol{A}-\boldsymbol{B}$ を求めるには，ベクトル $\boldsymbol{B}$ の -1 倍の $-\boldsymbol{B}$ とベクトル $\boldsymbol{A}$ の和を求めればよい (図 2.6)．

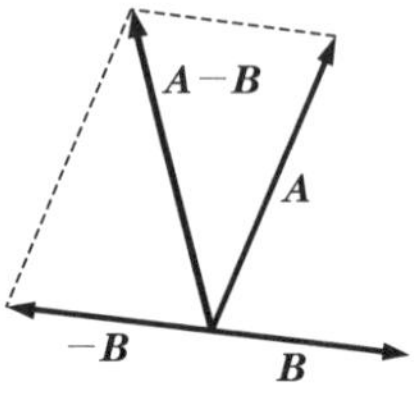

図 2.6　$\boldsymbol{A}-\boldsymbol{B} = \boldsymbol{A}+(-\boldsymbol{B})$

3 つ以上のベクトルの和も同じようにして求められる．3 つのベクトル $\boldsymbol{F}_1, \boldsymbol{F}_2, \boldsymbol{F}_3$ の和を求めるには，まず $\boldsymbol{F}_1$ と $\boldsymbol{F}_2$ の和を平行四辺形の規則を使って求め，つぎに，この和 $\boldsymbol{F}_1+\boldsymbol{F}_2$ と $\boldsymbol{F}_3$ のベクトル和を平行四辺形の規則を使って $(\boldsymbol{F}_1+\boldsymbol{F}_2)+\boldsymbol{F}_3$ として求めればよい．2 つのベクトル $\boldsymbol{F}_1$, $\boldsymbol{F}_2$ の和を最初に求めるかわりに，2 つのベクトル $\boldsymbol{F}_2, \boldsymbol{F}_3$ の和の $\boldsymbol{F}_2+\boldsymbol{F}_3$ をまず求め，つぎに $\boldsymbol{F}_1$ と $\boldsymbol{F}_2+\boldsymbol{F}_3$ のベクトル和を $\boldsymbol{F}_1+(\boldsymbol{F}_2+\boldsymbol{F}_3)$ として求めても同じ結果が得られる (図 2.7)．このようにして求めた 3 つのベクトル $\boldsymbol{F}_1, \boldsymbol{F}_2, \boldsymbol{F}_3$ の和を

$$\boldsymbol{F}_1+\boldsymbol{F}_2+\boldsymbol{F}_3 \tag{2.3}$$

と記す．

4 つ以上のベクトルの和も，同じように平行四辺形の規則をくり返し使うと求められる．

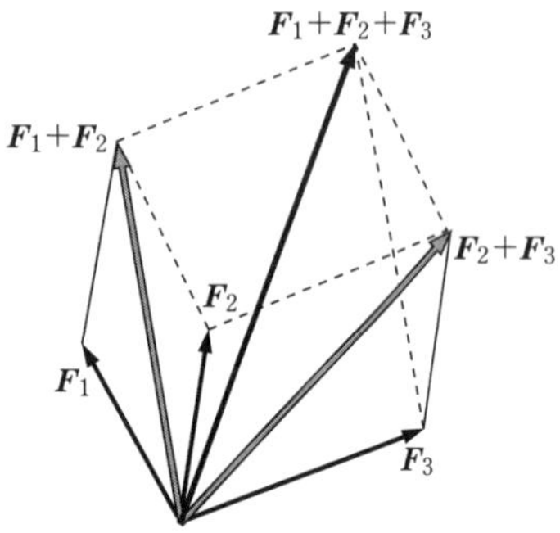

図 2.7　3 つのベクトル $\boldsymbol{F}_1, \boldsymbol{F}_2, \boldsymbol{F}_3$ の和 $\boldsymbol{F}_1+\boldsymbol{F}_2+\boldsymbol{F}_3$

2.2　直交座標系とベクトル

ベクトルを使用するときの利点の1つは，(2.1) 式のように，座標系を指定せずに物理法則を記述できることであるが，定量的な議論をする際には直交座標系を導入する必要がある．

ベクトル $\boldsymbol{A}$ の x, y, z 軸方向成分をそれぞれ A_x, A_y, A_z とすると，これらの3つの成分でベクトル $\boldsymbol{A}$ は決まる．そこで，ベクトル $\boldsymbol{A}$ を

$$\boldsymbol{A} = (A_x, A_y, A_z) \tag{2.4 a}$$

と表せる (図 2.8)．

大きさが1のベクトルを**単位ベクトル**という．直交座標系の $+x$ 軸方向，$+y$ 軸方向，$+z$ 軸方向を向いた単位ベクトルを，それぞれ，$\boldsymbol{i}, \boldsymbol{j}, \boldsymbol{k}$ とすると (図 2.8)，ベクトル $\boldsymbol{A}$ を

$$\boldsymbol{A} = A_x\boldsymbol{i} + A_y\boldsymbol{j} + A_z\boldsymbol{k} \tag{2.4 b}$$

と表すことができる．

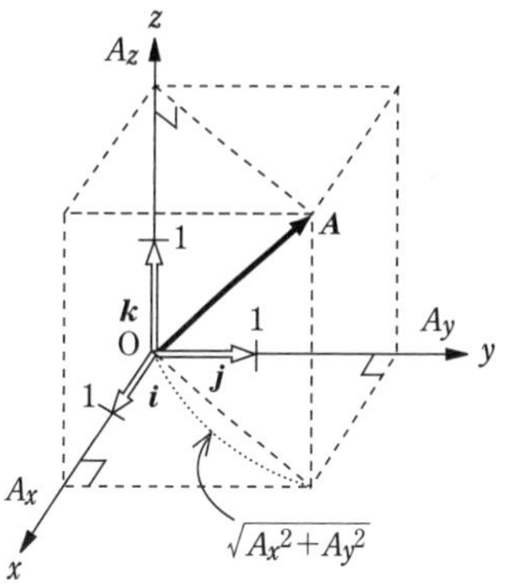

図 2.8　直交座標系 O-xyz とベクトル $\boldsymbol{A}$

■ $\boldsymbol{xy}$ 平面上にあるベクトル ■　xy 平面上にある図 2.9 のベクトル $\boldsymbol{A}$ の場合，$A_z = 0$ なので，ベクトル $\boldsymbol{A}$ を

$$\boldsymbol{A} = (A_x, A_y) \tag{2.5 a}$$

あるいは

$$\boldsymbol{A} = A_x\boldsymbol{i} + A_y\boldsymbol{j} \tag{2.5 b}$$

と表せる．

「直角三角形の斜辺の長さ」の2乗 =「直角をはさむ辺の長さ」の2乗の和 というピタゴラスの定理 (三平方の定理) を使うと，ベクトル $\boldsymbol{A} = (A_x, A_y)$ の大きさ (長さ) $A = |\boldsymbol{A}|$ は

$$A^2 = |\boldsymbol{A}|^2 = A_x{}^2 + A_y{}^2 \qquad \therefore \quad A = |\boldsymbol{A}| = \sqrt{A_x{}^2 + A_y{}^2} \tag{2.6}$$

となる．ベクトル $\boldsymbol{A}$ と $+x$ 軸のなす角を θ とすると，成分 A_x, A_y は

$$A_x = A\cos\theta, \qquad A_y = A\sin\theta \tag{2.7}$$

と表せる．ここで，角 θ は

$$\tan\theta = \frac{A_y}{A_x} \quad \left(\theta = \tan^{-1}\frac{A_y}{A_x}\right) \tag{2.8}$$

である．$y = \tan^{-1} x$ は $x = \tan y$ と同等の関係を表す．そこで，$y = \tan^{-1} x$ を $y = \tan x$ の**逆関数**という．

2つのベクトル $\boldsymbol{A} = (A_x, A_y)$ と $\boldsymbol{B} = (B_x, B_y)$ の和 $\boldsymbol{A}+\boldsymbol{B}$ の x, y 成分は，2つのベクトル $\boldsymbol{A}, \boldsymbol{B}$ の各成分の和なので (図 2.10)，

$$\boldsymbol{A}+\boldsymbol{B} = (A_x+B_x, A_y+B_y) \tag{2.9}$$

ベクトル $\boldsymbol{A} = (A_x, A_y)$ のスカラー倍 (実数 k 倍) $k\boldsymbol{A}$ は，各成分も k 倍なので，

$$k\boldsymbol{A} = (kA_x, kA_y) \tag{2.10}$$

である．

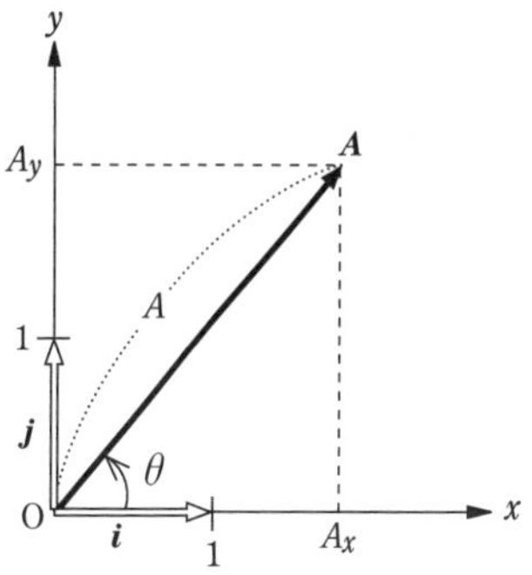

図 2.9　xy 平面上のベクトル $\boldsymbol{A} = (A_x, A_y)$
$A_x = A\cos\theta$，$A_y = A\sin\theta$

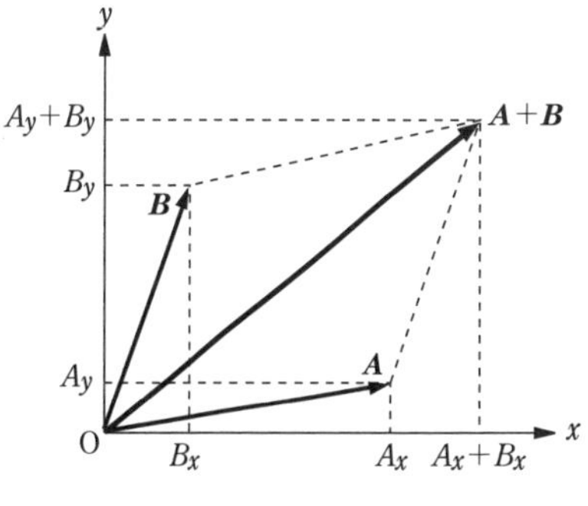

図 2.10　$\boldsymbol{A}+\boldsymbol{B}$ の成分は $\boldsymbol{A}$ の成分と $\boldsymbol{B}$ の成分の和である．

一般の場合のベクトル　ベクトル $\boldsymbol{A}=(A_x, A_y, A_z)$ の大きさ(長さ) $A=|\boldsymbol{A}|$ は

$$A^2=|\boldsymbol{A}|^2={A_x}^2+{A_y}^2+{A_z}^2$$

$$\therefore\quad A=|\boldsymbol{A}|=\sqrt{{A_x}^2+{A_y}^2+{A_z}^2} \tag{2.11}$$

であり，2つのベクトル $\boldsymbol{A}=(A_x, A_y, A_z)$ と $\boldsymbol{B}=(B_x, B_y, B_z)$ の和 $\boldsymbol{A}+\boldsymbol{B}$ は

$$\boldsymbol{A}+\boldsymbol{B}=(A_x+B_x, A_y+B_y, A_z+B_z) \tag{2.12}$$

で，ベクトル $\boldsymbol{A}$ のスカラー倍(実数 k 倍) $k\boldsymbol{A}$ は

$$k\boldsymbol{A}=(kA_x, kA_y, kA_z) \tag{2.13}$$

である．

例題1　図2.11の2つのベクトル $\boldsymbol{A}, \boldsymbol{B}$ の和 $\boldsymbol{A}+\boldsymbol{B}$ を求めよ．

解　$\boldsymbol{A}=(1,2),\quad \boldsymbol{B}=(2,1)$

$$\therefore\quad \boldsymbol{A}+\boldsymbol{B}=(1+2, 2+1)=(3,3)$$

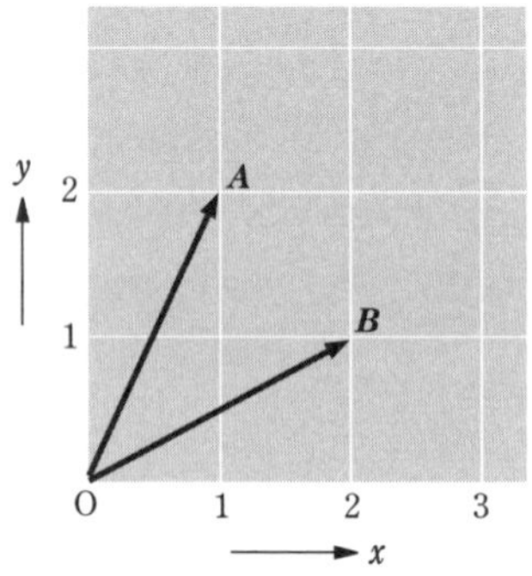

図2.11

2.3 位置ベクトル

位置ベクトル　物体の位置を表す1つの方法は，原点Oを始点とし，物体の位置Pを終点とするベクトルを用いることである．このベクトル $\overrightarrow{\mathrm{OP}}$ を物体の**位置ベクトル**とよび $\boldsymbol{r}$ と記す．運動する物体の位置は時刻によって変わるので，位置ベクトルは時刻 t の関数 $\boldsymbol{r}(t)$ である(物理学に現れるベクトルの大きさは単なる数値だけでなく，単位も含んでいる)．

時刻 t における物体の直交座標を $[x(t), y(t), z(t)]$ とすると，位置ベクトルは

$$\boldsymbol{r}(t)=[x(t), y(t), z(t)] \tag{2.14 a}$$

あるいは

$$\boldsymbol{r}(t)=x(t)\boldsymbol{i}+y(t)\boldsymbol{j}+z(t)\boldsymbol{k} \tag{2.14 b}$$

と表せる(図2.12)．

原点と物体の距離は

$$r=|\boldsymbol{r}|=\sqrt{x^2+y^2+z^2} \tag{2.15}$$

である．

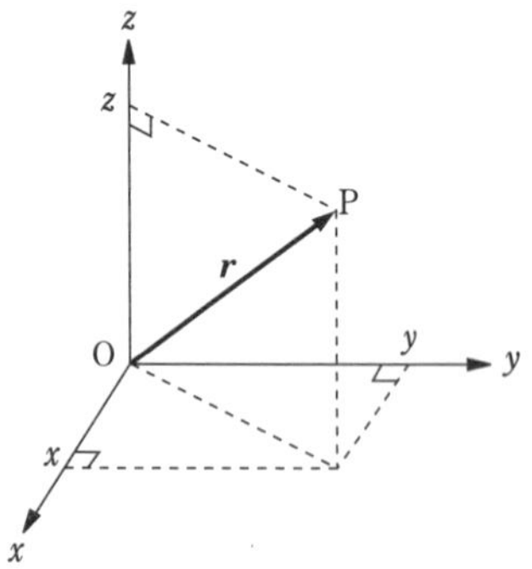

図2.12　直交座標系と位置ベクトル $\boldsymbol{r}=(x, y, z)$

xy 平面上にある点 P の位置ベクトル　xy 平面上にある点 P の位置ベクトル

$$\boldsymbol{r} = (x, y) \tag{2.16 a}$$

$$\boldsymbol{r} = x\boldsymbol{i} + y\boldsymbol{j} \tag{2.16 b}$$

の x 成分と y 成分は，$\boldsymbol{r}$ の長さ r と $\boldsymbol{r}$ が $+x$ 軸となす角 θ を使って，

$$x = r\cos\theta, \quad y = r\sin\theta \tag{2.17}$$

と表せる（図 2.13）．

$$r = \sqrt{x^2+y^2}, \quad \tan\theta = \frac{y}{x} \quad \left(\theta = \tan^{-1}\frac{y}{x}\right) \tag{2.18}$$

という関係がある．r と θ を 2 次元の**極座標**という．

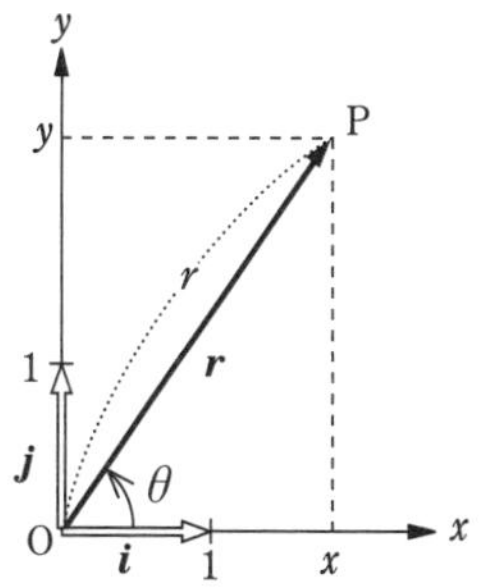

図 2.13　xy 平面上の点 P の位置ベクトル $\boldsymbol{r} = (x, y)$

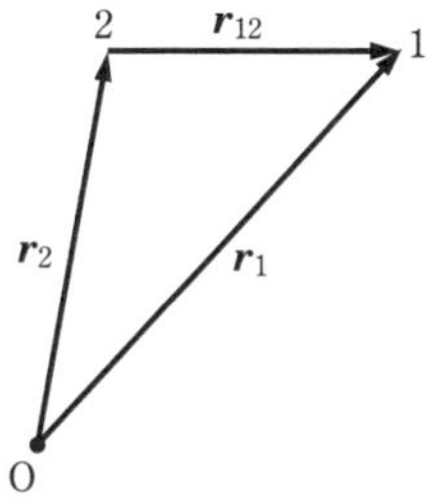

図 2.14　点 2 に対する点 1 の相対位置ベクトル $\boldsymbol{r}_{12}$
$\boldsymbol{r}_{12} = \boldsymbol{r}_1 - \boldsymbol{r}_2$

相対位置ベクトル　点 1 と点 2 の位置ベクトルを $\boldsymbol{r}_1 = (x_1, y_1, z_1)$，$\boldsymbol{r}_2 = (x_2, y_2, z_2)$ とすると，点 2 を始点とし点 1 を終点とするベクトル $\boldsymbol{r}_{12}$ は，

$$\boldsymbol{r}_{12} = \boldsymbol{r}_1 - \boldsymbol{r}_2 = (x_1 - x_2, y_1 - y_2, z_1 - z_2) \tag{2.19}$$

である（図 2.14）．これを点 2 に対する点 1 の**相対位置ベクトル**という．

点 1 と点 2 の距離は

$$r_{12} = |\boldsymbol{r}_{12}| = |\boldsymbol{r}_1 - \boldsymbol{r}_2| = [(x_1-x_2)^2+(y_1-y_2)^2+(z_1-z_2)^2]^{1/2} \tag{2.20}$$

である．

問 1　地球が，太陽をめぐる軌道の上で惑星を追い越すと，その惑星は地球から見て逆行しているように見える．図 2.15 は，等しい時間間隔でとった太陽の位置と火星の位置を，地球を原点とする座標系で示したものである．

（1）　太陽 S に対する地球 E と火星 M の相対位置ベクトルを $\boldsymbol{r}_{ES}$，$\boldsymbol{r}_{MS}$ とし，地球に対する太陽と火星の相対位置ベクトルを $\boldsymbol{r}_{SE}$，$\boldsymbol{r}_{ME}$ とすると，

$$\boldsymbol{r}_{ES} = -\boldsymbol{r}_{SE}, \quad \boldsymbol{r}_{MS} = \boldsymbol{r}_{ME} - \boldsymbol{r}_{SE}$$

という関係があることを示せ．

（2）　図 2.15 の場合，地球の位置と火星の位置を太陽を原点とする座標系で示せ．ただし，図 2.15 では地球の公転面と火星の公転面の不一致は無視してある．

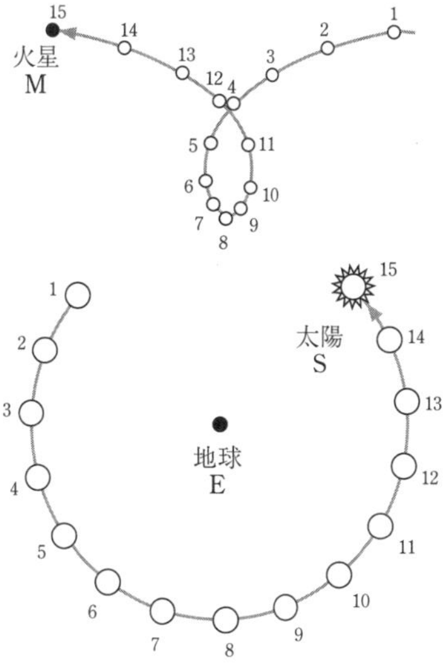

図 2.15　地球 E を中心としたときの太陽 S と火星 M の運動

2.4 スカラー積

2つのベクトル $\boldsymbol{A}$ と $\boldsymbol{B}$ の**スカラー積**(**内積**ともいう) $\boldsymbol{A}\cdot\boldsymbol{B}$ を

$$\boldsymbol{A}\cdot\boldsymbol{B} = AB\cos\theta \tag{2.21}$$

と定義する．角 θ は2つのベクトル $\boldsymbol{A}$ と $\boldsymbol{B}$ のなす角である(図2.16(a))．$\boldsymbol{A}\cdot\boldsymbol{B}$ は大きさだけをもつ量(スカラー)であり，向きをもつベクトルではない．図2.16(a)に示すように，$\boldsymbol{A}\cdot\boldsymbol{B}$ は，ベクトル $\boldsymbol{A}$ のベクトル $\boldsymbol{B}$ への射影の長さ $A\cos\theta$ とベクトル $\boldsymbol{B}$ の長さ B との積であり，ベクトル $\boldsymbol{B}$ のベクトル $\boldsymbol{A}$ への射影の長さ $B\cos\theta$ とベクトル $\boldsymbol{A}$ の長さ A との積でもある．(2.21)式からスカラー積の**可換性**

$$\boldsymbol{A}\cdot\boldsymbol{B} = \boldsymbol{B}\cdot\boldsymbol{A} \tag{2.22}$$

が導かれる．

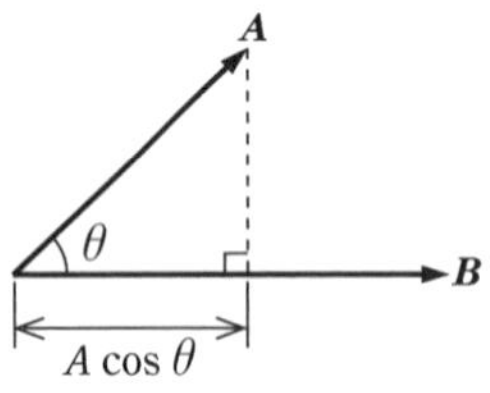

(a) $\boldsymbol{A}\cdot\boldsymbol{B} = AB\cos\theta$

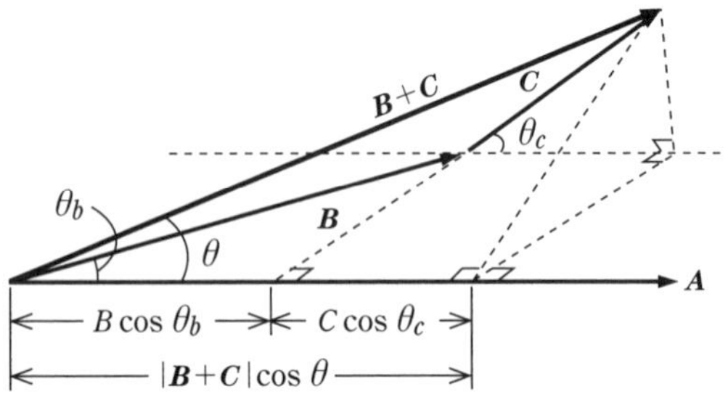

(b) $\boldsymbol{A}\cdot(\boldsymbol{B}+\boldsymbol{C}) = \boldsymbol{A}\cdot\boldsymbol{B}+\boldsymbol{A}\cdot\boldsymbol{C}$

図 2.16 2つのベクトル $\boldsymbol{A}, \boldsymbol{B}$ のスカラー積 $\boldsymbol{A}\cdot\boldsymbol{B} = \boldsymbol{B}\cdot\boldsymbol{A}$．スカラー積は向きをもたず，大きさのみをもつスカラーである．

$\cos\theta = 0$ のときには，2つのベクトルが垂直なので，

$$\boldsymbol{A} \neq \boldsymbol{0},\ \ \boldsymbol{B} \neq \boldsymbol{0} \quad \text{で} \quad \boldsymbol{A}\cdot\boldsymbol{B} = 0 \quad \text{ならば} \quad \boldsymbol{A} \perp \boldsymbol{B} \quad \text{である．} \tag{2.23}$$

また，2つのベクトル $\boldsymbol{A}$ と $\boldsymbol{B}$ のなす角 θ のコサインは，(2.21)式から

$$\cos\theta = \frac{\boldsymbol{A}\cdot\boldsymbol{B}}{AB} \tag{2.24}$$

図2.16(b)からわかるように，スカラー積は**分配則**

$$\boldsymbol{A}\cdot(\boldsymbol{B}+\boldsymbol{C}) = \boldsymbol{A}\cdot\boldsymbol{B}+\boldsymbol{A}\cdot\boldsymbol{C} \tag{2.25}$$

を満たす．

直交座標系の単位ベクトル $\boldsymbol{i}, \boldsymbol{j}, \boldsymbol{k}$ のスカラー積は

$$\begin{aligned}&\boldsymbol{i}\cdot\boldsymbol{i} = \boldsymbol{j}\cdot\boldsymbol{j} = \boldsymbol{k}\cdot\boldsymbol{k} = 1,\\ &\boldsymbol{i}\cdot\boldsymbol{j} = \boldsymbol{j}\cdot\boldsymbol{i} = \boldsymbol{j}\cdot\boldsymbol{k} = \boldsymbol{k}\cdot\boldsymbol{j} = \boldsymbol{k}\cdot\boldsymbol{i} = \boldsymbol{i}\cdot\boldsymbol{k} = 0\end{aligned} \tag{2.26}$$

なので，(2.25)，(2.26)式を使うと，2つのベクトル

$$\boldsymbol{A} = A_x\boldsymbol{i}+A_y\boldsymbol{j}+A_z\boldsymbol{k}$$

と　　(2.27)

$$\boldsymbol{B} = B_x\boldsymbol{i}+B_y\boldsymbol{j}+B_z\boldsymbol{k}$$

のスカラー積は

$$\boldsymbol{A}\cdot\boldsymbol{B} = A_xB_x+A_yB_y+A_zB_z \tag{2.28}$$

と表せる．したがって，

$$\boldsymbol{A}\cdot\boldsymbol{A} = |\boldsymbol{A}|^2 = A_x{}^2+A_y{}^2+A_z{}^2 \tag{2.29}$$

である．

例 1　2 つのベクトル $\boldsymbol{A}$ と $\boldsymbol{B}$

$$\boldsymbol{A} = 3\boldsymbol{i}+2\boldsymbol{j}, \quad \boldsymbol{B} = 5\boldsymbol{i}-2\boldsymbol{j}$$

のスカラー積 $\boldsymbol{A}\cdot\boldsymbol{B}$ は

$$\boldsymbol{A}\cdot\boldsymbol{B} = 3\cdot5+2\cdot(-2) = 11$$

例 2　図 2.17 に示す 2 つのベクトル

$$\boldsymbol{A} = (2\sqrt{3}, 2), \quad \boldsymbol{B} = (-\sqrt{3}, 1)$$

のなす角 θ は,

$$A = \sqrt{(2\sqrt{3})^2+2^2} = 4, \quad B = \sqrt{(-\sqrt{3})^2+1^2} = 2,$$
$$\boldsymbol{A}\cdot\boldsymbol{B} = 2\sqrt{3}\cdot(-\sqrt{3})+2\cdot1 = -4$$

なので,

$$\cos\theta = \frac{\boldsymbol{A}\cdot\boldsymbol{B}}{AB} = \frac{-4}{4\times2} = -\frac{1}{2} \qquad \therefore \quad \theta = 120^\circ$$

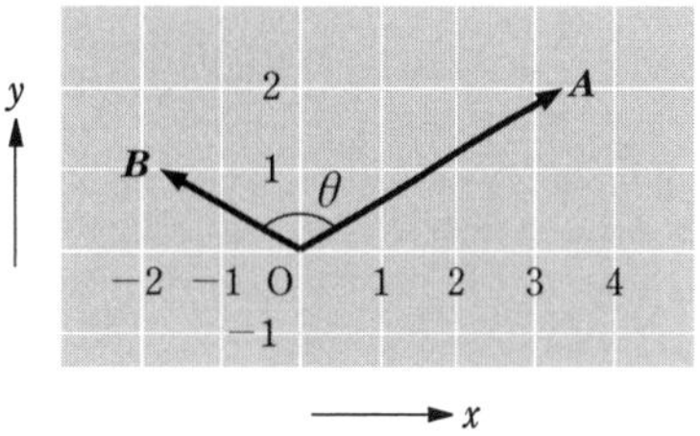

図 2.17

問 2　2 つのベクトル $\boldsymbol{A}$ と $\boldsymbol{B}$ のスカラー積 $\boldsymbol{A}\cdot\boldsymbol{B}$ を求めよ.

（1）　$\boldsymbol{A} = 3\boldsymbol{i}+2\boldsymbol{j}$, $\boldsymbol{B} = 5\boldsymbol{i}-2\boldsymbol{j}$

（2）　$\boldsymbol{A} = 3\boldsymbol{i}-2\boldsymbol{j}+5\boldsymbol{k}$, $\boldsymbol{B} = 6\boldsymbol{i}+3\boldsymbol{j}-2\boldsymbol{k}$

例題 2　$\boldsymbol{A}\cdot\boldsymbol{A} = |\boldsymbol{A}|^2$ という性質を使って

$$|\boldsymbol{A}+\boldsymbol{B}| = (A^2+B^2+2AB\cos\theta_{AB})^{1/2} \quad (2.30)$$

を導け. θ_{AB} は 2 つのベクトル $\boldsymbol{A}, \boldsymbol{B}$ のなす角である (図 2.18).

解　$|\boldsymbol{A}+\boldsymbol{B}|^2 = (\boldsymbol{A}+\boldsymbol{B})\cdot(\boldsymbol{A}+\boldsymbol{B})$

$$= \boldsymbol{A}\cdot\boldsymbol{A}+\boldsymbol{A}\cdot\boldsymbol{B}+\boldsymbol{B}\cdot\boldsymbol{A}+\boldsymbol{B}\cdot\boldsymbol{B}$$
$$= A^2+B^2+2AB\cos\theta_{AB}$$
$$\therefore \quad |\boldsymbol{A}+\boldsymbol{B}| = (A^2+B^2+2AB\cos\theta_{AB})^{1/2}$$

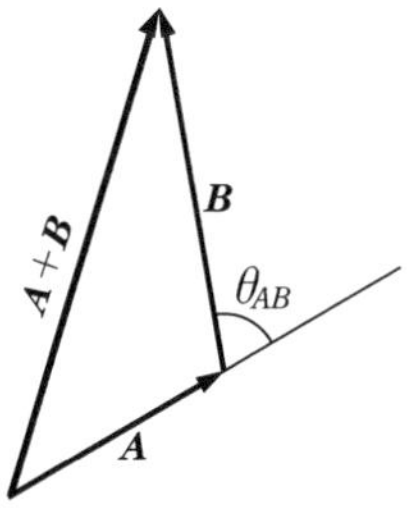

図 2.18

例題 3　図 2.19 で角 ϕ がどのような値のとき, $\boldsymbol{C} = \boldsymbol{A}+\boldsymbol{B}$ は,

（1）　大きさが最大になるか.

（2）　大きさが最小になるか.

（3）　$\phi = 90^\circ$ のときの $\boldsymbol{C}$ を求めよ.

（4）　$\phi = 60^\circ$ のときの $\boldsymbol{C}$ の大きさと方向を求めよ.

解　(2.30) 式を使うと, $C = (25+24\cos\phi)^{1/2}$.

（1）　C が最大になるのは, $\cos\phi = 1$ のときである.

$$\therefore \quad \phi = 0 \text{ のときで, } C = 7$$

（2）　C が最小になるのは, $\cos\phi = -1$ のときである.

$$\therefore \quad \phi = 180^\circ \text{ のときで, } C = 1$$

（3）　$\cos 90^\circ = 0$ なので, $C = 5$, $\tan\theta = C_y/C_x = B/A = 4/3$.

$$\theta = \tan^{-1}(4/3) = 53.1^\circ$$

（4）　$\cos 60^\circ = 1/2$ なので, $C = \sqrt{37}$.

$$\tan\theta = \frac{C_y}{C_x} = \frac{A_y+B_y}{A_x+B_x}$$
$$= \frac{0+4\sin 60^\circ}{3+4\cos 60^\circ} = \frac{2\sqrt{3}}{5}$$
$$\theta = \tan^{-1}(2\sqrt{3}/5) = 34.7^\circ$$

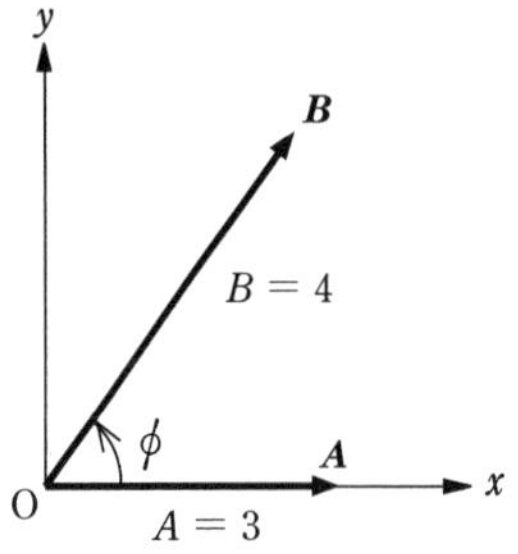

図 2.19

2.5　ベクトル積*

■ベクトル積■　2つのベクトル $\boldsymbol{A}, \boldsymbol{B}$ のベクトル積（外積ともいう）$\boldsymbol{A}\times\boldsymbol{B}$ は次のように定義されるベクトルである（図 2.20）．

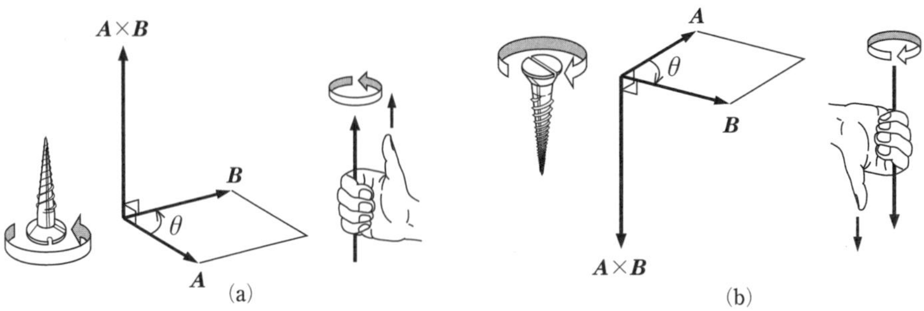

図 2.20　2つのベクトル $\boldsymbol{A}, \boldsymbol{B}$ のベクトル積 $\boldsymbol{A}\times\boldsymbol{B}$．ベクトル積は大きさと向きをもつベクトルである．向きは右手を使っても図のようにして求められる．

（1）大きさ；$\boldsymbol{A}, \boldsymbol{B}$ を相隣る2辺とする平行四辺形の面積．すなわち，ベクトル $\boldsymbol{A}, \boldsymbol{B}$ のなす角を θ とすると，

$$|\boldsymbol{A}\times\boldsymbol{B}| = AB\sin\theta \tag{2.31}$$

（2）方向；$\boldsymbol{A}, \boldsymbol{B}$ の両方に垂直．すなわち，$\boldsymbol{A}$ と $\boldsymbol{B}$ の定める平面に垂直．

（3）向き；$\boldsymbol{A}$ から $\boldsymbol{B}$ へ（180° より小さい角を通って）右ねじを回すときにねじの進む向き．$\theta = 180°$ のときは $\sin\theta = 0$ なので問題は起こらない．

この定義から，ベクトル積は**分配則**

$$\boldsymbol{A}\times(\boldsymbol{B}+\boldsymbol{C}) = \boldsymbol{A}\times\boldsymbol{B}+\boldsymbol{A}\times\boldsymbol{C} \tag{2.32}$$

は満たすが（図 2.21 参照），交換則は満たさず，そのかわりに

$$\boldsymbol{A}\times\boldsymbol{B} = -\boldsymbol{B}\times\boldsymbol{A} \tag{2.33}$$

という性質のあることがわかる．また，定義から明らかなように

$$\boldsymbol{A}\times\boldsymbol{A} = 0, \tag{2.34}$$

$$\boldsymbol{A}\cdot(\boldsymbol{A}\times\boldsymbol{B}) = \boldsymbol{B}\cdot(\boldsymbol{A}\times\boldsymbol{B}) = 0 \tag{2.35}$$

である．

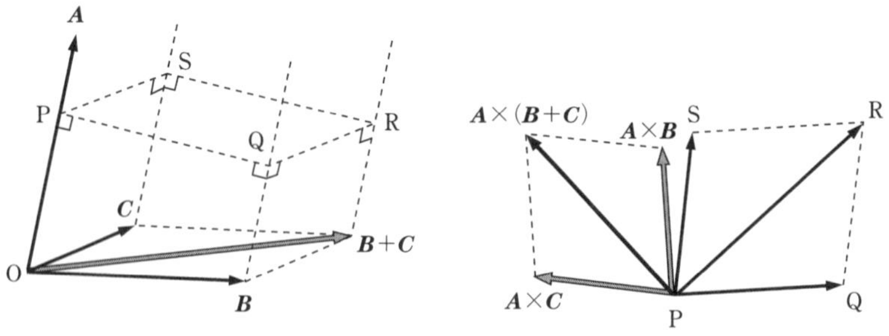

図 2.21　$\boldsymbol{A}\times(\boldsymbol{B}+\boldsymbol{C}) = \boldsymbol{A}\times\boldsymbol{B}+\boldsymbol{A}\times\boldsymbol{C}$．$|\boldsymbol{A}\times\boldsymbol{B}| = |\boldsymbol{A}|\times\overline{\mathrm{PQ}}$，$|\boldsymbol{A}\times\boldsymbol{C}| = |\boldsymbol{A}|\times\overline{\mathrm{PS}}$，$|\boldsymbol{A}\times(\boldsymbol{B}+\boldsymbol{C})| = |\boldsymbol{A}|\times\overline{\mathrm{PR}}$，$\overrightarrow{\mathrm{PQ}}\perp\boldsymbol{A}\times\boldsymbol{B}$，$\overrightarrow{\mathrm{PS}}\perp\boldsymbol{A}\times\boldsymbol{C}$，$\overrightarrow{\mathrm{PR}}\perp\boldsymbol{A}\times(\boldsymbol{B}+\boldsymbol{C})$．したがって $\boldsymbol{A}\times\boldsymbol{B}$，$\boldsymbol{A}\times\boldsymbol{C}$，$\boldsymbol{A}\times(\boldsymbol{B}+\boldsymbol{C})$ は $\overrightarrow{\mathrm{PQ}}$，$\overrightarrow{\mathrm{PS}}$，$\overrightarrow{\mathrm{PR}}$ を同じ向きに 90° 回転した方向を向いている．$\overrightarrow{\mathrm{PQ}}+\overrightarrow{\mathrm{PS}} = \overrightarrow{\mathrm{PR}}$ なので，$\boldsymbol{A}\times(\boldsymbol{B}+\boldsymbol{C}) = \boldsymbol{A}\times\boldsymbol{B}+\boldsymbol{A}\times\boldsymbol{C}$．

直交座標系として図2.8に示すような右手系を使う．**右手系**とは，図2.22のように，右手の親指，人差し指，中指がそれぞれ $+x$ 方向，$+y$ 方向，$+z$ 方向を向いているような座標系である．右手系では

$$\left.\begin{array}{l} \boldsymbol{i}\times\boldsymbol{i}=0, \quad \boldsymbol{j}\times\boldsymbol{j}=0, \quad \boldsymbol{k}\times\boldsymbol{k}=0, \\ \boldsymbol{i}\times\boldsymbol{j}=-\boldsymbol{j}\times\boldsymbol{i}=\boldsymbol{k}, \quad \boldsymbol{j}\times\boldsymbol{k}=-\boldsymbol{k}\times\boldsymbol{j}=\boldsymbol{i}, \\ \boldsymbol{k}\times\boldsymbol{i}=-\boldsymbol{i}\times\boldsymbol{k}=\boldsymbol{j} \end{array}\right\} \tag{2.36}$$

という関係が満たされている．(2.27)，(2.32)，(2.36) 式を使うと

$$\begin{aligned} \boldsymbol{A}\times\boldsymbol{B} &= (A_x\boldsymbol{i}+A_y\boldsymbol{j}+A_z\boldsymbol{k})\times(B_x\boldsymbol{i}+B_y\boldsymbol{j}+B_z\boldsymbol{k}) \\ &= (A_yB_z-A_zB_y)\boldsymbol{i}+(A_zB_x-A_xB_z)\boldsymbol{j}+(A_xB_y-A_yB_x)\boldsymbol{k} \end{aligned}$$

が導かれる．すなわち，ベクトル積 $\boldsymbol{A}\times\boldsymbol{B}$ の成分は

$$\left.\begin{array}{l} (\boldsymbol{A}\times\boldsymbol{B})_x = A_yB_z-A_zB_y \\ (\boldsymbol{A}\times\boldsymbol{B})_y = A_zB_x-A_xB_z \\ (\boldsymbol{A}\times\boldsymbol{B})_z = A_xB_y-A_yB_x \end{array}\right\} \tag{2.37}$$

である．(2.37) 式は行列式を使って次のように表せる．

$$\boldsymbol{A}\times\boldsymbol{B} = \begin{vmatrix} \boldsymbol{i} & \boldsymbol{j} & \boldsymbol{k} \\ A_x & A_y & A_z \\ B_x & B_y & B_z \end{vmatrix} \tag{2.38}$$

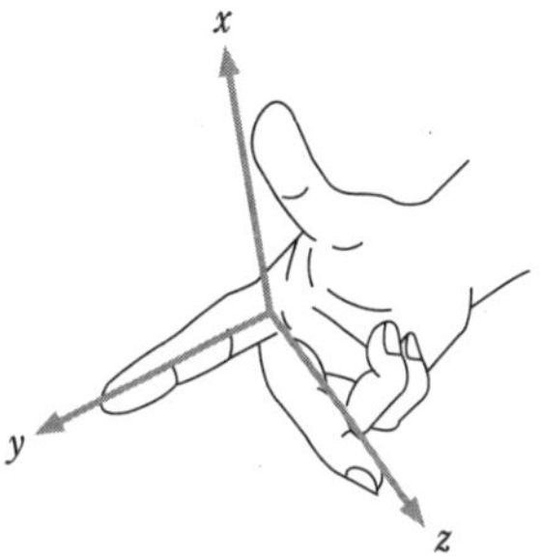

図 2.22　右手系．右手系とは，右手の親指を $+x$ 軸の方向，人差し指を $+y$ 軸の方向に向けるときに，$+z$ 軸が中指の方向を向いている直交座標系である．

第2章のまとめ

ベクトル　ベクトル $\boldsymbol{A}$ は大きさ $|\boldsymbol{A}|=A$ と方向と向きをもち，ベクトルの和の規則に従う量である．

スカラー　スカラーは大きさだけをもつ量である．

ベクトルの和　2つのベクトル $\boldsymbol{A}$ と $\boldsymbol{B}$ の和 $\boldsymbol{A}+\boldsymbol{B}$ は

（a） $\boldsymbol{B}$ を平行移動して，$\boldsymbol{B}$ の始点を $\boldsymbol{A}$ の終点に一致させたとき，$\boldsymbol{A}$ の始点を始点とし，$\boldsymbol{B}$ の終点を終点とするベクトルであり（図2.23(a)），

（b） $\boldsymbol{A}$ と $\boldsymbol{B}$ を相隣る2辺とする平行四辺形の対角線でもある（図2.23(b)）．

ベクトルのスカラー倍　k をスカラーとすると，ベクトル $\boldsymbol{A}$ の k 倍の $k\boldsymbol{A}$ は長さが $|k||\boldsymbol{A}|$ で，$k>0$ なら $\boldsymbol{A}$ と同じ向き，$k<0$ なら $\boldsymbol{A}$ と逆向きのベクトルである．

直交座標系とベクトル　直交座標系を導入すると，ベクトル $\boldsymbol{A}$ をその x 成分 A_x，y 成分 A_y，z 成分 A_z によって

$$\boldsymbol{A} = (A_x, A_y, A_z),$$
$$\boldsymbol{A} = A_x\boldsymbol{i}+A_y\boldsymbol{j}+A_z\boldsymbol{k}$$

と表せる．ここで，$\boldsymbol{i}, \boldsymbol{j}, \boldsymbol{k}$ は $+x$ 軸方向，$+y$ 軸方向，$+z$ 軸方向を向いた単位ベクトル（大きさが1のベクトル）である．ベクトル $\boldsymbol{A}$ の大きさは

$$A = |\boldsymbol{A}| = \sqrt{A_x^2+A_y^2+A_z^2}$$

$\boldsymbol{A} = (A_x, A_y, A_z)$，$\boldsymbol{B} = (B_x, B_y, B_z)$ とすると

$$\boldsymbol{A}+\boldsymbol{B} = (A_x+B_x, A_y+B_y, A_z+B_z)$$
$$k\boldsymbol{A} = (kA_x, kA_y, kA_z)$$

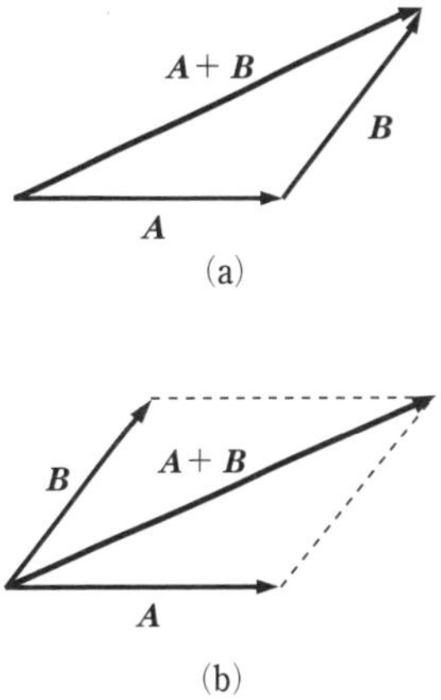

図 2.23

$\boldsymbol{xy}$ 平面上のベクトル　$\boldsymbol{A} = (A_x, A_y) = A_x\boldsymbol{i} + A_y\boldsymbol{j}$

$$A_x = A\cos\theta, \quad A_y = A\sin\theta$$

$$A = \sqrt{{A_x}^2 + {A_y}^2}, \quad \tan\theta = \frac{A_y}{A_x}$$

位置ベクトル　原点Oを始点とし，物体の位置Pを終点とするベクトル $\boldsymbol{r}$ を物体の位置ベクトルという．直交座標系を導入すると，位置ベクトル $\boldsymbol{r}$ を x 成分，y 成分，z 成分によって

$$\boldsymbol{r} = (x, y, z), \quad \boldsymbol{r} = x\boldsymbol{i} + y\boldsymbol{j} + z\boldsymbol{k}$$

と表せる．

$\boldsymbol{xy}$ 平面上の位置ベクトル　$\boldsymbol{r} = (x, y) = x\boldsymbol{i} + y\boldsymbol{j}$

$$x = r\cos\theta, \quad y = r\sin\theta$$

$$r = \sqrt{x^2 + y^2}, \quad \tan\theta = \frac{y}{x}$$

相対位置ベクトル　点1と点2の位置ベクトルを $\boldsymbol{r}_1 = (x_1, y_1, z_1)$，$\boldsymbol{r}_2 = (x_2, y_2, z_2)$ とするとき，

$$\boldsymbol{r}_{12} = \boldsymbol{r}_1 - \boldsymbol{r}_2 = (x_1 - x_2, y_1 - y_2, z_1 - z_2)$$

を点2に対する点1の相対位置ベクトルという．

ベクトルのスカラー積

$\boldsymbol{A}\cdot\boldsymbol{B} = AB\cos\theta$　（θ は2つのベクトル $\boldsymbol{A}$ と $\boldsymbol{B}$ のなす角）

$\boldsymbol{A}\cdot\boldsymbol{B} = A_xB_x + A_yB_y + A_zB_z$

$\boldsymbol{A}\cdot(\boldsymbol{B} + \boldsymbol{C}) = \boldsymbol{A}\cdot\boldsymbol{B} + \boldsymbol{A}\cdot\boldsymbol{C}$　（分配則）

ベクトルのベクトル積

$$AB\sin\theta\cdot\boldsymbol{n}$$
$$= (A_yB_z - A_zB_y)\boldsymbol{i} + (A_zB_x - B_xA_z)\boldsymbol{j} + (A_xB_y - A_yB_x)\boldsymbol{k}$$

$\boldsymbol{n}$ は $\boldsymbol{A}, \boldsymbol{B}, \boldsymbol{n}$ が右手系をつくる向きをもつ単位ベクトル．θ は2つのベクトル $\boldsymbol{A}$ と $\boldsymbol{B}$ のなす角．

$$\boldsymbol{A}\times\boldsymbol{B} = -\boldsymbol{B}\times\boldsymbol{A}$$

$$\boldsymbol{A}+\boldsymbol{B} \perp \boldsymbol{A}, \quad \boldsymbol{A}\times\boldsymbol{B} \perp \boldsymbol{B}$$

演 習 問 題 2

A

1. ベクトル $\boldsymbol{A}=(5,4)$ と $\boldsymbol{B}=(-2,6)$ について，

（1） $|\boldsymbol{A}|$, $|\boldsymbol{B}|$　（2） $\boldsymbol{A}+\boldsymbol{B}$ と $|\boldsymbol{A}+\boldsymbol{B}|$

（3） $\boldsymbol{A}-\boldsymbol{B}$ と $|\boldsymbol{A}-\boldsymbol{B}|$　（4） $3\boldsymbol{A}+2\boldsymbol{B}$

（5） $\boldsymbol{A}\cdot\boldsymbol{B}$

を計算せよ．

2. 水平方向に対して30°の方向に20 m/sの速さでボールを投げ上げた．このボールの初速度の水平方向成分と鉛直方向成分を求めよ．

3. x 成分が -20 で，y 成分が6のベクトルがある．座標系O-xy を描き，このベクトルを図示せよ．

4. （1） 点A, Bの位置ベクトルを $\boldsymbol{r}_{\mathrm{A}}$, $\boldsymbol{r}_{\mathrm{B}}$ とする．$(\boldsymbol{r}_{\mathrm{A}}-\boldsymbol{r}_{\mathrm{B}})/2$ はどのようなベクトルか．$\boldsymbol{r}_{\mathrm{B}}+(\boldsymbol{r}_{\mathrm{A}}-\boldsymbol{r}_{\mathrm{B}})/2$ はどのようなベクトルか．2点A, Bの中点Pの位置ベクトル $\boldsymbol{r}$ は

$$\boldsymbol{r}=\frac{1}{2}(\boldsymbol{r}_{\mathrm{A}}+\boldsymbol{r}_{\mathrm{B}})$$

で与えられることを示せ．

（2） 2点A $=(3,2)$, B $=(2,3)$ の中点Pを求めよ．

5. ベクトル $\boldsymbol{A}=(5,4,3)$, $\boldsymbol{B}=(-3,-4,5)$ について

（1） $|\boldsymbol{A}|$, $|\boldsymbol{B}|$　（2） $\boldsymbol{A}+\boldsymbol{B}$ と $|\boldsymbol{A}+\boldsymbol{B}|$

（3） $\boldsymbol{A}-\boldsymbol{B}$ と $|\boldsymbol{A}-\boldsymbol{B}|$　（4） $3\boldsymbol{A}+2\boldsymbol{B}$

（5） $\boldsymbol{A}\cdot\boldsymbol{B}$

を求めよ．

6. 次の2つのベクトル $\boldsymbol{A}, \boldsymbol{B}$ は垂直か？ $\boldsymbol{A}=(1,2,1)$, $\boldsymbol{B}=(1,3,-7)$.

7. 図1のように，水平面と60°をなす断層面が地震によってある地点で水平方向に80 cm，断層面に沿って水平方向に垂直な方向に60 cmずれた．断層面のずれの長さとずれの鉛直方向成分を求めよ．

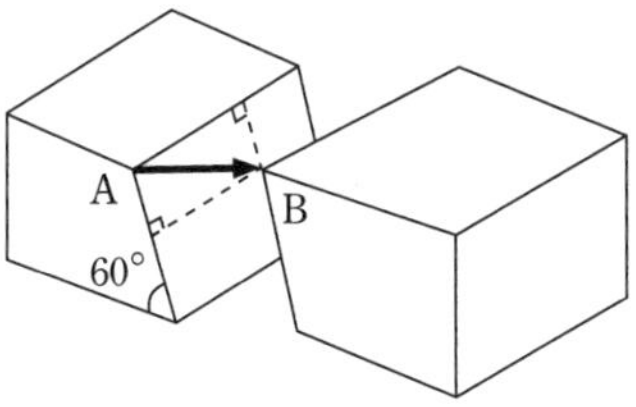

図 1

B

1. 2点A, Bの位置ベクトルが $\boldsymbol{r}_{\mathrm{A}}=(6,2)$, $\boldsymbol{r}_{\mathrm{B}}=(4,-4)$ のとき，次の点の位置ベクトルを求めよ．（1）AとBの中点，（2）点Aと原点に関して対称な点，（3）2点A, Bを2：1に内分する点．

2. 2つのベクトル $\boldsymbol{A}=(2,5,4)$, $\boldsymbol{B}=(c,6,-2)$ が垂直になるように定数 c を定めよ．

3. $\boldsymbol{A}=(2,3)$, $\boldsymbol{B}=(3,-2)$ のとき，$\boldsymbol{A}$ と $\boldsymbol{B}$ のなす角 θ を求めよ．

4. $|\boldsymbol{A}+\boldsymbol{B}|=|\boldsymbol{A}-\boldsymbol{B}|$ ならば，$\boldsymbol{A}\perp\boldsymbol{B}$ であることを示せ．

5. 次の2つのベクトル $\boldsymbol{A}, \boldsymbol{B}$ の両方に垂直な単位ベクトル $\boldsymbol{C}$ を求めよ．

$$\boldsymbol{A}=(1,2,0),\quad \boldsymbol{B}=(1,1,-1)$$

6. 図2のように，3つのベクトル $\boldsymbol{a}, \boldsymbol{b}, \boldsymbol{c}$ を相隣る3辺とする平行六面体の体積は

$$|(\boldsymbol{a}\times\boldsymbol{b})\cdot\boldsymbol{c}|$$

に等しいことを示せ．

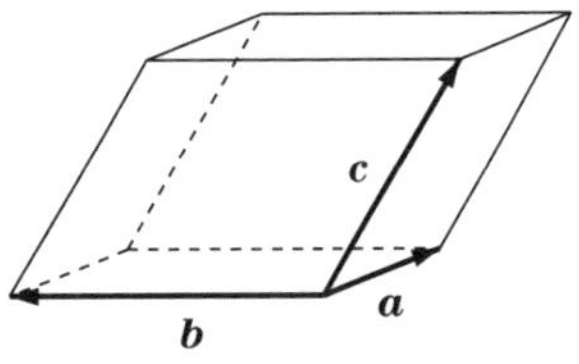

図 2

3 平 面 運 動

第1章では直線運動を学んだ．しかし，われわれが日常生活で経験する物体の運動に直線運動は少ない．本章では，曲線運動の表し方を等速円運動を中心に学ぶ．

そのために，まず，曲線運動での物体の速度 $\boldsymbol{v}$ と加速度 $\boldsymbol{a}$ を定義する．

速度 $\boldsymbol{v}$ は，速さ v を大きさとし，運動方向を向いたベクトルである．

加速度 $\boldsymbol{a}$ は，速度 $\boldsymbol{v}$ の時間変化率であり，やはりベクトルである．物体の速さが変化しなくても運動の向きが変化すれば速度 $\boldsymbol{v}$ は変化するので，加速度 $\boldsymbol{a}$ は0ではない．たとえば，等速円運動する物体の加速度 $\boldsymbol{a}$ は，物体から円の中心の方向を向いているベクトルである．

3.1 速 度

第1章では物体の速さを学んだ．物体の運動には向きがあるので，同じ速さでも運動の向きが違えば別の運動である．そこで，運動方向を向き，大きさが速さ v に等しいベクトル $\boldsymbol{v}$ を**速度**とよぶ．速度 $\boldsymbol{v}$ はベクトルなので，x 成分 v_x，y 成分 v_y，z 成分 v_z をもつ．

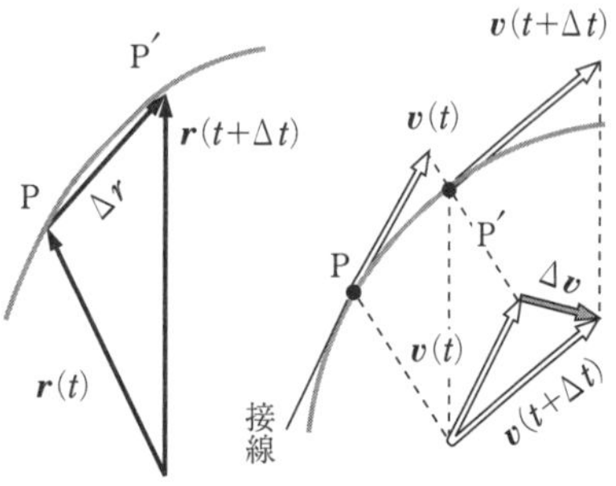

図 3.1 変位（ベクトル）$\Delta\boldsymbol{r}$ と速度（ベクトル）$\boldsymbol{v}$

■変 位■ 物体が運動すると，その位置ベクトルは時刻とともに変化する．時刻 t に点P $[\boldsymbol{r}(t)]$ にあった物体が，時刻 $t+\Delta t$ には点P′ $[\boldsymbol{r}(t+\Delta t)]$ に移動した（図3.1(a)）．この間に物体の位置は $\overrightarrow{\mathrm{PP'}}$，すなわち，

$$
\begin{aligned}
\Delta\boldsymbol{r} &= \boldsymbol{r}(t+\Delta t)-\boldsymbol{r}(t) \\
&= [\Delta x = x(t+\Delta t)-x(t),\ \Delta y = y(t+\Delta t)-y(t), \\
&\qquad \Delta z = z(t+\Delta t)-z(t)]
\end{aligned}
\tag{3.1}
$$

だけ変化する．$\Delta\boldsymbol{r}$ を時間 Δt における物体の変位という．点Pから点P′への物体の位置の変化を途中の経路に関係なく示すのが変位 $\Delta\boldsymbol{r}$ である．変位はベクトルである．

■平均速度■ 時間 Δt での物体の変位を $\Delta\boldsymbol{r}$ とすると，この時間 Δt での平均速度 $\bar{\boldsymbol{v}}$ を，変位 $\Delta\boldsymbol{r}$ を時間 Δt で割った，

$$
\bar{\boldsymbol{v}} = \frac{\Delta\boldsymbol{r}}{\Delta t} = \left(\frac{\Delta x}{\Delta t}, \frac{\Delta y}{\Delta t}, \frac{\Delta z}{\Delta t}\right) \tag{3.2}
$$

と定義する．平均速度 $\bar{\boldsymbol{v}}$ は，単位時間あたりの変位であり，変位 $\Delta\boldsymbol{r}$ の方向を向き，大きさが $|\Delta\boldsymbol{r}|/\Delta t$ のベクトルである．

速度（瞬間速度）　時刻 t の瞬間速度 $\boldsymbol{v}(t)$ は，(3.2) 式の平均速度 $\bar{\boldsymbol{v}} = \Delta\boldsymbol{r}/\Delta t$ の $\Delta t \to 0$ での極限の $\mathrm{d}\boldsymbol{r}/\mathrm{d}t$ である．

$$\begin{aligned}\boldsymbol{v}(t) &= [v_x(t), v_y(t), v_z(t)] \\ &= \lim_{\Delta t \to 0} \frac{\Delta \boldsymbol{r}}{\Delta t} \equiv \frac{\mathrm{d}\boldsymbol{r}}{\mathrm{d}t} = \left(\frac{\mathrm{d}x}{\mathrm{d}t}, \frac{\mathrm{d}y}{\mathrm{d}t}, \frac{\mathrm{d}z}{\mathrm{d}t}\right)\end{aligned} \tag{3.3}$$

このとき $|\Delta\boldsymbol{r}| \to 0$ となり，$\Delta\boldsymbol{r}/\Delta t$ は一定のベクトルに近づく．このベクトルが**速度（瞬間速度）** $\boldsymbol{v}$ である．国際単位系での速度の単位は m/s である．(3.3) 式は，数学的には，

「速度」＝「位置ベクトルの時間変化率」

と定義されることを示す．

図 3.1 から，速度 $\boldsymbol{v}(t)$ は時刻 t での速さ $v(t)$ を大きさとし，方向は物体が動くときに空間に描く曲線（軌道）の接線方向，向きは運動の向きであることがわかる．速度の大きさ（速さ）v は

$$v = |\boldsymbol{v}| = \sqrt{{v_x}^2 + {v_y}^2 + {v_z}^2} \tag{3.4}$$

である．

例題 1　x, y, t を xy 平面上で運動する物体の位置座標と時刻の数値部分とし，位置 x, y が

$$x = t, \qquad y = \frac{1}{4}t^2 + \frac{t}{2}$$

のときに，

（1）　xy 平面上に物体の軌道を描き，時刻 $t = -3, -2, -1, 0, 1, 2$ での位置に印をつけよ．

（2）　この物体の速度 $\boldsymbol{v} = (v_x, v_y)$ を求めよ．(1) でつけた印の点での速度ベクトルを記入せよ．

解　（1）　図 3.2 参照．

（2）　$v_x = \dfrac{\mathrm{d}t}{\mathrm{d}t} = 1$,

$$v_y = \frac{\mathrm{d}}{\mathrm{d}t}\left(\frac{1}{4}t^2 + \frac{t}{2}\right) = \frac{t}{2} + \frac{1}{2}$$

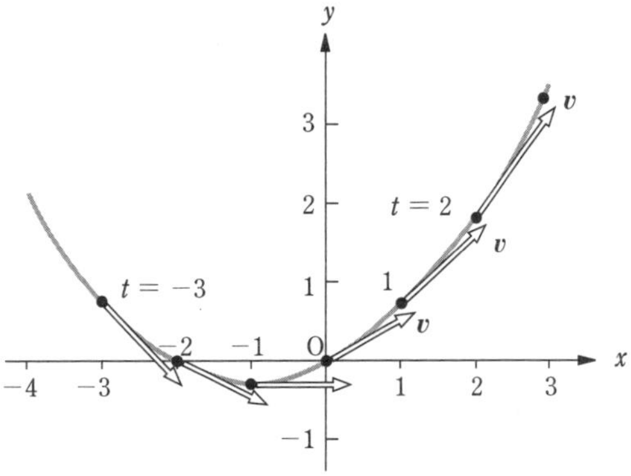

図 3.2

3.2 加　速　度

平均加速度　時刻 t から時刻 $t+\Delta t$ の時間 Δt に，物体の速度が $\boldsymbol{v}(t)$ から $\boldsymbol{v}(t+\Delta t)$ に変化した場合（図 3.1 参照），この時間 Δt での**平均加速度** $\bar{\boldsymbol{a}}$ を，速度の変化 $\Delta\boldsymbol{v} = \boldsymbol{v}(t+\Delta t) - \boldsymbol{v}(t)$ を時間 Δt で割った，

$$\bar{\boldsymbol{a}} = \frac{\Delta\boldsymbol{v}}{\Delta t} = \left(\frac{\Delta v_x}{\Delta t}, \frac{\Delta v_y}{\Delta t}, \frac{\Delta v_z}{\Delta t}\right) \tag{3.5}$$

と定義する．平均加速度 $\bar{\boldsymbol{a}}$ は，単位時間あたりの速度の変化であり，速度の変化 $\Delta\boldsymbol{v}$ の方向を向き，大きさが $|\Delta\boldsymbol{v}|/\Delta t$ のベクトルである．国際単位系での加速度の単位は $\mathrm{m/s^2}$ である．

速度 $\boldsymbol{v}_0$ の物体が時間 t の間に平均加速度 $\bar{\boldsymbol{a}}$ の加速を行って速度 $\boldsymbol{v}$ になったとする．平均加速度 $\bar{\boldsymbol{a}}$ は

$$\bar{\boldsymbol{a}} = \frac{\boldsymbol{v} - \boldsymbol{v}_0}{t} \tag{3.6}$$

なので，これを解くと

$$\boldsymbol{v} = \boldsymbol{v}_0 + \bar{\boldsymbol{a}}t \tag{3.7}$$

となる．

加速度（瞬間加速度）　時刻 t での**加速度（瞬間加速度）**$\boldsymbol{a}(t)$ は，(3.5) 式の平均加速度 $\bar{\boldsymbol{a}} = \Delta\boldsymbol{r}/\Delta t$ の $\Delta t \to 0$ での極限の $\mathrm{d}\boldsymbol{v}/\mathrm{d}t$ である．すなわち，

$$\begin{aligned}\boldsymbol{a}(t) = (a_x, a_y, a_z) &= \frac{\mathrm{d}\boldsymbol{v}}{\mathrm{d}t} = \left(\frac{\mathrm{d}v_x}{\mathrm{d}t}, \frac{\mathrm{d}v_y}{\mathrm{d}t}, \frac{\mathrm{d}v_z}{\mathrm{d}t}\right) \\ &= \frac{\mathrm{d}^2\boldsymbol{r}}{\mathrm{d}t^2} = \left(\frac{\mathrm{d}^2x}{\mathrm{d}t^2}, \frac{\mathrm{d}^2y}{\mathrm{d}t^2}, \frac{\mathrm{d}^2z}{\mathrm{d}t^2}\right)\end{aligned} \tag{3.8}$$

速度が変化すれば加速度が生じる．物体の速さ（速度の大きさ）が時間とともに変化すれば，加速度は 0 ではない．速さが変化しなくても速度の方向が変化すれば，やはり加速度は 0 ではない．たとえば，直線道路で自動車のアクセルやブレーキを踏めば加速度が生じる．また，アクセルもブレーキも踏まずに自動車のハンドルを回してカーブを曲がるときにも加速度は 0 ではない．

例 1　例題 1 の物体の加速度 $\boldsymbol{a} = (a_x, a_y)$ は，$\boldsymbol{v} = (v_x, v_y) = (1, t/2 + 1/2)$ なので，

$$a_x = \frac{\mathrm{d}\,1}{\mathrm{d}t} = 0, \qquad a_y = \frac{\mathrm{d}}{\mathrm{d}t}\left(\frac{t}{2} + \frac{1}{2}\right) = \frac{1}{2}$$

3.3 相対速度

物体 1 の位置ベクトルを $\boldsymbol{r}_1$，物体 2 の位置ベクトルを $\boldsymbol{r}_2$ とすると，物体 2 に対する物体 1 の相対位置ベクトル $\boldsymbol{r}_{12}$ は

$$\boldsymbol{r}_{12} = \boldsymbol{r}_1 - \boldsymbol{r}_2 \tag{3.9}$$

である（2.3 節）．時刻 t から時刻 $t+\Delta t$ までの時間 Δt に相対位置ベクトルが

$$\boldsymbol{r}_{12}(t) = \boldsymbol{r}_1(t) - \boldsymbol{r}_2(t) \quad \text{から} \quad \boldsymbol{r}_{12}(t+\Delta t) = \boldsymbol{r}_1(t+\Delta t) - \boldsymbol{r}_2(t+\Delta t)$$

に変化するとき，相対位置ベクトルの変化は

$$\begin{aligned}\Delta\boldsymbol{r}_{12} &= \boldsymbol{r}_{12}(t+\Delta t) - \boldsymbol{r}_{12}(t) \\ &= [\boldsymbol{r}_1(t+\Delta t) - \boldsymbol{r}_1(t)] - [\boldsymbol{r}_2(t+\Delta t) - \boldsymbol{r}_2(t)] \\ &= \Delta\boldsymbol{r}_1 - \Delta\boldsymbol{r}_2\end{aligned} \tag{3.10}$$

である．これを Δt で割った

$$\begin{aligned}\bar{\boldsymbol{v}}_{12} &= \frac{\Delta\boldsymbol{r}_{12}}{\Delta t} = \frac{\Delta\boldsymbol{r}_1}{\Delta t} - \frac{\Delta\boldsymbol{r}_2}{\Delta t} \\ &= \bar{\boldsymbol{v}}_1 - \bar{\boldsymbol{v}}_2\end{aligned} \tag{3.11}$$

が物体 2 に対する物体 1 の平均相対速度であり，$\bar{\boldsymbol{v}}_{12}$ の $\Delta t \to 0$ での極限 $\boldsymbol{v}_{12}$

$$\boldsymbol{v}_{12} = \frac{\mathrm{d}\boldsymbol{r}_{12}}{\mathrm{d}t} = \boldsymbol{v}_1 - \boldsymbol{v}_2 \tag{3.12}$$

が，物体 2 に対する物体 1 の相対速度である（図 3.3）．

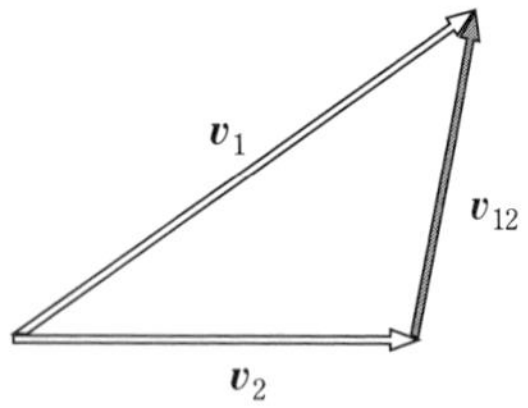

図 3.3　相対速度 $\boldsymbol{v}_{12} = \boldsymbol{v}_1 - \boldsymbol{v}_2$

例 2　地面に対して速度 $\boldsymbol{v}_2$ で運動しているトラックの荷台の上の人がピストルを発射する．トラックに対する弾丸の相対速度を $\boldsymbol{v}_{12}$ とすると，地面に対する弾丸の速度 $\boldsymbol{v}_1$ は

$$\boldsymbol{v}_1 = \boldsymbol{v}_2 + \boldsymbol{v}_{12} \tag{3.13}$$

である（図 3.4）．速度の合成のとき，速度ベクトルは平行移動してよい．

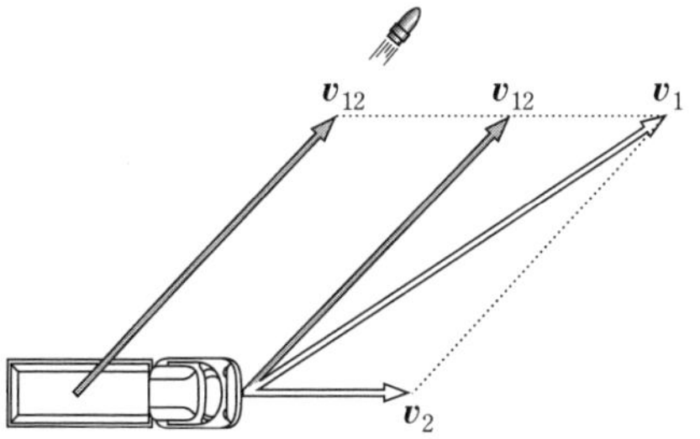

図 3.4　速度 $\boldsymbol{v}_2$ で走っているトラックの荷台の上からトラックに対して相対速度 $\boldsymbol{v}_{12}$ でピストルを発射する．地面に対する弾丸の速度 $\boldsymbol{v}_1 = \boldsymbol{v}_2 + \boldsymbol{v}_{12}$．

例 3　無風状態では雨滴は速度 $\boldsymbol{v}_1$ で鉛直に落下する．静止している人は傘を真上に向けてさせばよい．この雨の中を速度 $\boldsymbol{v}_2$ で歩く人にとっては，雨滴の相対速度は

$$\boldsymbol{v}_{12} = \boldsymbol{v}_1 - \boldsymbol{v}_2 \tag{3.14}$$

である（図 3.5）．歩いている人は傘の先を斜め前方（$-\boldsymbol{v}_{12}$ の方向）に向けて歩くと雨に濡れない．

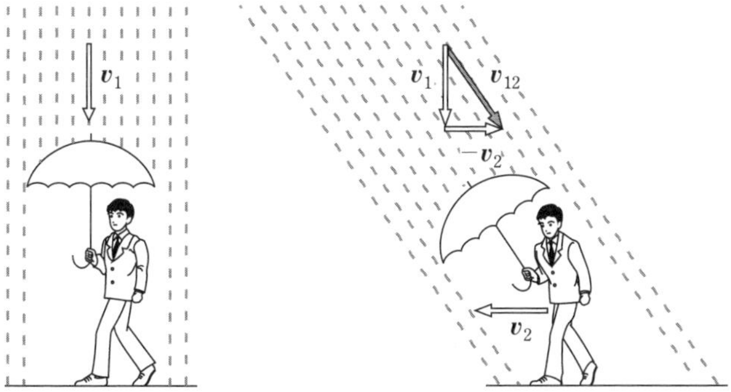

図 3.5　(a) 雨滴は鉛直下方に速度 $\boldsymbol{v}_1$ で落下する．(b) 速度 $\boldsymbol{v}_2$ で歩く人は，雨滴の速度を $\boldsymbol{v}_{12} = \boldsymbol{v}_1 - \boldsymbol{v}_2$ だと観測するので，傘の先を $-\boldsymbol{v}_{12}$ の方向に傾けないと濡れる．

例 4　図 3.6 の場合，自動車 2 に対する自動車 1 の相対速度 $\boldsymbol{v}_{12}$ は

$$\begin{aligned}\boldsymbol{v}_{12} = \boldsymbol{v}_1 - \boldsymbol{v}_2 &= (-50\ \text{m/s}, 0) - (0, 50\ \text{m/s}) \\ &= (-50\ \text{m/s}, -50\ \text{m/s})\end{aligned}$$

すなわち，北東から南西の方向を向いている．

$$v_{12} = \sqrt{(-50\ \text{m/s})^2 + (-50\ \text{m/s})^2} = 50\sqrt{2}\ \text{m/s}$$

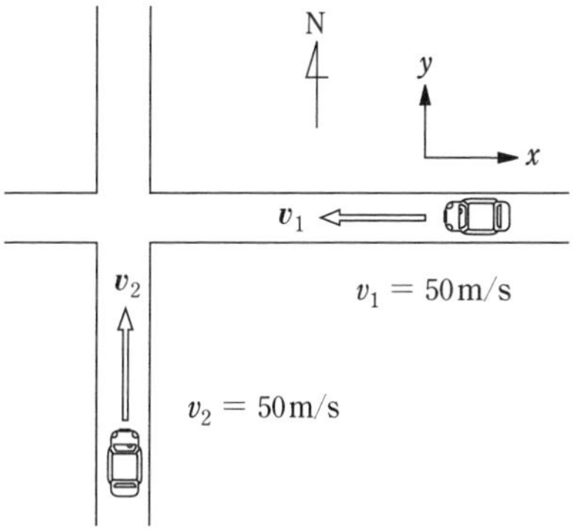

図 3.6

3.4 等速円運動

直線運動でない運動の例として，物体が xy 平面上の半径 r の円の上を一定の速さ v で運動する等速円運動を考える．

原点（円の中心）O を始点とし，物体の位置 P を終点とするベクトル $\boldsymbol{r}$ が物体の位置ベクトルである．35 ページに説明したように物体の速度 $\boldsymbol{v}$ は円の接線方向を向いているので，速度 $\boldsymbol{v}$ と位置ベクトル $\boldsymbol{r}$ は垂直である（図 3.7）．したがって，位置ベクトル $\boldsymbol{r}$ が中心 O のまわりを回転すると，速度 $\boldsymbol{v}$ の向きも回転する．したがって，等速円運動では物体の速さ v は変わらないが，速度 $\boldsymbol{v}$ は変化するので，加速度 $\boldsymbol{a}$ は 0 ではない．この事実はあとで示す図 3.10，3.11 を眺めると理解しやすい．

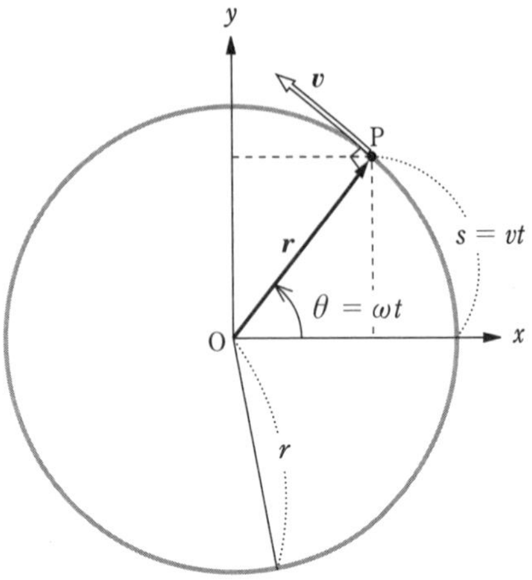

図 3.7　半径 r の等速円運動．弧の長さ $s = vt = r\theta = r\omega t$，$\therefore v = r\omega$.

弧度（ラジアン）　位置ベクトルの向きを指定するために，2.3 節で導入した，位置ベクトルが x 軸の正の向きとなす角 θ を使うと便利なので角 θ を**角位置**とよぶ（図 3.8）．時計の針の回る向きと逆向きを角位置 θ のプラスの向き，時計の針の回る向きを角位置 θ のマイナスの向きと定義する．角度の単位として，昔から直角を 90° とし，その 1/90 を 1° とするものが使われている．

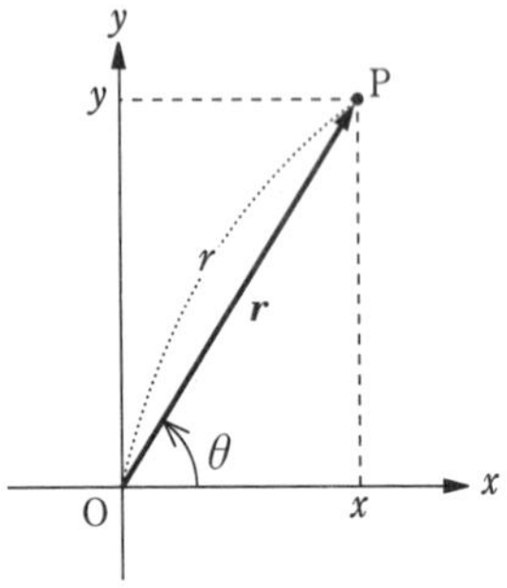

図 3.8　極座標 $x = r\cos\theta$, $y = r\sin\theta$

物理学では角度の単位に**ラジアン**（記号 rad）を使うことが多い．ある中心角に対する半径 1 の円の弧の長さが θ のとき，この中心角の大きさを θ ラジアンと定義する（図 3.9（a））．中心角が 360° のときの半径 1 の円の弧の長さは円周 2π なので，$360° = 2\pi$ rad であり，

$$1\,\mathrm{rad} = 360°/2\pi \approx 57.3° \tag{3.15}$$

である．$A \approx B$ は A と B が数値的にほぼ等しいことを意味する．

図 3.9（a）の 2 つの扇形での比例関係から，半径 r，頂角 θ rad の扇形の弧の長さ s は

$$s = r\theta \tag{3.16}$$

であることがわかる．s も r も長さなので，角度 $\theta = s/r$ の単位 rad は無次元の量で，本来は rad = 1 とすべきものである．（3.16）式を使う場合には θ の単位の rad は省略しなければならない．なお，1 rad は半径 r と等しい長さ r の円弧に対する中心角である（図 3.9(b)）．

図 3.9(a) を眺めると，中心角 θ が小さい場合には，弧の長さ $r\theta$ と垂線の長さ $r\sin\theta$ はほぼ等しいことがわかる．すなわち

$$\theta \to 0 \quad \text{では} \quad \sin\theta \to \theta \tag{3.17}$$

$$\therefore \quad \sin\theta \approx \theta \quad (|\theta| \ll 1 \text{ のとき}) \tag{3.18}$$

である．$|\theta| \ll 1$ は $|\theta|$ が 1 に比べてはるかに小さいことを示す．

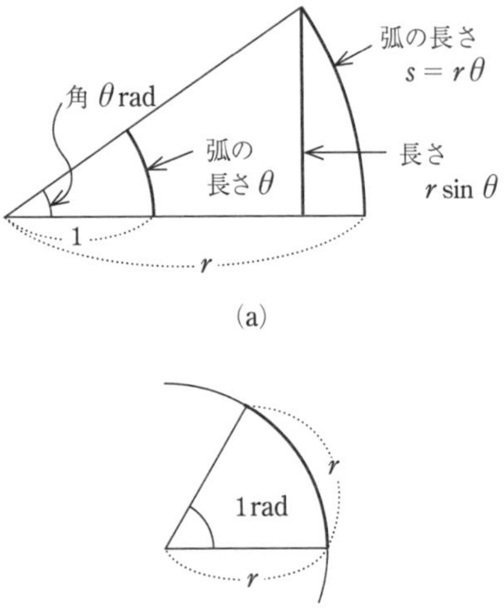

(b)

図 3.9　(a) 半径 r，中心角 θ rad の扇形の弧の長さ s は $s = r\theta$．
(b) 半径 r と等しい長さの弧に対する中心角を 1 rad という．

角速度　中心角 θ が時間 t とともに変化する割合を**角速度**という．時間 Δt での角度 θ の増加を $\Delta\theta$ とすると，この時間 Δt での平均角速度 $\bar{\omega}$ は $\bar{\omega} = \Delta\theta/\Delta t$ で，瞬間角速度 ω は

$$\omega = \frac{\mathrm{d}\theta}{\mathrm{d}t} \tag{3.19}$$

である．中心角の単位に rad を使う場合の角速度の単位は rad/s である．なお，下の（3.23）式の ω の単位は 1/s と記さねばならない．

一定な角速度 ω での等角速度運動では，角位置 θ は

$$\theta = \omega t \tag{3.20}$$

のように変化する．ただし，時刻 0 で $\theta = 0$ とした．

■等速円運動■　質点が原点 O を中心とする半径 r の円周上を一定の速さ v で運動する場合を**等速円運動**という．円運動では，移動距離 Δs は中心角の変化 $\Delta\theta$ に比例し，

$$\Delta s = r(\Delta\theta) \tag{3.21}$$

である．$\Delta\theta = \omega(\Delta t)$ の等速円運動では，角速度 ω は

$$\omega = \frac{\Delta\theta}{\Delta t} = \frac{\Delta s}{r}\frac{1}{\Delta t} = \frac{1}{r}\frac{\Delta s}{\Delta t} = \frac{v}{r} = \text{一定} \tag{3.22}$$

である．したがって，速さ $v = \mathrm{d}s/\mathrm{d}t$ は

$$v = r\omega \tag{3.23}$$

である．円板が回転しているとき，円板上の点の速さ v は中心からの距離 r に比例する．等速円運動する物体の速度は円の接線方向を向いている（図 3.7）．

$$\boldsymbol{v} \perp \boldsymbol{r} \tag{3.24}$$

例 5　中心軸のまわりに 1 分間に 60 回転している直径 50 cm の円板の端の点の速さ v は，

$$r = 50\ \mathrm{cm}/2 = 25\ \mathrm{cm} = 25\times(1/100\ \mathrm{m}) = 0.25\ \mathrm{m},$$
$$\omega = 2\pi\times 60/\mathrm{min} = 120\pi/60\ \mathrm{s} = 2\pi\ \mathrm{s}^{-1}$$

なので（1 分間の回転角は $2\pi\times 60$ rad），

$$v = r\omega = (0.25\ \mathrm{m})\times(2\pi\ \mathrm{s}^{-1}) = 0.5\pi\ \mathrm{m/s}$$

つぎに等速円運動の加速度を求める．図 3.10 (b) のように，速度ベクトルを平行移動してすべての速度ベクトルの始点を一致させる．そうすると，速度ベクトル $\boldsymbol{v}$ は中心のまわりを位置ベクトルと同じ角速度 ω で回転する．速度ベクトル $\boldsymbol{v}$ の長さは $v = r\omega$ なので，速度ベクトルの先端は半径が $v = r\omega$ の円周上を速さ $v\omega = r\omega^2$ で運動する（図 3.10 (b)）．速度ベクトル $\boldsymbol{v}$ の先端の動く速度が加速度 $\boldsymbol{a}$ である．したがって，等速円運動の加速度 $\boldsymbol{a}$ の大きさは

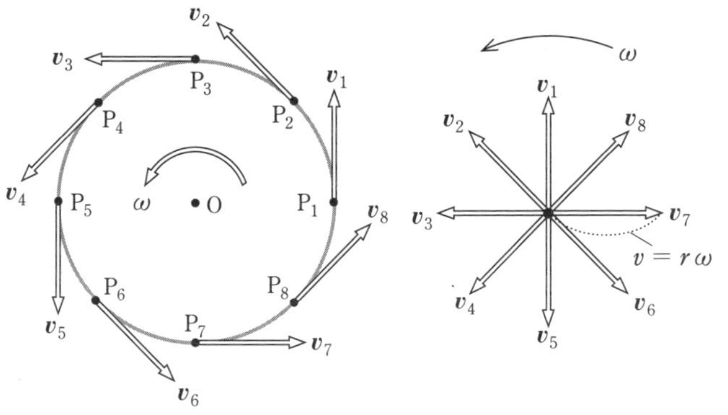

図 3.10　(a) いろいろな点での速度ベクトル．(b) 速度ベクトルを平行移動して始点をそろえる．このような速度の図をホドグラフという．図 3.7 の長さ r の位置ベクトル $\boldsymbol{r}$ の先端の動く速さ v が $r\omega$ なので，長さ $v = r\omega$ の速度ベクトルの先端の動く速さ（加速度の大きさ）a は $a = v\omega = r\omega^2$ である．

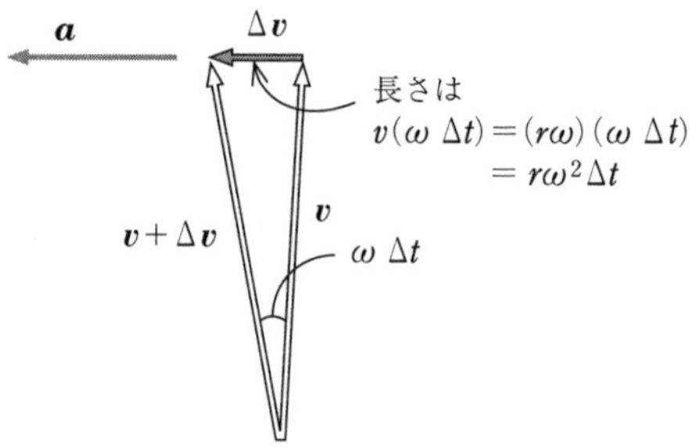

図 3.11 等速円運動の加速度 $\boldsymbol{a}$ は速度 $\boldsymbol{v}$ に垂直である．図から $\Delta t \to 0$ の極限では $\boldsymbol{a} \perp \boldsymbol{v}$ で，$\Delta \boldsymbol{v}/\Delta t \to r\omega^2$ であることがわかる．

$$a = r\omega^2 = v\omega = \frac{v^2}{r} \qquad (3.25)$$

である．図 3.11 からわかるように，加速度 $\boldsymbol{a}$ と速度 $\boldsymbol{v}$ は垂直である．速度 $\boldsymbol{v}$ は位置ベクトル $\boldsymbol{r}$ に垂直なので，加速度 $\boldsymbol{a}$ と位置ベクトル $\boldsymbol{r}$ は平行であるが，$\boldsymbol{a}$ と $\boldsymbol{r}$ は逆向きである．等速円運動の加速度 $\boldsymbol{a}$ は円の中心を向いているので，**向心加速度**ともいう（図 3.12 参照）．この事実はベクトルの関係として

$$\boldsymbol{a} = -\omega^2 \boldsymbol{r} \qquad (3.26)$$

と表せる．

物体が，半径 r の円周上を速さ v で等速円運動する場合，長さ $2\pi r$ の円を 1 周する時間 T は，$vT = 2\pi r$ から，

$$T = \frac{2\pi r}{v} \qquad (3.27)$$

である．また，T を**周期**という．$v = r\omega$ なので，

$$T = \frac{2\pi}{\omega} \qquad (3.28)$$

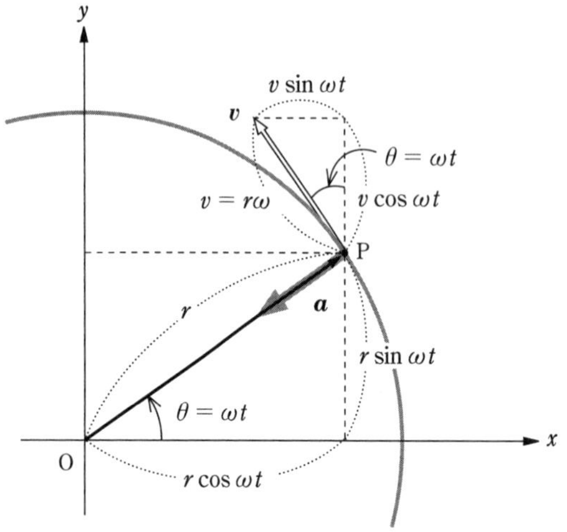

(a) 等速円運動の速度ベクトル $\boldsymbol{v}$

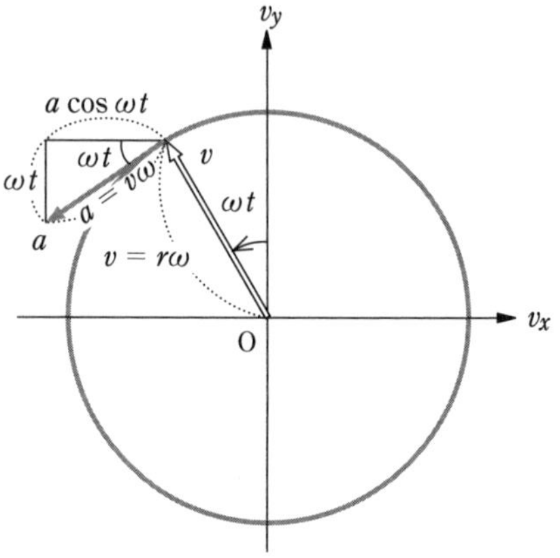

(b) 等速円運動で速度ベクトル $\boldsymbol{v}$ が左図 (a) の場合の加速度ベクトル $\boldsymbol{a}$

図 3.12 等速円運動

とも表せる．物体の1秒間あたりの回転数 f は，$fT=1$ なので，

$$f=\frac{1}{T}=\frac{\omega}{2\pi} \tag{3.29}$$

である．

例題2 半径5mのメリーゴーラウンドが周期15秒で回転している．

（1） 角速度 ω を求めよ．

（2） 中心から4mのところにある木馬の速さ v を求めよ．

（3） この木馬の加速度の大きさを求めよ．

解 （1） (3.29)式から $\omega=2\pi/T=2\pi/15\,\mathrm{s}=0.42\,\mathrm{s}^{-1}$．

（2） $v=r\omega=4\,\mathrm{m}\times 0.42\,\mathrm{s}^{-1}=1.7\,\mathrm{m/s}$

（3） $a=r\omega^2=v\omega=0.70\,\mathrm{m/s^2}$

角速度が ω なので中心角が $\theta=\omega t$ のように変化する，半径 r の等速円運動をする物体の位置，速度，加速度は図3.12と $v=r\omega$，$a=r\omega^2$ から

$$x=r\cos\omega t, \quad y=r\sin\omega t \tag{3.30}$$

$$v_x=\frac{\mathrm{d}x}{\mathrm{d}t}=-\omega r\sin\omega t, \quad v_y=\frac{\mathrm{d}y}{\mathrm{d}t}=\omega r\cos\omega t \tag{3.31}$$

$$\left.\begin{aligned} a_x&=\frac{\mathrm{d}v_x}{\mathrm{d}t}=\frac{\mathrm{d}^2x}{\mathrm{d}t^2}=-\omega^2 r\cos\omega t, \\ a_y&=\frac{\mathrm{d}v_y}{\mathrm{d}t}=\frac{\mathrm{d}^2y}{\mathrm{d}t^2}=-\omega^2 r\sin\omega t \end{aligned}\right\} \tag{3.32}$$

であることがわかる．(3.31)式は，三角関数 $A\sin\omega t$ と $A\cos\omega t$ (A と ω は定数) の微分の公式であることに注意すること．

第3章のまとめ

速　度　速度 $\boldsymbol{v}$ は位置ベクトル $\boldsymbol{r}$ の時間変化率

$$\boldsymbol{v} = \frac{\mathrm{d}\boldsymbol{r}}{\mathrm{d}t} \tag{1}$$

である．速度 $\boldsymbol{v}$ の大きさは速さ v で，その方向は物体の軌道の接線方向である．$\boldsymbol{v}$ の成分は

$$v_x = \frac{\mathrm{d}x}{\mathrm{d}t}, \quad v_y = \frac{\mathrm{d}y}{\mathrm{d}t}, \quad v_z = \frac{\mathrm{d}z}{\mathrm{d}t} \tag{2}$$

相対速度　ある座標系での物体1,2の速度を $\boldsymbol{v}_1$, $\boldsymbol{v}_2$ とすると，物体2に対する物体1の相対速度 $\boldsymbol{v}_{12}$ は

$$\boldsymbol{v}_{12} = \boldsymbol{v}_1 - \boldsymbol{v}_2 \tag{3}$$

加速度　加速度 $\boldsymbol{a}$ は速度 $\boldsymbol{v}$ の時間変化率である．

$$\boldsymbol{a} = \frac{\mathrm{d}\boldsymbol{v}}{\mathrm{d}t} = \frac{\mathrm{d}^2\boldsymbol{r}}{\mathrm{d}t^2} \tag{4}$$

$\boldsymbol{a}$ の成分は

$$a_x = \frac{\mathrm{d}v_x}{\mathrm{d}t} = \frac{\mathrm{d}^2x}{\mathrm{d}t^2}, \quad a_y = \frac{\mathrm{d}v_y}{\mathrm{d}t} = \frac{\mathrm{d}^2y}{\mathrm{d}t^2}, \quad a_z = \frac{\mathrm{d}v_z}{\mathrm{d}t} = \frac{\mathrm{d}^2x}{\mathrm{d}t^2} \tag{5}$$

等速円運動　物体が円（半径 r）の上を一定の速さ v で動いている運動．角速度 ω を導入すると，物体の位置は

$$x = r\cos\omega t, \quad y = r\sin\omega t \tag{6}$$

と表せる．

物体の速度 $\boldsymbol{v}$ は円の接線の方向を向いていて，大きさは

$$v = r\omega \tag{7}$$

物体の加速度 $\boldsymbol{a}$ は物体から円の中心の方向を向き，大きさは

$$a = \frac{v^2}{r} = v\omega = r\omega^2 \tag{8}$$

演習問題3

A

1．陸上競技場のトラックを選手が1周した場合の変位はいくらか．

2．0°，30°，45°，60°，90°，120°，180° はそれぞれ何 rad か．

3．図1のように，A君とBさんがデパートのエスカレーターですれちがった．エスカレーターの速さは両方とも 1.5 m/s だとすると，BさんのA君に対する相対速度 $\boldsymbol{v}_{\mathrm{BA}} = \boldsymbol{v}_{\mathrm{B}} - \boldsymbol{v}_{\mathrm{A}}$ はいくらか．

4．円板が1分間に45回転している．角速度は何 rad/s か．

5．地球が24時間に1回転しているとすると，角速度はいくらか．北緯35°での自転による速さと加速度の大きさを求めよ．cos 35° = 0.82，地球の半径を 6.4×10^6 m とせよ．

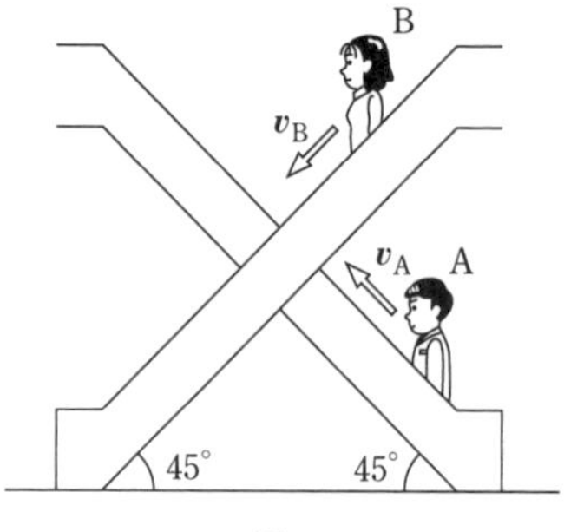

図 1

6．A 君は半径 12 m の円形走路を一定の速さで走り，12 秒で 1 周した．

（1） 角速度は何 rad/s か．これは何度/秒か．

（2） 2.0 秒間に走った距離はいくらか．

（3） 2.0 秒間の変位の大きさはいくらか．

（4） 2.0 秒間の平均速度の大きさはいくらか．

（5） 速さ（瞬間速度の大きさ）はいくらか．

7．自動車が時速 108 km で半径 200 m のカーブを走るときの向心加速度を求めよ．

8．1 秒間に 1000 回転する遠心分離機の軸から 0.03 m 離れたところにある物体の向心加速度は重力加速度（$g = 9.8\ \mathrm{m/s^2}$）の約何倍か．

9．長さが 5 m で速さが 30 m/s の乗用車が，長さが 10 m で速さが 20 m/s のトラックを追い越した．追い越しは乗用車の最前部がトラックの最後部の後ろ 20 m のときに始まり，乗用車の最後部がトラックの最前部の 25 m 前のときに終わった．追い越している間の乗用車の走行距離を求めよ．

B

1．流速 u で流れている川をモーターボートで対岸まで渡りたい．静水でのモーターボートの速さを v として，幅 L の川を岸に垂直に渡るのにかかる時間 t は

$$t = \frac{L}{\sqrt{v^2 - u^2}}$$

であることを示せ．時間 t に川の水は ut だけ下流に流れるので，正面よりも ut だけ上流をめざして進もうとすると岸に垂直に進むことに注意せよ（川の水に対するモーターボートの相対速度の大きさが v である）．

対岸まで最短時間で渡るにはどうすればよいか．

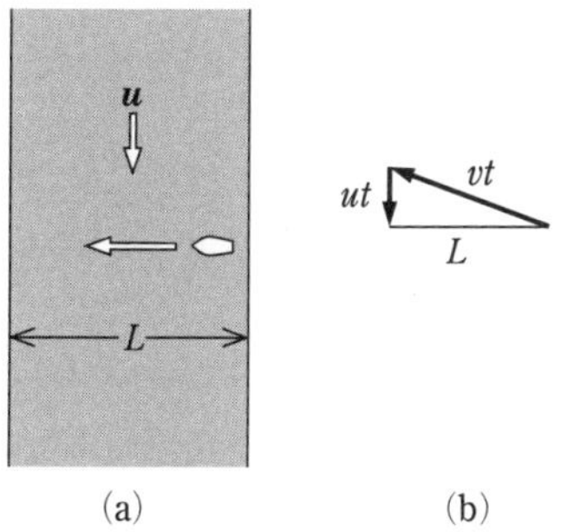

図 2

2．自動車が円形の道路を 20 m/s の速さで走っており，1 秒について 0.01 rad の割合で進行方向を変えている．

（1） 自動車の等速円運動の角速度 ω はいくらか．

（2） 円の半径はいくらか．

（3） 自動車の向心加速度はいくらか．

3．等速円運動では r = 一定，v = 一定，すなわち $\boldsymbol{r}\cdot\boldsymbol{r} = r^2$ = 一定，$\boldsymbol{v}\cdot\boldsymbol{v} = v^2$ = 一定 なので，

$$\boldsymbol{r} \perp \boldsymbol{v}, \quad \boldsymbol{v} \perp \boldsymbol{a}$$

であることを，$\boldsymbol{r}\cdot\boldsymbol{v} = 0$，$\boldsymbol{v}\cdot\boldsymbol{a} = 0$ を導くことによって示せ．

4．静止しているマーチングバンドのバトントワラーが長さが 60 cm のバトンを真上に投げ上げた．ある瞬間での落下中のバトンの落下速度は 10 m/s で，鉛直面内で毎分 120 回転していた．バトンの向きが図 3 のような場合のバトンの右上の端の地面に対する速さ v を求めよ．

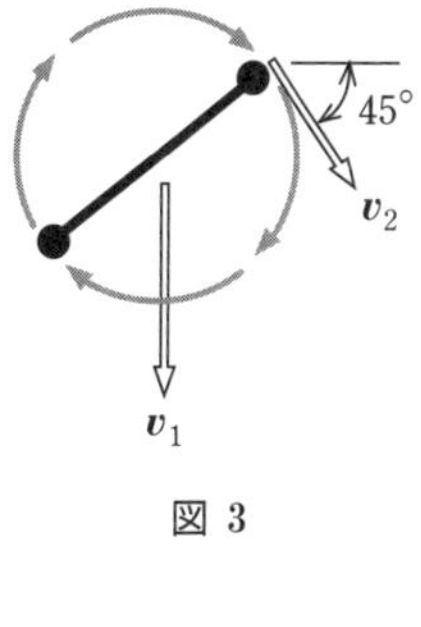

図 3

4 運動の法則

＊日本語では，力が働く，力を及ぼす，力を加える，力を受けるなどの表現が多く使われるが，英語ではact(作用する)という単語が多用されるので，本書では「力は物体に作用する」という表現を多用する．

物体にはいろいろな力が作用する*．物体に作用する力を決めるのが，万有引力の法則などの力の法則であり，力の作用によって物体がどのように運動するのかを決めるのが，運動の法則である．

今から300年以前にニュートンは，それまでの常識をくつがえして，天体の運動と地上での物体の運動が同一の法則に従うことを示した．地表から発射された宇宙船を月面に軟着陸させられるのは，ニュートンの発見した運動の法則と万有引力の法則が地表から月面までの至るところで，正確に成り立っているからである．われわれの周囲で起こる物体の運動ばかりでなく，惑星や月などの天体の運動もニュートンの理論でみごとに説明がつくので，ニュートンが1687年に出版した『自然哲学の数学的諸原理』（プリンキピアとよばれている）の中で提案した3つの規則をニュートンの運動法則という．1687年は日本では徳川綱吉が「生類憐れみの令」を布告した年である．

地上で物体を投げるとやがて落下してくる．これは地球の重力のためである．放物線（パラボラ）という曲線がある．放物線とよぶ理由は，物体を空中に放り投げたときに物体が描く軌道を表す曲線だからである．放物線が対称軸のまわりに回転するときに描く曲面が，衛星放送の受信やマイクロ波の送受信に使われるパラボラアンテナの曲面である．物体を空中に放り投げたときに物体の描く軌道が放物線であることは，ニュートンの運動の法則と物体に働く重力から導かれる．

4.1　運動の第1法則（慣性の法則）

机の上の本を押すと本は動く．もっと強い力で押すともっと速く動くが，押すのをやめると止まる．このような日常生活の経験から，物体は力が作用している間だけ運動し，力が作用しなくなるとただちに運動をやめて静止するという印象を受けるので，物体の速度は物体に作用する力に比例すると考えたくなる．

しかし，この仮説と矛盾する多くの現象がある．平らな道を自転車に乗っていくときに，同じ力で自転車のペダルをこぎつづけると速さは増していくし，ペダルをこぐのをやめて力を作用させなくなっても自転車はかなりの距離を走りつづける．速さと力の強さが比例するのならば，力を抜いた瞬間に速さは0になるはずである．

物体を水平な地面の上で移動させつづけているときに腕の筋力を及ぼさなければならないのは，物体の移動を妨げる向きに摩擦力が働くからである．地面の及ぼす摩擦力のほかに空気の抵抗力も働く．物体を押すのをやめると，地面の摩擦力や空気の抵抗力のために物体は減速して静止する．物体を台車にのせた場合には摩擦力が小さいので，物体を押すのをやめても減速の割合は小さく，台車は停止するまでにかなりの距離を移動する．

これらの事実は，運動している物体がやがて停止するのは，運動している物体には物体を停止させようとする力が働くためであることを示す．また，停止させようとする力が強ければすぐに停止し，停止させようとする力が弱ければなかなか停止しないことがわかる．

摩擦力がきわめて弱ければ，運動している物体は押すのをやめたあといつまでもまっすぐに同じ速さで運動しつづけると考えられる．その根拠として，アルミニウム製のカーテンレールを溝を上にして床の上に置き，溝の上に金属球をのせる(図 4.1)．床が水平でないと球は転がりはじめるのでカーテンレールの向きを変え，球を静かに置くと球が転がりださない方向に向ける(この方向ではカーテンレールは水平である)．この状態で球を指ではじくと球は転がりだし，ほぼ一定の速さで運動しつづけ，やがてカーテンレールの端から転がり落ちてしまう．この場合にはカーテンレールと球の間の摩擦力がきわめて弱く，球の速さが遅ければ空気の抵抗も無視できるので，球を停止させるように働く力は無視できるほど弱く，したがって，球はほぼ一定の速さで直線運動をつづけるのである．

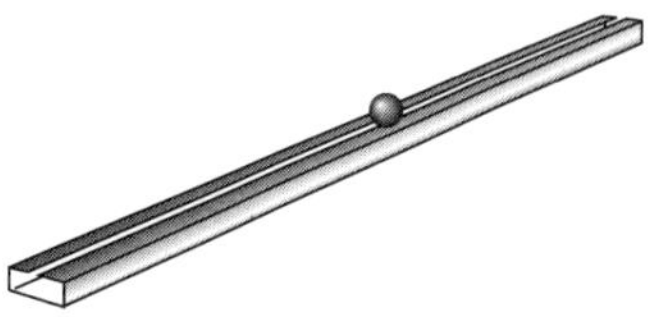

図 4.1　アルミニウム製カーテンレールの上の金属球

なめらかな床の上にドライアイスの薄い板を置き，これを指ではじくとドライアイスは等速直線運動を行う．ドライアイス(固体の二酸化炭素)が昇華して表面から飛び出した気体の二酸化炭素 CO_2 の薄い層が床との間の摩擦を小さくするからである．

このような事実からニュートンの**運動の第 1 法則**あるいは**慣性の法則**とよばれるつぎの法則が導かれる．

> 「すべての物体は力の作用を受けなければ，あるいは，いくつかの力が作用してもその合力が **0** ならば，一定の運動状態を保ちつづける．すなわち，静止している物体は静止の状態をつづけ，運動している物体は等速直線運動をつづける．」

いくつかの力が作用しているがその合力が **0** なので等速直線運動をつづける物体の例として，空気中を落下する雨滴やスカイダイバーがある(次章参照)．この節で説明したカーテンレールの上の金属球や床の上のドライアイスにも地球の重力とカーテンレールや床の及ぼす垂直抗力が作用するが，重力と垂直抗力はつり合っている．

別の例をあげると，自動車には運動を妨げる向きに路面の摩擦力と空気の抵抗力，駆動輪に運動を推進する向きに路面の摩擦力が作用している．自動車が等速直線運動している場合には，この自動車に作用する力の合力は **0** であることを運動の第 1 法則は意味している．

力が作用しなくても物体が運動しつづける場合のあることは，古代の人たちも気がついていた．弓で矢を放ったり，手で石を遠くに投げる場合である．矢や石は弦の弾力や腕の筋力で運動しはじめるが，弦や手から離れて力が作用しなくなっても運動しつづける．昔の学者の中には，これを見て，運動している物体はその運動を持続しようとする性質をもつと考えた人がいて，この性質を**慣性**と名づけた．矢や石が飛びつづけるのは慣性のためだと考えたのである．ニュートンは，矢や石ばかりでなく，すべての物体に慣性があると考えて，慣性の法則を提唱したのであった．

路面が凍りついたカーブの道で自動車が曲がれずにまっすぐに滑って道から飛び出すこと，満員電車はブレーキをかけても止まりにくいことなどはすべて慣性のせいである．

4.2　運動の第2法則（運動の法則）

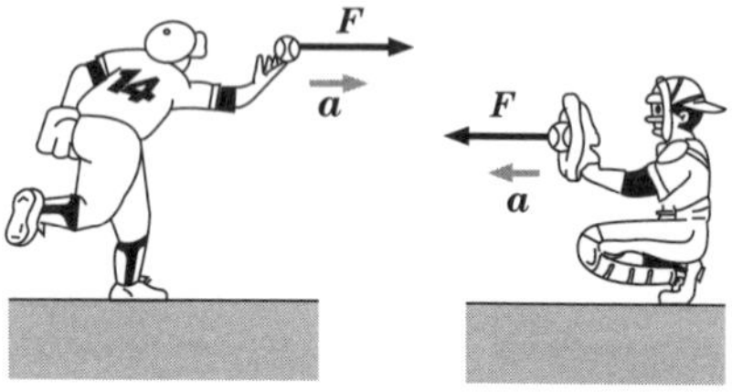

(a) 手でボールを投げる．　(b) 手でボールを受け止める．

図 4.2

慣性の法則は，物体に力が作用し，その合力が **0** でないときには，力は物体の運動状態を変化させることも意味している．すなわち，物体に作用する力は物体の速度を変化させること，したがって加速度を生じさせることを示している．

野球のボールを手で投げたり，受け止めたりするには，手がボールに力 $\boldsymbol{F}$ を作用しなければならない．この手がボールに作用する力 $\boldsymbol{F}$ の向きはボールの加速度 $\boldsymbol{a}$ の向きと同じ向きであることは図 4.2 を見ればわかる．

地面を同じ速さで転がっている砲丸投げのボールと野球のボールを止めようとすると，重くて質量の大きな砲丸投げのボールを停止させるための力の方がはるかに大きい．また，止めそこなうと，けがをする危険性も大きい．

これらの事実を，力と加速度と質量の定量的関係として示したのが，ニュートンの**運動の第2法則**で，**運動の法則**ともいわれる．

「物体の加速度は，物体に作用する力（いくつかの力が作用している場合はその合力）に比例し，物体の質量に反比例する．」

ある物体の質量を m，加速度を $\boldsymbol{a}$，その物体に作用する力（いくつかの力が作用しているときはその合力）を $\boldsymbol{F}$ とし，国際単位系を使うと，運動の第2法則は

$$「質量\ m」\times「加速度\ \boldsymbol{a}」=「\boldsymbol{F}」$$
$$m\boldsymbol{a} = \boldsymbol{F} \tag{4.1}$$

あるいは

$$m\frac{\mathrm{d}^2\boldsymbol{r}}{\mathrm{d}t^2} = \boldsymbol{F} \tag{4.1$'$}$$

と表される．この式をベクトルの成分に対する式として表すと

$$ma_x = F_x, \quad ma_y = F_y, \quad ma_z = F_z \tag{4.2}$$

あるいは

$$m\frac{\mathrm{d}^2x}{\mathrm{d}t^2} = F_x, \quad m\frac{\mathrm{d}^2y}{\mathrm{d}t^2} = F_y, \quad m\frac{\mathrm{d}^2z}{\mathrm{d}t^2} = F_z \tag{4.2$'$}$$

となる．これを**ニュートンの運動方程式**という．

ひろがっている物体の場合には，(4.1) 式の加速度 $\boldsymbol{a}$ は物体の重心の加速度である．重心については第11章で学ぶ．

国際単位系での質量の単位は kg，加速度の単位は $\mathrm{m/s^2}$ なので，力の単位は (4.1) 式から $\mathrm{kg{\cdot}m/s^2}$ である．すなわち質量 1 kg の物体に作用して 1 $\mathrm{m/s^2}$ の加速度を生じさせる力の大きさを力の単位として使い，これを1ニュートン（記号 N）とよぶ．

$$1\ \mathrm{N} = 1\ \mathrm{kg{\cdot}m/s^2} \tag{4.3}$$

である．1 N の力の大きさの身近な例をあげると，1 N は水 100 g (1/2 カ

ップ)の重さにほぼ等しい．

例 1　質量 30 kg の物体に力が働いて，物体は 4 m/s^2 の加速度で運動している．物体に働いている力の大きさ F は

$$F = ma = 30\ \mathrm{kg} \times 4\ \mathrm{m/s^2} = 120\ \mathrm{kg \cdot m/s^2} = 120\ \mathrm{N}$$

例 2　一直線上を 15 m/s の速さで走っている質量 30 kg の物体を 3 秒間で停止させるには，平均どれだけの力を加えればよいのだろうか．

$$\text{平均加速度}\ \bar{a} = \frac{v - v_0}{t} = \frac{0 - 15\ \mathrm{m/s}}{3\ \mathrm{s}} = -5\ \mathrm{m/s^2}$$

なので，

$$F = m\bar{a} = 30\ \mathrm{kg} \times (-5\ \mathrm{m/s^2}) = -150\ \mathrm{kg \cdot m/s^2} = -150\ \mathrm{N}$$

したがって，150 N．負符号は，力の向きと運動の向きが逆向きであることを示す．この間の移動距離 d は，(1.36) 式から

$$d = v_0 t/2 = (15\ \mathrm{m/s}) \times (3\ \mathrm{s})/2 = 22.5\ \mathrm{m}$$

例 3　4 kg の物体に 16 N = 16 kg·m/s^2 の力が作用すると，加速度 a は

$$a = \frac{F}{m} = \frac{16\ \mathrm{kg \cdot m/s^2}}{4\ \mathrm{kg}} = 4\ \mathrm{m/s^2}$$

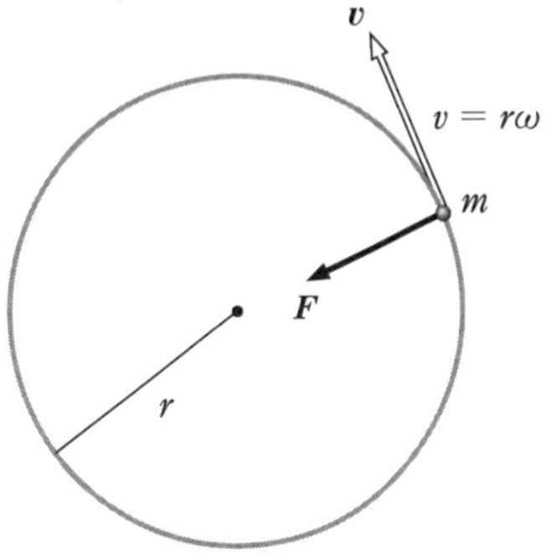

図 4.3　向心力 $F = \dfrac{mv^2}{r} = mr\omega^2$

■向心加速度と向心力■　3.4 節で学んだように，半径 r の円周上を速さ v，角速度 ω で等速円運動する質量 m の物体は，円の中心を向いた大きさが $a = v^2/r = r\omega^2$ の加速度をもつ．したがって，ニュートンの運動の法則によって，この物体には円の中心を向いた大きさが $F = ma$

$$F = mr\omega^2 = \frac{mv^2}{r} \tag{4.4}$$

の力が作用している．この力を**向心力**という (図 4.3)．

ひもの一端に石をつけ，他端を持って石をぐるぐると振り回す場合には，図 4.4 に示すように，ひもの張力 $\boldsymbol{S}$ と重力 $\boldsymbol{W}$ の合力が向心力である．ひもが円錐面上を動くので，この装置を円錐振り子という．太陽のまわりを公転する地球に働く万有引力も向心力の例である．

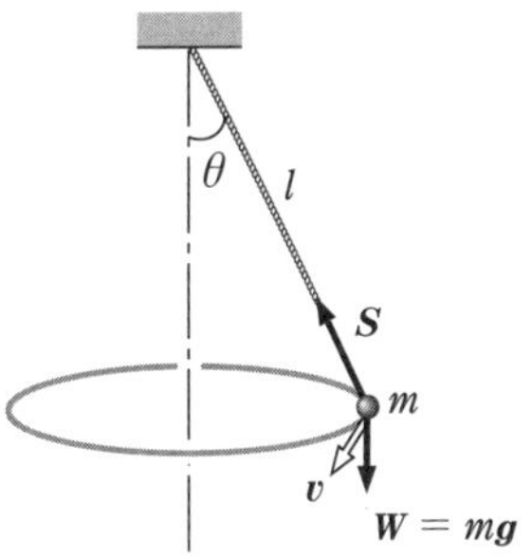

図 4.4　円錐振り子

問 1　図 4.5 の曲線上を物体が一定な速さで動いている．物体が点 A, B, C を通過するときに働く力の方向と相対的な大きさを矢印で図示せよ．

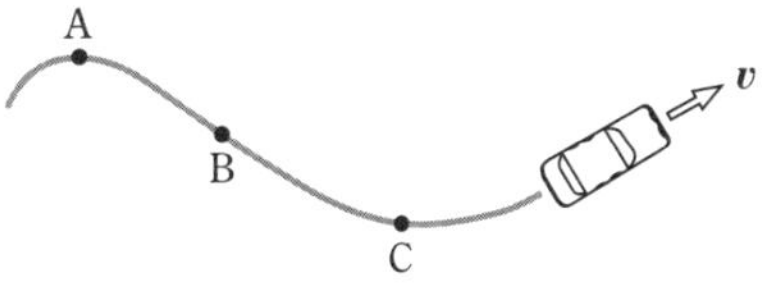

図 4.5

ジェットコースターや高速道路のインターチェンジは，図 4.6 (a) のような直線と円の組み合わせではなく，図 4.6 (b) のような形をしている．この理由は，直線と円の組み合わせの場合には，直線部から円 (円弧) の部分に入った瞬間に，乗客は向心力 mv^2/r の作用を急激に受けはじめるので危険であり，乗り心地が悪いからである．図 4.6 (b) の場合には，乗客が受ける向心力の大きさはスムーズに変化するので安全である．

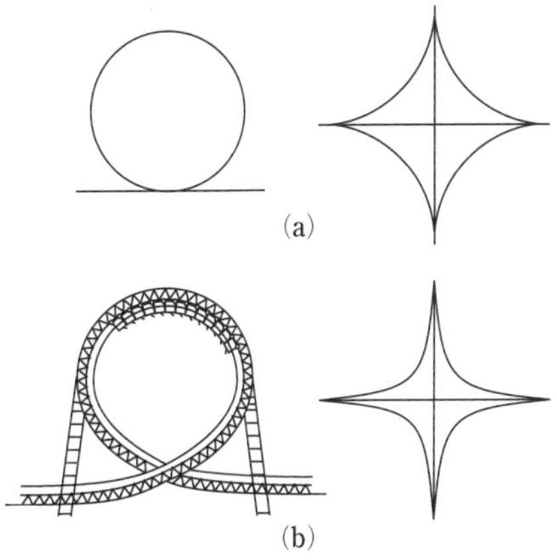

図 4.6

4.3 力について

力は物体に作用して，運動状態を変化させたり，変形させたりする原因になる．力は大きさと方向と向きをもつ量のベクトルである．力が物体に作用する点を力の**作用点**といい，力の作用点を通り力の方向を向いた直線を力の**作用線**という．力を図示する場合，作用点を始点とし，力の方向を向き，長さが力の大きさに比例する矢印を使う (図 4.7)．したがって，力を表す矢印は力の作用線にのっている．

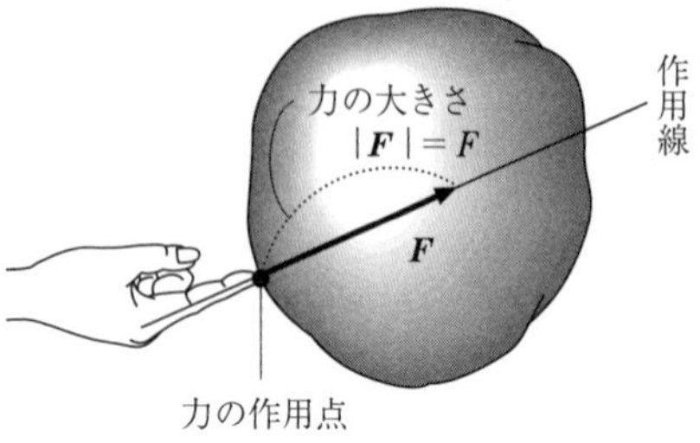

図 4.7　力の作用点と作用線

合　力　2 つの力 $\boldsymbol{F}_1$ と $\boldsymbol{F}_2$ が 1 つの物体の同じ点に作用するとき，この 2 つの力の効果は，2 つの力 $\boldsymbol{F}_1$ と $\boldsymbol{F}_2$ から平行四辺形の規則で求めた 1 つの力 $\boldsymbol{F}$ がこの作用点に作用している場合の効果に等しいことが実験によって確かめられている (図 4.8)．したがって，力は大きさと方向と向きをもつ量であり，その和が平行四辺形の規則によって求められるので，力はベクトルである．

いくつかの力が 1 つの物体に作用しているとき，これらの力の効果と同等の効果を与える 1 つの力をこれらの力の**合力**という．2 つの力 $\boldsymbol{F}_1$ と $\boldsymbol{F}_2$ の合力 $\boldsymbol{F}$ は

$$\boldsymbol{F} = \boldsymbol{F}_1 + \boldsymbol{F}_2 \tag{4.5}$$

と表される．

いくつかの力 $\boldsymbol{F}_1, \boldsymbol{F}_2, \cdots, \boldsymbol{F}_N$ が 1 つの物体に作用する場合には，(4.1) 式の右辺の力 $\boldsymbol{F}$ はこれらの力をベクトルの和の規則に従って合成した

$$\boldsymbol{F} = \boldsymbol{F}_1 + \boldsymbol{F}_2 + \cdots + \boldsymbol{F}_N \tag{4.6}$$

である．

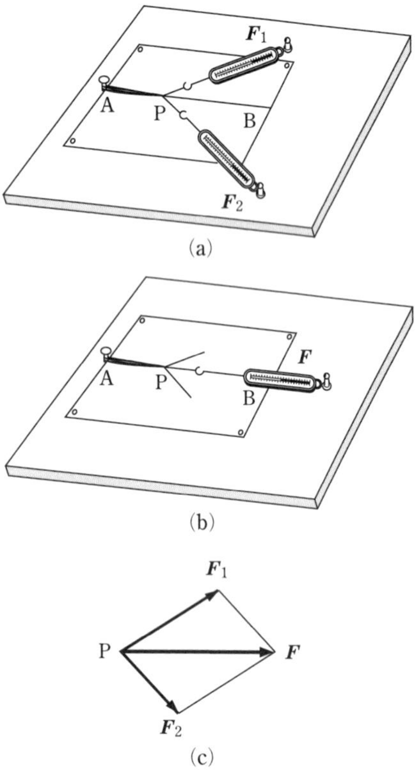

図 4.8　2 力 $\boldsymbol{F}_1, \boldsymbol{F}_2$ の合力．(a) 同じ点 P に働く 2 つの力 $\boldsymbol{F}_1, \boldsymbol{F}_2$ の作用．(b) 2 つの力 $\boldsymbol{F}_1, \boldsymbol{F}_2$ と同じ効果 (ゴムを同じ方向に同じ長さだけ伸ばす) を与える力 $\boldsymbol{F}$．(c) $\boldsymbol{F} = \boldsymbol{F}_1 + \boldsymbol{F}_2$．

力の分解　1 つの力をこれと同じ作用をする 2 つの力に分けることができる．図 4.8 (c) の平行四辺形の関係を逆に使って，1 つの力 $\boldsymbol{F}$ を任意の 2 方向を向いた 2 つの力に分けることができるのである．この 2 方向を水平方向 (x 方向) と垂直方向 (y 方向) に選ぶと，xy 面に平行な力 $\boldsymbol{F}$ を，水平方向を向いた力と垂直方向を向いた力の 2 つの力に分けることができる (図 4.9)．1 つの力をそれと同じ作用をする 2 つの力に分けることを力の**分解**といい，分けて求められた 2 つの力をもとの力の**分力**あるいは**成分**という．

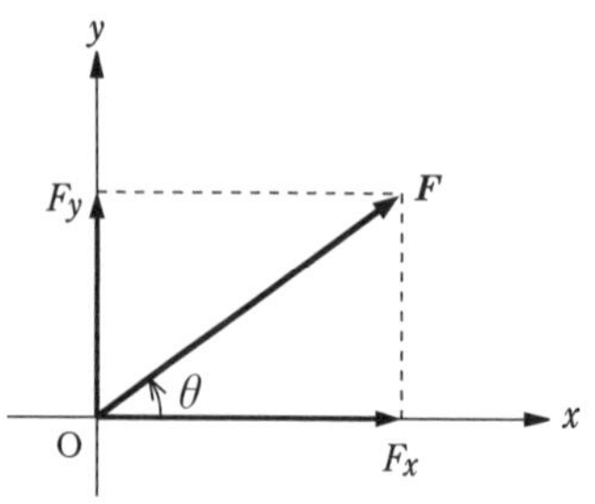

図 4.9　力 $\boldsymbol{F}$ の分解．力 $\boldsymbol{F}$ の x 成分：$F_x = F\cos\theta$，力 $\boldsymbol{F}$ の y 成分：$F_y = F\sin\theta$，力 $\boldsymbol{F}$ の大きさ：$F = \sqrt{F_x{}^2 + F_y{}^2}$．

■いろいろな力■　物体にはいろいろな力が作用する．すべての物体に地球が重力を作用する．校庭を転がっているボールには，地面が接触面に垂直に垂直抗力を作用し，接触面に平行に摩擦力を作用する．このボールには空気の抵抗力も働く．飛行中のジェット機には空気が揚力と抵抗力を作用し，放出されたジェットが前向きの推進力を作用する．液体や気体はその中の物体に圧力を作用する．そのほかさまざまな物体にさまざまな力が作用する．

■近接力と遠隔力■　力の分類法の1つは近接力と遠隔力の区別である．力は物体と物体の間に作用する．手で荷物を支えたり，台車を押したり，ばねを引っ張る場合には，力を作用する物体と力が作用される物体がたがいに触れ合っている．このような場合の力を**近接力**という．

これに対して，磁石を鉄片に近づけると鉄片は磁石に引きつけられる．空間を隔てて磁気力が作用するからである．プラスチックの下敷をナイロンの布で擦ったあとで，小さな紙片に下敷を近づけると，紙片は下敷に引きつけられる．空間を隔てて電気力が作用するからである．このように，離れていて触れ合っていない物体の間に働く力を**遠隔力**という．遠隔力は電気力，磁気力，重力の3種類だけである．

■基本的な力と現象論的な力■　遠隔力と近接力という区別よりも適切な区別は，基本的な力と現象論的な力の区別である．基本的な力とは，物質の基本的な構成要素である電子，陽子，中性子などの間に働く力である．力学に登場する基本的な力は，重力（万有引力），電気力，磁気力の3種類だけである．すなわち上に示した遠隔力が力学に登場する基本的な力である．

電荷を帯びた物体や電流の流れている導体の間には電気力や磁気力が働く．電気力と磁気力はたがいに関係し合っているので，あわせて電磁気力ということが多い．電磁気力については電磁気学で学ぶ．

■現象論的な力（巨視的に見た力）■　物質の基本的な構成要素の原子は正電荷を帯びた原子核と負電荷を帯びた電子から構成されている．原子核や電子の間に働いて原子，分子，結晶をつくる力は電気力である．また，物体と物体の間に働く摩擦力と垂直抗力，ばねの弾力，のりの粘着力，空気や水の抵抗力などの原因は，基本的には原子核や電子の間に働く電気力である．すなわち，多数の分子の集合体である物体の間に作用する力は，微視的に見れば物体の構成要素間に作用する電気力の合力である．しかし，摩擦力，垂直抗力，弾力などのような日常生活で経験する力は，巨視的な現象論的な力として扱う方が便利である．

4.4 地球の重力

図 4.10　質量 m の物体に働く地球の重力　$\boldsymbol{W} = m\boldsymbol{g}$

地表付近の空中で物体が落下するのは，地球が物体に重力を作用するからである．空気の抵抗が無視できるときには，重力の作用による物体の落下運動の加速度である重力加速度 g は物体によらず一定で，$g \approx 9.8\,\mathrm{m/s^2}$ である．したがって，ニュートンの運動の法則によると，物体に働く重力（物体の重さ）$\boldsymbol{W}$ は，物体の質量 m と重力加速度 $\boldsymbol{g}$ の積

$$\boldsymbol{W} = m\boldsymbol{g} \tag{4.7}$$

である．この式は質量が m [kg] の物体には $9.8m$ [N] の大きさ（たとえば，質量 3 kg の物体には 29.4 N）の重力が働くことを示す（図 4.10）．

質量が 1 kg の物体に働く重力の大きさを力の実用単位として使い，1 重力キログラム（記号 kgf）というが，$g \approx 9.8\,\mathrm{m/s^2}$ なので，この力の大きさは約 9.8 N である．なお，工学では力の実用単位の重力キログラムを 1 kgf = 9.80665 N と定義している．

$$1\,\mathrm{kgf} \approx 9.8\,\mathrm{N} \quad (1\,\mathrm{kgf} = 9.80665\,\mathrm{N}) \tag{4.8}$$

地球の重力の大きさは地球上では場所によってわずかな違いがある．たとえば高緯度のヘルシンキ（北緯 60°）での重力の強さは赤道直下のシンガポール（北緯 1°）の 1.004 倍であり，同じ赤道直下でも高地にあるエクアドルのキトー（海抜 2815 m）では海抜 8 m のシンガポールより 0.08% 小さい．また，地殻の成分が均一ではないことの影響もある．

月面上の物体には月の重力が作用する．月面上で宇宙飛行士が手に持っている物体から手を離すと，物体は月面に落下する．しかし，月は地球より小さいので，月面上での月の重力の大きさは地表での地球の重力の約 1/6 である．月面上でも地上でも質量は同じであるが，月面上では重力が 1/6 になるので，月面では落下加速度が地上での 1/6 になる．月面上で宇宙飛行士がカメラを持つときの重さは地上での 1/6 であるが，このカメラを月面上で振り回すときに必要な力の大きさは地上で振り回すときに必要な力の大きさと同じである．

例 4　水平面と角 θ をなすなめらかな斜面上の質量 m の物体に働く重力 mg の斜面方向成分は $mg\sin\theta$ なので，この物体が斜面上を滑り落ちる運動の加速度の大きさは

$$a = \frac{mg\sin\theta}{m} = g\sin\theta$$

である（図 4.11）．重力 mg の斜面に垂直な方向の成分 $mg\cos\theta$ は，斜面が物体に作用する垂直抗力 N とつり合う．

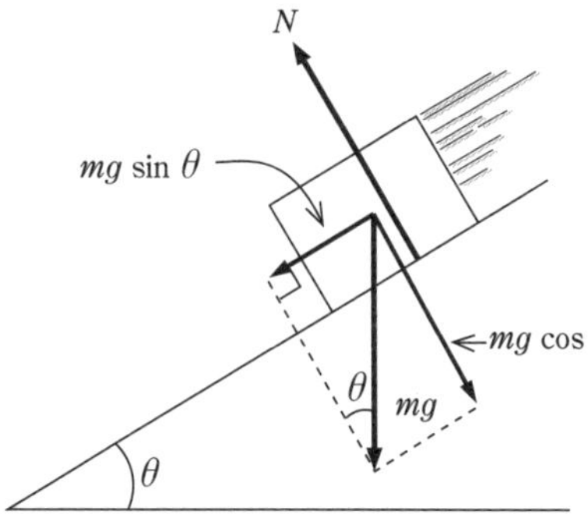

図 4.11

4.5 力のつり合い

2 つ以上の力 $\boldsymbol{F}_1, \boldsymbol{F}_2, \cdots, \boldsymbol{F}_N$ が作用している物体の運動状態が変化しないとき，これらの力はつり合っているという．これらの力がつり合う条件の 1 つは，力の合力が $\boldsymbol{0}$,

$$\boldsymbol{F}_1 + \boldsymbol{F}_2 + \cdots + \boldsymbol{F}_N = \boldsymbol{0} \tag{4.9}$$

である．この場合には物体の重心の加速度は $\boldsymbol{0}$ なので，静止している物体の重心が動きだすことはないし，運動している物体の重心の速度が変化することもない．

すべての力の作用線が 1 点で交わっている場合には，(4.9) 式はこれらの力がつり合っているための必要十分条件である．しかし，すべての力の作用線が 1 点で交わっていない場合には，物体が重心のまわりに回転しはじめることがある．重心のまわりの回転運動状態が変化しないための外力のつり合い条件は，第 14 章の (14.2) 式である．

問 2　図 4.12 のように，質量 30 kg の荷物を 2 人で持つとき，それぞれは何 kgf の力を作用しなければならないか．(a)，(b) のおのおのについて求めよ．$\cos 30° = \sqrt{3}/2 \fallingdotseq 0.866$，$\cos 60° = 1/2$ を使え．2 人の作用する力 $\boldsymbol{F}_1, \boldsymbol{F}_2$ と鉛直下向きの大きさ 30 kgf の重力 $\boldsymbol{F}$ がつり合うことを使え．

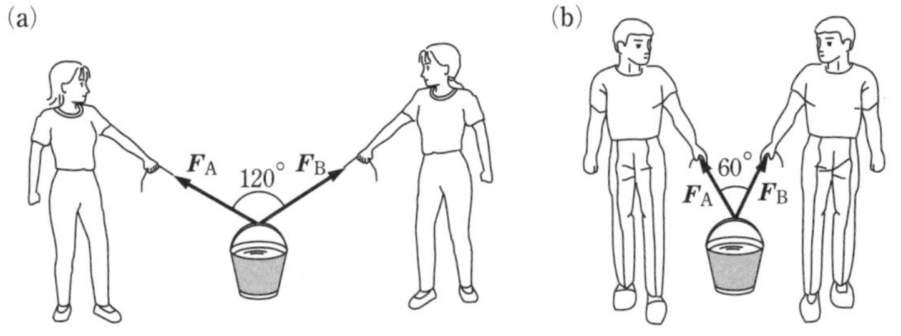

図 4.12

問 3　ぐにゃぐにゃになった針金を両手で持って引っ張っても，なかなかまっすぐに伸びない．しかし，図 4.13 (a) のように両端を固定して中央を強く引くと簡単にまっすぐにすることができる．理由を述べよ．図 4.13 (b) のように荷物を中央にぶら下げた針金の一端を固定し，他端を強く引く場合，いくら強く引いても針金を一直線にできないことを説明せよ．

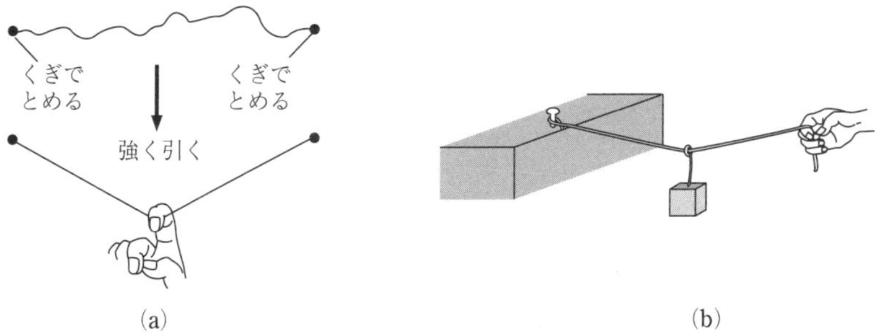

図 4.13

図 4.14　作用反作用の法則でボートは動く.

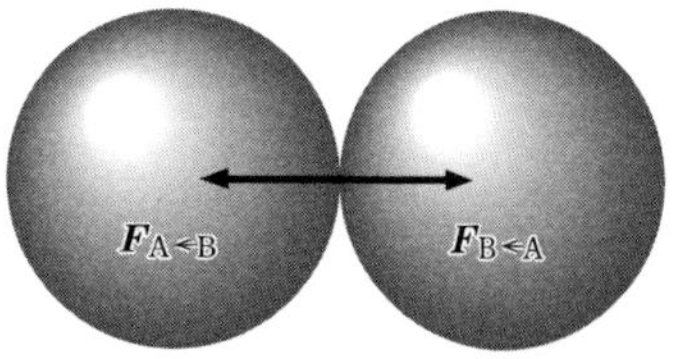

(a)　力 $\boldsymbol{F}_{A\leftarrow B}$ と力 $\boldsymbol{F}_{B\leftarrow A}$,
$\boldsymbol{F}_{A\leftarrow B} = -\boldsymbol{F}_{B\leftarrow A}$

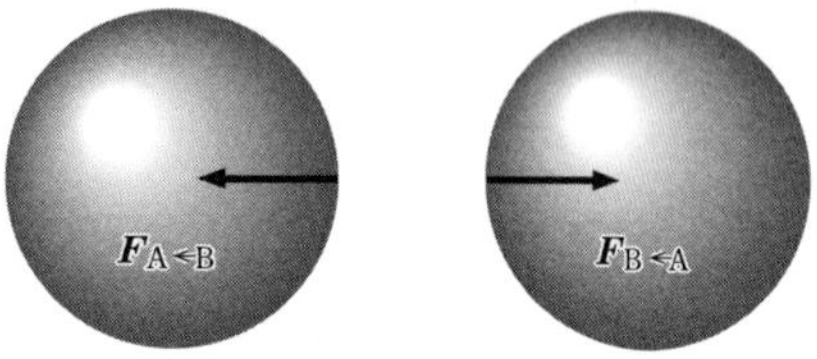

(b)　A に作用する力 $\boldsymbol{F}_{A\leftarrow B}$　(c)　B に作用する力 $\boldsymbol{F}_{B\leftarrow A}$

図 4.15

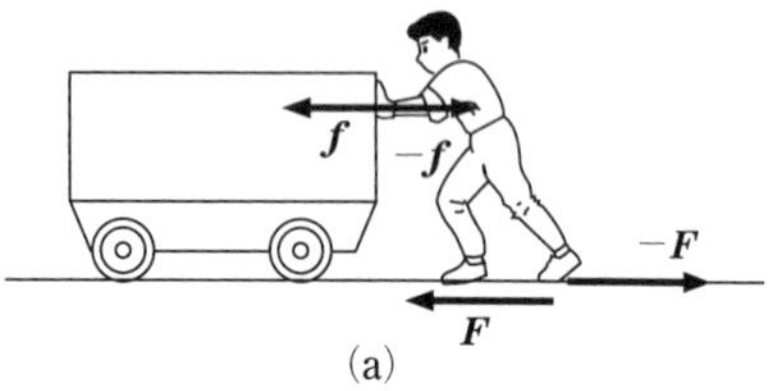

(a)

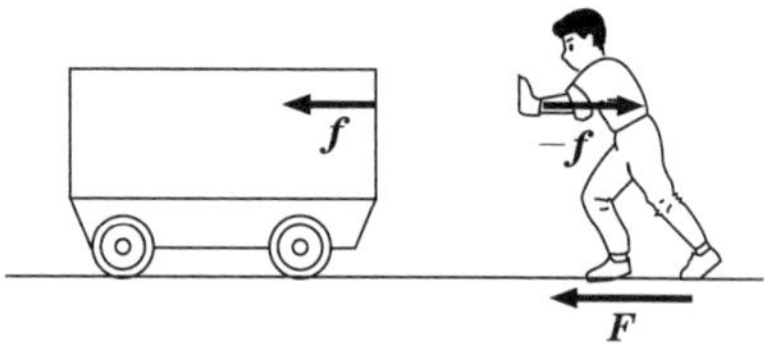

(b)　(c)

図 4.16　(a)　作用 $\boldsymbol{f}$ と反作用 $-\boldsymbol{f}$. 人間が荷車を力 $\boldsymbol{f}$ で押すと, 荷車は人間を力 $-\boldsymbol{f}$ で押し返す. 人間が地面を力 $-\boldsymbol{F}$ で蹴ると, 地面は人間に力 $\boldsymbol{F}$ を及ぼす.
(b)　荷車に作用する力 $\boldsymbol{f}$
(c)　人間に作用する力 $-\boldsymbol{f}, \boldsymbol{F}$

4.6　運動の第 3 法則 (作用反作用の法則)

地面に置いてある荷物を持ち上げるとき, 手は荷物に引っ張られる. 人がベッドのマットレスの上に立つと, マットレスはへこむが, へこんだマットレスは人を押し返す. ボートに乗ってオールで岸を押すと, 岸はオールを押し返すので, ボートは岸から離れていく. ボートのオールをこぐと, オールが水を後方へ押すので, 水はオールを前方に押し返し, ボートは前進する (図 4.14). 人が歩くときには, 靴底が地面を後ろへ蹴るときに地面が靴底を前へ押し返す事実を利用している.

このように力は 2 つの物体の間で作用し, 物体 A が物体 B に力を作用すれば, 物体 B も物体 A に力を作用する. これを作用と反作用という. 作用と反作用の関係を表すのが**運動の第 3 法則**で, **作用反作用の法則**ともよばれ, 次のように表される.

「物体 A が物体 B に力 $\boldsymbol{F}_{B\leftarrow A}$ を作用していれば, 物体 B も物体 A に力 $\boldsymbol{F}_{A\leftarrow B}$ を作用している. 2 つの力はたがいに逆向きで, 大きさは等しい (図 4.15).」

$$\boldsymbol{F}_{B\leftarrow A} = -\boldsymbol{F}_{A\leftarrow B} \tag{4.10}$$

なお, 反作用は作用のしばらくあとに生じるのではなく, 時間的に同時に起こる. たとえば, 路面が滑りやすいと, 路面による反作用が生じないので, 足は路面に作用を及ぼせない.

人間が荷車を押す場合を考える (図 4.16). 人間が荷車を押すと (作用), 荷車は人間を押し返す (反作用). 荷車を押してみるとこの反作用を実感できる. 荷車が軽いと荷車の反作用が小さいので, 人間は荷車に大きな力を作用しにくい. いわゆる「のれんに腕押し」である. ところで, 人間が荷車を前へ押すと荷車は前へ進む. しかし, 荷車は人間を後ろへ押すが人間は後ろへは動かない. この理由は, 人間が路面を後ろ向きに足で蹴るときに, 路面が反作用として人間に前向きの摩擦力 $\boldsymbol{F}$ を作用し, この前向きの力が荷車からの後ろ向きの力より大きいからである. この状況は, 人間と荷車をひとまとめにして, 1 つの系として考えると, この系に対する外部からの力である外力は, 水平方向には, 路面が人間を前向きに押す摩擦力 $\boldsymbol{F}$ だけなので (路面が荷車の車輪に及ぼす摩擦力は小さいので無視する), 人間と荷車が前進する理由が理解できる. 人間と荷車との間に働く力 (図 4.16 の $\boldsymbol{f}$ と $-\boldsymbol{f}$) は, この場合には系の内部で作用する力なので, **内力**という. 内力は作用反作用の法則によって打ち消し合う [$\boldsymbol{f}+(-\boldsymbol{f}) = \boldsymbol{0}$]. したがって, 運動の第 1 法則と第 2 法則に現れる「力」は外力あるいは外力の合力であり, 内力は含まれない.

問 4　大男と幼児が押し合うときにも作用反作用の法則が成り立つことを説明せよ (図 4.17).

図 4.17

それでは，宇宙空間に孤立しているので外力の作用を受けない宇宙船は等速直線運動をするだけで，運動方向を変えたり，速さを増減したりすることはできないのだろうか．たしかに，慣性の法則によって，宇宙船の本体と燃料の全体の重心は等速直線運動をつづける．しかし，宇宙船が燃料を後方に噴射すると，その反作用で宇宙船の本体は前方へ加速される（図 4.18）．

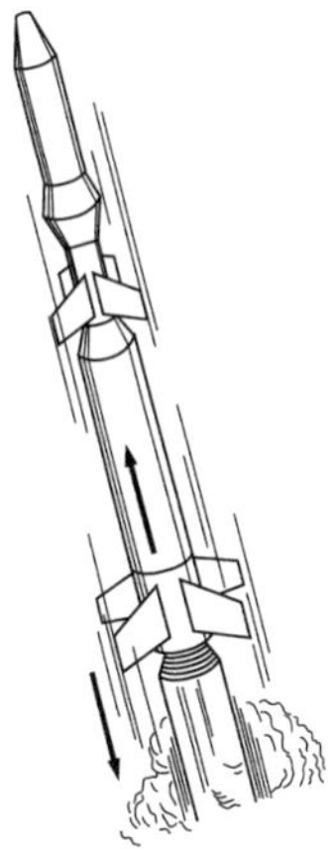

図 4.18　燃料を噴射して加速するロケット

■2つの力のつり合いと作用反作用の違い■　1つの物体が2つの力 $\boldsymbol{F}_1$ と $\boldsymbol{F}_2$ を受けて静止しているとき，この2つの力はつり合っているので向きは反対で大きさは等しい（$\boldsymbol{F}_1 = -\boldsymbol{F}_2$）．これに対して，作用と反作用 $\boldsymbol{F}_{\mathrm{A}\leftarrow\mathrm{B}}$ と $\boldsymbol{F}_{\mathrm{B}\leftarrow\mathrm{A}}$ は向きは反対で大きさは等しいが（$\boldsymbol{F}_{\mathrm{A}\leftarrow\mathrm{B}} = -\boldsymbol{F}_{\mathrm{B}\leftarrow\mathrm{A}}$），2つの物体どうしが及ぼし合う力なので，力のつり合いとはまったく意味が違う．また，作用反作用の法則は2つの物体がたがいに運動していてもつねに成り立つ．

図 4.19 の水平な床の上に物体が静止している場合を考えよう．

物体には，地球の重力 $\boldsymbol{W}$ と床の抗力 $\boldsymbol{N} = \boldsymbol{F}$(物 ← 床) が作用しているので，力のつり合いから

$$\boldsymbol{W} + \boldsymbol{N} = \boldsymbol{0} \tag{4.11}$$

という関係が導かれる．

物体と床を考えると，床は物体に抗力 $\boldsymbol{N} = \boldsymbol{F}$(物 ← 床) を作用するが，物体は床に力 $\boldsymbol{F}$(床 ← 物) を作用する．作用反作用の法則によって，

$$\boldsymbol{F}(床 \leftarrow 物) = -\boldsymbol{N} \tag{4.12}$$

である．

(4.11) 式と (4.12) 式から

$$\boldsymbol{F}(床 \leftarrow 物) = \boldsymbol{W} \tag{4.13}$$

であることがわかる．

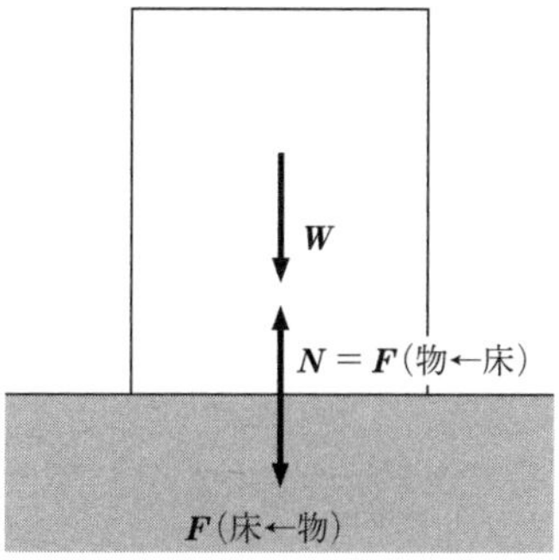

図 4.19　物体が床の上に静止している場合，$\boldsymbol{F}$(床 ← 物) = $\boldsymbol{W}$.

作用反作用の法則は重力や電気力のような遠隔力に対しても成り立つ．図 4.19 の物体に地球は重力 $\boldsymbol{W} = \boldsymbol{F}$(物 ← 地) を作用するが，反作用として物体は地球に力 $\boldsymbol{F}$(地 ← 物) を作用する．$\boldsymbol{F}$(地 ← 物) $= -\boldsymbol{F}$(物 ← 地) $= -\boldsymbol{W}$ である．しかし，たとえば，りんごのような物体と地球の場合，地球の質量はりんごの質量に比べてけた違いに大きいので，りんごが地球に及ぼす重力（万有引力）の地球の運動への影響は無視できる．

4.7　運動方程式のたて方と解き方

運動の法則がわかったので，どのようにすれば，物体の運動が求められるかを説明しよう．

（1）　どの物体について運動方程式をたてるのかを決め，その物体に作用する力をすべて図示し，記号または数値（単位は N）を記入する．

（2）　物体の加速度の向きを図示し，適当な記号をつける．

（3）　加速度の方向を考えて，適当な座標軸を決め，各座標軸の方向に，力と加速度を分解して，各方向の運動方程式をたてる．

$$\left.\begin{array}{lll} x\ 方向 & ma_x = F_{1x} + F_{2x} + \cdots + F_{Nx} & (力の\ x\ 成分の和) \\ y\ 方向 & ma_y = F_{1y} + F_{2y} + \cdots + F_{Ny} & (力の\ y\ 成分の和) \end{array}\right\} \tag{4.14}$$

（4）　連結した物体を1つの物体系として全体の運動を考えるとき，そ

の物体系内で相互に及ぼし合う作用・反作用の力は，物体系の内力とよばれ，(4.14) 式では打ち消し合うので，物体系全体の運動には，無関係である．

例題 1　2 つの金属の輪 A, B を図 4.20 のようにからませ，輪 A を手の力 $\boldsymbol{F}$ で鉛直上方に引き上げるときの輪 A, B の加速度を求めよ．輪 A, B の質量を m_A , m_B とする．

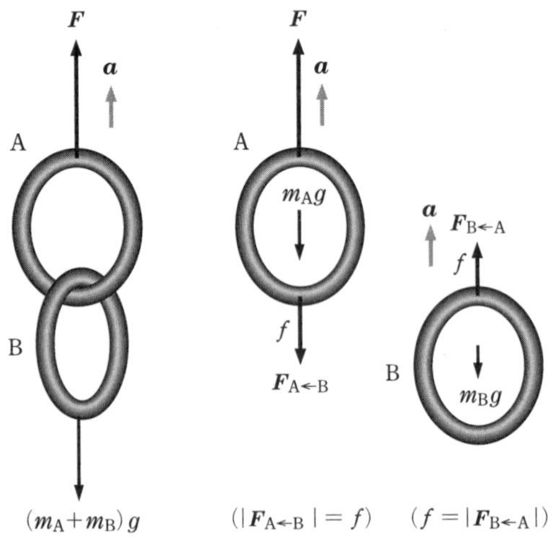

図 4.20　(a)　$(m_A+m_B)a=F-(m_A+m_B)g$
(b)　$m_Aa=F-m_Ag-f$
(c)　$m_Ba=f-m_Bg$

解　2 つの輪の間隔は一定なので，2 つの輪の速度も加速度も同じである．この共通の加速度を $\boldsymbol{a}$ とおくと，鉛直方向の運動方程式は，

輪 A　　$m_Aa=F-m_Ag-f$　$(f=|\boldsymbol{F}_{A\leftarrow B}|)$　(4.15)

輪 B　　$m_Ba=f-m_Bg$　$(f=|\boldsymbol{F}_{B\leftarrow A}|)$　(4.16)

である．2 つの式の左右両辺のそれぞれを加えると，

$$(m_A+m_B)a=F-(m_A+m_B)g \quad (4.17)$$

となるので，輪の加速度 a は，

$$a=\frac{F}{m_A+m_B}-g \quad (4.18)$$

この $(m_A+m_B)a=F-(m_A+m_B)g$ という運動方程式は，質量 m_A+m_B の 2 つの輪に作用する外力は手の力 $\boldsymbol{F}$ と重力 $-(m_A+m_B)\boldsymbol{g}$ だけであることからただちに導ける．2 つの輪の間に働く力 $\boldsymbol{F}_{A\leftarrow B}$ と $\boldsymbol{F}_{B\leftarrow A}$ は打ち消し合う．

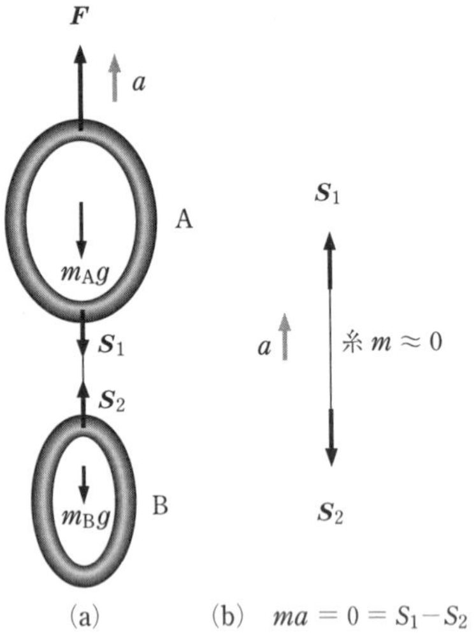

図 4.21

例 5　例題 1 の 2 つの輪 A, B を図 4.21 のように伸びない軽い糸で結ぶ場合を考える．糸の質量 m が無視できる場合 $(m\approx 0)$，糸が上の輪 A を引く張力 S_1 と下の輪 B を引く張力 S_2 の大きさは同じであることが，糸の運動方程式

$$S_1-S_2=ma+mg\approx 0\times(a+g)=0$$

から導かれる．

例題 2 軽くてなめらかな滑車に糸をかけて，その両端に質量 m_A と m_B のおもりをつける ($m_A > m_B$)．おもりの加速度と糸の張力 S を求めよ．ただし，糸と滑車の質量を無視し，糸のどの部分の張力も等しいとする．また，糸は伸びないものとする．この装置をアトウッドの機械という (図 4.22)．$m_A = 0.55$ kg，$m_B = 0.45$ kg の場合の加速度を計算せよ．

解 糸は伸びないので，2 つのおもりの加速度の大きさは等しい．これを a とおく．静止状態からおもりの運動が始まると，おもり A は下向きに，おもり B は上向きに運動する．

おもり A の運動方程式 $$m_A a = m_A g - S \quad (4.19)$$

おもり B の運動方程式 $$m_B a = S - m_B g \quad (4.20)$$

である．2 つの式の左右両辺のそれぞれを加えると，

$$(m_A + m_B)a = (m_A - m_B)g \quad (4.21)$$

となるので，おもりの加速度 a と糸の張力の大きさ S は，

$$a = \frac{m_A - m_B}{m_A + m_B} g \quad (4.22)$$

$$S = m_B a + m_B g = \frac{2m_A m_B}{m_A + m_B} g \quad (4.23)$$

となる．$m_A = 0.55$ kg，$m_B = 0.45$ kg の場合には，

$$a = 0.1g = 0.98 \text{ m/s}^2,$$
$$S = 0.45 \text{ kg} \times 1.1g$$
$$= 0.45 \text{ kg} \times 1.1 \times 9.8 \text{ m/s}^2 = 4.9 \text{ N}$$

2 つのおもりの質量をほぼ等しくすると，加速度 a は小さくなり，おもりの落下時間が長くなるので，重力加速度 g の正確な測定がしやすくなる．

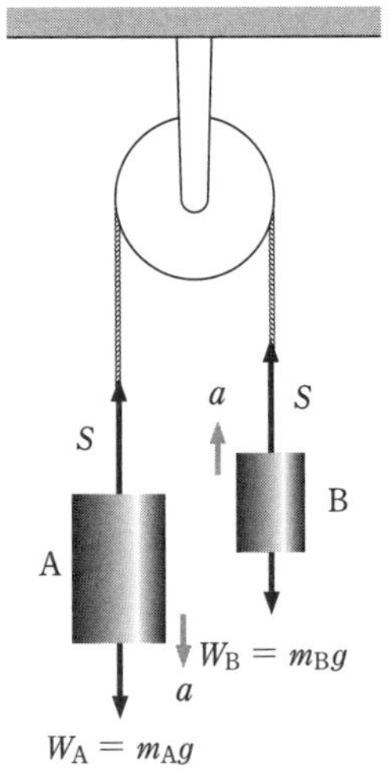

図 4.22 アトウッドの機械

例 6 高層ビルの最上階からエレベーターで降りるとき，スタート直後には身体が軽くなったような気持ちになる (図 4.23)．このときの下向きの加速度が 1 m/s^2 の場合に，体重 m が 50 kg の人がエレベーターの床から受ける垂直抗力の大きさ N を計算する．

この人に働く地球の重力 W は

$$W = mg = 50 \text{ kg} \times 9.8 \text{ m/s}^2 = 490 \text{ kg·m/s}^2 = 490 \text{ N} \quad (4.24)$$

である．力の単位として N でなく kgf を使うと，$W = 50$ kgf である．

エレベーターが静止しているときに，この人が床から受ける垂直抗力は重力とつり合っているので，その大きさは 490 N = 50 kgf である．エレベーターがスタートすると，人間の運動方程式は

$$ma = W - N = mg - N, \quad (4.25)$$

$$\therefore \quad N = mg - ma = 50(9.8 - 1) \text{ N} = 440 \text{ N} = 45 \text{ kgf} \quad (4.26)$$

したがって，この人の足は体重が 5 kg ほど軽くなったように感じる．

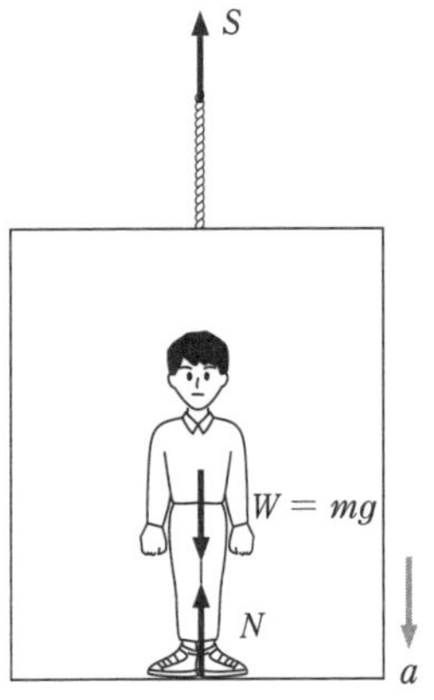

図 4.23

人間が自分の重さ (体重) に対して感じる感覚は，重力に対して自分を支えてくれる力からきている．したがって，人間が鉛直方向に加速運動すると，自分が重くなったり軽くなったりしたように感じる．エレベーターの綱が切れると，エレベーターも乗客も重力加速度 g で自由落下するの

で，(4.26) 式で $a = g$ となり，床の垂直抗力 N は 0 になる．このように人間を重力に対して支える力が働かない状態を**無重量状態**という．地球のまわりを回っている人工衛星と宇宙飛行士は，地球の重力が向心力となって等速円運動している．この場合にも重力に対して宇宙飛行士を支える力は存在しないので，無重量状態である．無重量状態の物体には重力は働いているが，重力につり合う床の垂直抗力のような力が働かない状態であることに注意してほしい．

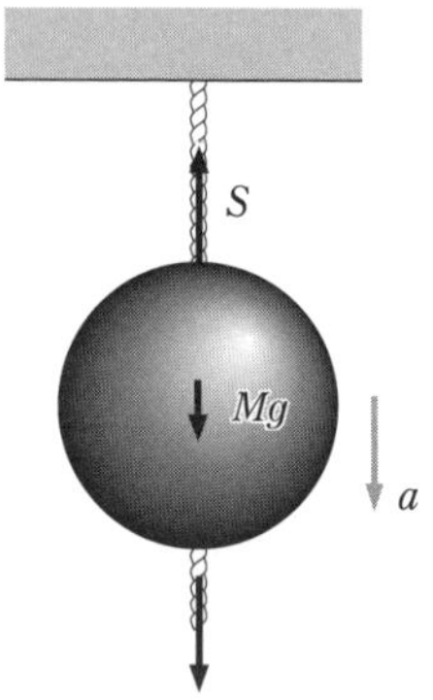

図 4.24

例 7　重い物体 (質量 M) を軽いひもで吊るし，重い物体の下に同じひもをつけて，このひもを下方に力 F で引く (図 4.24)．強く引くと下のひもが切れ，ゆっくり引くと上のひもが切れる．この理由を，運動の法則を使って考えよう．

上のひもに働く張力を S，物体の下方への加速度を a とすると，物体の運動方程式は

$$Ma = Mg + F - S \qquad \therefore \quad F - S = M(a-g) \tag{4.27}$$

となる．下のひもを強く引っ張り，物体の加速度 a が重力加速度 g よりも大きい場合には，下のひもの張力の大きさ F は上のひもの張力の大きさ S よりも大きいので，下のひもが切れる．下のひもをゆっくり引っ張り，物体の加速度 a が重力加速度 g より小さい場合には，$F < S$ なので，上のひもが切れる．

4.8　放物運動 1 (水平投射)

運動の法則の 2 次元運動への応用例として放物運動を考える．

放物体の運動方程式　空気の抵抗や浮力が無視できるときには，空中の質量 m の物体に働く力は鉛直下向きの大きさが mg の重力だけである．したがって，鉛直下向きを $+y$ 方向とし，x 方向と z 方向を水平方向とすると，この物体に働く力 $\boldsymbol{F}$ は

$$\boldsymbol{F} = (0, mg, 0) \tag{4.28}$$

なので，ニュートンの運動方程式

$$m\boldsymbol{a} = \boldsymbol{F}, \qquad m(a_x, a_y, a_z) = (0, mg, 0)$$

の各成分は

$$ma_x = 0, \qquad ma_y = mg, \qquad ma_z = 0 \tag{4.29}$$

となる．したがって，加速度 $\boldsymbol{a} = (a_x, a_y, a_z)$ は

$$a_x = 0, \qquad a_y = g, \qquad a_z = 0 \tag{4.30}$$

となり，空中に放り出された物体の運動は，y 方向 (鉛直下向き) の重力加速度 g の等加速度運動と水平方向の加速度 0 の等速度運動を重ね合わせたものになることがわかる．この事実をまず水平投射の場合で見てみよう．

水平投射　机の上のパチンコの玉を指ではじいて床に落下させてみる (図 4.25)．玉が机のふちを離れる瞬間に，別の玉を机の横から床へ自由落下させると，2 つの玉は床に同時に落ちることがわかる．2 つの玉の落下のストロボ写真をとると，2 つの玉の高さはつねに同じなので (図 4.26)，指ではじかれた玉の鉛直方向の運動は自由落下運動と同じであることがわかる．この事実は，(4.29) の第 2 式の $ma_y = mg$ は質量 m の

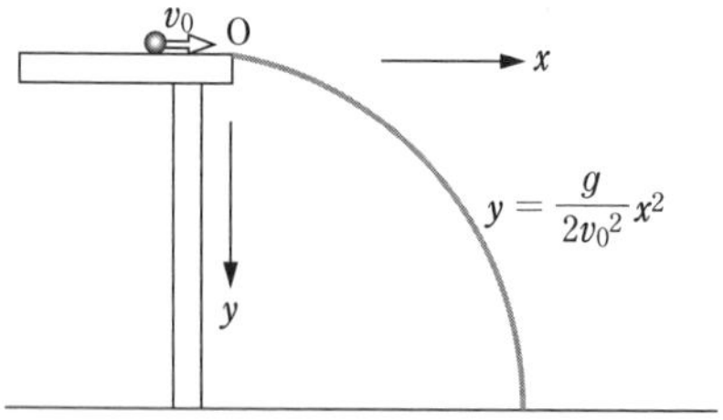

図 4.25　水平投射

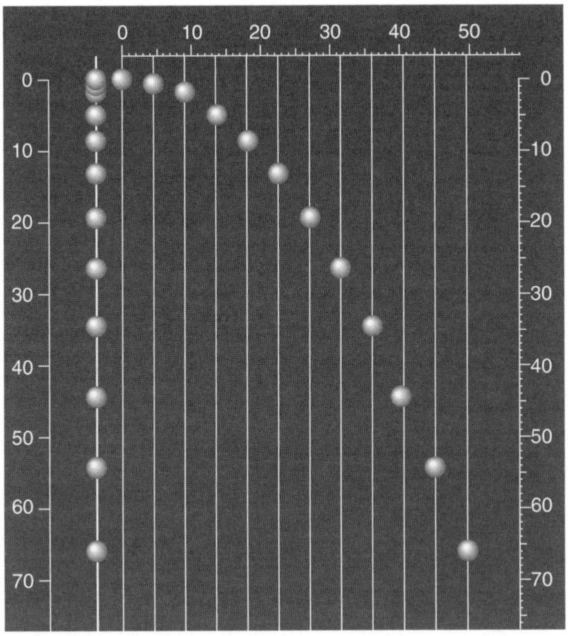

図 4.26　水平投射と自由落下のストロボ写真．1/30 秒ごとに光をあてて写した写真．ものさしの目盛は cm．

物体の重力 mg による自由落下の場合の運動方程式であり，(4.30) の第 2 式の $a_y = g$ は物体の鉛直下方（$+y$ 方向）への加速度が重力加速度 g であることを示していることから明らかであろう．

玉の水平方向の運動は等速運動であることもストロボ写真からわかる．この事実は，空中では水平方向成分をもつ力は玉に作用していないので [(4.29) の第 1 式と第 3 式]，玉の水平方向の加速度は 0 [(4.30) の第 1 式と第 3 式] であることから理論的に導かれる．

このように，玉を空中に水平方向に速さ v_0 で投射した場合の運動は，鉛直方向の自由落下運動と水平方向の等速運動を重ね合わせたものであることが運動方程式から導かれた．

玉が机から離れるところを原点 O に選び，玉の投射方向を $+x$ 方向とし，玉が机を離れてからの時間を t とすると，玉の水平方向（x 方向）の運動は速さ v_0 の等速運動なので，

$$x = v_0 t \tag{4.31}$$

玉の鉛直方向の運動は自由落下運動（重力加速度 g での等加速度運動）なので，(1.44) 式から落下距離 y は

$$y = \frac{1}{2}gt^2 \tag{4.32}$$

であることがわかる．

(4.31) 式から導かれる $t = x/v_0$ を (4.32) 式に代入すると，次の関係

$$y = \frac{gx^2}{2{v_0}^2} \tag{4.33}$$

が得られる．(4.33) 式は机の上から弾き落とされた玉の軌道を表す．

例題 3　机の高さを H とするとき，水平投射で床に着くまでの時間 t_1 と，床に到達する直前の玉の速さ v_1，および到達地点の位置 x_1 を求めよ．

解　(4.32) 式で，$t = t_1$ のとき，$y = H$ なので，

$$H = \frac{1}{2}gt_1{}^2 \qquad \therefore \quad t_1 = \sqrt{\frac{2H}{g}}$$

$t = t_1$ では，$v_x = v_0$，$v_y = gt_1 = \sqrt{2gH}$，

$$\therefore \quad v_1 \equiv \sqrt{v_0{}^2 + 2gH}$$

玉は机の端の真下からの距離が

$$x_1 = v_0 t_1 = v_0\sqrt{\frac{2H}{g}}$$

の地点に落ちる．

問 5　高さ 4.9 m の崖の上から初速 5 m/s で水平に海に飛び込んだ．着水までの時間を求めよ．崖の真下から何 m 先の海面に着水するか．

▮コインの同時落下▮　水平に投げ出された物体と，それと同時に同じ高さから自由落下を始めた物体とが，水平な床に同時に着地することは，つぎの実験で確かめられる．

（1）　まず，わりばしに名刺をはさみ，図 4.27 のように輪ゴムでとめる．

（2）　この名刺の上にコインを 2 つのせ，わりばしの端 B を手に持って，中ほどの A あたりを指で水平方向に強く弾く．

（3）　ほぼ真下に自由落下したコイン 1 とほぼ水平に投げ出されたコイン 2 が床に落ちたときの音を聞いて，着地が同時かどうかを判断する．

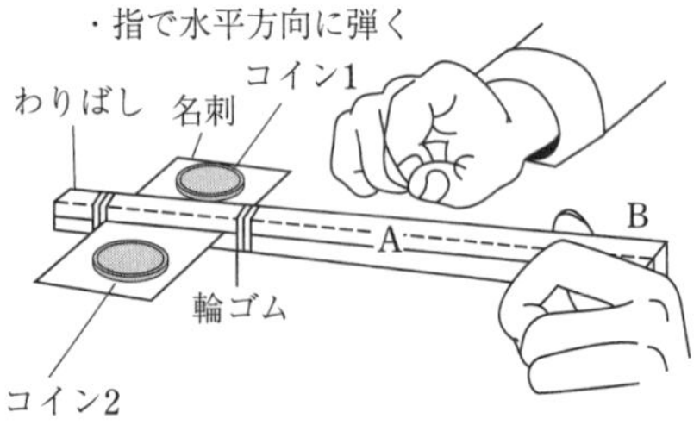

図 4.27　コインの同時落下

4.9　放物運動 2（斜め投射）

▮放物運動▮　水平な地面の上で石を空中に斜めに投げる場合を考える（図 4.28）．この運動は，空気の抵抗が無視できる場合には，水平方向の等速運動と鉛直方向の鉛直上方への投げ上げ運動を重ね合わせた運動である．投げる向きの水平方向を $+x$ 方向，鉛直上向きを $+y$ 方向，初速度 $\boldsymbol{v}_0$ が水平となす角を θ_0 とすると，初速度の水平方向成分（x 成分）は $v_{0x} = v_0 \cos\theta_0$ である（$+y$ 方向の向きが前節とは逆向きであることに注意すること）．

水平方向（x 方向）の運動は，加速度が $a_x = 0$ なので，速さ v_x が初速 $v_{0x} = v_0\cos\theta_0$ の等速運動，

$$v_x = v_{0x} = v_0 \cos\theta_0 \qquad (4.34)$$

である．したがって，投げてからの時間が t のときの水平方向の移動距離 x は

$$x = v_{0x}t = (v_0\cos\theta_0)t \qquad (4.35)$$

物体の速度の鉛直方向成分（y 成分）v_y は，放り投げたときの値 $v_{0y} = v_0\sin\theta_0$ から下向きの重力加速度 $-g$ で減少していく．したがって

$$v_y = v_{0y} - gt = v_0\sin\theta_0 - gt \qquad (4.36)$$

となる．この式は真上に投げ上げた場合の速さの式 (1.51) の v_0 を $v_{0y} = v_0\sin\theta_0$ で置き換えた式になっている．したがって，物体が手を離れてから時間 t が経過したときの高さ y は，(1.52) 式の右辺の v_0 を $v_{0y} = v_0\sin\theta_0$ で置き換えた

(a) 放物運動の軌跡

(b) $v_x = v_0 \cos\theta_0$
$v_y = v_0 \sin\theta_0 - gt$

(c) 物体の速度

(d) ホドグラフ

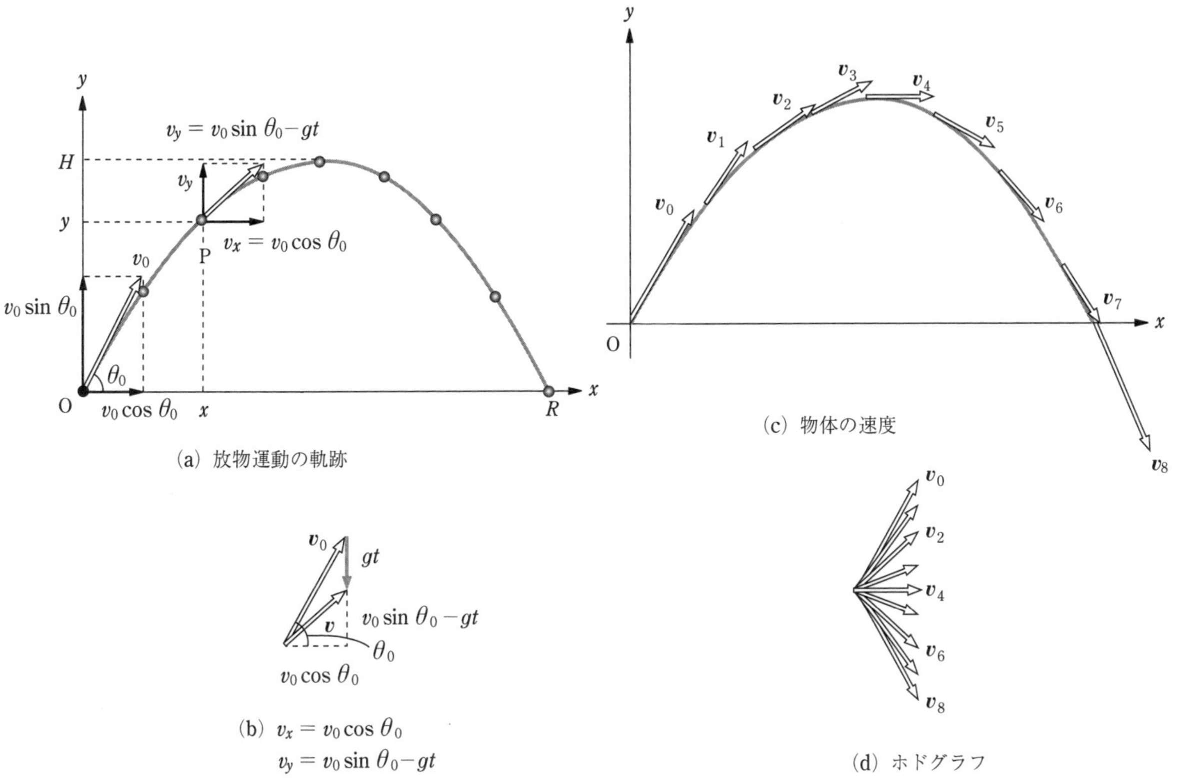

図 4.28 放物運動

$$y = v_{0y}t - \frac{1}{2}gt^2 = (v_0\sin\theta_0)t - \frac{1}{2}gt^2 \tag{4.37}$$

である.

最高点では物体の速度の y 成分は 0 ($v_y = 0$) なので, 物体が最高点に到達するまでの時間 t_1 は, $v_y = v_{0y} - gt_1 = v_0\sin\theta_0 - gt_1 = 0$ から,

$$t_1 = \frac{v_{0y}}{g} = \frac{v_0\sin\theta_0}{g} \tag{4.38}$$

である. 最高点の高さ H は, (4.38)式の t_1 を (4.37)式に代入すると得られる.

$$H = \frac{v_{0y}^2}{2g} = \frac{(v_0\sin\theta_0)^2}{2g} \tag{4.39}$$

つぎに, 物体の軌道を求めるために, (4.35)式から導かれる

$$t = \frac{x}{v_{0x}} = \frac{x}{v_0\cos\theta_0} \tag{4.40}$$

を (4.37)式に代入すると,

$$y = \frac{v_{0y}}{v_{0x}}x - \frac{g}{2v_{0x}^2}x^2 = \frac{\sin\theta_0}{\cos\theta_0}x - \frac{g}{2(v_0\cos\theta_0)^2}x^2 \tag{4.41}$$

が導かれる. これが物体の放物運動の軌道の放物線である (図 4.28).

(4.41)式の第2辺が第1項だけの場合の

$$y = \frac{v_{0y}}{v_{0x}}x \quad \text{すなわち} \quad \frac{y}{x} = \frac{v_{0y}}{v_{0x}} = \frac{\sin\theta_0}{\cos\theta_0} \tag{4.42}$$

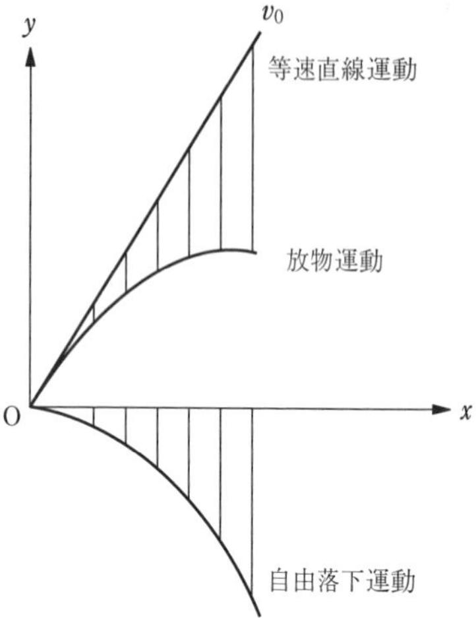

図 4.29 放物運動は等速直線運動と自由落下運動の重ね合わせである．

図 4.30 初速度がりんごの方向を向くようにして銃弾を発射するのと同時にりんごを落下させると，放物運動は等速直線運動と自由落下運動の重ね合わせなので，同時に自由落下運動を始めたりんごに命中する．

は初速度 $\boldsymbol{v}_0$ の方向の等速直線運動の軌道を表す．第2項だけの場合の

$$y = -\frac{g}{2{v_{0x}}^2}x^2 \tag{4.43}$$

は初速 v_{0x} の水平方向への投射運動の軌道を表す．水平投射運動での落下距離は自由落下運動での落下距離に等しいので（図 4.26），放物運動は等速直線運動と自由落下運動の 2 つの運動の重ね合わせである（図 4.29）．

モンキーハンティングという思考実験がある．木の枝にぶら下がっている猿に照準を合わせて弾丸を発射するのと同時に，それを見た猿が枝から手を離すと，弾丸は猿に命中するという，動物虐待なので困った思考実験である．そこで，図 4.30 では猿をりんごに替えてある．これまでに学んだことからこの実験を説明できる．

物体が地面に落下する地点までの距離 R は，軌道の式（4.41）で物体の高さ y が 0 になるときの x の値として求められる（人間の手の高さを無視した）．（4.41）式で $y = 0$ とおくと，

$$\frac{\sin\theta_0}{\cos\theta_0}x - \frac{g}{2(v_0\cos\theta_0)^2}x^2 = \frac{x(2{v_0}^2\sin\theta_0\cos\theta_0 - gx)}{2(v_0\cos\theta_0)^2} = 0 \tag{4.44}$$

となる．この式の解は 2 つあるが，そのうち $x = 0$ という解は投げた点なので，求める距離 R はもう 1 つの解に対応する

$$R = \frac{2{v_0}^2\sin\theta_0\cos\theta_0}{g} = \frac{{v_0}^2\sin 2\theta_0}{g} \tag{4.45}$$

である．ここで $2\sin\theta_0\cos\theta_0 = \sin 2\theta_0$ という関係を使った．

同じ初速 v_0 で投げるとき，最も遠くまで届くのは（R が最大なのは）$\sin 2\theta_0 = 1$ のとき，すなわち $\theta_0 = 45°$ のときで，そのときの到達距離は

$$R = \frac{{v_0}^2}{g} \quad (\theta_0 = 45° \text{ のとき}) \tag{4.46}$$

である．

例 8 時速 144 km（速さ 40 m/s）でボールを投げるときの最大到達距離 R は，（4.46）式で $v_0 = 40\ \mathrm{m/s}$，$g = 9.8\ \mathrm{m/s^2}$ とおいた

$$R = \frac{(40\ \mathrm{m/s})^2}{9.8\ \mathrm{m/s^2}} = 163\ \mathrm{m} \tag{4.47}$$

である．

例 9 走幅跳びで速さ 10 m/s の助走から踏み切ってその速さで飛躍したとき，約何 m 跳ぶことができるかを考えてみよう．（4.46）式で $v_0 = 10\ \mathrm{m/s}$，$g = 9.8\ \mathrm{m/s^2}$ とおくと，

$$R = \frac{(10\ \mathrm{m/s})^2}{9.8\ \mathrm{m/s^2}} = 10\ \mathrm{m} \tag{4.48}$$

という答が出る．走幅跳びの世界記録は 8.95 m である．

問 6 同じ速さ v_0 で $\theta_0 = 45° - \alpha°$ の方向と $45° + \alpha°$ の方向に投げた場合の落下点までの距離は，$\sin[2(45° - \alpha°)] = \sin[180° - (90° + 2\alpha°)] = \sin[2(45° + \alpha°)]$ なので，空気の抵抗が無視できる場合には等しい．滞空時間はどちらが短いか．ここで，$\sin\theta = \sin(180° - \theta)$ を使った．

■ 放物運動における力学的エネルギー保存則 ■　1.5 節で (1.57) 式を導いたように，この節の放物運動でも

$$\frac{1}{2}m{v_y}^2+mgy = \frac{1}{2}m{v_{0y}}^2 = \frac{1}{2}m(v_0\sin\theta_0)^2 \tag{4.49}$$

という関係が導かれる (ここでは $y_0 = 0$ である)．

$$v_x = v_{0x} = v_0\cos\theta_0, \quad v_z = v_{0z} = 0 \tag{4.50}$$

という関係があるので，これらの関係と，関係 $\sin^2\theta_0+\cos^2\theta_0 = 1$ を使うと，

$$\frac{1}{2}mv^2+mgy = \frac{1}{2}m{v_0}^2 = 一定 \tag{4.51}$$

という関係が導びかれ，

$$「運動エネルギー」= \frac{1}{2}(質量)\times(速さ)^2 = \frac{1}{2}mv^2$$
$$= \frac{1}{2}m({v_x}^2+{v_y}^2+{v_z}^2) \tag{4.52}$$

と

$$「重力による位置エネルギー」=(質量)\times(重力加速度)\times(高さ) = mgy \tag{4.53}$$

の和である「力学的エネルギー」が一定であることが示される．これを**力学的エネルギー保存則**という．エネルギーについては第 7 章で詳しく学ぶ．

現実の放物運動では空気の抵抗は無視できない．したがって，投げ上げられた物体は (4.39) 式の最高点の高さ H まで到達できないし，(4.45) 式の到達距離 R の点までは届かない．空気の抵抗は次章で考える．

4.10　微分方程式としてのニュートンの運動方程式

ニュートンの運動方程式

$$m\frac{\mathrm{d}^2x}{\mathrm{d}t^2} = F_x, \quad m\frac{\mathrm{d}^2y}{\mathrm{d}t^2} = F_y, \quad m\frac{\mathrm{d}^2z}{\mathrm{d}t^2} = F_z \tag{4.54}$$

のような未知の導関数 (微分) を含む方程式を**微分方程式**という．微分方程式に含まれる最高次の導関数の次数をその微分方程式の**階数**という．したがって，2 階の導関数を含むニュートンの運動方程式 (4.54) は 2 階の微分方程式である．

微分方程式を満たす関数を求めることを，その微分方程式を**解く**といい，求められた関数を**解**という．微分方程式 (4.54) の解 $\boldsymbol{r}(t) = [x(t), y(t), z(t)]$ は力 $\boldsymbol{F}$ の作用を受けている質量 m の物体の運動を表している．したがって，物体に働く力 $\boldsymbol{F}$ がわかれば，問題は微分方程式であるニュートンの運動方程式 (4.54) を解くことである．

2 階の微分方程式の解は 2 個の任意定数を含む．たとえば，(4.54) 式の力 $\boldsymbol{F}$ が重力 $(0, mg, 0)$ の場合の (4.30) の第 2 式は 2 階の微分方程式

$$\frac{\mathrm{d}^2y}{\mathrm{d}t^2} = g \tag{4.55}$$

である．この微分方程式の解は両辺を t で積分すると求められる．両辺を t について積分すると

$$\int \frac{\mathrm{d}}{\mathrm{d}t}\left(\frac{\mathrm{d}y}{\mathrm{d}t}\right)\mathrm{d}t = \int g\,\mathrm{d}t \qquad \therefore\quad \frac{\mathrm{d}y}{\mathrm{d}t} = v_y = gt + C_1 \quad (C_1\text{ は任意定数}) \tag{4.56}$$

が得られる．この両辺をもう一度 t について積分すると，

$$\int \frac{\mathrm{d}y}{\mathrm{d}t}\,\mathrm{d}t = \int (gt + C_1)\,\mathrm{d}t$$

$$\therefore\quad y = \frac{1}{2}gt^2 + C_1 t + C_2 \quad (C_2\text{ は任意定数}) \tag{4.57}$$

となる．したがって2階の微分方程式(4.55)の解(4.57)は2個の任意定数 C_1 と C_2 を含むことが確かめられた．

微分方程式の解で，その階数と同じ個数の任意定数を含むものを**一般解**という．微分方程式の一般解の任意定数に特定の値を与えて得られる関数はやはり微分方程式の解であり，**特殊解**という．

微分方程式の解の任意定数を定める条件を物理学では**初期条件**あるいは**境界条件**という．たとえば，(4.56)式と(4.57)式で $t = 0$ とおくと，$\mathrm{d}y/\mathrm{d}t$ は $t = 0$ での速度の y 方向成分 v_{0y} であり，y は $t = 0$ での y 座標 y_0 なので，2個の任意定数 C_1 と C_2 は

$$C_1 = v_y(t = 0) = v_{0y}, \qquad C_2 = y(t = 0) = y_0 \tag{4.58}$$

となり，(4.56)式と(4.57)式は，

$$v_y = gt + v_{0y} \tag{4.59}$$

$$y = \frac{1}{2}gt^2 + v_{0y}t + y_0 \tag{4.60}$$

となる．

そこで，ニュートンの運動方程式 $m\,\mathrm{d}^2\boldsymbol{r}/\mathrm{d}t^2 = \boldsymbol{F}$ の一般解には2個×3(3方向) = 6個の任意定数がある．この任意定数として，ある時刻 $t = t_0$ での物体の位置 $\boldsymbol{r}_0 = \boldsymbol{r}(t_0)$ と速度 $\boldsymbol{v}_0 = \boldsymbol{v}(t_0)$ を選ぶ．(時刻 $t = t_0$ は $t = 0$ でなくてもよい．) したがって，ある時刻 t_0 での位置 $\boldsymbol{r}_0 = \boldsymbol{r}(t_0)$ と速度 $\boldsymbol{v}_0 = \boldsymbol{v}(t_0)$ がわかると，運動方程式(4.54)を解くことによって，全時刻での位置 $\boldsymbol{r}(t)$ を知ることができる．このように原因がわかると結果が定まることを**因果律**という．因果律とは，原因と結果の間に一定の関係が存在するという原理である．

第4章のまとめ

運動の第1法則(慣性の法則)　すべての物体は力の作用を受けなければ(あるいは，いくつかの力が作用していてもその合力が**0**ならば)，一定の運動状態を保ちつづける．すなわち，静止している物体は静止の状態をつづけ，運動している物体は等速直線運動をつづける．

物体が一定の運動状態を保ちつづけようとする性質を慣性というので，この法則を慣性の法則ともいう．

運動の第2法則(運動の法則)　物体の加速度 $\boldsymbol{a}$ は，その物体に作用する力(いくつかの力が作用する場合はその合力) $\boldsymbol{F}$ に比例し，その質量 m に反比例する．

$$m\boldsymbol{a} = \boldsymbol{F} \qquad (1)$$

力　物体に作用し，その物体の運動状態を変化させたり，変形させたりする原因になる作用．大きさと方向と向きをもち，ベクトルの和の規則に従うベクトル量である．力の単位は，質量が1 kgの物体に1 $\mathrm{m/s^2}$ の加速度を生じさせる力の大きさ1 $\mathrm{kg \cdot m/s^2}$ で，これを1ニュートン(記号N)という．

地球の重力　質量 m の物体に作用する重力の大きさ W は

$$W = mg \qquad (2)$$

質　量　質量は物体の慣性の大きさを表す量であり，物体に作用する重力の強さに比例する量である．質量の単位はkgである．

力のつり合い　いくつかの力 $\boldsymbol{F}_1, \boldsymbol{F}_2, \cdots, \boldsymbol{F}_N$ が作用している物体の運動状態が変化しない条件の1つは，これらの力の合力が0,

$$\boldsymbol{F}_1 + \boldsymbol{F}_2 + \cdots + \boldsymbol{F}_N = \boldsymbol{0} \qquad (3)$$

運動の第3法則(作用反作用の法則)　2つの物体AとBが作用し合うとき，BがAに作用する力 $\boldsymbol{F}_{\mathrm{A \leftarrow B}}$ とAがBに作用する力 $\boldsymbol{F}_{\mathrm{B \leftarrow A}}$ はたがいに逆向きで，大きさは等しい．

$$\boldsymbol{F}_{\mathrm{A \leftarrow B}} = -\boldsymbol{F}_{\mathrm{B \leftarrow A}} \qquad (4)$$

放物運動　水平な地面と角 θ_0 をなす方向に速さ v_0 で物体を放り出す．物体が手から離れた点を原点，投げる向きの水平方向を $+x$ 方向，鉛直上向きを $+y$ 方向とする．空気の抵抗が無視できると，

軌道は　$$y = (\tan\theta_0)x - \frac{g}{2(v_0\cos\theta_0)^2}x^2 \qquad (5)$$

落下地点までの距離 R は　$$R = \frac{{v_0}^2\sin 2\theta_0}{g} \qquad (6)$$

演習問題4

A

1．昔の列車のドアは乗客が開閉できた．

（1） ドアが開いている客車に飛び乗る際に最も安全な方法は，客車に平行に同じ速さで走りながら飛び乗ることである．その理由を述べよ．

（2） ドアが開いている客車からホームに乗び降りるとき，着地直後にどのようにすれば安全か．その理由を説明せよ．

2．図1の①番ホーム側から出発した電車がポイントPを通過するとき，乗客は横方向の大きな衝撃を感じる．その理由を説明せよ．

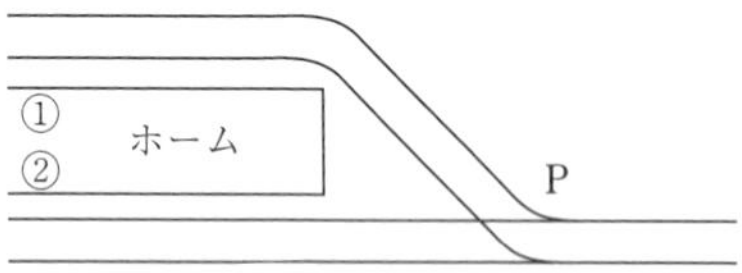

図 1

3．脱水機の原理を説明せよ．

4．質量1000 kgの自動車が5秒間に20 m/sから30 m/sに一様に加速された．

（1） 加速されている間の自動車の加速度はいくらか．

（2） このときに働いた力の大きさはいくらか．

5．一直線上を30 m/sの速さで走っている20 kgの物体を6秒間で停止させるには，平均どれほどの力を加えたらよいか．

6．2 kgの物体に12 Nの力が加わると加速度はいくらになるか．

7．質量5 kgのおもりを長さ1 mの綱の一端につけ，他端を固定して，おもりを水平面上で1秒間に3回転の割合で回転させる．

（1） おもりの向心加速度を求めよ．

（2） おもりに働く向心力を求めよ．

8．図2の3つの力の合力を求めよ．

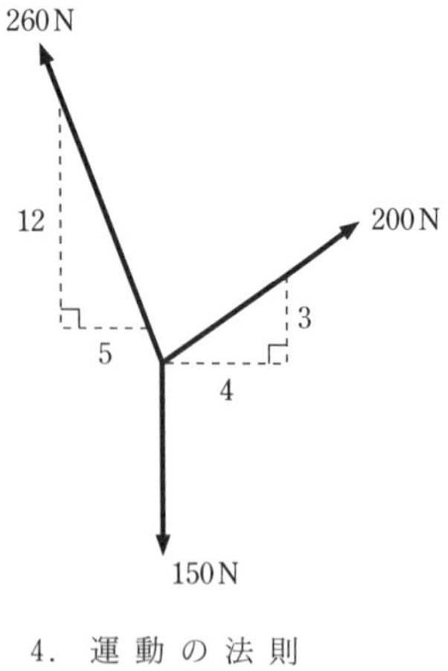

図 2

9．質量 $m = 10$ kgの物体が一定な力 F を受けて x 軸上を運動している．

（1） $+x$ 方向に $F = 20$ Nの力が働くときの加速度 a を求めよ．

（2） 原点に静止していた物体に，$t = 0$ から $F = 10$ Nの力が働いた．$t = 10$ sにおける位置 x と速度 v を求めよ．

（3） $t = 0$ での位置 x_0 と速度 v_0 が $x_0 = 0$，$v_0 = 20$ m/sの物体に，$F = -20$ Nの力が働いている．物体の速度が0になる時間とそれまでの移動距離 x を求めよ．

（4） $t = 0$ での速度が $v_0 = 20$ m/sで，$t = 5$ sでの速度が $v = 40$ m/sであった．この間に物体に働いていた一定な力の大きさ F を求めよ．

10．200 Nの張力を加えると切れる，長さが30 mのロープが，建物の屋上から外壁に沿ってたれ下がっている．体重50 kgの人がこのロープを使って降りるときの最小加速度はいくらか．この人が地面に着く直前の速さはいくらか．

11．体重50 kgの人がヘリコプターから吊るされた軽い綱にぶら下がっている．ヘリコプターの加速度が（1）上方に6 m/s^2，（2）下方に4 m/s^{2}のとき，綱の張力を求めよ．

12．カール・ルイスは100 mを10秒で走る．彼は最初の2秒間は等加速度運動を行い，その後は等速運動を行うとすると，彼の足は最初の2秒間にどのくらいの力を出すか．体重は90 kgとせよ．

13．9 m離れたところにある質量8 kgのそりにつけたロープの他端を質量64 kgの学生が持っている．そりも学生も凍結した湖面上にいる．学生がロープを16 Nの力で引いた．

（1） そりの加速度 a_1 と学生の加速度 a_2 を求めよ．

（2） そりが学生のところにくるまでの学生の移動距離を求めよ．

ロープを引く力は一定で，湖面とそり，湖面と学生の摩擦力は無視できるとせよ．

14．質量 M の機関車がそれぞれの質量が m の貨車 N 台を引いている貨物列車がある．現在，エンジンが牽引力 F を働かせている．空気の抵抗を無視して，

（1） 列車全体の加速度を求めよ．

（2） K 番目と $K+1$ 番目の貨車の間の連結器に働く張力 T_K を求めよ．

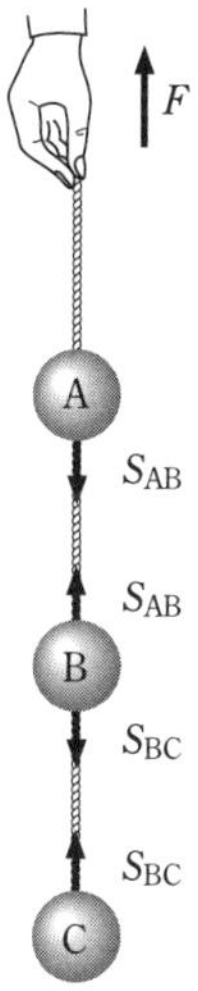

図 3

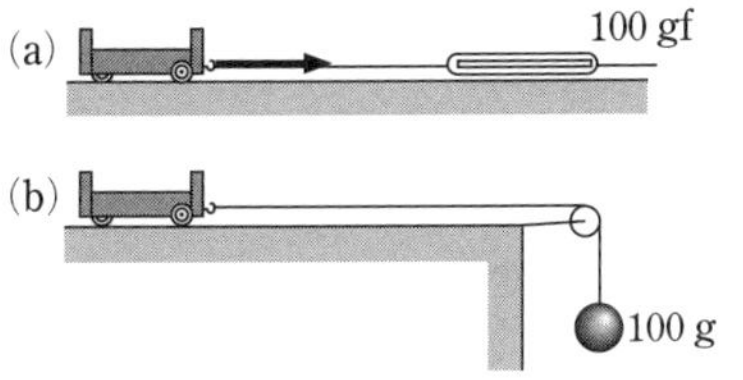

図 4

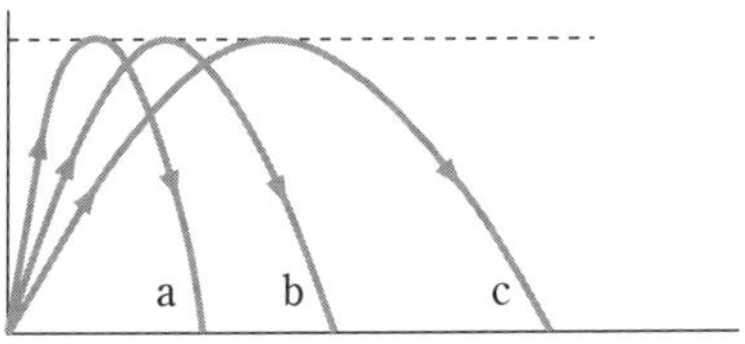

図 5

15. 質量 m が 0.2 kg の 3 つの球 A, B, C を図 3 のように糸でつなぎ，糸の上端を持って力 9.0 N で引き上げた．3 つの球の加速度 a と 3 つの球をつなぐ糸の張力 S_{AB}, S_{BC} を求めよ．

16. 図 4 の (a) と (b) では，台車はどちらが速く動くか．(a) では 400 g の台車をばね秤の値が 100 g になるように一定の力で水平に引き続け，(b) では 400 g の台車と 100 g のおもりを軽い滑車にかけた糸で結び，手を静かに離す．

17. 物体が図 5 の軌道を放物運動する場合，

（1） 飛行時間を比較せよ．

（2） 初速度の鉛直方向成分を比較せよ．

（3） 初速度の水平方向成分を比較せよ．

（4） 初速度の大きさを比較せよ．

18. ライフル銃を水平面と 45° の方向に向けて撃ったら，1 分後に弾丸が地面に落下した．初速 v_0 と到達距離 R を求めよ．空気の抵抗は無視せよ．

19. 地表から水平と 60° の角をなす方向に初速度 20 m/s で投げたボールの落下点までの距離を求めよ．

20. （1） 空気の抵抗が無視できるときの放物運動で，

$$\frac{4H}{R} = \tan\theta_0$$

という関係のあることを示せ．

（2） 平地で球を投げるとき，到達距離 R と最高点の高さ H が同じになるためには，球を水平と何度の方向に投げ出せばよいか．

21. 地上 2.5 m のところで，テニスボールを水平に 36 m/s の速さでサーブした．ネットはサーブ地点から 12 m 離れていて，その高さは 0.9 m である．このボールはネットを越えるか．このボールの落下地点までの距離はいくらか．

B

1. 図 6 の質量 m_A と m_B の物体を結ぶひもに作用する張力 S は，落下している物体 A に働く重力 $m_A g$ より大きいか，小さいか．m_B が大きくなるにつれて，張力 S は大きくなるか，小さくなるか．

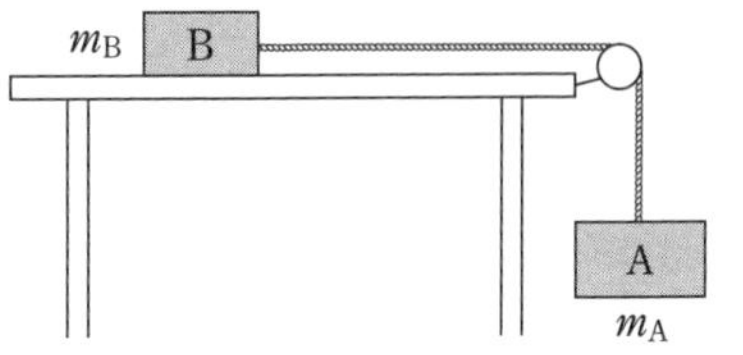

図 6

2. 2 人の大人が自動車を押しはじめた．自動車の加速度を推定せよ．自動車は水平な舗装道路上にあり，ギアはニュートラルに入っている．自動車の質量，大人の男性の押す力，道路と靴の静止摩擦係数などは推定せよ．

3. 遊園地には，パイプの先に飛行機型のゴンドラをつけて柱のまわりを回転させる装置がある（図 7）．パイプの長さ L を 5 m とし，ゴンドラを $\theta =$ 60° に上げて回すために必要な角速度 ω を求めよ．パイプの質量は無視せよ．この場合に 1 周するのに必要な時間は何秒か．

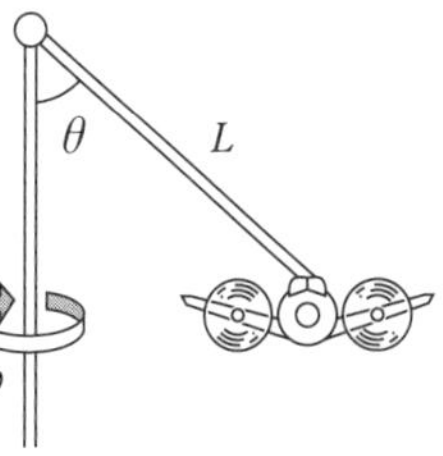

図 7

4. 質量 m のおもりを長さ l の軽いひもの一端につけ，図 8 のように半径 $r = l\sin\theta$ の水平な円軌道を描かせる装置を円錐振り子という．

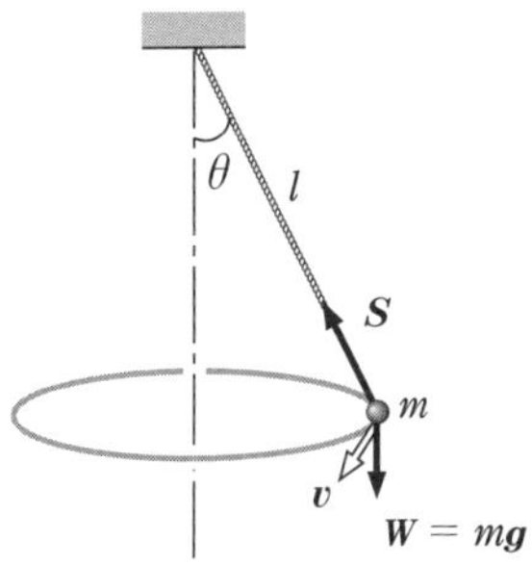

図 8

（1） この円錐振り子の周期 T を求めよ．

（2） おもりの質量を 0.5 kg とする．ひもは

1.0 kg のおもりを吊るすと切れるものだとする．振り子のひもが鉛直となす角 θ が何度のときに，ひもは切れるか．

（3） ひもの長さが 1.0 m，傾きの角 $\theta = 30^\circ$ のときの周期 T を求めよ．

5. あるビルの 15 人乗りのエレベーターのかごの質量は 1400 kg で，かごについた鉄の綱（直径 12 mm のものを 5 本束ねてある）の反対側にはバランス用のおもり 1900 kg がついている（図 9）．エレベーターが静止している場合と，かごが加速度 0.7 m/s² で上昇している場合の綱の張力を求めよ．エレベーターの乗客の質量は 1000 kg とし，綱の質量は無視せよ．

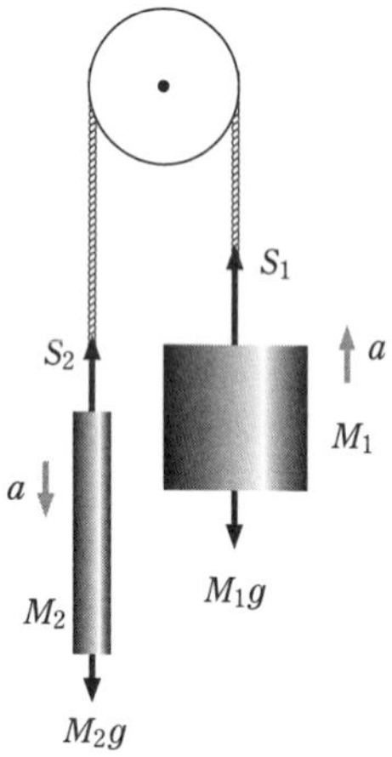

図 9

6. 図 10 の男の人といすの質量は 80 kg である．

（1） 男の人がロープの端を引くと上昇できるか．一定の速さ 2 m/s で上昇するためには，ロープをどのような大きさの力で引きつづけねばならないか．男の人はいすに固定されている．

（2） 一定の加速度 1.0 m/s² で上昇するために必要なロープを引く力を求めよ．

図 10

7. 図 11 の質量 200 kg のおもりを引き上げるために，綱の左下の端を下方に力 $\boldsymbol{F}$ で引く．$\boldsymbol{F}$ の大きさはいくら以上あればよいか．滑車と綱の質量は無視せよ．

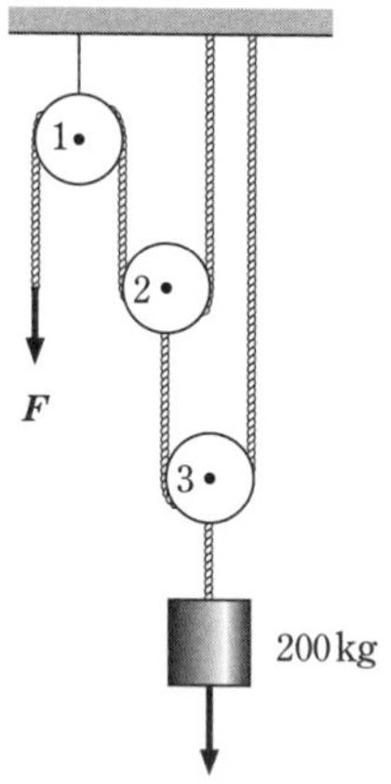

図 11

8. 図 12 で 3 つのおもり A, B, C の速度 v_A, v_B, v_C，加速度 a_A, a_B, a_C の間に次の関係があることを示せ．綱と滑車の質量は無視せよ．

$$2v_A + 2v_B + v_C = 0, \quad 2a_A + 2a_B + a_C = 0$$

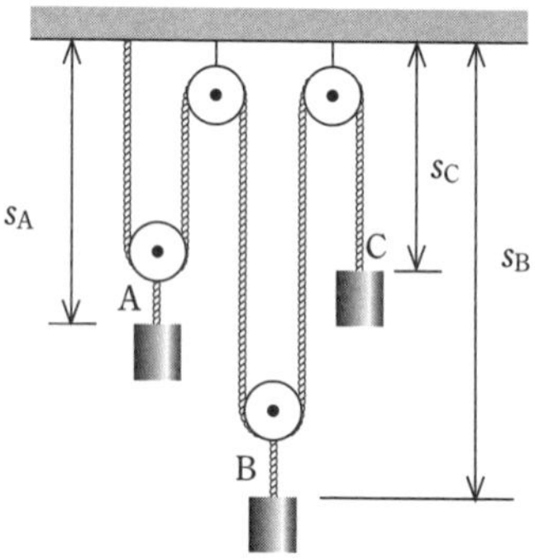

図 12

9. 海面を漂流している小船の遭難者をめがけて飛行機から救援物資の包みを投下する．飛行機は速さ

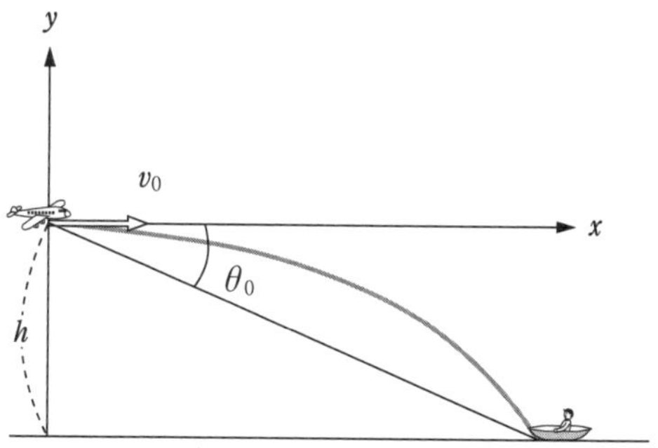

図 13

$v_0 = 80$ m/s で高さ $h = 100$ m の空中を水平に飛行している．小船が水平から何度下の方向に見えたときに包みを落とせばよいか(図 13)．

10. スキーのジャンプの選手が速さ 17 m/s で水平方向より 15° 上の方向に飛び出した．傾きが 50° の斜面に落下する地点までの距離 d を求めよ(図 14)．空中に滞在した時間 t_1 も求めよ．空気の抵抗は無視せよ．

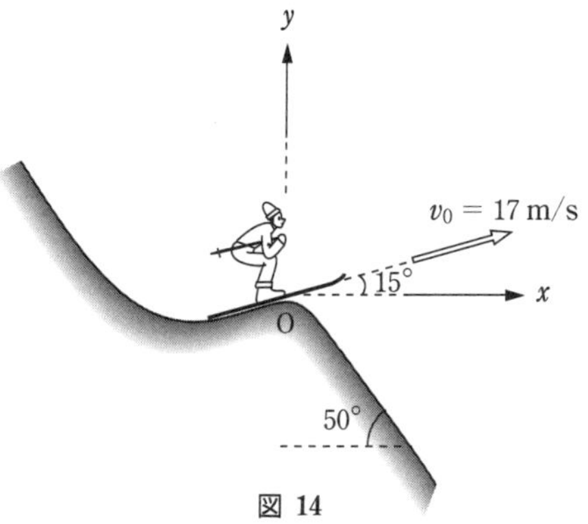

図 14

11. 図 15 のようにバスケットボールの選手がボールを投げるとき，ボールがリングを通過するためのボールの初速 v_0 を求めよ．リングの直径は 46 cm である．

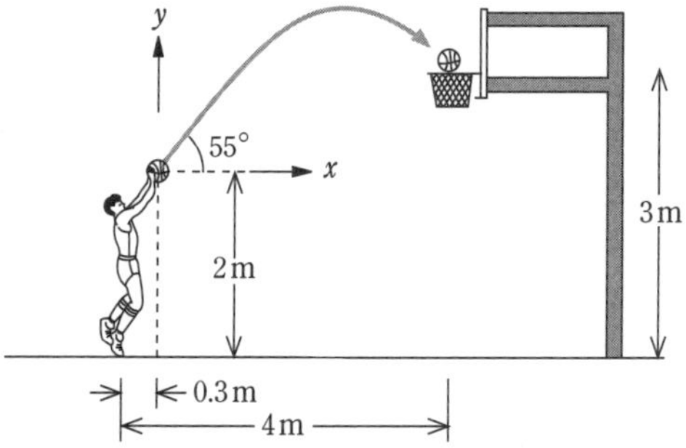

図 15

12. 50 m 先のホールにゴルフボールを直接に入れたい．中間に高さ 10 m の木が植えてある．ボールの初速と打ち出す角度を求めよ．

13. 高さ 150 m の高い塔の上から，水平より 30° 斜め上方に速さ 180 m/s で小球を発射した(図 16)．小球の軌道の最高点の落下点からの高さ H を求めよ．滞空時間 T と落下地点までの水平距離 R も求めよ．空気の抵抗は無視せよ．

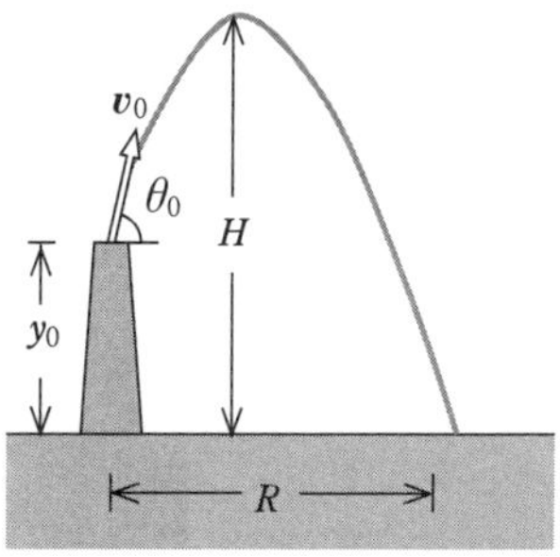

図 16

14. 水平面と角度 θ をなす斜面に対して角度 α で物体を初速 v_0 で時刻 $t = 0$ に投げるとき，図 17 のように x, y 座標を選ぶと，

$$x = -\frac{1}{2}gt^2 \sin\theta + v_0 t \cos\alpha,$$

$$y = -\frac{1}{2}gt^2 \cos\theta + v_0 t \sin\alpha$$

となることを示し，斜面に到達するときの時刻 T と到達点の x 座標 X は

$$T = \frac{2v_0 \sin\alpha}{g\cos\theta},$$

$$X = \frac{{v_0}^2}{g\cos^2\theta}[\sin(2\alpha+\theta) - \sin\theta]$$

であることを示せ．最も遠くに到達させるための角度 α はいくらか．

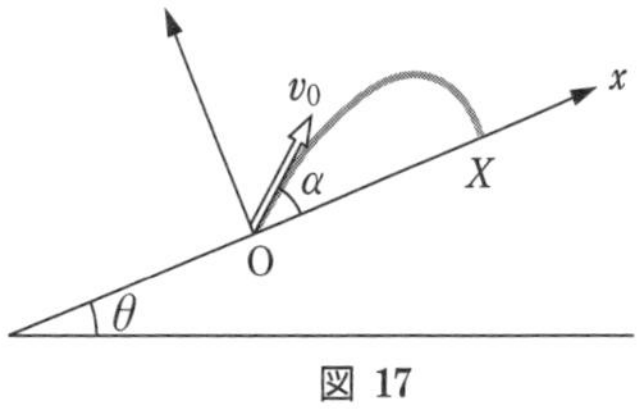

図 17

5 摩擦力と抵抗

重い荷物を引きずって運ぶときに摩擦は望ましくない．機械を運転するときにも，機械を摩耗させ変質させる摩擦は望ましくない．しかし，道を歩くときや自動車を運転するときには摩擦が必要である．また，毛織物の毛糸がほどけないのも，ひもを結ぶときに結び目がほどけないのも摩擦のためである．くぎが木材から抜けないのも，ナットがボルトからはずれないのも摩擦のためである．このように摩擦は日常生活にとって必要である．

この章では摩擦力と空気の抵抗について学ぶ．

5.1 摩擦力

垂直抗力 われわれは地面の上，床の上，厚い氷の上などに立つことはできるが，水面，池に張った薄い氷や泥沼の上に立つことはできない．その理由は，われわれに作用する地球の重力 $\boldsymbol{W}$ につり合う垂直抗力 $\boldsymbol{N}$ を，床や厚い氷は作用するのに，薄い氷や泥沼は作用しないからである．このように，2 物体が接触しているときに接触面を通して面に垂直に他の物体に作用する力を**垂直抗力**という（図 5.1）．

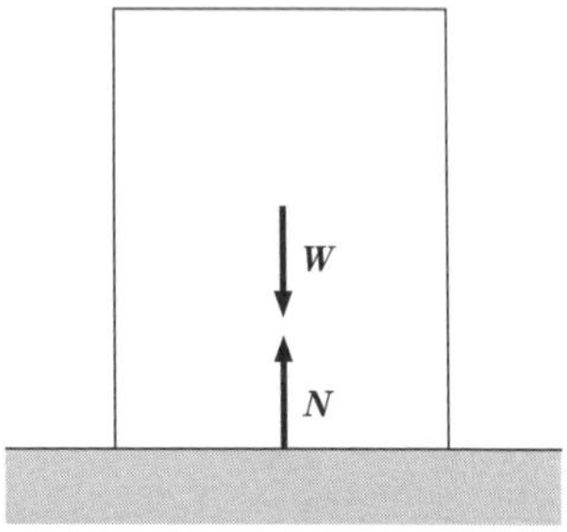

図 5.1 物体には地球の重力 $\boldsymbol{W}$ と床からの垂直抗力 $\boldsymbol{N}$ が働く．

静止摩擦力 図 5.1 の水平な床の上に置かれた物体に働く地球の重力 $\boldsymbol{W}$ と床が物体に及ぼす垂直抗力 $\boldsymbol{N}$ はつり合っている（$\boldsymbol{W} = -\boldsymbol{N}$）．したがって，図 5.1 の質量 m の物体に床が及ぼす垂直抗力の大きさは $N = W = mg$ である．この物体を人間が水平方向の力 $\boldsymbol{f}$ で押すと，力 $\boldsymbol{f}$ が小さい間は物体は動かない．物体が動かないのは，物体の運動を妨げる向きに床が物体に力を作用するからである．この床が，物体との接触面で接触面に平行な向きに作用する力 $\boldsymbol{F}$ を**摩擦力**という．物体が床の上で静止している場合には（すなわち，接触面で 2 つの物体の相対運動がない場合には），この摩擦力を**静止摩擦力**という．物体は静止しているので，物体に水平方向に作用する力のつり合いの条件から，人間が物体を押す力 $\boldsymbol{f}$ と床が物体に及ぼす静止摩擦力 $\boldsymbol{F}$ は大きさが等しく，反対向きであることがわかる．すなわち，$\boldsymbol{F} = -\boldsymbol{f}$ である（図 5.2）．

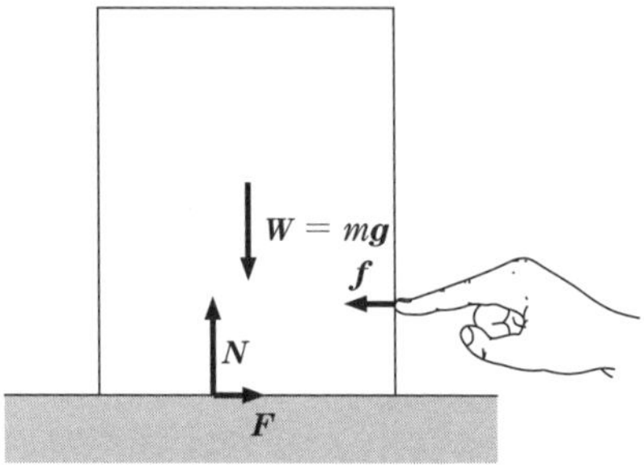

図 5.2 静止摩擦力 $F \leqq \mu N$．物体は静止しているので，手の押す力の大きさ f と静止摩擦力の大きさ F は等しい．$f = F$．

床は物体との接触面全体に垂直抗力を作用するが，この場合には左側の方の垂直抗力は右側の方の垂直抗力よりも大きいので，垂直抗力 $\boldsymbol{N}$ の矢印を中央より左に書いた（第 14 章参照）．

物体を押す力をある限度以上に大きくすると，物体は動きはじめる．この限度の静止摩擦力の大きさ $F_{\max}$ を**最大摩擦力**という．実験によると，最大摩擦力 $F_{\max}$ は床が物体に垂直に作用する垂直抗力の大きさ N に比例する．

$$F_{\max} = \mu N \tag{5.1}$$

比例定数の μ を**静止摩擦係数**という．この μ は接触する 2 物体の面の材質，粗さ，乾湿，塗油の有無などの状態によって決まる定数で，最大摩擦力が垂直抗力の何倍かを示す．静止摩擦係数 μ の値は接触面の面積が変わってもほとんど変化しない．

したがって，静止摩擦力の大きさ F は

$$F \leqq \mu N \tag{5.2}$$

である．

身のまわりにある物体の面どうしの静止摩擦係数は，多くの場合，1 より小さい．そのために，物体を水平方向に移動させるには，物体を持ち上げて運ぶよりも，引きずって移動させる方が楽である．

図 5.3 に示すように，接する物体の表面の凹凸のために，2 つの物体がほんとうに接触している部分の面積 A_R は見かけ上の接触面積 A よりもきわめて小さく，また A_R は垂直抗力の大きさ N に比例する．ほんとうに接触している部分では，接触している 2 つの物質は分子間力で結合している．分子間力による結合をすべて切るために必要な力が最大摩擦力 F_{max} である．このようにして F_{max} が N に比例する理由がわかる．

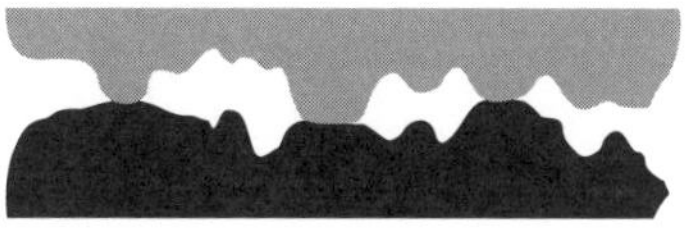

図 5.3　境界面での 2 つの物体のミクロな接触の様子

物理学では，摩擦力が作用する面を**粗い面**，摩擦力が無視できる面を**なめらかな面**という．なめらかな面の上では物体はわずかな力で動きだす．物体の表面をなめらかにしていくと，最初のうちは摩擦力は減るが，さらになめらかにするのにつれて摩擦力は極端に大きくなる．表面がきわめてなめらかな 2 つの同一の金属を長時間密着させると，引き離すのが困難になる．ほんとうに接触している面積が大きくなり，分子間力による結合が強くなるからである．もちろん，このような場合には (5.1) 式は成り立たない．摩擦は複雑な現象である．

水平な床の上の物体を上から力 $\boldsymbol{F}_1$ で押す場合には (図 5.4 (a))，床が物体に作用する垂直抗力の大きさは $N = W+F_1$ であり，上から力 $\boldsymbol{F}_2$ で引く場合には (図 5.4 (b))，$N = W-F_2$ である．物体が斜面の上にある場合に斜面が物体に作用する垂直抗力の大きさは，例 1 で示すように (図 5.4 (c))，$N = W\cos\theta$ である．

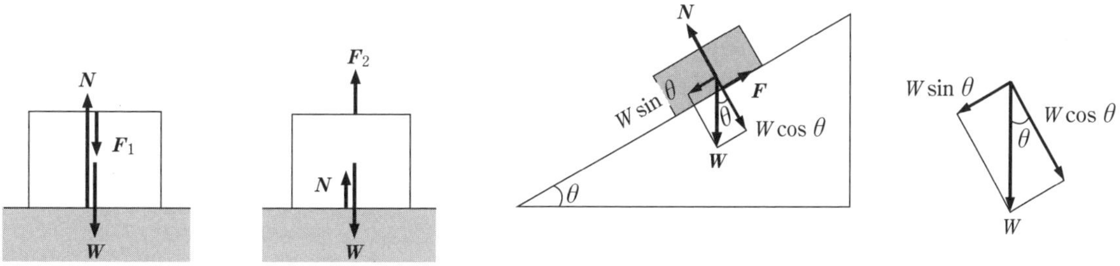

(a)　$N = W+F_1$

(b)　$N = W-F_2$

(c)　$N = W\cos\theta$．斜面上の物体が滑り落ちないための条件は $\tan\theta \leqq \mu$．

図 5.4　垂直抗力 $\boldsymbol{N}$

例1　水平面と角 θ をなす斜面の上に物体が静止している．この物体が斜面を滑り落ちはじめないための条件を求めよう．この物体には地球の重力 $\boldsymbol{W}$ が作用する．この鉛直下向きの重力 $\boldsymbol{W}$ を斜面に平行な方向の成分と斜面に垂直な方向の成分に分解すると，その大きさはそれぞれ $W\sin\theta$ と $W\cos\theta$ である．この物体には斜面が，斜面に平行な方向に静止摩擦力 $\boldsymbol{F}$ と斜面に垂直な方向に垂直抗力 $\boldsymbol{N}$ を作用する．物体は静止しているので，物体に作用している3つの力，重力 $\boldsymbol{W}$，静止摩擦力 $\boldsymbol{F}$，垂直抗力 $\boldsymbol{N}$ のつり合いの条件から

$$N = W\cos\theta \qquad \text{（斜面に垂直な方向のつり合い条件）}$$
$$F = W\sin\theta \qquad \text{（斜面に平行な方向のつり合い条件）}$$

が導かれる（図5.4(c)）．静止摩擦力の大きさ F は最大摩擦力 μN より大きくないので，

$$W\sin\theta \leqq \mu N = \mu W\cos\theta$$
$$\therefore\quad \tan\theta = \frac{\sin\theta}{\cos\theta} \leqq \mu$$

という条件が導かれる．$\theta = 30^\circ$ なら $\mu \geqq 0.58$，$\theta = 45^\circ$ なら $\mu \geqq 1.0$ である．

例題1　図5.5のように，水平面から 30° の方向に綱でそりを引いた．そりと地面の間の静止摩擦係数を0.25，そりと乗客の質量の和を60 kgとすると，そりが動きはじめるときの綱の張力 $\boldsymbol{F}$ の大きさは何kgfか．

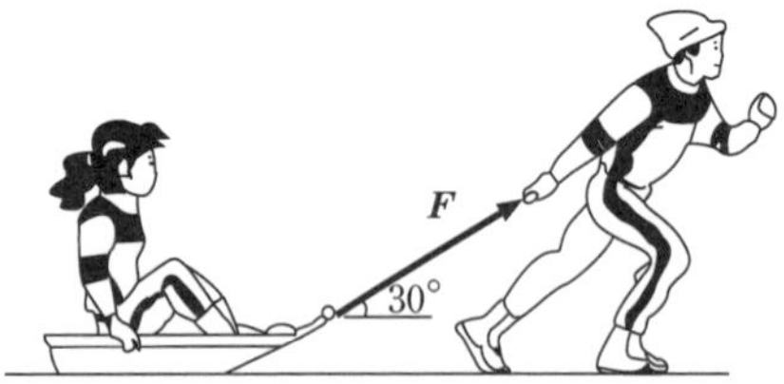

図 5.5

解　そりと乗客に働く外力は，引き手の力 $\boldsymbol{F}$，重力 $\boldsymbol{W}$，垂直抗力 $\boldsymbol{N}$，最大摩擦力 $\boldsymbol{F}_{\max}$ である．外力がつり合う条件から（図5.6），

鉛直方向　$W = N + F(\sin 30^\circ) = N + \dfrac{F}{2}$

$$\therefore\quad N = W - \frac{F}{2}$$

水平方向　$F(\cos 30^\circ) = \dfrac{\sqrt{3}}{2}F = \mu N$

$$= 0.25\left(W - \frac{F}{2}\right)$$

$$\therefore\quad F = \frac{0.5W}{\sqrt{3}+0.25} = 0.25\times 60\ \text{kgf} = 15\ \text{kgf}$$

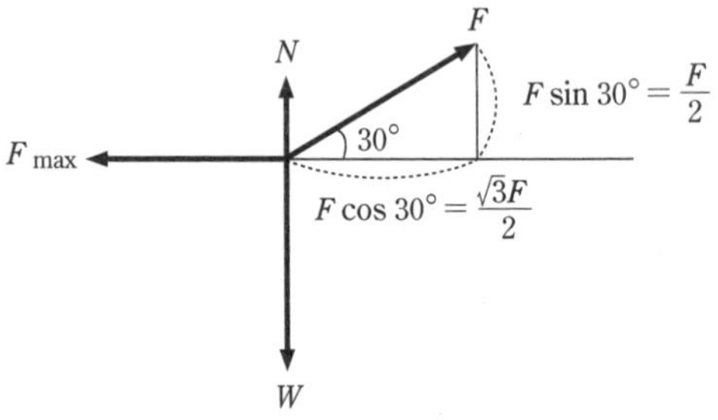

図 5.6

■動摩擦力■　斜面の上を滑り落ちる物体と斜面との間のように，相対的に運動している2つの物体（固体）の間には，2つの物体の速度の差を減らすような摩擦力が接触面に沿って働く（図5.7）．この摩擦力を**動摩擦力**という．実験によれば，動摩擦力の大きさ F も垂直抗力の大きさ N に比例し，

$$F = \mu' N \tag{5.3}$$

という関係を満たす．比例定数 μ' は，接触している 2 物体の種類と接触面の材質，粗さ，乾湿，塗油の有無などの状態によって決まり，接触面の面積や滑る速さには関係が少ない定数である．μ' を**動摩擦係数**という．一般に

$$\mu > \mu' > 0 \tag{5.4}$$

である（図 5.8 (a)）．したがって，物体に加える力 $\boldsymbol{f}$ と摩擦力 $\boldsymbol{F}$ の大きさの関係は図 5.8 (b) のようになる．

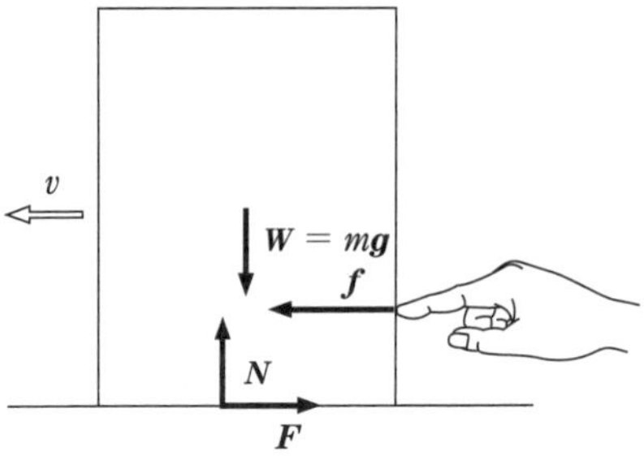

図 5.7　動摩擦力 $F = \mu' N$

表 5.1　摩擦係数

I	II	静止摩擦係数 乾燥	静止摩擦係数 塗油	動摩擦係数 乾燥	動摩擦係数 塗油
鋼　鉄	鋼　鉄	0.7	0.05〜0.1	0.5	0.03〜0.1
鋼　鉄	鉛	0.95	0.5	0.95	0.3
アルミニウム	アルミニウム	1.05	0.3	1.4	—
ガラス	ガラス	0.94	0.35	0.4	0.09
テフロン	テフロン	0.04	—	0.04	—
テフロン	鋼　鉄	0.04	—	0.04	—

固体 I が固体 II の上で静止または運動する場合．

表 5.1 にいくつかの固体の摩擦係数を示す．表面が磨いてある場合の値である．

ふつう，摩擦力は物体の進行方向に対して逆向きである．しかし，自動車の加速時に，自動車の駆動輪のタイヤが地面に後ろ向きに作用する摩擦力への反作用として生じる，地面がタイヤに作用する摩擦力は自動車の進行方向を向き，自動車の進行方向への加速に不可欠である．人間が歩くときに地面を後ろへ蹴る靴の裏が地面から反作用として受ける摩擦力も，人間の進行方向を向いている．

「最大摩擦力と動摩擦力の大きさは垂直抗力の大きさに比例し，2 つの物体の接触面積にはほぼ無関係である」という摩擦の法則は，15 世紀の中頃にレオナルド・ダ・ビンチによって発見され，1699 年にアモントンによって再発見された．

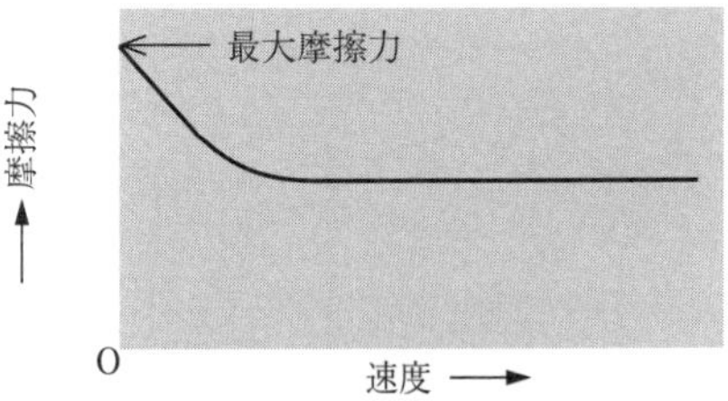

(a)　摩擦力の速度依存性

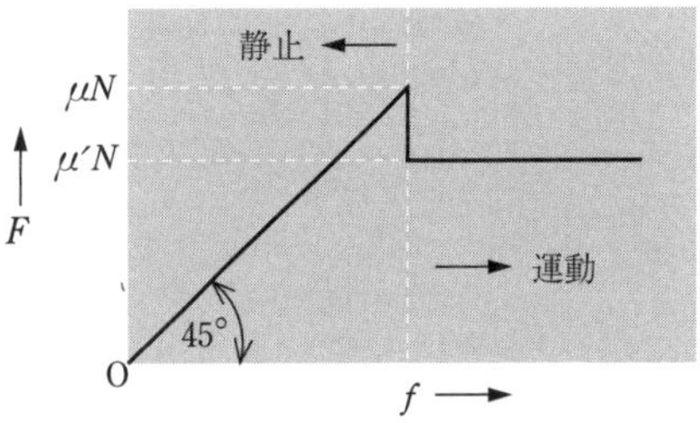

(b)　物体に加える力 f と摩擦力 F の関係

図 5.8　動摩擦力

例 2　水平と角 θ をなす斜面の上に質量 m の物体をそっと置いたところ，物体は斜面の上を滑り落ちはじめた．滑り落ちている物体に働くすべての力を図示すると図 5.9 のようになる．物体に作用する合力の斜面方向成分 $F_{/\!/}$ は，斜め下向きを正の向きとすると，$F = \mu' N = \mu' W \cos\theta$，$W = mg$，なので，

$$F_{/\!/} = W\sin\theta - F = mg(\sin\theta - \mu'\cos\theta) \tag{5.5}$$

である．加速度 a は，

$$a = \frac{F_{/\!/}}{m} = g(\sin\theta - \mu'\cos\theta) \tag{5.6}$$

滑り落ちはじめてから t 秒後の物体の速さは

$$v = at = g(\sin\theta - \mu'\cos\theta)t \tag{5.7}$$

で，滑り落ちた距離 d は

$$d = \frac{a}{2}t^2 = \frac{g}{2}(\sin\theta - \mu'\cos\theta)t^2 \tag{5.8}$$

である．ここで，μ' は物体と斜面の動摩擦係数である．

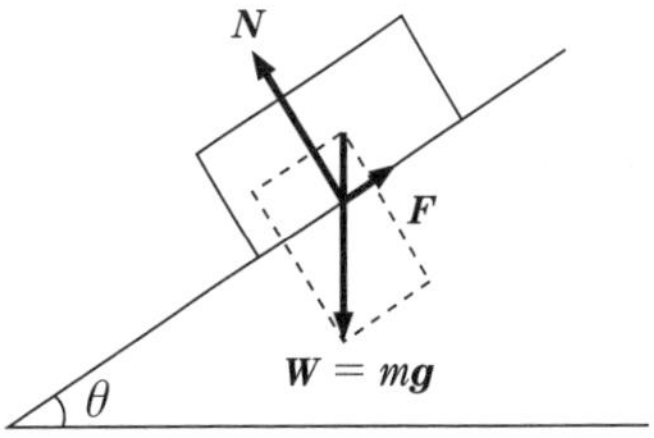

図 5.9

自動車と摩擦力 　自動車，自転車，人間などが前進するのは，外部から前方を向いた力が作用するからである．この前方を向いた力は地面が及ぼす摩擦力である．氷が張った道路と車輪の間のように摩擦力が働かない場合には，自動車のエンジンをかけてアクセルを踏んでも車輪が空転するだけで，自動車は前進しない．

自動車が前進する原動力はエンジンの及ぼす力である．エンジンの及ぼす力が車輪まで伝えられ，車輪を回転させようとすると，車輪と道路の接触面で車輪は道路に後ろ向きの力を作用するので，道路は反作用として車輪に前向きの摩擦力を及ぼす．つまり，自動車を前進させる力は，エンジンの働きによって誘起された道路による摩擦力である．

自動車を停止させるにはブレーキをかける．ブレーキには車輪とともに回転する円筒（ドラム）や円板（ディスク）に制動子を押しつけるドラムブレーキやディスクブレーキなどがあり，ブレーキの中で作用する動摩擦力が車輪の回転を止めようとする．回転数の減少に伴って車輪は道路に前向きの力を作用するので，道路は反作用として車輪に後ろ向きの摩擦力を及ぼす．自動車を停止させる力は，ブレーキの中の動摩擦力によって誘起された道路による摩擦力である．

車輪が路面との接触点で滑らずに転がっている場合に働く摩擦力は，車輪と道路の接触点では滑っていないので，静止摩擦力であるが，加速時，定速走行時，制動時の駆動輪は多少滑って動摩擦状態になっている．

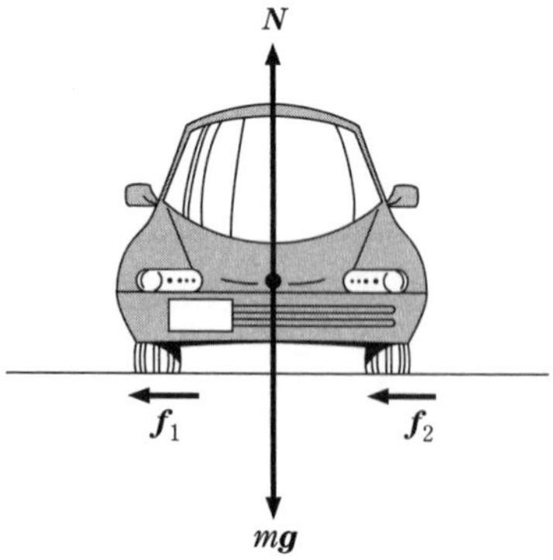

図 5.10　自動車が右に曲がるときには，路面が横向き（右向き）の摩擦力をタイヤに作用する．

自動車がカーブを曲がるときには，路面が作用する摩擦力が向心力である（図 5.10）．おもちゃのレーシングカーが円形の走路から飛び出さない条件は，向心力 mv^2/r が最大摩擦力 $\mu N = \mu mg$ より小さいこと，すなわち，

$$\frac{mv^2}{r} < \mu mg \qquad \therefore \quad \mu rg > v^2 \tag{5.9}$$

である（μ は静止摩擦係数）．

高速道路はカーブでは内側の方が低くなるようにつくられている．路面が自動車に作用する垂直抗力 $\boldsymbol{N}$ が水平方向成分をもち，曲がるために必要な摩擦力の大きさを減らし，横方向へのスリップの危険性を減らすためである（図 5.11）．

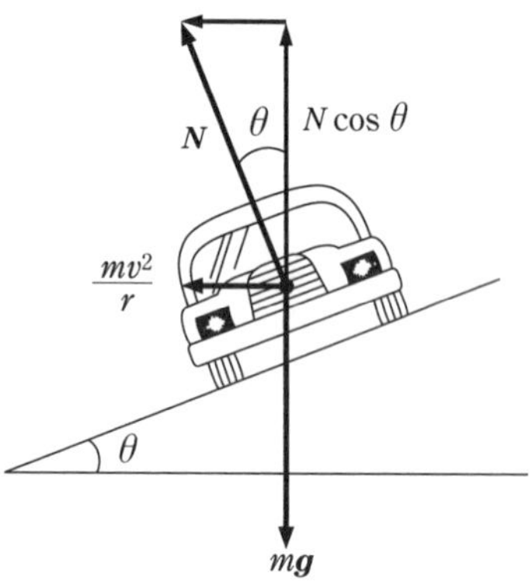

図 5.11　路面が横方向に傾斜しているときには，垂直抗力 $\boldsymbol{N}$ と重力 $m\boldsymbol{g}$ の合力が横向きの力になる．

半径 100 m のカーブを時速 72 km で走るときに，摩擦力が 0 になる場合の路面の傾きの角 θ を求めてみよう．時速 72 km は

$$72\ \mathrm{km/h} = \frac{72\times 1000\ \mathrm{m}}{3600\ \mathrm{s}} = 20\ \mathrm{m/s}$$

である．図 5.11 を眺めると，鉛直方向の力のつり合いの条件と垂直抗力 $\boldsymbol{N}$ の水平方向成分がカーブを曲がるための向心力に等しいという条件から，

$$N\cos\theta = mg, \qquad \frac{mv^2}{r} = N\sin\theta = \frac{mg\sin\theta}{\cos\theta} = mg\tan\theta \tag{5.10}$$

$$\tan\theta = \frac{v^2}{gr} = \frac{(20\ \mathrm{m/s})^2}{(9.8\ \mathrm{m/s^2})\times 100\ \mathrm{m}} = 0.41 \tag{5.11}$$

$$\therefore \quad \theta = \tan^{-1} 0.41 = 22° \tag{5.12}$$

$\theta = \tan^{-1} B$ とは $B = \tan\theta$ を満たす角 θ である．

自動車のブレーキを踏むと減速し，強く踏むと勢いよく減速する．しかし，自動車が路面を滑りはじめると（スキッドしはじめると），質量 m の自動車を減速させる力は動摩擦力 $F = \mu' N = \mu' mg$ になるので，自動車の加速度の大きさ a は

$$a = \frac{F}{m} = \mu' g \tag{5.13}$$

である．初速度 v の自動車がスキッドしながら停止するまでに動く距離 d は，(1.36) 式から，

$$d = \frac{v^2}{2a} = \frac{v^2}{2\mu' g} \tag{5.14}$$

である．

問 1　水平と角 θ をなす斜面を登る方向に初速 v でスキッドしている自動車が最高点に到達するまでに動く距離 d は，

$$d = \frac{v^2}{2a} = \frac{v^2}{2g(\mu' \cos\theta + \sin\theta)} \tag{5.15}$$

であることを示せ．

車輪を路面の上で転がすときの抵抗を**転がり摩擦**という．この力は摩擦ではなく，車輪と路面の変形による力である．

（参考）ベルトの摩擦　図 5.12 のように，車輪をベルトで回転させるときに重要なのは，右端での張力 $F_{\max}$ と左端での張力 $F_{\min}$ の差，$F_{\max} - F_{\min}$ である．車輪とベルトの摩擦係数を μ とすると，

$$\frac{F_{\max}}{F_{\min}} = e^{\mu\phi} \tag{5.16}$$

という関係がある．ただし，ϕ の単位はラジアンとする．$e = 2.718\cdots$ である．

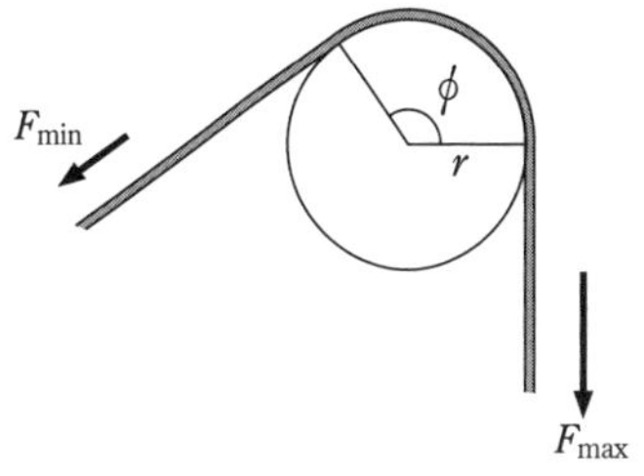

図 5.12　$F_{\max}/F_{\min} = e^{\mu\phi}$

5.2　空気と水の抵抗力

前章で放物運動を考えたときには，空気の抵抗を無視した．しかし，現実の放物運動では空気の抵抗を無視できない．したがって，投げ上げられた物体は (4.39) 式の最高点 H までは到達できないし，(4.45) 式の到達距離 R の点までは届かない．

身のまわりの落下運動では，空気の抵抗が無視できない場合が多い．雨滴の落下やスカイダイビングはその例である．空気や水の抵抗とは，物体の運動を妨げる向きに働く力を指す．空気や水の中を運動する物体には，抵抗のほかに揚力が作用する．揚力は物体の運動方向に垂直に作用する力である (16.3 節参照)．

■粘性抵抗■　液体や気体の中を運動する物体（固体）の受ける抵抗力 $\boldsymbol{F}$ は複雑であるが，速さ v が十分に小さな間は v に比例するので，

$$\boldsymbol{F} = -b\boldsymbol{v} \quad (b \text{ は定数}) \tag{5.17}$$

と表される．速さ v に比例する抵抗を**粘性抵抗**という．16.4 節で学ぶ粘

性力が原因だからである．(5.17) 式の負符号は，粘性抵抗 $\boldsymbol{F}$ は速度 $\boldsymbol{v}$ と逆向きであることを意味している．

■ストークスの法則■　半径 R の球状の物体に対する粘性抵抗は

$$\boldsymbol{F} = -6\pi\eta R\boldsymbol{v} \tag{5.18}$$

と表される．これを**ストークスの法則**という．η（エータ）は**粘度**とよばれ，気体あるいは液体ごとに決まっている定数である（16.4 節参照）．

■慣性抵抗■　密度 ρ の液体や気体の中を運動する物体の速さ v が速くなり，運動物体の後方に渦ができるようになると，運動物体の受ける抵抗力 F は v^2 に比例するようになり，次のように表される．

$$F = -\frac{1}{2}C\rho A v^2 \tag{5.19}$$

A は運動物体の断面積で，抵抗係数 C は，球の場合は約 0.5，流線形だともっと小さい．(5.19) 式で表される抵抗を**慣性抵抗**という．慣性抵抗の大きさを表す (5.19) 式の右辺の負符号は，ほんとうはおかしいが，慣性抵抗 $\boldsymbol{F}$ は速度 $\boldsymbol{v}$ と逆向きであることを記憶させる意味でわざとつけた．

航空機が飛行中に受ける抵抗力は (5.19) 式に非常によく合う．また，自動車が高速で走る場合に空気から受ける抵抗は慣性抵抗である．

■雨滴の落下■　無風状態の大気中の小さな雨滴（質量 m）に働く力は，鉛直下向きの重力 mg と鉛直上向きの粘性抵抗 bv である（図 5.13）．したがって，鉛直下向きを $+x$ 方向に選ぶと，雨滴の運動方程式は

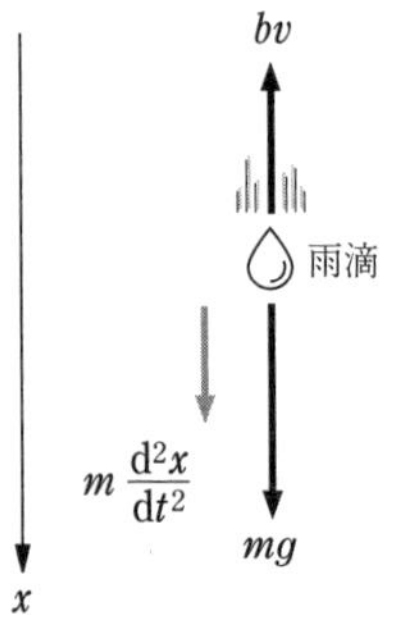

図 5.13　雨滴の落下
$m\frac{d^2x}{dt^2} = mg - bv$

$$m\frac{d^2x}{dt^2} = m\frac{dv}{dt} = mg - bv \tag{5.20}$$

である（$v = dx/dt$）．落下しはじめは落下速度 v が小さく $bv \ll mg$ なので，粘性抵抗は無視でき，雨滴は重力加速度 g の等加速度直線運動を行う．雨滴の速さ v が増加するのにつれて粘性抵抗が増加するので，雨滴に働く下向きの合力の大きさは減少し，したがって加速度も減少していく．速さ v が

$$v = v_t \equiv \frac{mg}{b} \tag{5.21}$$

になると，雨滴に働く力は 0 になるので，雨滴は速さ v_t の等速落下運動を行うようになる．この速さ v_t を**終端速度**という．なお，密度の小さな物体の場合には，浮力の効果も無視できない．

つぎに，微分方程式

$$m\frac{dv}{dt} = mg - bv \tag{5.22}$$

を解いてみよう．この式の右辺には v が含まれているので，(4.55) 式の場合のように，この式の両辺を t で積分して解を求めることはできない．そこで，dv/dt は $\Delta v \div \Delta t$ の $\Delta t \to 0$ の極限なので，$dv/dt = dv \div dt$ とみなして，(5.22) 式を

$$m\,dv = (mg - bv)\,dt \qquad \therefore \quad \frac{dv}{(mg/b) - v} = \frac{b}{m}\,dt \tag{5.23}$$

と変形してみよう．(5.23) の第 2 式の左辺には v だけが現れ，右辺に t だけが現れるので，左辺を v について積分し，右辺を t について積分すると

$$\int \frac{\mathrm{d}v}{(mg/b)-v} = \int \frac{b}{m}\,\mathrm{d}t \tag{5.24}$$

となる．$1/(A-v)$ の原始関数は $-\log|A-v|$ なので，(5.24) 式は

$$-\log\left|\frac{mg}{b}-v\right| = \frac{bt}{m}+C \quad (C \text{ は任意関数}) \tag{5.25}$$

となる．本書では log は e を底とする対数（自然対数）を意味する．時刻 $t=0$ に落下しはじめるので，$v(t=0)=0$ である．したがって，

$$C = -\log\left(\frac{mg}{b}\right) \tag{5.26}$$

である．$A=\mathrm{e}^B$ と $B=\log A$ は同じ関係を表すので，

$$\begin{aligned}\frac{bt}{m} &= -\log\left|\frac{mg}{b}-v\right|-C = -\log\left(\frac{mg}{b}-v\right)+\log\frac{mg}{b}\\ &= \log\frac{mg/b}{(mg/b)-v}\end{aligned} \tag{5.27}$$

という式は

$$\frac{mg/b}{(mg/b)-v} = \mathrm{e}^{bt/m}, \qquad \frac{mg}{b}-v = \frac{mg}{b}\mathrm{e}^{-bt/m}$$

$$\therefore \quad v = \frac{\mathrm{d}x}{\mathrm{d}t} = \frac{mg}{b}(1-\mathrm{e}^{-bt/m}) \tag{5.28}$$

となる．ただし，この場合 $|(mg/b)-v| = (mg/b)-v$ である事実と，$1/\mathrm{e}^A = \mathrm{e}^{-A}$ を使った．$t\to\infty$ で $\mathrm{e}^{-bt/m}\to\mathrm{e}^{-\infty}=0$ なので，(5.28) 式の v は

$$t\to\infty \quad で \quad v\to v_\mathrm{t} = \frac{mg}{b} \tag{5.29}$$

となる．(5.28) 式を図 5.14 に図示する．

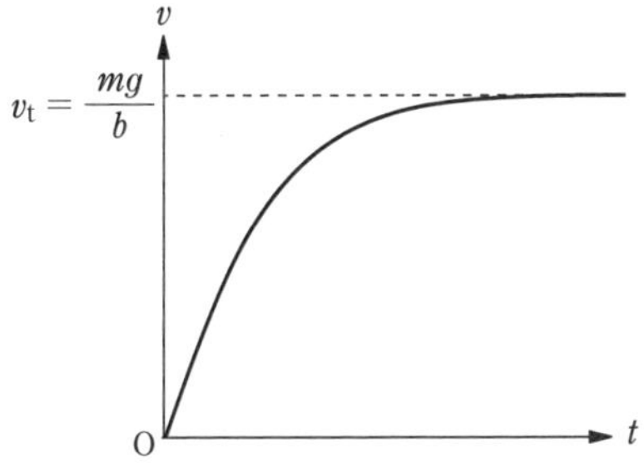

図 5.14　雨滴の落下速度 v と終端速度 $v_\mathrm{t} = \frac{mg}{b}$

物体が粘性抵抗や慣性抵抗などの抵抗力を受けて運動する場合には，位置エネルギーは減少するのに運動エネルギーはそれと同じだけは増加しないので，力学的エネルギーは減少し，保存しない．この力学的エネルギーの減少分は熱になる (7.5 節参照)．

雨滴の時間 t での落下距離 $x(t)$ は，(5.28) 式の $x(t=0)=0$ であるような解なので，

$$x(t) = \frac{mg}{b}t-\frac{m^2g}{b^2}(1-\mathrm{e}^{-bt/m}) \tag{5.30}$$

である．(5.30) 式が (5.28) 式の解であることは，(5.30) 式を t で微分すれば，(5.28) 式になることによって，確かめられる．

例 3　水の密度を ρ とすると，半径 r の雨滴の質量は $m=(4\pi/3)\rho r^3$ である．そこで，粘性抵抗 $bv=6\pi r\eta v$ のみを受けて落下する小さな雨滴の終端速度

$$v_\mathrm{t} = \frac{mg}{b} = \frac{(4\pi/3)\rho r^3 g}{6\pi r\eta} = \frac{2r^2\rho g}{9\eta}$$

は，雨滴の半径の 2 乗に比例して増加する．

例 4　粘性抵抗を受けて水の中を終端速度で落下しているいくつかの球状の物体がある．大きさが同じなら，同じ大きさの粘性抵抗 bv を受ける

ので，終端速度 $v_t = mg/b$ は物体の質量に比例する．

粘性抵抗が働く場合の放物運動　重力 mg のほかに粘性抵抗 $\boldsymbol{F} = -b\boldsymbol{v} \equiv -m\beta\boldsymbol{v}$ を受ける場合の質量 m の物体の運動方程式は，鉛直下方を $+x$ 方向とすると，

$$\frac{d^2x}{dt^2} = \frac{dv_x}{dt} = g - \beta v_x, \quad \frac{d^2y}{dt^2} = \frac{dv_y}{dt} = -\beta v_y \tag{5.31}$$

である．時刻 $t=0$ での初速度を $v_x = v_{0x}$，$v_y = v_{0y}$ とする．(5.31) 式の解は，(5.22) 式の解の場合と同じようにして求められる．しかし，ここでは (5.31) 式は，v と dv/dt について 1 次と 0 次の項のみを含む線形微分方程式とよばれる，微分方程式であることを利用して，解を求める．

(5.31) の第 1 式を

$$\frac{dv_x}{dt} + \beta v_x = g \tag{5.32}$$

と変形する．この線形微分方程式の一般解は，右辺の g を 0 とおいた微分方程式

$$\frac{dv_x}{dt} + \beta v_x = 0 \tag{5.33}$$

の一般解

$$v_x = C\,e^{-\beta t} \quad (C \text{ は任意定数}) \tag{5.34}$$

と微分方程式 (5.32) の 1 つの解

$$v_x = \frac{g}{\beta} \tag{5.35}$$

の和の

$$v_x = C\,e^{-\beta t} + \frac{g}{\beta} \tag{5.36}$$

である．$t=0$ で $v_x(0) = v_{0x}$ なので，任意定数の $C = v_{0x} - (g/\beta)$ である．

(5.31) の第 2 式は (5.33) 式と同じ形をしているので，その一般解は (5.34) 式と同じ $v_y = C\,e^{-\beta t}$ という形をしていて，任意定数 $C = v_y(0) = v_{0y}$ である．

したがって，(5.31) 式の解は

$$v_x = \left(v_{0x} - \frac{g}{\beta}\right)e^{-\beta t} + \frac{g}{\beta}, \quad v_y = v_{0y}\,e^{-\beta t} \tag{5.37}$$

である．鉛直下方への終端落下速度は $v_t = g/\beta$ で，水平方向の終端速度は 0 である．

放物運動している物体の位置 x, y は，(5.37) 式を t について積分し，$t=0$ で $x=y=0$ という初期条件を使うと

$$\left.\begin{aligned} x &= \frac{g}{\beta}t + \frac{1}{\beta}\left(v_{0x} - \frac{g}{\beta}\right)(1 - e^{-\beta t}), \\ y &= \frac{v_{0y}}{\beta}(1 - e^{-\beta t}) \end{aligned}\right\} \tag{5.38}$$

であることがわかる (図 5.15)．ここで $d(e^{-\beta t})/dt = -\beta\,e^{-\beta t}$ を使った．

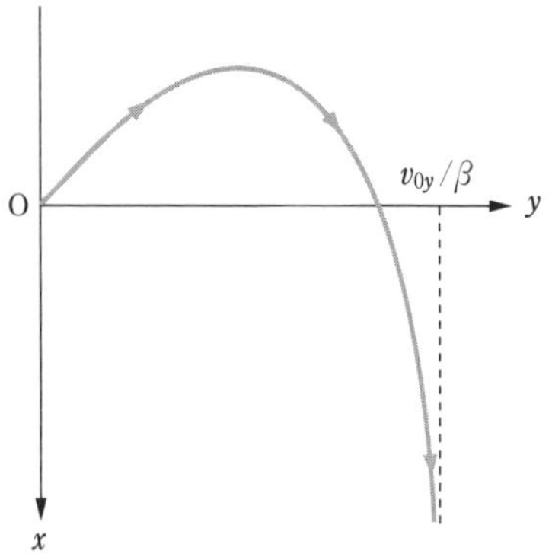

図 5.15　粘性抵抗がある場合の放物運動

水平方向の最大到達距離は $y_\mathrm{t} = v_{0y}/\beta$ である．

スカイダイビング　飛行機からスカイダイビングするときには，慣性抵抗 $(1/2)C\rho Av^2$ を受ける．落下速度が増して，終端速度

$$v_\mathrm{t} = \sqrt{\frac{2mg}{C\rho A}} \tag{5.39}$$

になると，質量 m のスカイダイバーに働く力は，重力と慣性抵抗の合力 $mg-(1/2)C\rho Av^2 = 0$ になるので，スカイダイバーは等速運動を行うようになる．スカイダイバーが身体の向きや四肢の状態を変えると，慣性抵抗の係数は変化する．

スカイダイバーの運動方程式

$$m\frac{\mathrm{d}v}{\mathrm{d}t} = mg-\frac{1}{2}C\rho Av^2 \tag{5.40}$$

の，$t=0$ で $v=0$ であるような解は

$$v(t) = v_\mathrm{t}\left[1-\exp\left(-\frac{2gt}{v_\mathrm{t}}\right)\right]\Big/\left[1+\exp\left(-\frac{2gt}{v_\mathrm{t}}\right)\right] \tag{5.41}$$

である（演習問題 5 B 6 参照）．

スカイダイバーが四肢を広げた姿勢のときの終端速度は約 200 km/h である．もちろん最後にはスカイダイバーはパラシュートを開いて空気の抵抗を増加させることによって，終端速度を減少させた後に着地する（図 5.16）．

図 5.16　スカイダイバー（写真提供：PPS）

例 5　終端速度が 200 km/h のとき，スカイダイバーの落下速度が終端速度の $(\mathrm{e}-1)/(\mathrm{e}+1) = 0.462$ 倍になるまでの時間 t_1 は，$2gt_1/v_\mathrm{t} = 1$ から，

$$t_1 = \frac{v_\mathrm{t}}{2g} = \frac{200\ \mathrm{km}}{1\ \mathrm{h}\times2(9.8\ \mathrm{m/s^2})} = \frac{200000\ \mathrm{m}\times\mathrm{s}^2}{(3600\ \mathrm{s})\times19.6\ \mathrm{m}} = 2.8\ \mathrm{s}$$

問 2　終端速度が 200 km/h のとき，スカイダイバーの落下速度が終端速度の $(\mathrm{e}^2-1)/(\mathrm{e}^2+1) = 0.762$ 倍になるまでの時間 t_2 は何秒か．

第5章のまとめ

垂直抗力　2 物体が接触しているときに，接触面を通して面に垂直にたがいに他の物体に作用する力．

静止摩擦力　接触しているが相対運動していない 2 物体に対して，接触面に平行な相対運動をするように力を加える場合，この相対運動が起こるのを妨げる向きに働く接触面に平行な力．

最大摩擦力　前項の力をある限度以上に大きくすると，物体は動きはじめる．この限度の静止摩擦力の大きさ F_max を最大摩擦力という．

最大摩擦力 F_max は垂直抗力の大きさ N に比例し，

$$F_\mathrm{max} = \mu N \tag{1}$$

比例定数の μ を静止摩擦係数という．

動摩擦力　接触しつつ相対的に運動している 2 つの物体（固体）の間

には，2 つの物体の速度の差を減らすような摩擦力が接触面に沿って働く．この力を動摩擦力という．動摩擦力の大きさ F は垂直抗力の大きさ N に比例し，

$$F = \mu' N \tag{2}$$

比例定数 μ' を動摩擦係数という．一般に

$$\mu > \mu' > 0 \tag{3}$$

粘性抵抗　液体や気体などの流体の中を運動する速さ v が小さい物体（固体）の受ける速さ v に比例する抵抗力

$$\boldsymbol{F} = -b\boldsymbol{v} \quad (b\ は定数) \tag{4}$$

ストークスの法則　粘度が η の流体の中を運動する半径 R の球状の物体に対する粘性抵抗は

$$\boldsymbol{F} = -6\pi\eta R\boldsymbol{v} \tag{5}$$

慣性抵抗　密度 ρ の流体の中を運動する物体の速さ v が大きくなり，運動物体の後方に渦ができるようになるときに，物体の受ける v^2 に比例する抵抗力 F

$$F = -\frac{1}{2}C\rho A v^2 \tag{6}$$

A は物体の断面積で，比例定数 C は球の場合 0.5 である．

終端速度　流体の中を粘性抵抗 bv あるいは慣性抵抗 $(1/2)C\rho A v^2$ を受けて落下する質量 m の物体は，やがて，速度

$$v_\mathrm{t} = \frac{mg}{b} \quad あるいは \quad v_\mathrm{t} = \sqrt{\frac{2mg}{C\rho A}} \tag{7}$$

の等速落下運動を行うようになる．この速さ v_t を終端速度という．

演習問題 5

A

1. 水平な道路を後輪駆動の自動車が走っている．自動車に外部から働くすべての力を図に示せ．自動車の水平方向の運動方程式を記せ．

2. スキーのジャンプ場の斜面が水平面に対して 45° 傾いている．スキーと雪の間の摩擦係数を 0.1 として次の値を求めよ．（1）スキーヤーの加速度，（2）斜面を 40 m 滑ったあとの速さ，（3）摩擦がないときの加速度．

3. 図 1 で 20 kg の直方体を動きださせるために必要な力の大きさ F を求めよ．

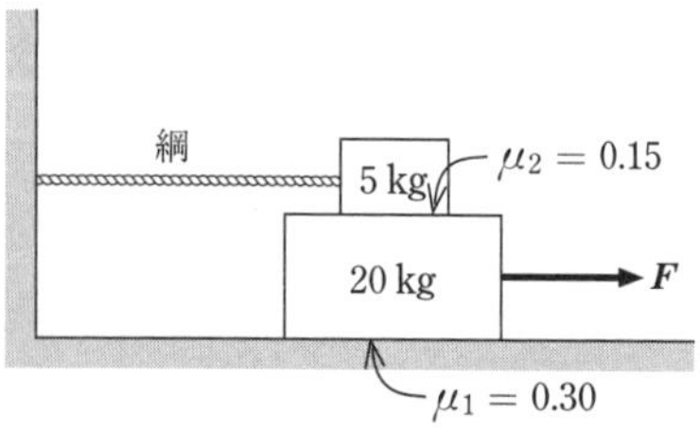

図 1

4. 半径が 15 m の鉛直な円筒の内側の面上を全質量が 200 kg のオートバイとドライバーが水平に時速 54 km で回転している．オートバイと壁面の摩擦係数の満たす条件を求めよ．

5. 静止していた質量 5 kg の物体が動きだして 16 m 移動したときの速さが 4 m/s になった．加速度が一定で，床と物体の間の動摩擦係数が 0.25 として，物体に水平に作用した力の大きさ F を求めよ．

6. 質量 50 kg の物体が，水平と角 30° をなす斜面を滑りながら上がっている．動摩擦係数を 0.20，初速を 10 m/s として，最高点に達するまでの移動距離を求めよ．

7. 図 2 の 2 つのブロックが斜面を落下する加速度 a を求めよ．ブロック A と斜面の動摩擦係数 $\mu_\mathrm{A} = 0.2$，ブロック B と斜面の動摩擦係数 $\mu_\mathrm{B} = 0.1$ である．$m_\mathrm{A} = 1$ kg，$m_\mathrm{B} = 2$ kg で，2 つのブロックをつなぐ糸の質量は無視せよ．

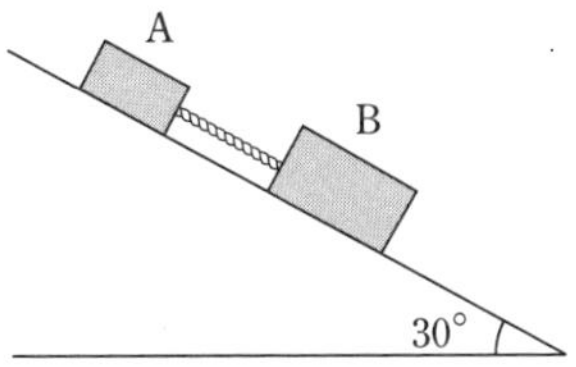

図 2

***8*.** 図3のような装置がある．2つのブロック A, B の質量はいずれも 1 kg である．ブロックと斜面の動摩擦係数は 0.1 である．ブロック A の落下の加速度 a を求めよ．糸と滑車の質量は無視せよ．

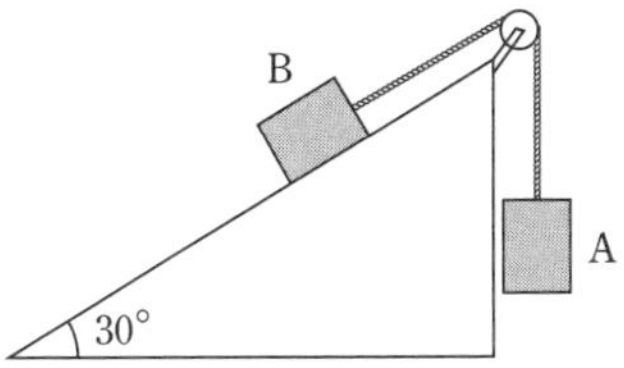

図 3

***9*.** 真上に石を投げ上げた．空気の抵抗が無視できる場合には，最高点までの到達時間と最高点からの落下時間は同一である．空気抵抗が無視できない場合にはどうか．空気抵抗によって力学的エネルギーは減少する事実を使え．

B

***1*.** 速さ 3 m/s で運転中の水平なベルトコンベアの上に箱が落とされた．箱がベルトの上をスリップしなくなるまでの時間とそれまでの移動距離を求めよ．箱とベルトの間の動摩擦係数は 0.30 とせよ．

***2*.** 半径 300 m のカーブが中心に向かって 10° 傾斜している．(1) 摩擦力が働かないときに車が走る場合の速さを求めよ．(2) 静止摩擦係数が 0.8 ならば，このカーブで車が出せる速さの最大値と最小値はいくらか．

***3*.** 2つのブロック A, B を積み重ね，なめらかで水平な床の上に置く (図 4)．下のブロック B に水平な力 $\boldsymbol{F}$ を加えるとき，力 $\boldsymbol{F}$ が小さければ2つのブロックはいっしょに動くが，$\boldsymbol{F}$ の大きさがある限界の値 F_0 より大きくなれば，ブロック B はブロック A とは別に運動する．$m_A = m_B = m = 1$ kg，ブロック A と B の間の静止摩擦係数と動摩擦係数は等しくて，$\mu = 0.2$ とする．

(1) F_0 の値を求めよ．

(2) $F > F_0$ の場合の2つのブロックの加速度 a_A, a_B を求めよ．

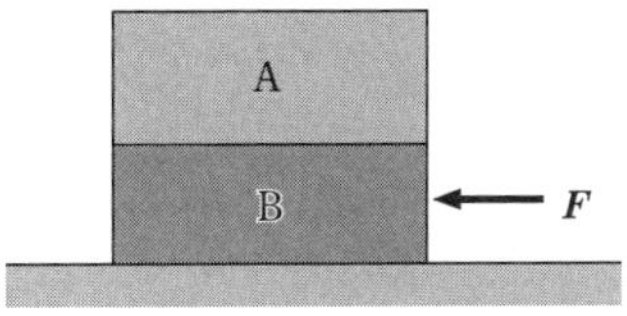

図 4

***4*.** 半径 $r = 3.0$ cm の木の球 (密度 $\rho_1 = 0.8$ g/cm^3) が慣性抵抗 $(1/2)\times 0.5\rho_2(\pi r^2)v^2$ を受けて空気中を落下している．終端速度はいくらか．空気の密度を $\rho_2 = 1.2$ kg/m^3 とせよ．半径が 1.5 mm の雨滴の場合の終端速度はいくらか．

***5*.** 霧の中の微小な雨滴は 10^{-3} cm 程度の半径 r をもつ．雨滴はストークスの法則に従う粘性力を受ける．水の密度 $\rho = 1$ g/cm^3，空気の粘度 $\eta = 2\times 10^{-4}$ g/cm·s として，雨滴の終端速度を求めよ．静止している雨滴の速さが終端速度の $(1-e^{-1})$ 倍になる時間を求めよ．

***6*.** 高い塔の上からスカイダイビングした人が重力と慣性抵抗を受けて落下する速さは，$v(t) = v_t[1-\exp(-2gt/v_t)]/[1+\exp(-2gt/v_t)]$ であることを示せ．t は落下後の時間で，v_t は終端速度である．なお，$v(t=0) = 0$ とする．

6 振　動

振動は日常生活で見なれている現象である．身のまわりに振動の例はいくらでもある．ブランコや振り子のように吊ってあるものをゆらせた場合には振動が起こるし，弦楽器の弦を弾くと振動する．振動は，物体がつり合いの位置のまわりで，同じ道筋を左右あるいは上下などにくり返し動く周期運動である．

地震は震源での振動が地殻の中を伝わっていく現象で，このように振動が伝わっていく現象を波動という．

振り子のおもりをつり合いの位置からずらせて，手を離すと，振り子は振動する．本章では，単振動とよばれている振り子の振動をまず学ぶ．振り子の振動は，外部からエネルギーを補給しないと，振幅が徐々に小さくなっていく．このような振幅が減衰する振動を減衰振動という．振り子をいつまでも振動させ続けるためには，周期的に変動する力を振り子に作用させなければならない．周期的に変動する力を加えたときの，外力と同じ振動数での振動を強制振動という．振り子のような振動する物体には，その物体に固有の振動数があり，外力の振動数がこの固有振動数に一致するときには，強制振動の振幅は大きくなる．これを共振あるいは共鳴という．建物や橋などの建造物は地震などの外力と共振しないように設計されている．

6.1 単　振　動

弾　力　固体を変形させると変形をもとに戻そうとする復元力が働き，変形が小さければ外力を取り除くと物体はもとの形に戻る．この場合の物体の復元力を**弾力**という．

外力が加わっていない自然な状態からの変形の大きさ（たとえば，ばねの伸び）が小さいときには，復元力の大きさは変形の大きさに比例する．これを**フックの法則**という．弾力を F，変形量を x とすると，フックの法則は

$$F = -kx \tag{6.1}$$

と表せる．正の比例定数 k を**弾性定数**とよぶ．ばねの場合には**ばね定数**とよぶ．負符号をつけた理由は，復元力の向きと変形の向きは逆向きだからである．たとえば，復元力は伸びているばねを縮ませようとし，縮んでいるばねを伸ばそうとする．弾力については第16章で少し詳しく説明する．

単振動　振動の中で最も簡単なものは単振動である．安定なつり合いの状態にある物体をつり合いの位置からわずかにずらせると，ずれ（変位あるいは変形）の大きさに比例する復元力が働く．ずれの大きさに比例する復元力による運動が**単振動**である．単振動の例を示そう．

図 6.1 (a) のように，ばねの一端を固定して鉛直に吊るす．ばねの下端におもり（質量 m）をつけると，ばねは自然の長さから長さ $x_0 = mg/k$ だけ伸びて，重力 mg と弾力 kx_0 がつり合う（$mg = kx_0$）．このつり合いの状態でのおもりの位置を原点に選び，鉛直下向きを $+x$ 方向に選ぶ（図 6.1 (b)）．おもりが下にさがりばねが伸びると（$x > 0$），おもりには上向きの復元力が働く（図 6.1 (c)）．おもりが上にあがりばねが縮むと（$x < 0$），おもりには下向きの復元力が働く（図 6.1 (d)）．復元力 F は，重力 mg とばねの弾力 $f = -k(x+x_0)$ の合力なので，

$$F = mg - k(x+x_0) = -kx \tag{6.2}$$

であり，つり合いの状態からの変位 x に比例する．

おもりを距離 A だけ下に引き下げて（図 6.1 (e)），そっと手を離すと，おもりは上下に振動する．振動する物体の位置を図示すると，図 6.2 のよ

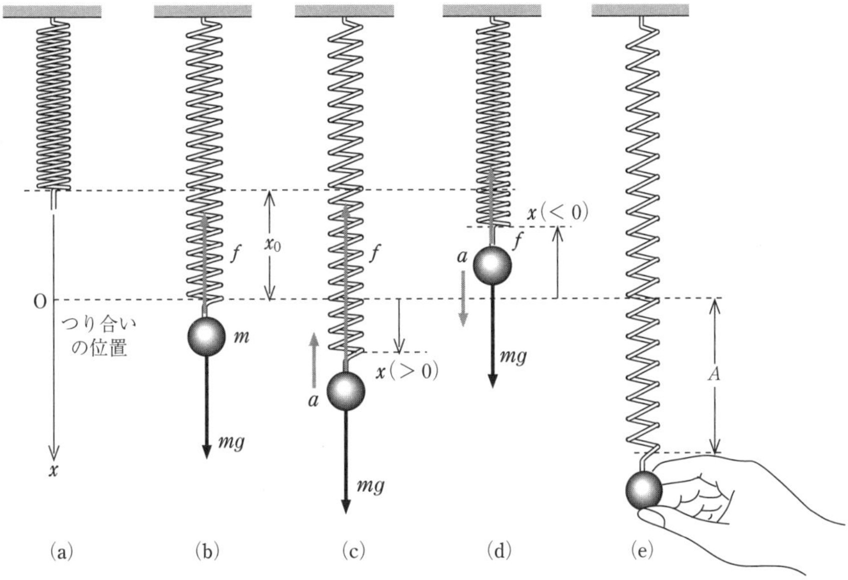

図 6.1　ばね振り子の振動．おもりに働く力は重力 mg とばねの弾力 $f = -k(x+x_0)$ の合力 $F = mg - k(x+x_0) = -kx$ である．これがおもりをつり合いの位置（原点 O）に戻そうとする力（復元力）である．

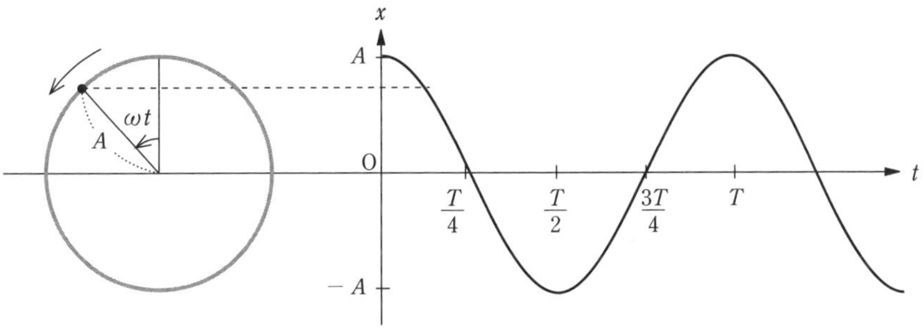

図 6.2　単振動 $x = A\cos\omega t$，$T = 2\pi/\omega$

うになり，おもりは2点 $x = A$ と $-A$ の間を往復する振動を行う．A を**振幅**という．

以下で示すように，おもりの振動は，半径 A，角速度 ω の等速円運動を行っているおもりの運動を x 軸に射影したもの，

$$x = A\cos\omega t \tag{6.3}$$

であることがわかる．

角速度 ω は m と k でどのように表されるのであろうか．原点Oを中心とする角速度 ω の等速円運動をしている物体の加速度は，原点を向いた向心加速度 $\boldsymbol{a} = -\omega^2\boldsymbol{r}$ であることを3.4節の(3.26)式で示した．したがって，等速円運動を x 軸に射影した場合の物体の加速度 a は，$-\omega^2\boldsymbol{r}$ の x 成分の

$$a = -\omega^2 x \tag{6.4}$$

である．「質量」×「加速度」$= ma$ は，

$$ma = -m\omega^2 x \tag{6.5}$$

となるので，$m\omega^2 = k$，すなわち

$$\omega = \sqrt{\frac{k}{m}} \tag{6.6}$$

ならば，(6.3)式が表す振動は，(6.2)式の復元力 $F = -kx$ を受けて運動する質量 m のおもりの従うニュートンの運動方程式

$$ma = -kx \tag{6.7}$$

の解であり，したがって，おもりの単振動を表すことがわかった．

単振動の式(6.3)に現れる定数 ω は，等速円運動の角速度に対応するものであるが，単振動の場合には**角振動数**という．

$\cos(x+2\pi) = \cos x$ なので，(6.3)式が表す振動は，

$$\omega T = 2\pi \tag{6.8}$$

になる時間 T，

$$T = 2\pi\sqrt{\frac{m}{k}} \tag{6.9}$$

が経過するたびに同じ運動をくり返す周期 T の周期運動である．単位時間あたりの振動数 f と周期 T の関係は

$$fT = 1 \tag{6.10}$$

なので，おもりの振動数 f は

$$f = \frac{1}{T} = \frac{\omega}{2\pi} = \frac{1}{2\pi}\sqrt{\frac{k}{m}} \tag{6.11}$$

である．振動数の単位は「回/秒」であるが，これをヘルツとよび Hz と記す．振動数の式(6.11)を眺めると，振動数 f は $\sqrt{k}$ に比例し，$\sqrt{m}$ に反比例するので，ばねに吊るされたおもりの振動は，ばねが強く(k が大きく)おもりが軽い(m が小さい)ほど速く，ばねが弱く(k が小さく)おもりが重い(m が大きい)ほど遅いことがわかる．

振動数 f と周期 T を使うと(6.3)式は

$$x = A\cos\omega t = A\cos 2\pi f t = A\cos\left(\frac{2\pi t}{T}\right) \tag{6.12}$$

と表されることがわかる．

おもりの運動を開始させる位置を変えると，振動の振幅は変化するが，

周期 T は変化せず，一定である．この周期が振幅によって変わらないことは単振動の大きな特徴であり，**等時性**という．

ここでは，ばねの質量を無視した．ばねの質量 M がおもりの質量 m に比べて無視できないときには，振動数や周期の公式(6.9)，(6.11)式の m のところに $m+M/3$ を代入すればよい．

例題1 図6.1(a)のばねに0.10 kgのおもりを吊るしたら，ばねの長さが0.02 m伸びた．このおもりが上下に振動するときの周期と振動数を求めよ．

解 ばねの伸びを x とすると，関係 $mg=kx$ から，ばね定数 k は

$$k=\frac{mg}{x}=\frac{0.1\,\mathrm{kg}\times 9.8\,\mathrm{m/s^2}}{0.02\,\mathrm{m}}=49\,\mathrm{kg/s^2}$$

なので，(6.9)式と(6.11)式から

$$T=2\pi\sqrt{\frac{m}{k}}=2\pi\sqrt{\frac{0.1\,\mathrm{kg}}{49\,\mathrm{kg/s^2}}}=0.28\,\mathrm{s},$$

$$f=\frac{1}{T}=3.5\,\mathrm{Hz}$$

（参考） 図6.3に示すように，図6.1のばねの一端を固定し，他端に質量 m のおもり(台車)をつけて，なめらかな水平面上に置いておもりを振動させる．ばねの方向を x 方向とし，ばねが自然の長さのときのおもりの位置を原点とする．おもりに働く x 方向の力は，復元力 $-kx$ だけなので，おもりの従うニュートンの運動方程式は，

$$ma=-kx \tag{6.13}$$

であり，(6.7)式と同じ形をしている．したがって，図6.3のおもりは原点Oを中心として，図6.1のおもりと同じ周期で同じ振動数の単振動を行う．しかし，図6.1の場合の原点O(振動の中心)は，ばねが自然の長さに比べて長さが mg/k だけ伸びている状態であることに注意せよ．

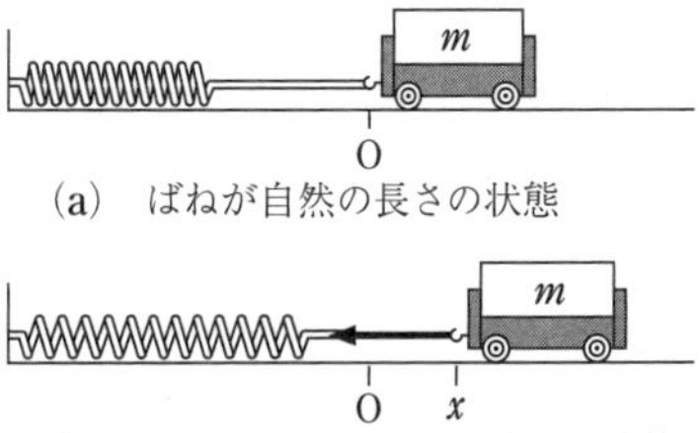

図 6.3 水平に振動するばね振り子の単振動

例1 図6.4のように，物体の両側に2本のばねをつけ，なめらかな水平面上に置き，ばねの他端を固定する．静止の状態でばねの長さは自然の長さとする．ばね定数を k_1, k_2 とする．おもりを矢印の方向に距離 x だけずらした場合，おもりに働く2本のばねの復元力は $-k_1x, -k_2x$ なので，おもりの従うニュートンの運動方程式は，

$$ma=-k_1x-k_2x=-(k_1+k_2)x \tag{6.14}$$

である．おもりの振動数は，(6.9)式の k に k_1+k_2 を代入した，

$$T=2\pi\sqrt{\frac{m}{k_1+k_2}}$$

である．

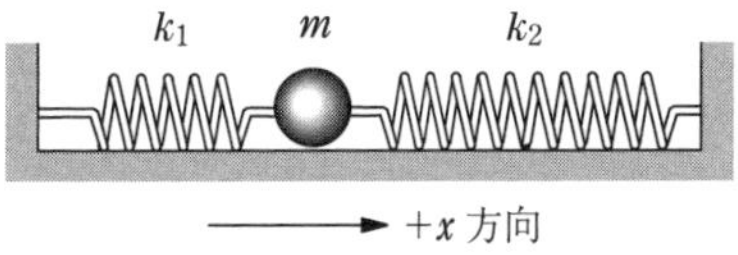

図 6.4

■単振動の式(6.3)の数学的な導き方■ 上では単振動を表す(6.3)式を等速円運動の知識を利用して導いた．ここではニュートンの運動方程式(6.7)，$ma=-kx$，を直接解いて単振動(6.3)を求めよう．

$a=\mathrm{d}^2x/\mathrm{d}t^2$ なので，図6.1のおもりの運動方程式は

$$m\frac{\mathrm{d}^2x}{\mathrm{d}t^2}=-kx \tag{6.15}$$

と表せる．ばね定数 k を $k = m\omega^2$ とおくと，(6.15) 式は

$$\frac{\mathrm{d}^2x}{\mathrm{d}t^2} = -\omega^2 x \tag{6.16}$$

となる．微分方程式 (6.16) を，4.10 節や 5.2 節と同じように，積分によって解くことはできない．そこで (6.16) 式の x に代入すると左右両辺が等しくなる t の関数を探すことによって解くことにする．さて，a と b を定数とすると

$$\frac{\mathrm{d}}{\mathrm{d}t}[a\cos\omega t] = -\omega a \sin\omega t, \quad \frac{\mathrm{d}}{\mathrm{d}t}[b\sin\omega t] = \omega b\cos\omega t \tag{6.17}$$

$$\frac{\mathrm{d}^2}{\mathrm{d}t^2}[a\cos\omega t] = -\omega^2 a\cos\omega t, \quad \frac{\mathrm{d}^2}{\mathrm{d}t^2}[b\sin\omega t] = -\omega^2 b\sin\omega t \tag{6.18}$$

なので，$a\cos\omega t$ と $b\sin\omega t$ を t で 2 度微分したものは，最初の関数の $-\omega^2$ 倍である．したがって，a と b を定数とすると

$$x = a\cos\omega t + b\sin\omega t \tag{6.19}$$

は単振動の微分方程式 (6.16) の解であることがわかる．この解は 2 つの任意定数 a, b を含むので，2 階微分方程式 (6.16) の一般解である．

おもりの速度 v は

$$v = \frac{\mathrm{d}x}{\mathrm{d}t} = -\omega a\sin\omega t + \omega b\cos\omega t \tag{6.20}$$

である．したがって，時刻 $t = 0$ でのおもりの位置を x_0，速度を v_0 とすると，(6.19) 式と (6.20) 式から

$$x_0 = a, \quad v_0 = \omega b \tag{6.21}$$

となる．(6.21) 式を使うと，(6.19) 式は

$$x = x_0\cos\omega t + \frac{v_0}{\omega}\sin\omega t \tag{6.22}$$

と表される．(6.3) 式と (6.22) 式を比べると，(6.3) 式は時刻 $t = 0$ で $x = A$，$v = 0$ の解を表していることがわかる．

(6.19) 式を次のように表すことができる．

$$\begin{aligned} x &= a\cos\omega t + b\sin\omega t \\ &= \sqrt{a^2+b^2}\left[\frac{a}{\sqrt{a^2+b^2}}\cos\omega t + \frac{b}{\sqrt{a^2+b^2}}\sin\omega t\right] \\ &= A\cos(\omega t + \beta) \end{aligned} \tag{6.23}$$

ただし，

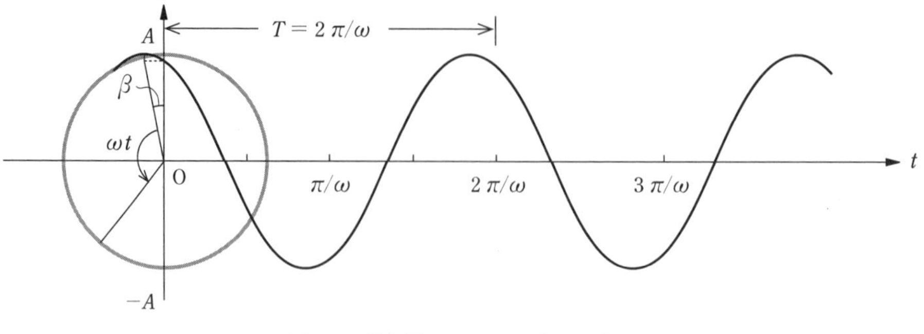

図 6.5 単振動 $x = A\cos(\omega t + \beta)$

$$A = \sqrt{a^2+b^2}, \tag{6.24}$$
$$a = A\cos\beta, \quad b = -A\sin\beta \tag{6.25}$$
である．ここで三角関数の加法定理 $\cos\alpha\cos\beta - \sin\alpha\sin\beta = \cos(\alpha+\beta)$ を使った．2つの任意定数 A と β を含む (6.23) 式は運動方程式 (6.16) の一般解の別の表し方である．(6.23) 式の右辺の $\omega t+\beta$ を振動の**位相**という．(6.23) 式を図 6.5 に示す．

この場合，おもりの速度 v は，加法定理 $\sin\alpha\cos\beta + \cos\alpha\sin\beta = \sin(\alpha+\beta)$ を使うと，(6.20) 式から
$$v = -\omega A\sin(\omega t+\beta) \tag{6.26}$$
と表される．

問 1　単振動 (6.22) の振幅は
$$A = \sqrt{{x_0}^2+\left(\frac{v_0}{\omega}\right)^2} \tag{6.27}$$
であることを示せ．

弾力による位置エネルギー　ばねの弾力 $F = -kx$ によって振幅 A の単振動
$$x = A\cos(\omega t+\beta) \tag{6.23}$$
を行う物体の速度は，(6.26) 式によって
$$v = -\omega A\sin(\omega t+\beta) \tag{6.26}$$
である．(6.23) 式と (6.26) 式から
$$\frac{1}{2}mv^2+\frac{1}{2}kx^2 = \frac{1}{2}A^2(m\omega^2)\sin^2(\omega t+\beta)+\frac{1}{2}A^2k\cos^2(\omega t+\beta)$$
$$= \frac{1}{2}kA^2 = \frac{1}{2}m\omega^2A^2 = \text{一定} \tag{6.28}$$
という関係が導かれる ($\sin^2 x+\cos^2 x = 1$ を使った)（図 6.6)．
$$U(x) = \frac{1}{2}kx^2 \tag{6.29}$$
をばねの弾力による位置エネルギーという．(6.28) 式は
$$\left(\text{運動エネルギー } K = \frac{1}{2}mv^2\right)+\left(\text{弾力による位置エネルギー } U = \frac{1}{2}kx^2\right)$$
$$= \text{力学的エネルギー} = \text{一定}$$
であるという力学的エネルギー保存則を表す．この場合の力学的エネルギー $(1/2)m\omega^2A^2$ は，振動の振幅 A の 2 乗と角振動数 ω の 2 乗にそれぞれ比例している．

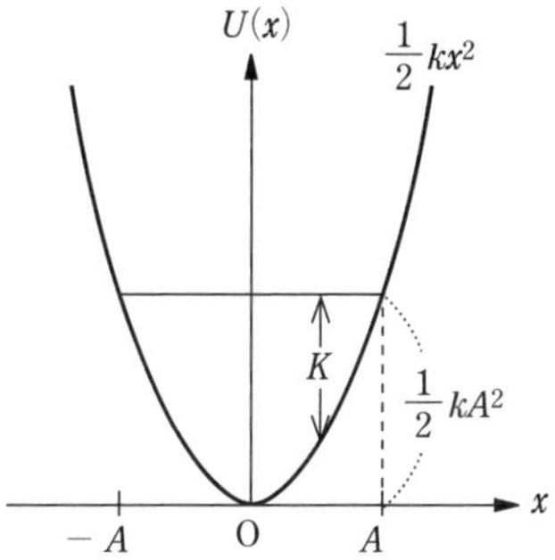

図 6.6　単振動のエネルギー
$E = \frac{1}{2}mv^2+\frac{1}{2}kx^2 = \frac{1}{2}kA^2 = \text{一定}$

例 2　力学的エネルギー保存則 (6.28) から，速度の最大値 $v_{\max}$ と変位の最大値 $x_{\max}$ (= 振幅 A) は関係
$$m{v_{\max}}^2 = kA^2 = k{x_{\max}}^2 = m\omega^2{x_{\max}}^2 \tag{6.30}$$
を満たすことがわかるので，速度の最大値 $v_{\max}$ と変位の最大値 $x_{\max}$ の関係，
$$v_{\max} = \omega x_{\max} = 2\pi f x_{\max} \tag{6.31}$$
が導かれる．

例 3　図 6.7 のように，ゴムを使ったパチンコで玉を飛ばす．このとき，伸びたゴムの弾力による位置エネルギーのすべてが玉の運動エネルギーに変わるとすると，ゴムを 2 倍引き伸ばすと玉の初速は 2 倍になるはずである．この玉を真上に飛ばすと 4 倍の高さまで [(1.54) 式]，水平に

図 6.7

飛び出させると2倍の距離まで届くはずである［4.8節，例題3］．実験をして確かめてみよう．

図6.1の鉛直に吊るしたばねの端につけたおもりの単振動では，厳密には重力による位置エネルギーの $mg(-x)$ も考えねばならない（$-x$ は高さ）．しかし，位置座標の原点を，図6.1(a)のばねの自然の長さの位置ではなく，図6.1(b)のつり合いの位置にとっているので，ばねの弾力による位置エネルギーは正確には

$$\frac{1}{2}k(x+x_0)^2 = \frac{1}{2}kx^2 + kx_0x + \frac{1}{2}kx_0{}^2 = \frac{1}{2}kx^2 + mgx + \frac{1}{2}kx_0{}^2$$

である．したがって，2つの位置エネルギーの和は $kx^2/2 + kx_0{}^2/2$ なので，やはり

$$\frac{1}{2}mv^2 + \frac{1}{2}kx^2 = 一定$$

となる．エネルギーについては次章で詳しく学ぶ．

6.2 単振り子

単振り子 単振動の第2の例として，単振り子の振動がある．長い糸（長さ l）の一端を固定し，他端におもり（質量 m）をつけ，鉛直面内でおもりに振幅の小さな振動をさせる装置を**単振り子**という．おもりは糸の張力 S と重力 mg の作用を受けて，半径 l の円弧上を往復運動する．糸の張力の向きはおもりの運動方向に垂直なので，おもりを運動させる力は重力 mg の軌道の接線方向成分 F である．振り子が鉛直線から角 θ だけずれた状態では

$$F = -mg\sin\theta \quad (g\text{ は重力加速度}) \tag{6.32}$$

である（図6.8）．負符号は，力の向きがおもりのずれの向きと逆向きであることを示す．この力 F によって，おもりは円弧上を往復運動する．

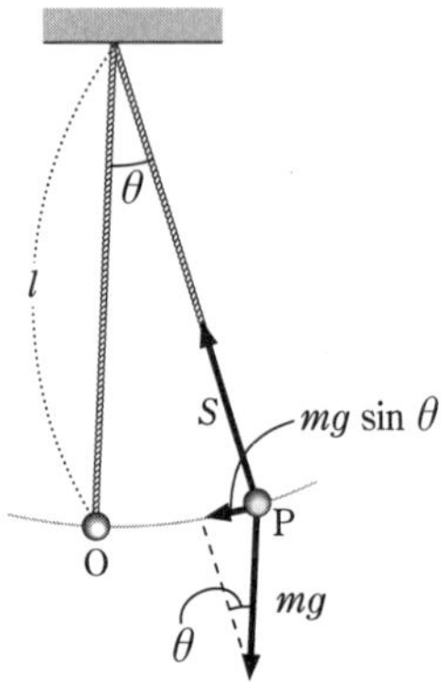

図 6.8 単振り子

鉛直軸と糸のなす角を θ とすると（図6.8），最低点Oからのおもりの移動距離（弧OPの長さ）は $l\theta$ なので［(3.16)式参照］，おもりの加速度の円の接線方向成分は $\mathrm{d}^2(l\theta)/\mathrm{d}t^2 = l\,\mathrm{d}^2\theta/\mathrm{d}t^2$ である．［$\mathrm{d}(l\theta)/\mathrm{d}t = l(\mathrm{d}\theta/\mathrm{d}t)$ はおもりの速さで，$\mathrm{d}\theta/\mathrm{d}t$ は角速度である．］

したがって，おもりの運動方程式は

$$ml\frac{\mathrm{d}^2\theta}{\mathrm{d}t^2} = -mg\sin\theta \tag{6.33}$$

$$\therefore\quad \frac{\mathrm{d}^2\theta}{\mathrm{d}t^2} = -\frac{g}{l}\sin\theta \tag{6.34}$$

となる．

振り子の振れが小さい場合（$|\theta|$ が1に比べてはるかに小さい場合：$|\theta| \ll 1$）には，$\sin\theta \approx \theta$ なので，(6.34)式は

$$\frac{\mathrm{d}^2\theta}{\mathrm{d}t^2} = -\frac{g}{l}\theta \tag{6.35}$$

となる．(6.35)式は(6.16)式と同じ形なので，その一般解は

$$\theta = \theta_{\max}\cos(\omega t + \beta), \qquad \omega = \sqrt{\frac{g}{l}} \tag{6.36}$$

である($\theta_{\max}$ と β は任意定数). 振幅の小さな場合の単振り子の振動は単振動である.

単振り子の振動の振動数 f と周期 T は，ばね振り子の場合の (6.11) 式と (6.9) 式の中のばね定数 k を mg/l で置き換えた

$$f = \frac{1}{2\pi}\sqrt{\frac{g}{l}}, \qquad T = 2\pi\sqrt{\frac{l}{g}} \tag{6.37}$$

である. 単振り子の周期 T は糸の長さ l だけで決まり，糸が長いほど周期は長く，糸が短いほど周期は短い. 振り子の小振幅の振動の周期が振幅の大きさによらずに一定であることを**振り子の等時性**という.

伝説によると，振り子の等時性はピサの大聖堂のランプがゆれるのを見ていたガリレオによって1583年に発見されたことになっている. 中部イタリアの都市ピサは斜塔 (本当は鐘楼) で有名であるが，斜塔の隣には壮麗な大聖堂がある. 当時ピサ大学の学生であった19歳のガリレオは，大聖堂の天井から吊るしてある大きな青銅製のランプに寺男が点灯した際に，ランプがゆれるのをじっと見ていて，振幅がだんだん小さくなっていっても，ランプが往復する時間は一定であることに気づいたということである. ガリレオは自分の脈拍を数えることによって，振動の周期が変わらないことを確かめたといわれている. なお，ガリレオは振り子の等時性ばかりでなく，振り子の周期 T は振り子の長さ l の平方根に比例すること ($T \propto \sqrt{l}$) も発見した.

なお，振幅が大きくなると，復元力の大きさは $mg\,|\sin\theta| < mg\,|\theta|$ なので，振動の周期 T は $2\pi\sqrt{l/g}$ よりも長くなる.

例題 2　糸の長さ $l = 1\,\mathrm{m}$ の単振り子の周期はいくらか.

解　(6.37) の第 2 式から

$$T = 2\pi\sqrt{\frac{l}{g}} = 2\pi\sqrt{\frac{1\,\mathrm{m}}{9.8\,\mathrm{m/s^2}}} = 2.0\,\mathrm{s}$$

例題 3　周期が 1 秒の単振り子の糸の長さは何 m か.

解　(6.37) の第 2 式から

$$l = \frac{gT^2}{4\pi^2} = 9.8\,\mathrm{m/s^2} \times \frac{(1\,\mathrm{s})^2}{4\pi^2} = 0.25\,\mathrm{m}$$

問 2　糸の長さ $l = 2\,\mathrm{m}$ の単振り子の周期はいくらか.

問 3　目測によると，ピサの大聖堂のランプを吊るすロープの長さは現在では 34 m だそうである. ランプの振動の周期は約 12 秒であることを示せ.

単振り子の周期 T は正確に測定できる. この測定値を使うと重力加速度 g は

$$g = \frac{4\pi^2 l}{T^2} \tag{6.38}$$

から正確に決められる. 自由落下では運動が速すぎて g を正確に測定するのが難しいのと好対照である.

ニュートンは中空のおもりをつけた振り子をつくり，その中に木材，鉄，金，銅，塩，布などを入れて実験を行ったところ，振り子の周期の測

定にかかるような差は生じないことを見い出した．

この事実は，振り子の運動方程式 $ma = -mg\sin\theta$ の左辺に現れる物質の慣性を表す質量（**慣性質量**という）と右辺に現れる物質の重さ（重力を受ける強さ）と結びついた質量（**重力質量**という）が同一のもので，重力質量とか慣性質量とかよんで区別する必要がなく，ただ**質量**とよべばよいことを示している．

（参考）　単振り子の糸の方向の運動方程式は，向心加速度が $l(\mathrm{d}\theta/\mathrm{d}t)^2$ なので，次のようになる．

$$ml\left(\frac{\mathrm{d}\theta}{\mathrm{d}t}\right)^2 = S - mg\cos\theta \tag{6.39}$$

6.3 減衰振動

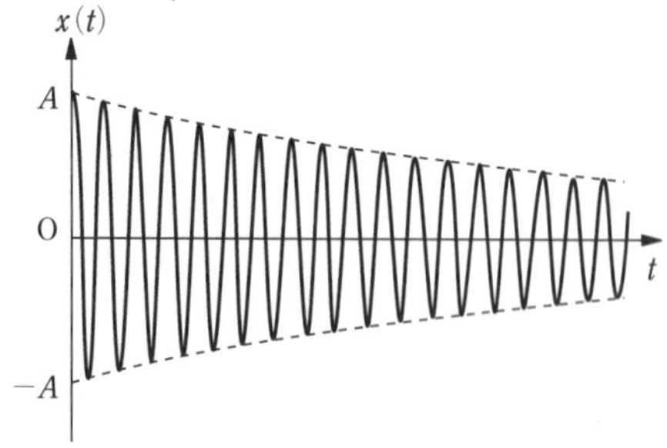

図 6.9　減衰振動．外部からエネルギーを与えないと，振動は減衰していく．

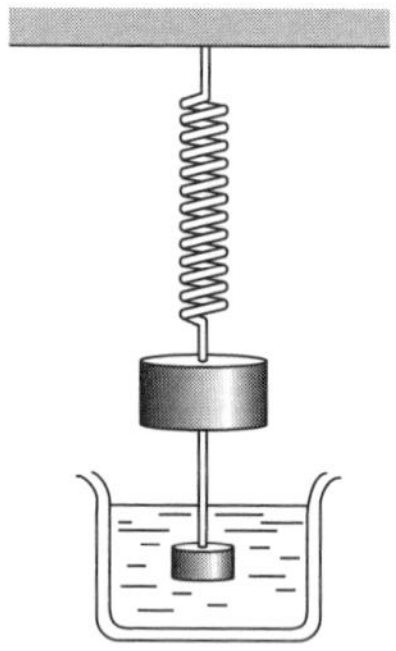

図 6.10　液体中の円板には粘性抵抗が働き，振動を減衰させる．

単振動は一定の振幅でいつまでもつづく振動であるが，現実の振動では摩擦や空気の抵抗などで振動のエネルギーが失われ，振幅が時間とともに減衰していく．図6.1のおもりを長さ A だけ下に引き下げてそっと手を放したときのおもりの運動を示すと，図6.9のようになる．減衰を大きくするには，図6.10に示すように，おもりの下に円板をつけて液体の中で運動させればよい．円板が小さく液体の抵抗が小さい間は，おもりの運動は振幅が減衰していく振動の**減衰振動**であるが，円板が大きく抵抗が大きいと，おもりの運動は振動ではなくなる．これを**過減衰**という．減衰振動と過減衰の境界の場合を**臨界減衰**という．

おもりに働く抵抗力がおもりの速さ v に比例する場合，この抵抗力を

$$-2m\gamma v \quad (m\text{ はおもりの質量，}\gamma\text{ は定数})$$

とし，復元力を $-kx = -m\omega^2 x$ とすると，おもりの運動方程式は

$$m\frac{\mathrm{d}^2x}{\mathrm{d}t^2} = -kx - 2m\gamma\frac{\mathrm{d}x}{\mathrm{d}t} = -m\omega^2 x - 2m\gamma\frac{\mathrm{d}x}{\mathrm{d}t}, \tag{6.40}$$

である．したがって，

$$\frac{\mathrm{d}^2x}{\mathrm{d}t^2} + 2\gamma\frac{\mathrm{d}x}{\mathrm{d}t} + \omega^2 x = 0 \tag{6.41}$$

となる．この運動方程式の一般解は次のようになる．

（i）　$\omega > \gamma$ の場合（抵抗が小さい場合）（減衰振動）

$$x(t) = A\,\mathrm{e}^{-\gamma t}\cos\left[\sqrt{\omega^2-\gamma^2}\,t + \alpha\right] \tag{6.42 a}$$

（ii）　$\omega = \gamma$ の場合（臨界減衰）

$$x(t) = (A + Bt)\mathrm{e}^{-\gamma t} \tag{6.42 b}$$

（iii）　$\omega < \gamma$ の場合（抵抗が大きい場合）（過減衰）

$$x(t) = A\,\mathrm{e}^{-(\gamma-p)t} + B\,\mathrm{e}^{-(\gamma+p)t}, \qquad p = \sqrt{\gamma^2-\omega^2} \tag{6.42 c}$$

ただし，A, B, α は任意定数である．

実際に（6.42）式が運動方程式（6.41）の解になっていることを確かめるには，（6.42）式を（6.41）式に代入して

$$\frac{\mathrm{d}}{\mathrm{d}t}(fg) = f\frac{\mathrm{d}g}{\mathrm{d}t} + g\frac{\mathrm{d}f}{\mathrm{d}t} \tag{6.43}$$

$$\frac{\mathrm{d}^2}{\mathrm{d}t^2}(fg) = f\frac{\mathrm{d}^2g}{\mathrm{d}t^2} + 2\frac{\mathrm{d}f}{\mathrm{d}t}\frac{\mathrm{d}g}{\mathrm{d}t} + g\frac{\mathrm{d}f^2}{\mathrm{d}t^2} \tag{6.44}$$

という関係と $\mathrm{d}(\mathrm{e}^{at})/\mathrm{d}t = a\,\mathrm{e}^{at}$ を使えばよい（演習問題6B5も参照）．

図 6.11 に，$t=0$ でおもりを長さ x_0 だけ下に引き下げて，そっと手を離した場合のおもりの運動の実例を示す．

減衰振動の角振動数は ω ではなく，$\sqrt{\omega^2-\gamma^2}$ である．減衰振動の振幅は $A\,\mathrm{e}^{-\gamma t}$ のように減衰していく．

問 4 振動の n 回目の山の高さ x_n と $n+1$ 回目の山の高さ x_{n+1} の比の対数は

$$\log\frac{x_n}{x_{n+1}}=\frac{2\pi\gamma}{\sqrt{\omega^2-\gamma^2}} \tag{6.45}$$

であることを示せ．

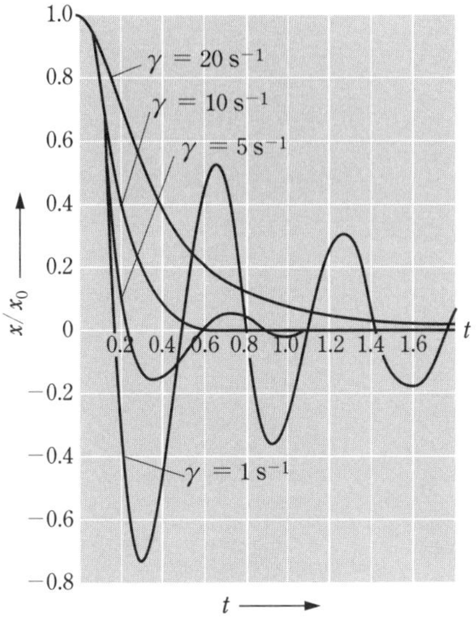

図 6.11 初期条件が $x=x_0$，$v=0$ の場合の，$\omega=10\,\mathrm{s}^{-1}$ の振動子の振動．$\gamma<10\,\mathrm{s}^{-1}$ の場合は減衰振動，$\gamma=10\,\mathrm{s}^{-1}$ の場合は臨界減衰，$\gamma>10\,\mathrm{s}^{-1}$ の場合は過減衰．

減衰振動を利用した例に，空気ばねを利用して，開けたドアを自動的に閉じるようにする装置がある．ドアを開けて初速度がないようにドアから手を離したときに，ドアが音を立てることなく早く閉じるようにするには，ドアが臨界減衰するように空気ばねの強さを調整すればよい．

6.4 強制振動と共振

外部からエネルギーを供給しないと，振動の振幅は時間とともに減少していく．振動を減衰させる摩擦力や抵抗力が働く場合に，一定の振幅の振動をつづけさせるには，外部から一定な周期で変動する外力を作用させて，エネルギーを補給しなければならない．振り子時計のぜんまいの伸び縮みやブランコをこぐ足の屈伸運動などは，外力による振動へのエネルギー供給の例である．このように，振動している系が一定の周期で変動する外力の作用で，外力の周期と同じ周期で振動しているとき，この振動を**強制振動**という．外力を加えないときの系の振動数を系の**固有振動数**という．(ただし，ブランコをこぐ場合には，足の屈伸運動の周期はブランコの振動の周期の 1/2 である．)

強制振動の例として，単振り子の糸の上端を固定せずに，水平方向に単振動させる場合がある．単振り子の上端を手で持って，単振り子の固有振動数よりもはるかに小さな振動数で水平方向に振動させると，おもりは手の動きに遅れて小さな振幅で振動する．手の往復運動の振動数を増加させると，おもりの振幅は大きくなる．手の往復運動の振動数が単振り子の固有振動数とほぼ同じときに，おもりの振動の振幅は最大になる．このとき，おもりの振動は外力と**共鳴**(あるいは**共振**)するという．手の振動数をさらに増していくと，おもりは手の動きと逆向きに動くようになっていき，おもりの振幅は小さくなっていく．自分で実験して確かめてみよう．

まず，6.1 節で学んだ単振動を行う物体が周期的に変化する力

$$F(t)=mf_0\cos\omega_{\mathrm{f}}t \tag{6.46}$$

の作用を受けている場合の運動を調べよう．この場合の運動方程式は

$$\frac{\mathrm{d}^2x}{\mathrm{d}t^2}+\omega^2x=f_0\cos\omega_{\mathrm{f}}t \tag{6.47}$$

である．微分方程式 (6.47) の一般解は，右辺の項 $f_0\cos\omega_{\mathrm{f}}t$ を 0 とおいた，微分方程式

$$\frac{\mathrm{d}^2x}{\mathrm{d}t^2}+\omega^2x=0 \tag{6.48}$$

の一般解［6.1節の(6.23)式］

$$x(t) = A\cos(\omega t+\beta) \tag{6.49}$$

と微分方程式(6.47)の1つの解

$$x(t) = D\cos\omega_{\mathrm{f}}t, \qquad D = \frac{f_0}{\omega^2-\omega_{\mathrm{f}}^2} \tag{6.50}$$

の和の

$$x(t) = A\cos(\omega t+\beta)+\frac{f_0}{\omega^2-\omega_{\mathrm{f}}^2}\cos\omega_{\mathrm{f}}t \tag{6.51}$$

である．A と β は任意定数である．

(6.51)式の右辺の第1項は外力 $F(t)$ のないときの物体の振動なので，**自由振動**とよばれる．(6.51)式の右辺の第2項は外からの周期的な力(外力)によって発生した強制振動を表す．強制振動の角振動数は外力の角振動数 ω_{f} と同じであることがわかる．(6.51)式から，強制振動の振幅 D が大きいのは，外力の角振動数 ω_{f} が自由振動の角振動数 ω とほぼ同じ

$$\omega_{\mathrm{f}} \sim \omega \tag{6.52}$$

の場合であることがわかる．また，$\omega_{\mathrm{f}} < \omega$ のときには強制振動の位相は外力の位相と同じであること，$\omega_{\mathrm{f}} > \omega$ のときには強制振動の位相は外力の位相と逆であることが(6.51)式からわかる．

強制振動の振幅は $\omega_{\mathrm{f}} = \omega$ のときに無限大になるが，これは振動を減衰させる抵抗力を無視したためである．抵抗力の効果はあとで考える．

問5　図6.1のばね振り子に振幅 mf_0 で変動する外力(6.46)を作用させて強制振動させるときのおもりの振幅 D と，このばねに一定な大きさの外力 mf_0 を加えたときのばねの伸び mf_0/k の比 β は

$$\beta = \frac{\omega^2}{\omega^2-\omega_{\mathrm{f}}^2} \tag{6.53}$$

であること，この比の大きさが1になるのは $\omega_{\mathrm{f}} = \sqrt{2}\,\omega$ のときで，

$$|\beta| > 1 \qquad \omega_{\mathrm{f}} < \sqrt{2}\,\omega$$
$$|\beta| = 1 \qquad \omega_{\mathrm{f}} = \sqrt{2}\,\omega$$
$$|\beta| < 1 \qquad \omega_{\mathrm{f}} > \sqrt{2}\,\omega$$

であることを示せ．

共鳴(共振)は日常生活でもよく見かける現象である．たとえば，浅い容器に水を入れて運ぶ場合，容器の中の水の固有振動と同期する歩調で歩くと水は大きくゆれ動くのは共鳴の例である．建物や橋などの建造物を設計する際には，外力と共振して壊れないように注意する必要がある．多くの人間が吊り橋を渡る際には，歩調を乱して歩かなければならない．歩調をそろえると，歩調と吊り橋の固有振動が一致したとき，共振で橋が壊れる心配があるからである．

バイオリンの弦を弓で弾く場合のように，振動的でない外力で振動が引き起こされる場合がある．これを自励振動という．バイオリンの場合には摩擦力が弦の振動にエネルギーを補給する．風が吹くと電線がなり，そよ風が吹くと水面にさざ波が立ち，笛を吹くと鳴るのも自励振動が起こるからである．

高層ビルや橋などの建造物は，外部からの振動に共振したり，風などによって自励振動を起こさないように設計されている．

強制振動の数学的な導出法 前節で学んだ減衰振動を行う物体が周期的に変化する力

$$F(t) = mf_0 \cos \omega_\mathrm{f} t \tag{6.54}$$

の作用を受けている場合の運動を調べよう．この場合の運動方程式は

$$\frac{\mathrm{d}^2 x}{\mathrm{d}t^2} + 2\gamma \frac{\mathrm{d}x}{\mathrm{d}t} + \omega^2 x = f_0 \cos \omega_\mathrm{f} t \quad (\omega > \gamma) \tag{6.55}$$

である．運動方程式 (6.55) の一般解は，2 つの任意定数 A と α を含む

$$x(t) = \frac{f_0}{\sqrt{(\omega_\mathrm{f}{}^2 - \omega^2)^2 + 4\gamma^2 \omega_\mathrm{f}{}^2}} \cos(\omega_\mathrm{f} t - \phi) + A\mathrm{e}^{-\gamma t} \cos(\sqrt{\omega^2 - \gamma^2}\, t + \alpha) \tag{6.56}$$

$$\sin \phi = \frac{2\gamma\omega_\mathrm{f}}{\sqrt{(\omega_\mathrm{f}{}^2 - \omega^2)^2 + 4\gamma^2 \omega_\mathrm{f}{}^2}}, \quad \cos \phi = \frac{\omega^2 - \omega_\mathrm{f}{}^2}{\sqrt{(\omega_\mathrm{f}{}^2 - \omega^2)^2 + 4\gamma^2 \omega_\mathrm{f}{}^2}} \tag{6.57}$$

であることは，(6.56) 式を (6.55) 式に代入して，加法定理 $\cos(\omega_\mathrm{f} t - \phi) = \cos \omega_\mathrm{f} t \cos \phi + \sin \omega_\mathrm{f} t \sin \phi$ を使えば容易に確かめられる．$\pi > \phi > 0$ の範囲にある角 ϕ は，外力の振動の位相に対するおもりの振動の位相の遅れを表す．

(6.56) 式の右辺の第 2 項は外力 $F(t)$ のないときの自由振動である．

(6.56) 式の右辺の第 1 項は外からの周期的な力 (外力) によって発生した強制振動を表す．強制振動の角振動数は外力の角振動数 ω_f と同じである．強制振動の振幅

$$x_0 = \frac{f_0}{\sqrt{(\omega_\mathrm{f}{}^2 - \omega^2)^2 + 4\gamma^2 \omega_\mathrm{f}{}^2}} \tag{6.58}$$

は，外力の角振動数とともに変化し (図 6.12)，共振角振動数

$$\omega_\mathrm{f} = \omega_\mathrm{R} = \sqrt{\omega^2 - 2\gamma^2} \tag{6.59}$$

のときに最大になり，最大値は

$$(x_0)_\mathrm{max} = \frac{f_0}{2\gamma\sqrt{\omega^2 - \gamma^2}} \tag{6.60}$$

である．

外力の角振動数 ω_f が ω_R の付近で，強制振動の振幅が著しく大きくなる現象が共振である．

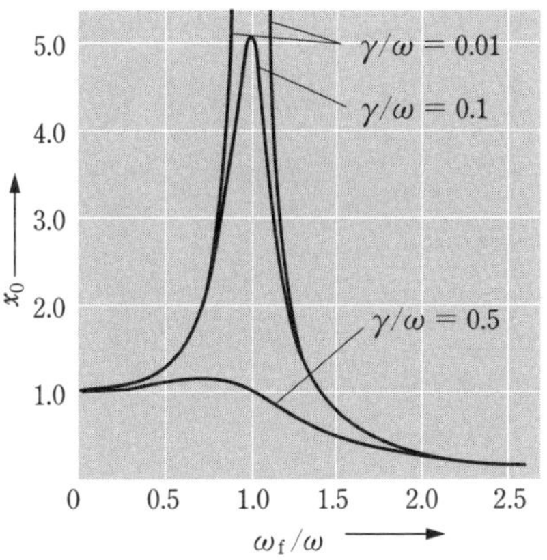

図 6.12 外力の角振動数 ω_f と強制振動の振幅 x_0 の関係．縦軸の単位は f_0/ω^2．

6.5 波　　動

図 6.13 に示した例のように，ある場所に生じた振動が，つぎつぎに隣の部分に伝わっていく現象を**波**あるいは**波動**といい，波を伝える性質をもつものを**媒質**という．図 6.13 (a) の場合のように，波の進行方向が媒質 (ひも) の振動方向と垂直であるとき，この波を**横波**という．図 6.13 (b) の場合のように，波の進行方向と媒質 (ばね) の進行方向が一致するとき，この波を**縦波**という．縦波では媒質の密なところとまばらな (疎な) ところが生じ，媒質の中を疎密な状態が伝わっていくので，縦波を**疎密波**ともいう．

縦波は，媒質の圧縮や膨張の変化の伝搬なので，固体，液体，気体のすべての中を伝わる．横波は固体の中を伝わるが，横ずれに対する復元力の

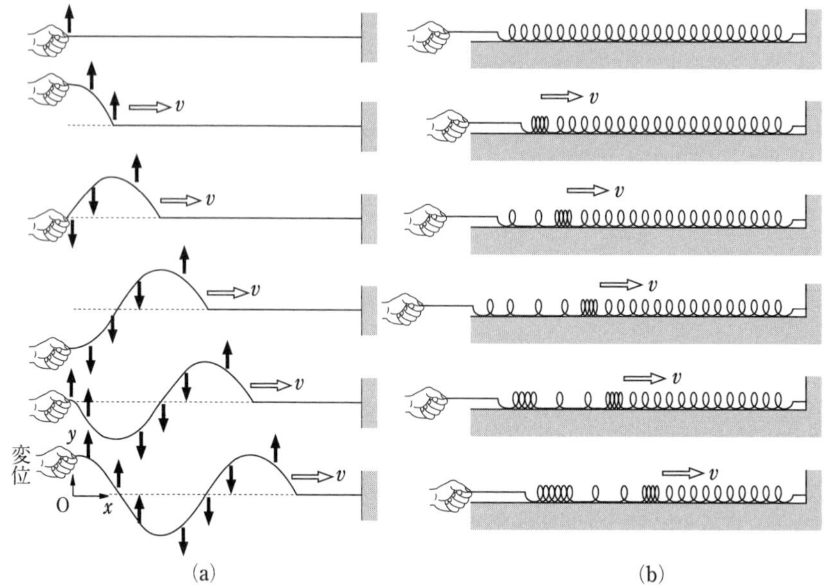

図 6.13 (a) ひもを水平に引っ張ったまま，手を上下に往復運動させる．(b) つる巻きばねをなめらかな床の上に水平に置いて，手をばねの方向に往復運動させる．

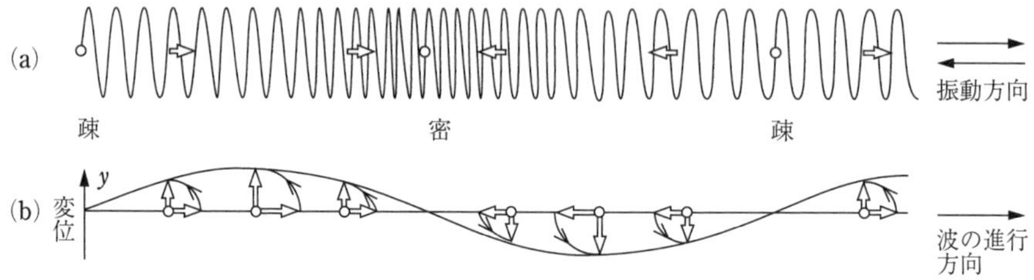

図 6.14 つる巻きばねを伝わる縦波の表現．(a) ある時刻での媒質の変位（矢印は変位を示す）．(b) 縦波の波形（媒質が密なところも疎なところも媒質の変位が 0 であることに注意）．

ない液体と気体の中は伝わらない．空気中を伝わる音波は縦波である．

波を表すには，横軸に媒質のもともとの位置，縦軸に媒質の変位を選べばよい．縦波を表すには変位の方向を 90° 回転させ，変位が波の進行方向に垂直になるようにすればよい（図 6.14）．このように波を表したとき，媒質の各点の変位を連ねた曲線を**波形**という．媒質の変位の最大値を波の**振幅**という．

媒質の各点は波源の振動数 f と同じ振動数 f で振動する．波源の 1 回の振動で発生する波の山から次の山までの距離 λ を**波長**という．波の伝わる速さ v は，波長 λ，振動数 f，周期 T ($T = 1/f$) などによって

$$v = \lambda f = \frac{\lambda}{T} \tag{6.61}$$

と表される．

波源が単振動する場合の波形は正弦（サイン）曲線なので，**正弦波**という．図 6.13 (a) の横波の波源が振幅 A，振動数 f の単振動

$$y = A \sin 2\pi f t \tag{6.62}$$

をする場合に，波源から距離 x の点まで波が伝わる時間は x/v なので，発生する正弦波は

$$y = A\sin 2\pi f\left(t-\frac{x}{v}\right) = A\sin 2\pi\left(\frac{t}{T}-\frac{x}{\lambda}\right) \tag{6.63}$$

である．

波の伝わる速さは，媒質の変形をもとに戻そうとする復元力と，媒質の変形の変化を妨げようとする慣性（媒質の密度）で決まる．一般に，波の速さは復元力が強いほど大きく，密度が大きいほど小さい．たとえば，張力 S で引っ張られている線密度（単位長あたりの質量）が ρ の弦を伝わる横波の速さ v は

$$v = \sqrt{\frac{S}{\rho}} \tag{6.64}$$

である．ピアノやバイオリンの弦の振動数はこの速さによって決まる．

密度が ρ，ヤング率が E（16.5 節参照），ずれ弾性率が G（16.5 節参照）の弾性体の棒を伝わる縦波の速さは（図 6.15）

$$v = \sqrt{\frac{E}{\rho}} \tag{6.65}$$

で，横波の速さは

$$v = \sqrt{\frac{G}{\rho}} \tag{6.66}$$

である．

図 6.15 棒に縦波を発生させる．

気体の中の音波の速さは，気圧と振動数には無関係で，温度によって決まる．0 ℃付近での実験結果によると，気温 t ℃，1 気圧の乾燥した空気中での音波の速さ v は

$$v = 331.5+0.6t \text{ m/s} \tag{6.67}$$

である．超音波の伝わる速さもふつうの音波の速さと同じである．

第 6 章のまとめ

フックの法則　固体に外力を加えて変形させると復元力が働く．この復元力を弾力という．変形が小さいときには，復元力の大きさ F は変形の大きさ x に比例する．

$$F = -kx \tag{1}$$

単振動　フックの法則に従う復元力による振動．変形 x は運動方程式

$$\frac{\mathrm{d}^2x}{\mathrm{d}t^2} = -\omega^2 x \tag{2}$$

に従う．(2) 式の一般解は

$$x = A\cos(\omega t+\beta) \quad (A \text{ と } \beta \text{ は任意定数}) \tag{3}$$

単振動の特徴は，角振動数 ω，振動数 $f = \omega/2\pi$，周期 $T = 1/f = 2\pi/\omega$ が振幅によらないことである．これを等時性という．

単振動の例として，

（1）ばね振り子（ばね定数 k）

$$\omega = \sqrt{\frac{k}{m}},\quad f = \frac{1}{2\pi}\sqrt{\frac{k}{m}},\quad T = 2\pi\sqrt{\frac{m}{k}} \tag{4}$$

（2） 単振り子（糸の長さ l）

$$\omega=\sqrt{\frac{g}{l}},\quad f=\frac{1}{2\pi}\sqrt{\frac{g}{l}},\quad T=2\pi\sqrt{\frac{l}{g}} \tag{5}$$

弾力による位置エネルギー 復元力（弾力）の大きさが kx のとき，弾力による位置エネルギー $U(x)$ は

$$U(x)=\frac{1}{2}kx^2 \tag{6}$$

質量 m の物体が大きさが kx の弾力で単振動している場合，力学的エネルギー（＝運動エネルギー＋弾力による位置エネルギー）は一定である．

$$\frac{1}{2}mv^2+\frac{1}{2}kx^2=一定 \tag{7}$$

減衰振動 単振動は一定の振幅でいつまでもつづく振動であるが，現実の振動では摩擦や空気の抵抗などで振動のエネルギーが失われ，振幅が時間とともに減衰していく．これを減衰振動という．

強制振動 振動している系が一定の周期で変動する外力の作用で，外力の振動数と同じ振動数で振動しているとき，この振動を強制振動という．

共振（共鳴） 振動系は系に固有の振動数（固有振動数）で振動する．外力の振動数が固有振動数にほぼ同じときに振動系の振動の振幅は最大になる．このとき，振動系の振動は外力と共鳴（あるいは共振）するという．

波 動 ある場所に生じた振動が，つぎつぎに隣の部分に伝わっていく現象．波動を伝える性質をもつものを媒質という．

横波と縦波 波の進行方向が媒質の振動方向と垂直であるとき，この波を横波といい，波の進行方向と媒質の振動方向が一致するとき，この波を縦波という．縦波を疎密波ともいう．縦波は固体・液体・気体のすべての中を伝わるが，横波は固体の中だけを伝わる．波の速さ v，波長 λ，振動数 f，周期 T はつぎの関係を満たす．

$$v=\lambda f=\frac{\lambda}{T},\quad fT=1 \tag{8}$$

正弦波 波源が単振動する場合の波形は正弦（サイン）曲線をもつので正弦波という．波源が振幅 A，振動数 f の単振動 $y=A\sin 2\pi ft$ をする場合に発生する正弦波は

$$y=A\sin 2\pi f\left(t-\frac{x}{v}\right)=A\sin 2\pi\left(\frac{t}{T}-\frac{x}{\lambda}\right) \tag{9}$$

演習問題6

A

1．単振り子のおもりが図1の点AとEの間を往復している．おもりが右から左へ運動しているとき，糸が切れた．その後のおもりの運動はどのようになるか．おもりが点A, B, C, D, Eのそれぞれにいるときに切れたらどうなるかを述べよ．

2．水平でなめらかな床の上にあるばねにつけた4

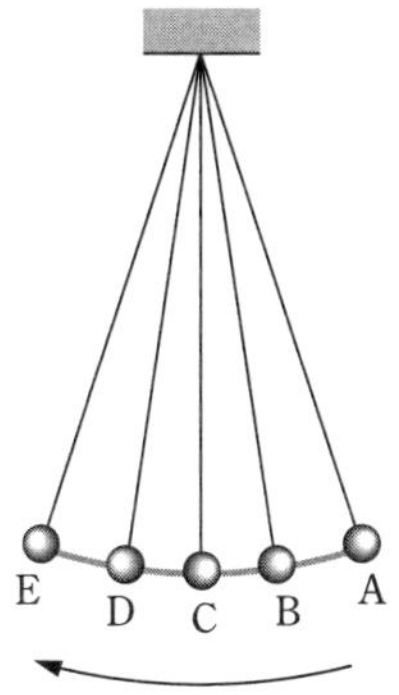

図 1

kg の物体を，平衡の位置から 0.2 m だけ手で横に引っ張って手を離した．ばね定数を $k = 100$ N/m とすると，

（1） 弾力の最初の位置エネルギーはいくらか．

（2） 物体の最大速度はいくらか．

3．ばねに吊るした質量 2 kg の物体の上下の振動の周期が 2 秒であった．ばね定数はいくらか．

4．月の表面での重力加速度は，地球の表面での 0.17 倍である．同じ単振り子を月の表面で振らすと，振動の周期はどう違うか．

5．図 6.1 のばね振り子を月面上で振動させると，周期は変わるか．

6．図 2 のように，糸に質量 100 g のおもりをつけ，糸がたるまないようにおもりを引き上げて静かに放す．おもりが最低点を通過する瞬間，おもりが糸から受ける張力の大きさ S は次のどれになるか．

ア　$S < 100$ gf　　イ　$S = 100$ gf

ウ　$S > 100$ gf

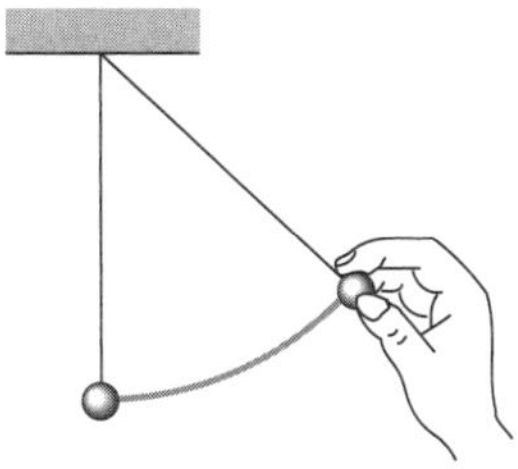

図 2

7．（1） 図 3 に示すように長さ l の糸を張力 S で

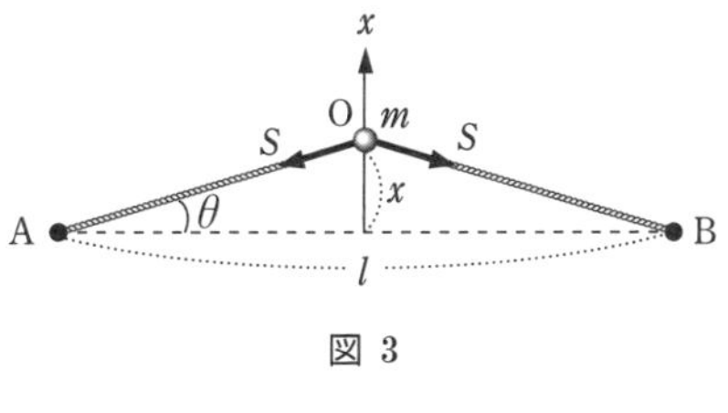

図 3

強く張り，糸の両端 A, B は固定しておく．糸の中点 O に小さなおもり（質量 m）をつけるとき，糸の垂直方向の微小振動を調べよ（$\sin\theta \approx \tan\theta$ とせよ）．

（2） おもりを糸の中点ではなく，A から $l/3$ のところに固定するときの微小振動を調べよ．

8．和弓で矢を射るとき，矢に働く力は弓の弾力によって生じる．弓の弦に矢をつがえて 1.0 m 引いた．このときの手の力は 25 kg の物体を持っているときと同じ大きさであった．

（1） 弓を引いた長さと手の力は比例すると仮定して，この弓の弾性定数 k を計算せよ．

（2） 矢が弦を離れるときの矢の速さを計算せよ．矢の質量は 28 g とせよ（実際の矢の質量は 26〜30 g である）．

9．ばね定数 $k = 100$ N/m のばねを床に垂直に立てておき，その上に 50 g の球をのせ，手で球を下に押して，ばねを平衡状態から 1 cm 縮めた状態で手を離した．

（1） 球がばねから離れるのは，どのような条件が満たされるときか．

（2） そのときのばねの長さは平衡状態での長さと比べるとどうなっているか．

（3） そのときの球の速さを求めよ．

B

1．60 kg の人が座ったときの共振振動数 f_{R} が 2 Hz であるジープの座席のばね定数はどのくらいか（座席の質量は無視せよ）．

2．人間は短い時間なら最大加速度が $4g$ であるような 4 Hz の振動に耐えられる．このときの身体の最大変位 X はいくらか．

3．単振り子の場合，重力加速度が 1/100 増すと周期はどのくらい変わるか．

4．次の関数を t で微分せよ．さらにもう一度 t で微分せよ．a, b, c, m は定数である．

（1） $x = at^2 + bt + c$　　（2） $x = a\cos mt$

（3） $x = a\sin mt$

5．（1） (6.41) 式で $x(t)$ を $x(t) = \mathrm{e}^{-\gamma t}y(t)$ とおくと，$y(t)$ は微分方程式

$$\frac{\mathrm{d}^2 y}{\mathrm{d}t^2} + (\omega^2 - \gamma^2)y = 0 \qquad (1)$$

を満たすことを示せ．

（2） (1) 式を解いて，(6.42) 式が (6.41) 式の解であることを示せ．

7 仕事とエネルギー

日常用語としてのエネルギーは活力や精力の意味で使われているが，現在の物理学では「自然界での状態の変化で，その形態や存在場所は変化するが，その総量は一定不変に保たれる量」として理解されている．エネルギー保存の法則は自然科学のもっとも基本的な法則の１つである．

エネルギーの形態が変化するときには力のする仕事が伴うことが多いので，エネルギーは仕事をする能力であると理解している読者も多いと思う．

仕事もエネルギーも日常生活で聞きなれた言葉であるが，物理学では物理学で定義した特有の意味で使われる．この章では仕事とエネルギーについて学ぶが，まず，第１節でこの章で議論することを定性的に紹介しておこう．

7.1 仕事とエネルギーについて

蒸気機関の発明は産業革命の原動力であった．この事実は，多くの人の関心を機械による仕事と熱との関連に向け，多くの人がほぼ同時にエネルギー保存則を発見するきっかけになった．

たとえば，マイヤーは，船医として南洋を航海中に患者の静脈から血液を採ったとき，この血液の色が，寒いドイツで見た血液の色に比べて，非常に赤いことに気づいた．マイヤーは，これは気温が高い南洋では，体温を保つための血液の酸化があまり行われていないためだと感じた．栄養物の酸化は，体熱の原因でもあり，筋肉運動の原因でもある．このことから熱と機械による仕事の間には関係があると思い，航海の後で，気体の比熱に注目して熱と仕事の関係の研究を行い，1842 年に熱と仕事の間の量的な比例関係を得た．

ジュールは 1843 年に，マイヤーとは独立に，熱と仕事の間の量的な比例関係を得た．また，電流と熱の定量的な関係を発見した．さらに，当時発明されたばかりの発電機は，電磁誘導を利用して機械的な仕事から電流を発生させ，この電流を熱に変えられることを明らかにした．このようにしてジュールは，電流による発熱量と電流の関係およびモーターのする機械的な仕事と電流の関係から，熱と仕事の間の量的な比例関係を得たのである．

また，ヘルムホルツは，ほぼ同じ頃に，光，電気，化学変化，磁気などの諸現象にわたってエネルギーが保存することを示した．

日常生活で「仕事」とか「仕事をする」という言葉はよく使われる．日常生活では「仕事」という言葉はいろいろな意味で使われるが，物理学では「仕事」という言葉を特別な場合に限って使う．すなわち，

「力 $\boldsymbol{F}$ が物体に作用して，物体が力の向きに距離 d だけ移動したとき，力 $\boldsymbol{F}$ は物体に大きさ Fd の仕事をした.」

という．

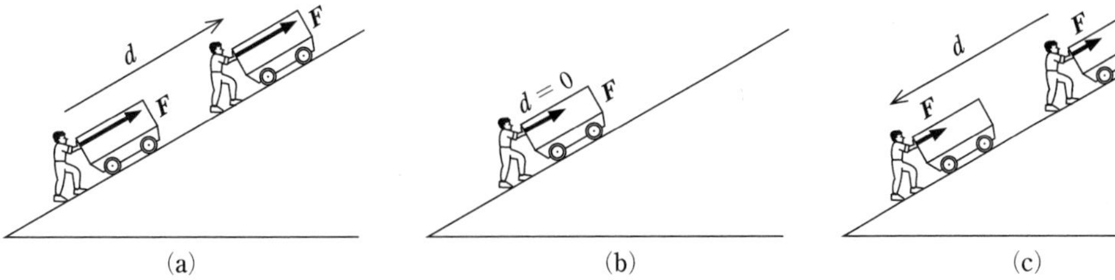

図 7.1　力と仕事．(a) 力 $\boldsymbol{F}$ の方向と移動方向は同じ．$W = Fd$．(b) 移動しないときは $W = 0$．(c) 力 $\boldsymbol{F}$ の方向と移動方向は逆向き．$W = -Fd$．

人が重い車を一定の力 $\boldsymbol{F}$ で押して坂道を距離 d だけ登った場合，力 $\boldsymbol{F}$ が車にした仕事は Fd である (図 7.1 (a))．人が坂の途中で立ち止まって車を支えている場合，人は疲れるが，車の移動距離は 0 なので，物理学では力 $\boldsymbol{F}$ が車にした仕事は 0 である (図 7.1 (b))．人の力が足りなくて，力 $\boldsymbol{F}$ で押しているのに，車が距離 d だけずり落ちた場合には，力 $\boldsymbol{F}$ の向きへの車の移動距離は $-d$ なので，このとき力 $\boldsymbol{F}$ が車にした仕事は $-Fd$ である (図 7.1 (c))．

ニュートンの運動の法則によれば，「力」=「質量」×「加速度」なので，力が物体に作用すれば，加速度が生じ，物体の速度は変化する．自動車を運転する際に，一定の速さでカーブを曲がって速度の向きを変えるにはハンドルを回すだけでよいのに，これに等しい大きさの加速度を前方に生み出すにはアクセルを踏んでガソリンを消費しなければならない．両方の場合に作用する力の大きさが等しいのにガソリンの消費量に差が出るのは，加速度を生み出した路面が車輪に作用する摩擦力が仕事をしたかしないかの違いである．アクセルを踏んだ場合には，前向きの摩擦力の方向に自動車が進むので，摩擦力は仕事をする (図 7.2 (a))．カーブを曲がる場合には，横向きの摩擦力の方向に自動車は進まないので，摩擦力は仕事をしない (図 7.2 (b))．道路が自動車に作用する摩擦力が仕事をする場合には自動車の速さが増し，仕事をしない場合には自動車の速さは変わらない．定量的にいうと，路面が自動車に作用する摩擦力が自動車にした仕事だけ自動車の運動エネルギー $mv^2/2$ が増加する．

摩擦力が自動車にした仕事と書いたが，摩擦力は実際には仕事をしない．ガソリンの化学的エネルギーがエンジンを動かして車輪を回転させる仕事になり，それが自動車の運動エネルギーの増加分になる．この増加分が「摩擦力のした仕事」のように見える「摩擦力の大きさ」×「摩擦力の方向への重心の移動距離」に等しいのである．

ブレーキを踏んで自動車を減速させる場合にはどうなのだろうか．この場合，道路が自動車に作用する後ろ向きの摩擦力の逆の向きに自動車が進んでいくので，摩擦力は自動車にマイナスの仕事をする (図 7.2 (c))．し

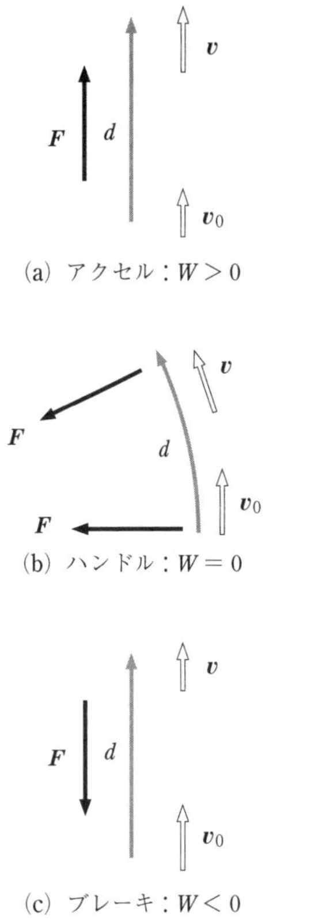

図 7.2　摩擦力 $\boldsymbol{F}$ と自動車の運動

たがって，その量だけ自動車の運動エネルギーが減少し，速さが遅くなる．減少した運動エネルギーは車や道路に発生する熱になる．

このように，エネルギーはいろいろな形態をとるが，その総量は一定に保たれる．これをエネルギーは保存するといい，エネルギーは保存量であるという．外部とは仕事や熱のやりとりがない，外部から孤立した系のエネルギーが保存することをエネルギー保存則という．エネルギーは自然科学の最も重要な概念の1つである．

力学で扱う問題では，いろいろな形態の間でのエネルギーの変換は力のする仕事を通じて行われる．したがって，エネルギーは仕事をする能力であるともいえる．

保存量であるエネルギーは物理学の概念としてのみ重要なのではない．力学の問題を解くとき，運動方程式を直接に解くよりも，運動方程式と力の法則から導かれる保存則や保存量についての関係式を使うと，見通しがよくなり，簡単に結果が導かれることがある．この意味でエネルギーは役に立つ概念である．

7.2 力と仕事1 — 一定な力のする仕事

仕　事　仕事という言葉は昔から使われている日本語であるが，物理学では次のように定義されている．物体Aが物体Bに一定な力 $\boldsymbol{F}$ を作用して，その結果，物体Bが力 $\boldsymbol{F}$ と同じ方向に距離 d だけ動いたとき，Aは

$$W = Fd \quad (\text{一定な力 } \boldsymbol{F} \text{ のする仕事}) \tag{7.1}$$

だけの，つまり「力の大きさ F」と「移動距離 d」の積に等しいだけの，仕事をBにしたという (図7.3).

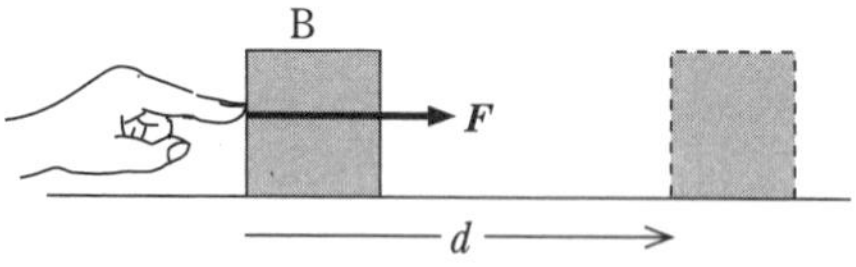

図 7.3　$W = Fd$

物体の移動方向と一定な力 $\boldsymbol{F}$ の方向とは一致しないことが多い．このような場合の「力 $\boldsymbol{F}$ がした仕事 W」は，「力 $\boldsymbol{F}$ の移動方向の成分 $F_t = F\cos\theta$」と「移動距離 d」の積

$$W = F_t d = Fd\cos\theta \quad (\text{一定な力 } \boldsymbol{F} \text{ のする仕事}) \tag{7.2}$$

と定義される (図7.4)．角 θ は力の方向と移動方向のなす角である．仕事 W は「力の大きさ F」と「力の方向の変位 $\boldsymbol{d}$ の成分 $d\cos\theta$」の積でもある．

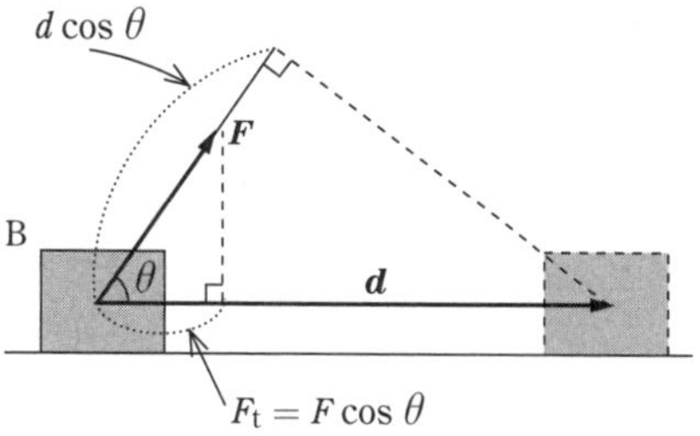

図 7.4　$W = Fd\cos\theta = \boldsymbol{F}\cdot\boldsymbol{d}$

角 θ が鋭角 $(0 \leqq \theta < 90^\circ)$ ならば $\cos\theta > 0$ で，力 $\boldsymbol{F}$ のした仕事 W は正の値をとる．角 θ が鈍角 $(90^\circ < \theta \leqq 180^\circ)$ ならば $\cos\theta < 0$ で，力 $\boldsymbol{F}$ のした仕事 W は負の値をとる．

力の方向と移動方向 (速度の方向) が垂直な場合には $\theta = 90^\circ$ で $\cos\theta = 0$ なので，この力は仕事をしない ($W = 0$)．単振り子の糸がおもりに作用する張力，地面がその上にのっている物体に作用する垂直抗力などは，力の方向が石や物体の移動方向に垂直なので仕事をしない．

以上をまとめると次のようになる．

$$\left.\begin{array}{lll} W > 0 & 0 \leqq \theta < 90^\circ & \text{の場合} \\ W = 0 & \theta = 90^\circ & \text{の場合} \\ W < 0 & 90^\circ < \theta \leqq 180^\circ & \text{の場合} \end{array}\right\} \tag{7.3}$$

物体Bの変位（出発点を始点とし到達点を終点とするベクトル）を $\boldsymbol{d}$ とすると，一定な力 $\boldsymbol{F}$ のした仕事 W は，2.4節で紹介したスカラー積を利用して，

$$W = \boldsymbol{F} \cdot \boldsymbol{d} \tag{7.4}$$

と，力 $\boldsymbol{F}$ と変位 $\boldsymbol{d}$ のスカラー積として表せる．

仕事の国際単位は，力の単位 $\mathrm{N} = \mathrm{kg \cdot m/s^2}$ と長さの単位 m の積なので，$1\,\mathrm{N \cdot m} = 1\,\mathrm{kg \cdot m^2/s^2}$ であるが，これを1ジュールとよび，1Jと記す．

$$1\,\mathrm{J} = 1\,\mathrm{N \cdot m} = 1\,\mathrm{kg \cdot m^2/s^2} \tag{7.5}$$

物体に1Nの力が作用し，力の方向に物体を1m移動させたときに力のした仕事が1Jである．

例1　物体の自由落下　質量 m の物体が距離（高さ）h だけ自由落下する場合に重力が物体にする仕事 W は，(7.1)式で $F = mg$，$d = h$ なので，

$$W = mgh \tag{7.6}$$

である（図7.5(a)）．

例2　鉛直と角 θ をなす斜面の上を質量 m の物体が距離 d，高さ $h = d\cos\theta$ だけ落下するときに重力 mg のする仕事 W．この場合，$F = mg$，$d = d$，$\theta = \theta$ なので，

$$W = mgd\cos\theta = mgh \tag{7.6$'$}$$

である（図7.5(b)）．

例3　物体の鉛直投げ上げ　質量 m の物体を真上に投げ上げる．鉛直上向きを $+x$ 方向とする．物体が点 $x = x_i$ から $x = x_\mathrm{f}$ まで運動する間に重力がする仕事 $W_{i\to\mathrm{f}}$．

図7.6(a)の場合，$F = mg$，$d = x_\mathrm{f} - x_i$，$\theta = 180°$ ($\cos 180° = -1$) なので，

$$W_{i\to\mathrm{f}} = -mg(x_\mathrm{f} - x_i) = mg(x_i - x_\mathrm{f}) \tag{7.7}$$

図7.6(b)の場合，始点 x_i から最高点 H の間での仕事 $W_{i\to H}$ は，$F = mg$，$d = H - x_i$，$\theta = 180°$ なので

$$W_{i\to H} = -mg(H - x_i) = mg(x_i - H) \tag{7.8}$$

最高点 H と終点 x_f の間での仕事 $W_{H\to\mathrm{f}}$ は，$F = mg$，$d = H - x_\mathrm{f}$，$\theta = 0$ ($\cos 0 = 1$) なので，

$$W_{H\to\mathrm{f}} = mg(H - x_\mathrm{f}) \tag{7.9}$$

したがって，(7.8)式と(7.9)式から

$$W_{i\to H\to\mathrm{f}} = W_{i\to H} + W_{H\to\mathrm{f}} = mg(x_i - x_\mathrm{f}) \tag{7.10}$$

上の3つの例からわかるように，質量 m の物体が高さが h だけ低い場所に移動するときに重力 mg のする仕事は mgh で，高さが h だけ高い場所に移動するときに重力のする仕事は $-mgh$ である．いずれの場合も途中の経路にはよらず高さの差だけで決まる．この事実は，放物運動でも，図7.7のジェットコースターの場合でも一般に成り立つ．

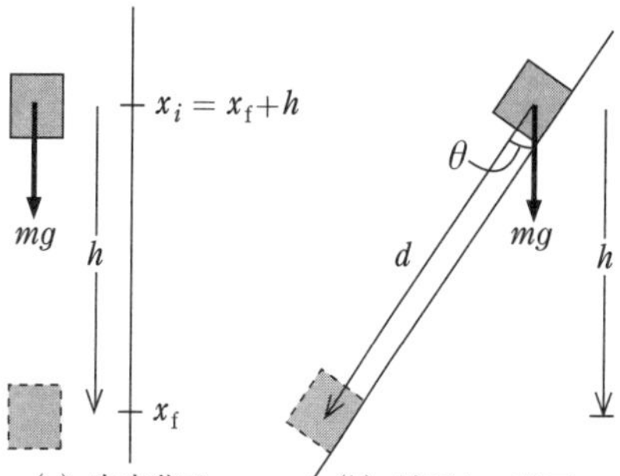

(a) 自由落下　(b) 斜面上の落下

図 7.5　質量 m の物体が高さ h だけ落下するときに重力のする仕事 $W = mgh$.

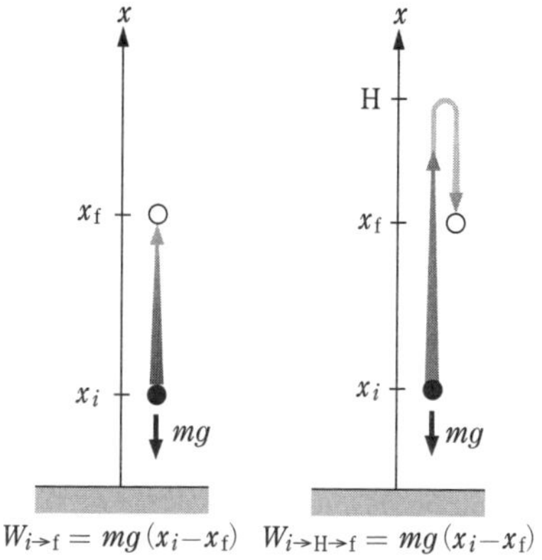

(a)　(b)

図 7.6　鉛直投げ上げ運動で重力のする仕事

図 7.7　2 way ジェットコースター（写真提供：後楽園ゆうえんち）

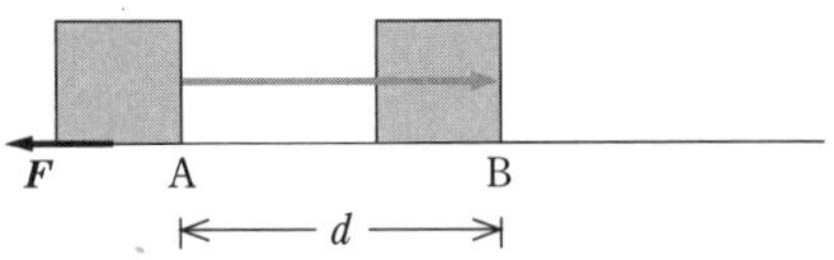

(a)　$W_{A \to B} = -Fd$

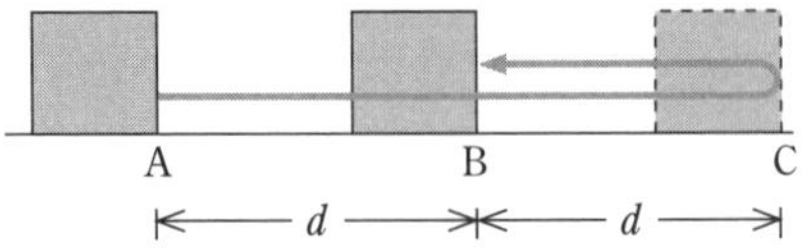

(b)　$W_{A \to C \to B} = -3Fd$

図 7.8　動摩擦力のする仕事

例 4　摩擦力のする仕事　図 7.8 (a) のように，質量 m の物体を水平な床の上で点 A から点 B まで距離 d だけ押していく場合に動摩擦力 $F = \mu' mg$ のする仕事 $W_{A \to B}$ を求める．ここで動摩擦係数を μ' とする．摩擦力 $\boldsymbol{F}$ と変位 $\boldsymbol{d}$ は逆向きなので，

$$W_{A \to B} = -Fd = -\mu' mgd \tag{7.11}$$

図 7.8 (b) のように点 A から距離 $2d$ の点 C まで押していって，点 C から点 B まで戻る場合には，摩擦力が A → C の移動でする仕事 $W_{A \to C}$ は $-2Fd$，C → B の移動でする仕事 $W_{C \to B}$ は $-Fd$ なので，

$$W_{A \to C \to B} = W_{A \to C} + W_{C \to B} = -3Fd = -3\mu' mgd \tag{7.12}$$

である．このように，摩擦力のする仕事は始点と終点の位置だけでは決まらず，途中の経路の長さ（図 7.8 (b) の場合の経路の長さは $3d$）によって異なる．

物体に働く力は 1 つとは限らない．図 7.4 の場合には，物体 B には斜めに引く力 $\boldsymbol{F}$ のほかに床の垂直抗力 $\boldsymbol{N}$，摩擦力 $\boldsymbol{f}$，重力 $\boldsymbol{W}$ などが働いている．このような場合には，(7.2) 式はそのうちの 1 つの力 $\boldsymbol{F}$ がした仕事である．

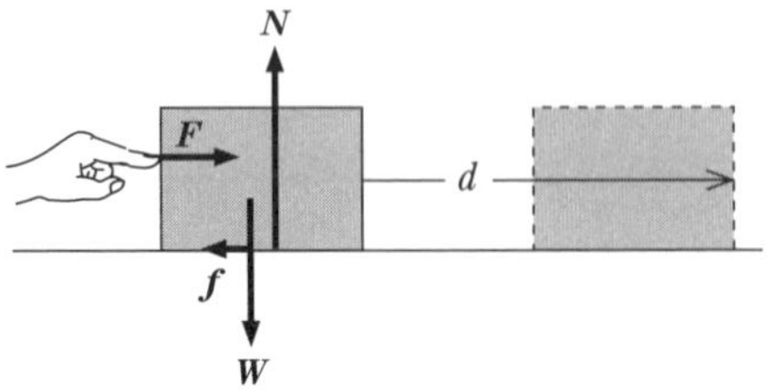

図 7.9

図 7.9 のように，水平な床の上の物体を手の力 $\boldsymbol{F}$ でゆっくりと距離 d だけ移動させたときに力の行う仕事を調べる．

重力 $\boldsymbol{W}$ は変位 $\boldsymbol{d}$ に垂直なので，重力のする仕事は

$$W_W = \boldsymbol{W} \cdot \boldsymbol{d} = 0 \tag{7.13 a}$$

垂直抗力 $\boldsymbol{N}$ は変位 $\boldsymbol{d}$ に垂直なので，垂直抗力のする仕事は

$$W_N = \boldsymbol{N} \cdot \boldsymbol{d} = 0 \tag{7.13 b}$$

床の作用する動摩擦力 $\boldsymbol{f}$ ($f = \mu' N$) は変位 $\boldsymbol{d}$ と逆向きなので，動摩擦力のする仕事は

$$W_f = \boldsymbol{f} \cdot \boldsymbol{d} = -fd \tag{7.13 c}$$

手の作用する力 $\boldsymbol{F}$ は変位 $\boldsymbol{d}$ と同じ向きで，物体をゆっくり移動させるときには $F \approx f = \mu' N$ なので，手の作用する力のする仕事は

$$W_F = \boldsymbol{F} \cdot \boldsymbol{d} = Fd \approx fd \tag{7.13 d}$$

この物体に働く力の合力 $\boldsymbol{W} + \boldsymbol{N} + \boldsymbol{f} + \boldsymbol{F}$ のする仕事 W は，個々の力のする仕事の和で，

$$\begin{aligned} W &= (\boldsymbol{W} + \boldsymbol{N} + \boldsymbol{f} + \boldsymbol{F}) \cdot \boldsymbol{d} = \boldsymbol{W} \cdot \boldsymbol{d} + \boldsymbol{N} \cdot \boldsymbol{d} + \boldsymbol{f} \cdot \boldsymbol{d} + \boldsymbol{F} \cdot \boldsymbol{d} \\ &= W_W + W_N + W_f + W_F = -fd + Fd \approx 0 \end{aligned} \tag{7.14}$$

この結果は，物体に働く力の合力 $\boldsymbol{W} + \boldsymbol{N} + \boldsymbol{f} + \boldsymbol{F} = \boldsymbol{f} + \boldsymbol{F} \approx 0$ という事実からも導くことができる．

図 7.10　重量挙げ

例 5　物体を持ち上げるときに筋力のする仕事　重量挙げの選手が質量 $m = 100$ kg のバーベルを高さ $h = 2.0$ m までゆっくりと持ち上げるときには（図 7.10），バーベルに働く重力 $W = mg$ より少し大きな力 $F \approx mg$ で持ち上げる．したがって，このときに選手がバーベルにする仕事 W は $F \approx mg$，$d = h$ なので，

$$W \approx mgh = 100\ \text{kg} \times 9.8\ \text{m/s}^2 \times 2\ \text{m} = 1960\ \text{J} \tag{7.15}$$

である．力 $\boldsymbol{F}$ の大きさは mg に限りなく近くできるので，必要な仕事 $W = mgh$ である．

しかし，この選手が持ち上げたバーベルを持ちつづけていても，バーベルは静止していて，移動距離 $d = 0$ である．したがって，バーベルを持ちつづけているときに，選手は疲労するが，選手はバーベルに仕事

をしない．

また，日常生活の経験とは違って，バーベルを手に持って水平に移動させるだけでは，力の方向と移動方向は垂直なので，選手はバーベルに仕事をしない．

一般に，質量 m の物体を点Aから高さが h だけ高い点Bに手でゆっくりと持ち上げる場合，点Aから点Bまでどのような経路で持ち上げても，筋力が物体にする仕事 $W_{A\to B}$ は

$$W_{A\to B} = mgh \tag{7.16}$$

である（図7.11）．

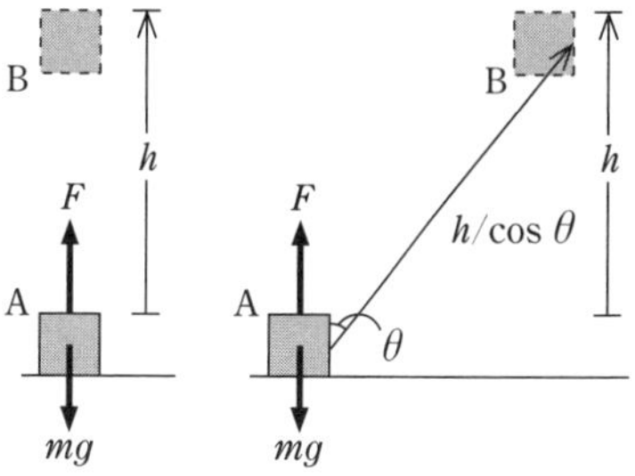

図 7.11　質量 m の物体をゆっくりと高さ h だけ持ち上げるときに腕の筋力 F のする仕事 $W = mgh$

7.3　重力による位置エネルギーと重力のする仕事

重力による位置エネルギー　鉛直上向きを $+x$ 方向に選ぶと，x 座標が x の点にある質量 m の物体は

$$U_{重}(x) = mgx \tag{7.17}$$

という重力による位置エネルギーをもつことを1.5節，4.9節で学んだ．この位置エネルギーの詳しい定義は7.5節の参考で行う．

重力のする仕事と重力による位置エネルギーの変化量の関係
(7.7)式，(7.10)式によれば，質量 m の物体が，x 座標が x_i の点から x_f の点まで移動するときに，重力 mg のする仕事は

$$W_{i\to f}^{重力} = mg(x_i - x_f) \tag{7.18}$$

である．(7.17)式と(7.18)式から

$$W_{i\to f}^{重力} = U_{重}(x_i) - U_{重}(x_f) \tag{7.19}$$

が導かれる．すなわち，物体の重力による位置エネルギーの減少した量だけ重力が物体に仕事をしたと見ることができる．

重力の作用だけを受けて運動する物体の力学的エネルギー保存則
質量 m の物体が重力だけの作用を受けて運動する場合には

$$\frac{1}{2}mv^2 + mgx = K + U_{重}(x) = 一定 \tag{7.20}$$

という関係があることを1.5節と4.9節で学んだ．

$$K = \frac{1}{2}mv^2 = \frac{1}{2}(質量)\times(速さ)^2 \tag{7.21}$$

は運動エネルギーである．この定義から運動エネルギーの国際単位は kg・m^2/s^2 = J であることがわかる［(7.5)式参照］．

この物体が重力の作用だけを受けて，x 座標が x_i の点から x_f の点に移動したときに速さが v_i から v_f に変化したとすると，(7.20)式から導かれる

$$\left.\begin{aligned} K_i + U_{重}(x_i) &= K_f + U_{重}(x_f), \\ \frac{1}{2}m{v_i}^2 + mgx_i &= \frac{1}{2}m{v_f}^2 + mgx_f \end{aligned}\right\} \tag{7.22}$$

という関係式と(7.19)式から

$$K_\mathrm{f}-K_i = \frac{1}{2}mv_\mathrm{f}{}^2-\frac{1}{2}mv_i{}^2 = mgx_i-mgx_\mathrm{f}$$
$$= U_{重}(x_i)-U_{重}(x_\mathrm{f}) = W_{i\to\mathrm{f}}^{重力} \tag{7.23}$$

という関係が得られる．この関係は，「重力の作用だけを受けて運動する物体の運動エネルギーの変化量 $K_\mathrm{f}-K_i$ は，この間に重力がこの物体にした仕事 $W_{i\to\mathrm{f}}^{重力}$ に等しい」ことを示している．これは7.6節で導く，仕事と運動エネルギーの関係の一例である．

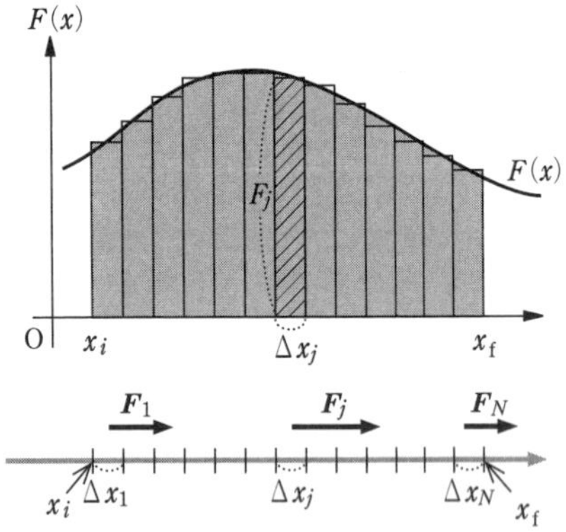

図 7.12　物体が $x = x_i$ から $x = x_\mathrm{f}$ まで移動するときに力 $F(x)$ のする仕事
$W_{i\to\mathrm{f}} = \int_{x_i}^{x_\mathrm{f}} F(x)\,\mathrm{d}x$

7.4　力と仕事 2 ── 一定でない力のする仕事（直線運動の場合）

物体が直線上を運動するとき，運動方向に平行な力のする仕事を求める．物体が x 軸に沿って始点 $x = x_i$ から終点 $x = x_\mathrm{f}$ まで移動するときに x 軸に平行な力 $\boldsymbol{F}$ のする仕事 $W_{i\to\mathrm{f}}$ は，物体が点 x にあるときに作用する力を $F(x)$ とすると，定積分

$$W_{i\to\mathrm{f}} = \int_{x_i}^{x_\mathrm{f}} F(x)\,\mathrm{d}x \tag{7.24}$$

で与えられる．この定積分は図7.12のアミのかかった部分の面積である．なお，図7.12には $F(x) > 0$ で $x_i < x_\mathrm{f}$ の場合が示してあるが，(7.24)式は $F(x) < 0$ でも $x_i > x_\mathrm{f}$ の場合でも成り立つ．$x_i < x_\mathrm{f}$ で $F(x) < 0$ の場合には，x 軸の下の部分の面積は負の量の仕事を表す．$x_i > x_\mathrm{f}$ の場合は移動方向が $-x$ 方向なので，$F(x) > 0$ の部分の面積は負の量の仕事，$F(x) < 0$ の部分の面積は正の量の仕事を表す．これらのことは，例6に示す弾力の場合を調べると理解できる．

（参考）(7.24)式の導き方　x_i から x_f までの道筋を N 個の微小区間に分割する．N が大きいと力 $F(x)$ は各微小区間で一定の値をとると近似できる．j 番目の微小区間に注目する．この微小区間の長さを Δx_j，この微小区間の1点での力を F_j とすると，物体がこの微小区間を通過する間にされる仕事 ΔW_j は

$$\Delta W_j = F_j\,\Delta x_j \tag{7.25}$$

で近似できる．この仕事 ΔW_j は図7.12の斜線のかかった長方形の面積である．したがって，物体が x_i から x_f まで移動する間に力 $F(x)$ がする仕事 $W_{i\to\mathrm{f}}$ は，各微小区間での仕事 ΔW_j の和で近似される．

$$W_{i\to\mathrm{f}} \approx \Delta W_1+\Delta W_2+\cdots+\Delta W_N = \sum_{j=1}^{N} F_j\,\Delta x_j \tag{7.26}$$

$W_{i\to\mathrm{f}}$ の正確な値は，微小区間の数 N を無限に大きくし，微小区間の幅を無限に小さくした極限での値である．すなわち，1.3節で学んだように，次の定積分で表される．

$$W_{i\to\mathrm{f}} = \lim_{N\to\infty}\sum_{j=1}^{N} F_j\,\Delta x_j = \int_{x_i}^{x_\mathrm{f}} F(x)\,\mathrm{d}x \tag{7.27}$$

例6　ばねの弾力のする仕事　図7.13の物体に働くばねの弾力のする仕事を求める．ばねが自然な長さのときの物体の位置を $x = 0$ とすると，ばね定数が k のばねの弾力は，物体の変位が x のときには，

$$F(x) = -kx \tag{7.28}$$

と表される．以下では $-kx$ の原始関数が $-kx^2/2$ であることを使う．

（1） 長さ d だけ縮んでいるばねが自然な長さに戻るときに弾力のする仕事（図 7.13（b））．$x_i = -d$，$x_f = 0$ なので

$$W_{A\to O} = \int_{-d}^{0} (-kx)\,dx = -\frac{1}{2}kx^2\Big|_{-d}^{0} = \frac{1}{2}kd^2 \qquad (7.29\,a)$$

変位が d，平均の力が $kd/2$ なので（図 7.13（d）），$W = d(kd/2) = kd^2/2$ としても求められる．力の向き（右向き）と変位の向き（右向き）が同じなので，仕事は正である．

（2） 自然な長さのばねが長さ d だけ伸びるときに弾力のする仕事（図 7.13（c））．$x_i = 0$，$x_f = d$ なので

$$W_{O\to C} = \int_{0}^{d} (-kx)\,dx = -\frac{1}{2}kx^2\Big|_{0}^{d} = -\frac{1}{2}kd^2 \qquad (7.29\,b)$$

この場合は物体の変位の向き（右向き）と力の向き（左向き）は逆なので，仕事は負である．

（3） 長さ d だけ伸びているばねが自然な長さに戻るときに弾力のする仕事．$x_i = d$，$x_f = 0$ なので

$$W_{C\to B} = \int_{d}^{0} (-kx)\,dx = -\frac{1}{2}kx^2\Big|_{d}^{0} = \frac{1}{2}kd^2 \qquad (7.29\,c)$$

この場合には物体の変位の向き（左向き）と力の向き（左向き）は同じなので，仕事は正である．（7.29 b）式と（7.29 c）式を比べると，$W_{O\to C} = -W_{C\to O}$ が導かれるが，この事実は 2 つの場合に変位は逆向きなのに，平均の力は同じであることに基づいている．

（4） 自然な長さのばねが長さ d だけ縮むときに弾力のする仕事．$x_i = 0$，$x_f = -d$ なので，

$$W_{O\to A} = \int_{0}^{-d} (-kx)\,dx = -\frac{1}{2}kx^2\Big|_{0}^{-d} = -\frac{1}{2}kd^2 \qquad (7.29\,d)$$

変位（左向き）と力の向き（右向き）が逆なので，弾力のする仕事は負である．（7.29 a）式と（7.29 d）式から $W_{A\to O} = -W_{O\to A}$ が導かれる．

（5） 長さ d だけ縮んでいるばねにつけてある物体から手を離し，物体を A → O → C → O → A と 1 回振動させるときに，ばねの弾力のする仕事．

$$W_{A\to O\to C\to O\to A} = W_{A\to O} + W_{O\to C} + W_{C\to O} + W_{O\to A} = 0 \qquad (7.30)$$

この結果は，（7.24）式で $x_i = -d$，$x_f = -d$ とおいても得られる．

物体が 1 回振動して最初の位置に戻ってくる間に弾力のする仕事が 0 である事実は，物体が 1 つの点 x にあるときに働く弾力はつねに $F(x) = -kx$ で与えられるので，点 x の近傍の長さ Δx の微小区間を右向きに進むときの仕事 $-kx\,\Delta x$ と左向きに進むときの仕事 $-kx(-\Delta x) = kx\,\Delta x$ が打ち消し合うことに基づいている．

（6） 物体の位置が $x = x_i$ から $x = x_f$ に移動するときに，ばねの弾力のする仕事 $W_{i\to f}$ は

$$W_{i\to f} = \int_{x_i}^{x_f} (-kx)\,dx = -\frac{1}{2}kx^2\Big|_{x_i}^{x_f} = -\frac{1}{2}k{x_f}^2 + \frac{1}{2}k{x_i}^2 \qquad (7.31)$$

である．この結果は，物体が途中で何回か振動する場合にも成り立つ．物体が 1 回振動するときに弾力のする仕事は 0 だからである．

例 7 例 3 の物体の鉛直投げ上げの場合に重力のする仕事 $W_{i\to f}$ は，$F(x) = -mg$ なので，（7.24）式を使うと，

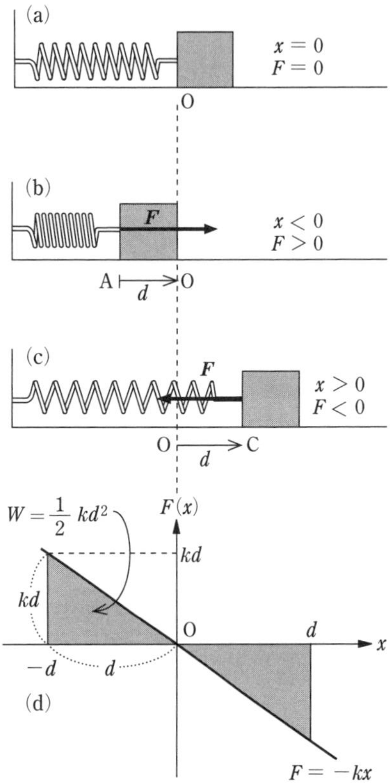

図 7.13 ばねの弾力のする仕事
（a） 自然な長さのばね．
（b） 縮んでいるばねが自然な長さの状態に戻る場合［点 A（$x = -d$）から点 O（$x = 0$）への移動］．$F > 0$，$d > 0$，$W_{A\to O} > 0$
（c） 自然な長さのばねが伸びる場合［点 O（$x = 0$）から点 C（$x = d$）への移動］．
$F < 0$，$d > 0$，$W_{O\to C} < 0$
（d） $W_{A\to O} = \frac{1}{2}kd^2$，
$W_{O\to C} = -\frac{1}{2}kd^2$

$$W_{i\to\mathrm{f}} = \int_{x_i}^{x_\mathrm{f}} (-mg)\,\mathrm{d}x = -mgx\Big|_{x_i}^{x_\mathrm{f}} = mg(x_i - x_\mathrm{f}) \qquad (7.32)$$

となり，(7.7)，(7.10)式が得られる．

（参考） 例 4 の動摩擦力の場合は，物体が同じ点 x にあっても，右向きに運動していれば $F(x) = -F$，左向きに運動していれば $F(x) = F$ である．したがって，図 7.8 (b) の $W_{\mathrm{A}\to\mathrm{C}\to\mathrm{B}}$ は

$$W_{\mathrm{A}\to\mathrm{C}\to\mathrm{B}} = \int_{x_\mathrm{A}}^{x_\mathrm{C}} (-F)\,\mathrm{d}x + \int_{x_\mathrm{C}}^{x_\mathrm{B}} F\,\mathrm{d}x = -Fx\Big|_{x_\mathrm{A}}^{x_\mathrm{C}} + Fx\Big|_{x_\mathrm{C}}^{x_\mathrm{B}} \qquad (7.33)$$
$$= -F(x_\mathrm{C} - x_\mathrm{A}) + F(x_\mathrm{B} - x_\mathrm{C}) = -2Fd - Fd = -3Fd$$

7.5 保存力と位置エネルギー（直線運動の場合）

■弾力による位置エネルギー■ ばね定数 k のばねの長さが自然な状態での長さに比べて x だけ変化（伸縮）している場合には，このばねは

$$U_{弾}(x) = \frac{1}{2}kx^2 \qquad (7.34)$$

という弾力による位置エネルギーをもつことを 6.1 節で学んだ［(6.29) 式］．(7.34)式の厳密な導び方はこの節の参考に示す．

■弾力のする仕事と弾力による位置エネルギーの変化量の関係■ (7.31) 式によれば，ばねの伸びが x_i から x_f に変わるときにばねの弾力のする仕事は

$$W_{i\to\mathrm{f}}^{弾} = \frac{1}{2}kx_i^2 - \frac{1}{2}kx_\mathrm{f}^2 \qquad (7.35)$$

である．(7.34) 式と (7.35) 式から

$$W_{i\to\mathrm{f}}^{弾} = U_{弾}(x_i) - U_{弾}(x_\mathrm{f}) \qquad (7.36)$$

が導かれる．すなわち，弾力による位置エネルギーの減少した量だけ弾力が仕事をしたと見ることができる．

重力や弾力のように，力のする仕事が始点と終点だけで決まり，その途中の経路にはよらないような力を**保存力**という．このような力の作用だけを受ける物体の運動では，力学的エネルギー保存則を満たす位置エネルギーが定義できるからである．

これに対して，摩擦力は運動を妨げる向きに働くので，図 7.13 で物体が左右に振動するときに物体に作用する摩擦力の向きは，同じ点 x でも，物体の運動の向きによって異なる．したがって，この場合に摩擦力のする仕事を計算するには，(7.24) 式の $F(x)$ が物体の運動の向きによって異なるので，(7.33) 式で示したように，まず最初の方向の運動の場合の仕事を計算し，つぎに逆向きの運動の場合の仕事を計算し，… という具合に計算して，その全体の和を求めなければならない．

（参考） 直線運動での位置エネルギーの定義 x 軸に平行な力が作用している物体の x 軸に沿っての直線運動で，物体が点 x にいるときに作用する力がつねに同じで $F(x)$ であるとき，

$$F(x) = -\frac{\mathrm{d}U}{\mathrm{d}x} \tag{7.37}$$

を満たす x の関数 $U(x)$ を力 $F(x)$ による位置エネルギーという．

物体が点 x_i から点 x_f に移動するときに力 $F(x)$ のする仕事 $W^F_{i\to\mathrm{f}}$ は

$$\begin{aligned} W^F_{i\to\mathrm{f}} &= \int_{x_i}^{x_\mathrm{f}} F(x)\,\mathrm{d}x = -\int_{x_i}^{x_\mathrm{f}} \frac{\mathrm{d}U}{\mathrm{d}x}\,\mathrm{d}x = -U(x)\Big|_{x_i}^{x_\mathrm{f}} \\ &= U(x_i) - U(x_\mathrm{f}) \end{aligned} \tag{7.38}$$

すなわち，位置エネルギーの減少量に等しい．

(7.37) 式を満たす $U(x)$ には任意定数の不定性がある．$U(x)$ が (7.37) 式の解なら，任意の実数 C を加えた $U(x)+C$ も (7.37) 式の解である．しかし，(7.38) 式のように $U(x)$ は差の形で現れるので任意定数の不定性は気にしなくてよい．(7.38) 式から位置エネルギー $U(x)$ に対する式

$$U(x) = U(x_0) - \int_{x_0}^{x} F(x)\,\mathrm{d}x \tag{7.39}$$

が得られるが，基準点 x_0 で $U(x_0) = 0$ となるように任意定数を選べば，(7.39) 式は

$$U(x) = -\int_{x_0}^{x} F(x)\,\mathrm{d}x \quad [U(x_0) = 0] \tag{7.40}$$

となる．

重力による位置エネルギー $U_{\text{重}}(x) = mgx$ と重力 $F = -mg$，弾力による位置エネルギー $U_{\text{弾}}(x) = kx^2/2$ と弾力 $F = -kx$ は関係 (7.40) 式で基準点 x_0 を 0 とおいた場合になっている．

7.6 仕事と運動エネルギーの関係

物体に力が作用しなければ，静止している物体は静止しつづけ，運動している物体は速度が一定の等速直線運動を行う．どちらの場合にも物体の運動エネルギーは一定である．しかし，物体に力が作用し，力が仕事をすると，その仕事の分だけ物体の運動エネルギーは増加する．力のする仕事が負ならば，運動エネルギーは減少する．運動エネルギーが $K_i = (1/2) m{v_i}^2$ の物体に作用する力（すべての力の合力）が仕事 $W_{i\to\mathrm{f}}$ を行えば，この物体の運動エネルギー $K_\mathrm{f} = (1/2)m{v_\mathrm{f}}^2$ は $W_{i\to\mathrm{f}}$ だけ増加して

$$K_\mathrm{f} = K_i + W_{i\to\mathrm{f}} \tag{7.41}$$

となる．すなわち，

$$K_\mathrm{f} - K_i = \frac{1}{2}m{v_\mathrm{f}}^2 - \frac{1}{2}m{v_i}^2 = W_{i\to\mathrm{f}} \tag{7.42}$$

という仕事と運動エネルギーの関係が成り立つ．この関係が成り立つことは，保存力の重力の作用だけを受けて運動する物体の場合は 7.3 節で示したし［(7.23) 式］，保存力の弾力の作用だけを受けて運動する物体の場合は (7.35) 式，(6.28) 式から導かれる．この関係は保存力以外の力の作用を受けて運動する物体の場合にも成り立つことは，例 8 およびそのすぐあとで証明する．

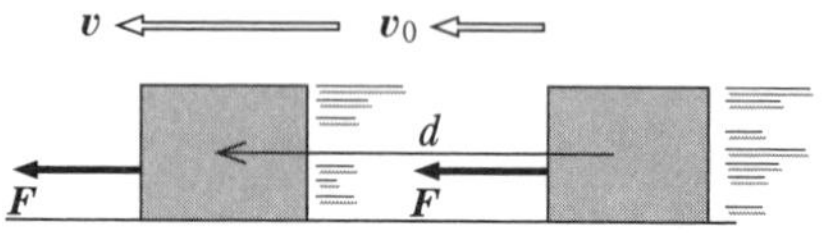

図 7.14 $\frac{1}{2}mv^2 - \frac{1}{2}mv_0{}^2 = Fd$

例 8 等加速度直線運動 滑らかで水平な床の上の質量 m の物体に一定な力 F が作用し，物体が力の方向に距離 d だけ移動して，物体の速さが v_0 から v に変わる，加速度が $a = F/m$ の等加速度直線運動では，1.4 節で導いた

$$v^2 - v_0{}^2 = 2ad \qquad (a = F/m) \tag{7.43}$$

という関係が成り立つ．この式の両辺を $m/2$ 倍すると，

$$\frac{1}{2}mv^2 - \frac{1}{2}mv_0{}^2 = Fd \tag{7.44}$$

となるので，重力以外の力による一般の等加速度直線運動の場合にも，一定な力 F だけが作用した場合，この力のした仕事 $W = Fd$ が物体の運動エネルギーの変化した量に等しいことがわかる (図 7.14).

(7.42) 式の証明 (x 軸に沿っての直線運動の場合) 運動方程式

$$m\frac{d^2x}{dt^2} = m\frac{dv}{dt} = F \tag{7.45}$$

の両辺に $v = dx/dt$ を掛けると

$$mv\frac{dv}{dt} = F\frac{dx}{dt} \tag{7.46}$$

となる．両辺を時刻 t_i から t_f まで積分すると

$$\begin{aligned}\int_{t_i}^{t_f} mv\frac{dv}{dt}\,dt &= \int_{t_i}^{t_f}\frac{d}{dt}\left[\frac{1}{2}mv^2\right]dt = \frac{1}{2}mv(t)^2\Big|_{t_i}^{t_f}\\ &= \frac{1}{2}mv(t_f)^2 - \frac{1}{2}mv(t_i)^2 = \frac{1}{2}mv_f{}^2 - \frac{1}{2}mv_i{}^2\\ &= \int_{t_i}^{t_f} F\frac{dx}{dt}\,dt = \int_{x_i}^{x_f} F\,dx = W_{i\to f}\end{aligned} \tag{7.47}$$

が導かれる．x_i, v_i と x_f, v_f は時刻 t_i と t_f における物体の位置と速度である．最後の積分では積分変数を t から x に変えたので，それに伴って積分の上限と下限も t_i, t_f から x_i, x_f に変えた．

仕事と運動エネルギーの関係 (7.42) は直線運動以外の任意の運動でも成り立つ．

保存力，非保存力，束縛力 仕事という視点から力を分類すると，力には保存力，非保存力，束縛力の 3 種類がある．

保存力 $F_{保}$：ばねにつけた物体が振動するときに弾力が物体にする仕事のように，仕事が始点 x_i と終点 x_f だけで決まり，始点と終点の間の経路によらない場合がある．このような力を保存力という．保存力がする仕事 $W_{i\to f}^{保}$ は始点と終点での位置エネルギーの差として表される．

$$W_{i\to f}^{保} = \int_{x_i}^{x_f} F_{保}\,dx = U(x_i) - U(x_f) \tag{7.48}$$

弾力，重力，万有引力は保存力である (万有引力については第 10 章参照).

束縛力 $F_{束}$：物体の運動の向きと力の向きが垂直なので ($F_t = 0$)，仕事をしない力を束縛力という．

$$W_{i\to f}^{束} = \int_{x_i}^{x_f} F_{束_t}\,dx = 0 \tag{7.49}$$

である．床の上を移動する物体に作用する床の垂直抗力は束縛力である．

非保存力 $\boldsymbol{F}_{非}$：保存力と束縛力以外の力．物体が移動するときに非保存力がする仕事は，始点と終点の位置だけでは決まらず，途中の経路によって異なる．摩擦力，空気や水の抵抗などは非保存力である．また手で物体を押すときの手の筋力も非保存力である．

7.7 力学的エネルギーが保存する場合と保存しない場合

前節の最後に，力を保存力，非保存力，束縛力に分類した．この分類を考慮すると，仕事と運動エネルギーの関係 (7.42) 式は

$$\begin{aligned} K_f - K_i &= W_{i\to f} = W_{i\to f}^{保} + W_{i\to f}^{束} + W_{i\to f}^{非} \\ &= U(x_i) - U(x_f) + W_{i\to f}^{非} \end{aligned} \tag{7.50}$$

あるいは

$$[K_f + U(x_f)] - [K_i + U(x_i)] = W_{i\to f}^{非} = \int_{x_i}^{x_f} F^{非}\,dx \tag{7.51}$$

と表される [(7.48) 式を使った]．

力学的エネルギーが保存する場合　非保存力が作用しない場合，すなわち，物体が保存力と束縛力の作用だけを受けて運動する場合には，(7.50) 式は

$$K + U(x) = \frac{1}{2}mv^2 + U(x) = 一定 \tag{7.52}$$

と表される．運動エネルギー K と位置エネルギー U の和を**力学的エネルギー**という．(7.52) 式は力学的エネルギーが時間がたっても変化せず一定であることを示すので，(7.52) 式を力学的エネルギー保存則という．

$W_{i\to f}^{非} = 0$ のとき，(7.50) 式は

$$U(x_i) - U(x_f) = W_{i\to f}^{保} = K_f - K_i \tag{7.53}$$

と表せるが，この式は，「位置エネルギーの減少した量」$U(x_i) - U(x_f)$ が「保存力のする仕事」$W_{i\to f}^{保}$ を通じて「運動エネルギーの増加量」$K_f - K_i$ になることを示す．

力学的エネルギー保存則が役に立つ例を示そう．

例 9　坂を (自転車をこがずに) 自転車でくだるとき，斜面の形が正確にわからないと道が自転車に及ぼす力はわからない．しかし，摩擦力や空気の抵抗が無視できるときは，坂の上での速さ v_0 と坂の上と下の標高差 h がわかれば，坂の下での速さ v は，力学的エネルギー保存則

$$\frac{1}{2}mv^2 = \frac{1}{2}m{v_0}^2 + mgh \tag{7.54}$$

から，

$$v = \sqrt{{v_0}^2 + 2gh} \tag{7.55}$$

であることがわかる (図 7.15)．

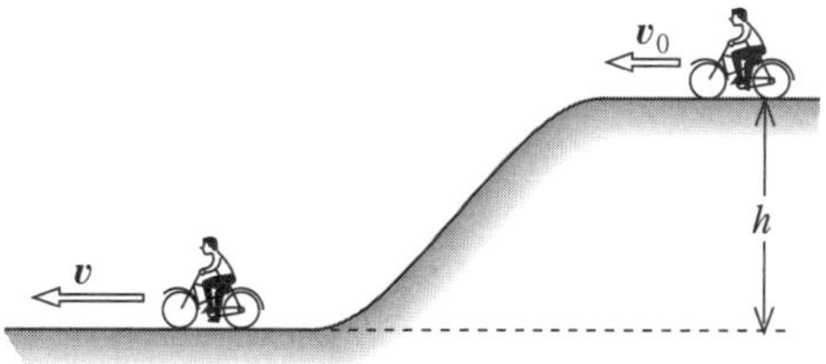

図 7.15　坂の上と下での速さ

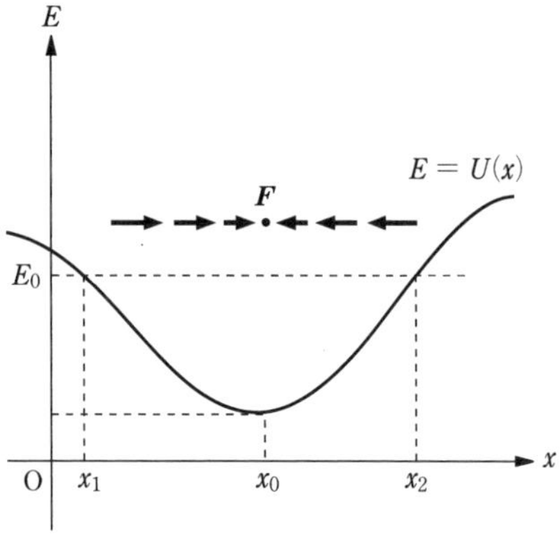

図 7.16　位置-エネルギー図

図7.16のように，横軸に x，縦軸にエネルギー E を選んで，位置エネルギー曲線 $E = U(x)$ を描く．力学的エネルギーが保存し，その値が E_0 の場合を考える．運動エネルギー $K = mv^2/2$ は負にはなれないので，$K = E_0 - U(x) \geqq 0$ であるような x 軸上の領域のみで物体は運動を行う．

図7.16の場合，$U(x_1) = U(x_2) = E_0$ なので，$E = E_0$ と $E = U(x)$ が交わる点 x_1 と x_2 では $mv^2/2 = 0$，したがって，$v = 0$ である．運動は $E_0 \geqq U(x)$ の領域 $x_1 \leqq x \leqq x_2$ で起こる．

$F(x) = -\mathrm{d}U/\mathrm{d}x$ なので，

$$\left.\begin{array}{ll} x_1 \leqq x < x_0 & \text{では } \mathrm{d}U/\mathrm{d}x < 0 \text{ なので，} F(x) > 0 \text{（右向き）} \\ x = x_0 & \text{では } \mathrm{d}U/\mathrm{d}x = 0 \text{ なので，} F(x) = 0 \\ x_0 < x \leqq x_2 & \text{では } \mathrm{d}U/\mathrm{d}x > 0 \text{ なので，} F(x) < 0 \text{（左向き）} \end{array}\right\} \quad (7.56)$$

である．したがって，点 x_1 で静止した物体は，右向きの力を受けて右へ動きだし，$x_1 \leqq x < x_0$ では右の方へ加速されていく．左向きの力を受ける $x_0 < x \leqq x_2$ の領域では物体は減速し，$x = x_2$ で速度は0になり，それから左向きに運動を始める．

このように保存力のみによる直線運動では，図7.16のような位置-エネルギー図は運動を直観的に理解するのを助ける．

実際のばねの振動のように，摩擦力や抵抗のような非保存力が作用するので，力学的エネルギー E_0 が減少していく場合には，図7.16の運動できる領域は短くなっていき，最後には位置エネルギーが最小で $F = 0$ の点 $x = x_0$ で静止する．点 x_0 に静止している物体を左右にずらせても点 x_0 に戻そうとする力が働くので，点 x_0 は安定なつり合い点である．

これに対して，図7.17の点Aに静止している物体を左右にずらせると，点Aからさらに離そうとする力が働くので，点Aは不安定なつり合い点である．

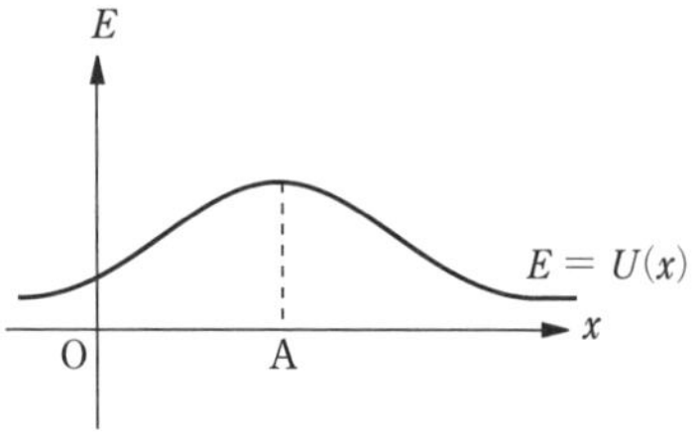

図 7.17　点Aは不安定なつり合い点

力学的エネルギーが保存しない場合　非保存力が作用する場合には

$$[K_\mathrm{f} + U(x_\mathrm{f})] - [K_i + U(x_i)] = \int_{x_i}^{x_\mathrm{f}} F^{\text{非}}\,\mathrm{d}x \qquad (7.57)$$

の右辺が0ではないので，力学的エネルギー $K + U(x)$ は保存しない．すなわち，時間とともに変化する．

例 10　質量 m の物体を手でゆっくりと高さ h だけ持ち上げる場合．$K_i = K_\mathrm{f} = 0$ で，上向きで大きさ $F_{\text{非}} \approx mg$ の腕の力のする仕事 $W^{\text{非}}_{i\to\mathrm{f}} = F_{\text{非}} h \fallingdotseq mgh$ なので，

$$U(x_\mathrm{f}) - U(x_i) = W^{\text{非}}_{i\to\mathrm{f}} = mgh \qquad (7.58)$$

手の筋力のした仕事の分だけ物体の位置エネルギーが増加する．

例 11　アクセルもブレーキも踏まずに走っている自動車の場合，空気の抵抗と道路の摩擦力の向きは自動車の進行方向と逆向きなので，$W^{\text{非}}_{i\to\mathrm{f}} < 0$，したがって自動車の力学的エネルギー $K + U$ は減少する．

問 1　質量 m の物体が斜面を距離 d だけ滑り落ちるときの力学的エネルギーの変化は，摩擦力の大きさを f とすると

$$[K_\mathrm{f} + U(x_\mathrm{f})] - [K_i + U(x_i)] = -fd \qquad (7.59)$$

となることを示せ．

例 12　雨滴の等速落下運動　質量 m の雨滴に働く鉛直下向きの重力 mg と上向きの空気の粘性抵抗 $bv_{\rm t}$ がつり合っているので（$mg = bv_{\rm t}$），終端速度 $v_{\rm t} = mg/b$ の等速落下運動を行っている雨滴が高さ h だけ落下した場合を考える．$v_i = v_{\rm f}$ なので $K_i = K_{\rm f}$ であることを使うと，力学的エネルギーの変化は，

$$[K_{\rm f} + U(x_0 - h)] - [K_i + U(x_0)] = U(x_0 - h) - U(x_0) = -mgh \tag{7.60}$$

なので，mgh だけ減少する．これは，雨滴が高さ h だけ落下するときに運動の向きに逆向きの粘性抵抗 $bv_{\rm t} = mg$ の行う負の仕事 $-bv_{\rm t} = -mgh$ に等しい（図 7.18）．

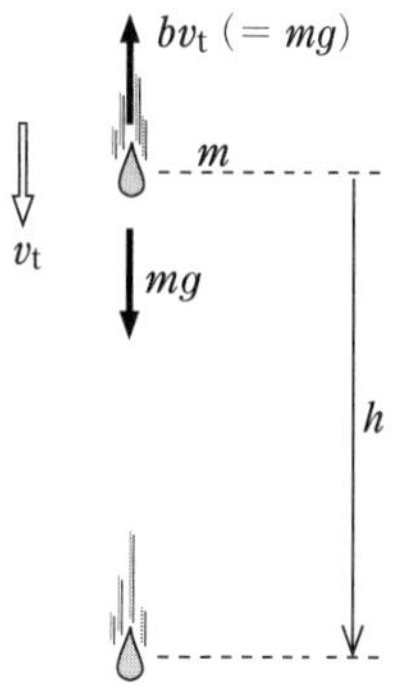

図 7.18　重力のする仕事 mgh と抵抗力のする仕事 $-bv_{\rm t}h = -mgh$ は打ち消し合うので，雨滴は等速落下運動を行う．

例 11，例 12 の場合，力学的エネルギーの減少した分だけ熱が発生する．この事実は 1847 年に行われたジュールの図 7.19 の実験によって示された．

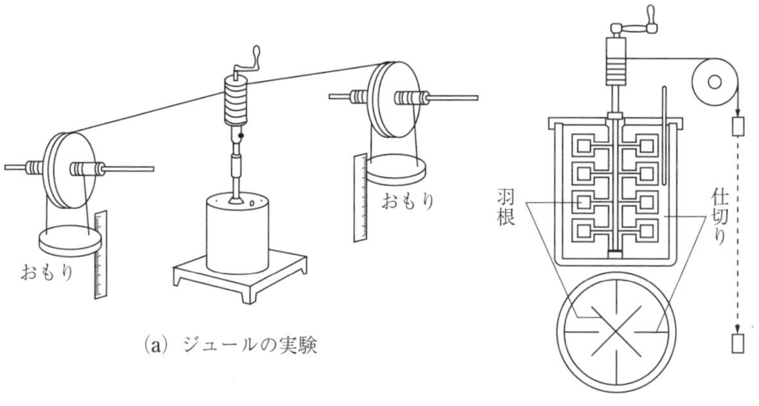

図 7.19　ジュールの実験．おもりの降下によって回転する羽根車が水をかき混ぜると水の温度が上昇する．水 1 g の温度を 1 ℃ 上昇させるのに必要な熱量である 1 カロリーが 4.2 ジュールに等しいとすると，「おもりの重力による位置エネルギー」+「熱」は一定であることをジュールは確かめた．羽根車の回転によってではなく，電気ヒーターで水温を上昇させると，「電気エネルギー」が「熱」に転化することが定量的に確かめられる．

すべての物体は分子から構成されており，物体の中で分子は熱運動とよばれる複雑な運動を行っている．物体を構成する分子の熱運動の運動エネルギーと位置エネルギーの総和をその物体の**内部エネルギー**という．物理用語としての熱は，ミクロな分子運動のエネルギーという形で物体の内部や物体の間を移動する内部エネルギーを指す．例 11 や例 12 の場合は，力学的エネルギーは保存しないが，「力学的エネルギー」+「内部エネルギー」の和は一定なので，エネルギーは保存する．

摩擦力や抵抗が物体に行う負の仕事は物体の運動エネルギーを減少させ，それを等量の内部エネルギーに変換している．

例 13　20 m/s で走っていた質量 10 t のトラックにブレーキをかけて止めたときに発生する熱量 Q は

$$Q = \frac{1}{2}mv^2 = \frac{1}{2}\times 10\times 10^3\ \mathrm{kg}\times(20\ \mathrm{m/s})^2 = 2\times 10^6\ \mathrm{J}$$

例 14　自動車のアクセルを踏んだので，道路が自動車に前向きの摩擦力を作用する場合には，自動車の進行方向と摩擦力が同じ向きなので，摩擦力は自動車に正の仕事をし，その結果，自動車は坂を登ったり，加速したりして力学的エネルギーが増加する．この力学的エネルギーの増加量は非保存力である摩擦力のする仕事に等しいが，もともとはガソリンの化学的エネルギーの減少に伴うものである．

7.8 仕　事　率

仕事を単位時間にどのくらいの割合でするかを示す量を**仕事率**あるいは**パワー**という．時間 Δt に仕事を ΔW だけすれば，この時間の平均の仕事率 $\bar{P}$ は

$$\bar{P} = \frac{\Delta W}{\Delta t} \qquad (7.61)$$

である．時刻 t での瞬間の仕事率 P は，(7.61) 式の $\Delta t \to 0$ での極限での値

$$P = \frac{\mathrm{d}W}{\mathrm{d}t} \qquad (7.62)$$

である．ここで微分される関数の $W(t)$ はある基準の時刻から時刻 t までになされた仕事である．

仕事率の国際単位はジュール/秒 [J/s] で，これをワットという (記号 W)．これは電気で使われているワットと同じものである．

$$1\ \mathrm{W} = 1\ \mathrm{J/s} \qquad (7.63)$$

例 15　体重 50 kg の人間が高さ 3 m の階段を 12 秒かけて登ったときの仕事率は，12 秒間に仕事 $W = mgh = 50\ \mathrm{kg}\times 9.8\ \mathrm{m/s^2}\times 3\ \mathrm{m} = 1470\ \mathrm{J}$ をしたので

$$\bar{P} = \frac{1470\ \mathrm{J}}{12\ \mathrm{s}} = 120\ \mathrm{W}$$

日常生活によく出てくる仕事率は電流の仕事率の**電力**であろう．電流のする仕事をとくに電力量とよぶ．電力量 (＝電力×時間) の実用単位はキロワット時 (記号 kWh)

$$1\ \mathrm{kWh} = 1000\ \mathrm{W}\times 3600\ \mathrm{s} = 3600000\ \mathrm{J} = 3.6\times 10^6\ \mathrm{J} \qquad (7.64)$$

である．平成 3 年度の日本の発電電力量は 8881 億 kWh (水力 1056 億 kWh，火力 5690 億 kWh，原子力 2135 億 kWh) であった．1 kWh の電力量料金を 36 円とすると，1 J の電気エネルギーの値段は 10^{-5} 円ということになる．

蒸気エンジンの改良を行ったワットが，自分の製造したエンジンのパワーを数量化して性能の目安とするために発明した**馬力**という仕事率の実用単位がある．1 頭の馬の仕事率という意味である．1 馬力は 75 kg の物体を 1 秒間に 1 m 持ち上げる場合の仕事率である．したがって，1 馬力は

$$1\ 馬力 = 75\ \mathrm{kg}\times 9.8\ \mathrm{m/s^2}\times 1\ \mathrm{m}/1\ \mathrm{s} = 735\ \mathrm{W} \qquad (7.65)$$

である．人間が継続的に仕事をするときの仕事率は 100 W 以下であろう．

例 16　人間は毎日約 2500 kcal のエネルギーを食物から摂取するとして，このエネルギーがすべて仕事になるとすれば，人間の仕事率は平均して何 W になるだろうか．1 cal = 4.2 J なので，

$$\overline{P} = \frac{2500\times10^3\ \mathrm{cal}\times4.2\ (\mathrm{J/cal})}{24\times60\times60\ \mathrm{s}} \approx 100\ \mathrm{W}$$

直線（x 軸）に沿って運動する物体に作用する x 方向を向いた力 F の仕事率 P は，$\mathrm{d}W = F\,\mathrm{d}x$ と $v = \mathrm{d}x/\mathrm{d}t$ に注意すると，

$$P = \frac{\mathrm{d}W}{\mathrm{d}t} = \frac{F\,\mathrm{d}x}{\mathrm{d}t} = F\frac{\mathrm{d}x}{\mathrm{d}t} = Fv \tag{7.66}$$

であることがわかる．

図 7.20 の水平と角 θ をなすなめらかな斜面の上の質量 m の物体を，一定の速さ v で引き上げている力 F の仕事率 P は，$F \approx mg\sin\theta$ なので，

$$P \approx mgv\sin\theta \tag{7.67}$$

である．したがって，力 F を作用している動力源のパワーが小さい場合には，斜面の勾配を小さくして，ゆっくりとした速さで引かねばならない．

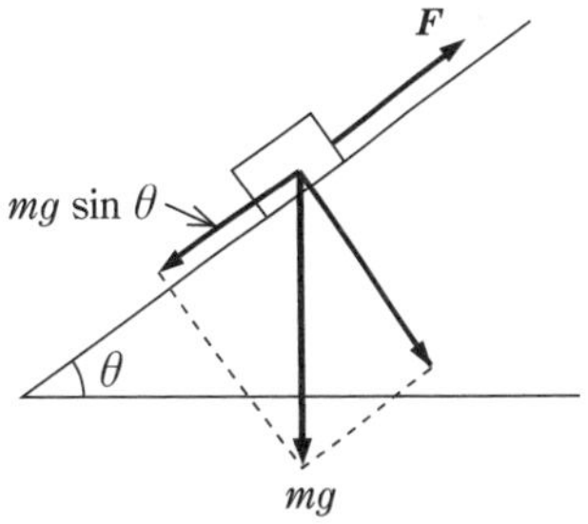

図 7.20

力 $\boldsymbol{F}$ の方向と物体の運動方向（速度 $\boldsymbol{v}$ の方向）が異なる場合の力 $\boldsymbol{F}$ の仕事率 P は，(7.66) 式を一般化した

$$P = \boldsymbol{F}\cdot\boldsymbol{v} \tag{7.68}$$

で与えられる．

7.9　エネルギーとエネルギー保存則

エネルギーについて学んできたことを整理しよう．

力が仕事をした場合，その仕事の結果は潜在的な「仕事をする能力」という形でどこかに蓄えられていることが多い．すぐあとで，または時間が経過してから逆に力を発生して仕事をする能力がどこかに蓄積されているのである．矢をつがえた弓を引きしぼるとき，手は弓に仕事をするが，この仕事は弓に蓄えられて，それが矢を遠くに飛ばすための仕事のもとになる．また，重い石を高く持ち上げるときに手は石に仕事をするが，そこで手を離すと石は落下して，落下地点に杭が打ってあれば杭に衝突して杭を地面に押し込む仕事をする．

このように，引きしぼった弓や高いところにある石は，仕事をする潜在的能力をもっている．そこで，このような能力を**ポテンシャルエネルギー**という．ポテンシャルとは潜在的という意味である．物体の位置に結びついたエネルギーなので，本書では**位置エネルギー**という．

滝を落下した水が発電機の水車の羽根に衝突すると，水は発電機を回転させる．このとき，水の運動エネルギーは発電機を回転させる仕事を行う．このように，速さ v で運動している質量 m の物体は $mv^2/2$ だけ仕事をする能力をもつので，$mv^2/2$ をこの物体の**運動エネルギー**という．

保存力の作用によって物体が運動するときには，物体の運動によって位置が変われば位置エネルギーが変化するが，それに応じて運動エネルギーも変化する．そのときに，物体の運動エネルギーと位置エネルギーの和は

一定である．これが**力学的エネルギー保存則**である．

平地で重い荷物を押すときには，押すために行った仕事は荷物には仕事をする能力として残らない．物体間に摩擦や抵抗がある場合には，摩擦や抵抗によって物体の温度が上昇し，熱が発生するからである．摩擦や抵抗のある場合には力学的エネルギーは保存しないが，熱（内部エネルギー）まで考えるとエネルギー保存則は成り立っている．熱は仕事をする能力をもっており，熱機関に利用されている．

熱とともにわれわれの日常生活に関係が深いのが，電気エネルギーと化学的エネルギーである．電気エネルギーはモーターによって力学的エネルギーに変換され，電熱器によって熱に変換される．また，力学的エネルギーは発電機によって電気エネルギーに変換される．石油や石炭は，燃焼によって熱を発生するが，燃焼は化学変化なので，石油や石炭のもつエネルギーは**化学的エネルギー**とよばれる．人間のする仕事は筋肉に蓄えられた化学的エネルギーによるものである．

相対性理論によれば，質量 m とエネルギー E は等価であり，$E = mc^2$ が成り立つ（c は真空中の光の速さ 3×10^8 m/s）．原子力発電では，ある種の原子核反応では質量が減少しその分のエネルギーが反応生成物の運動エネルギーになることを利用している．1 kg の質量が原子核反応で消滅すれば，9×10^{16} J の別の形態のエネルギーに変換する．

このように，自然界には，運動エネルギー，位置エネルギー，内部エネルギー，電気エネルギー，化学的エネルギー，核エネルギーなどのいろいろな形態のエネルギーが存在し，直接に，あるいは仕事を通して変換し合っている．

いろいろな形態のエネルギーはたがいに変換し合い，存在場所も移動するが，その総量はつねに一定で，増加したり減少したりすることはないというエネルギー保存の考えは，19 世紀の中頃までに，マイヤー Mayer，ジュール Joule，ヘルムホルツ Helmholtz らによって提案された．その後，エネルギーの保存は実験的に確かめられ，自然は複雑に変化するが，その変化の際にもその和が一定不変な量であるエネルギーが存在するというエネルギー保存則が確立した．

エネルギーの語源はギリシャ語の ergon（仕事）で，「仕事をする能力」というような意味で使われている．

ある過程の前後での，考察対象の内部エネルギーの増加量を $\Delta U_{内}$，化学的エネルギーの増加量を $\Delta E_{化}$，電気エネルギーの増加量を $\Delta E_{電}$，巨視的な運動エネルギーの増加量を $\Delta(mv^2/2)$，巨視的な重力による位置エネルギーの増加量を $\Delta(mgh)$ とし，外部から考察対象になされた仕事を W，外部から考察対象に移動した熱を Q とすると，エネルギー保存則は

$$\Delta U_{内}+\Delta E_{化}+\Delta E_{電}+\Delta\left(\frac{1}{2}mv^2\right)+\Delta(mgh) = W+Q \qquad (7.69)$$

と表される．考察対象が外部に仕事をするとき W は負，考察対象から外部へ熱が移動するとき Q は負である．

$\Delta E_{化} = \Delta E_{電} = \Delta(mv^2/2) = \Delta(mgh) = 0$ の場合，(7.69) 式は

$$\Delta U_{内} = W+Q \qquad (7.70)$$

となるが，これを**熱力学の第 1 法則**という．

例 17　自動車が平地を走るとき，自動車を前進させる力は，エンジンの推進力によって誘発された，駆動輪に働く前向きの摩擦力である．したがって，自動車に対する外部からの仕事は路面の及ぼす摩擦力のする仕事ということになる．運動方程式を使って計算してみると，この仕事が自動車の運動エネルギーの増加量と数値的に等しいことが確かめられる．しかし，摩擦力がする仕事という考えは現実的ではないように思われる．そこで，考察対象を自動車から「自動車＋地球」に変えて (7.69) 式を適用してみる．この場合には $W = Q = \Delta(mgh) = \Delta E_{電} = 0$ なので，(7.69) 式は

$$\Delta\left(\frac{1}{2}mv^2\right) + \Delta U_{内} = -\Delta E_{化} \qquad (7.71)$$

となり，ガソリンの燃焼による化学的エネルギーの減少分 ($\Delta E_{化}$ は負) が，自動車の運動エネルギーの増加分 $\Delta(mv^2/2)$ と温度上昇による内部エネルギーの増加分 $\Delta U_{内}$ に等しいことがわかる．

第 7 章のまとめ

仕　事　一定な力 $\boldsymbol{F}$ が作用している物体が変位 $\boldsymbol{d}$ を行ったとき，力 $\boldsymbol{F}$ がこの物体に行った仕事 W は

$$W = Fd\cos\theta = \boldsymbol{F}\cdot\boldsymbol{d} \qquad (1)$$

θ は力 $\boldsymbol{F}$ と変位 $\boldsymbol{d}$ のなす角である．

物体が直線 (x 軸) 上を $x = x_i$ から $x = x_f$ まで移動するとき，運動方向 (x 方向) に平行な力 $F(x)$ のする仕事 $W_{i\to f}$ は

$$W_{i\to f} = \int_{x_i}^{x_f} F(x)\,dx \qquad (2)$$

運動エネルギー　質量 m，速さ v の物体の場合，

$$K = \frac{1}{2}mv^2 \qquad (3)$$

をこの物体の運動エネルギーという．エネルギーの単位はジュール (J)．

重力による位置エネルギー　位置 (高さ) が x の質量 m の物体の場合，

$$U_{重}(x) = mgx \qquad (4)$$

をこの物体の重力による位置エネルギーという．$g \approx 9.8\,\mathrm{m/s^2}$ は重力加速度．

弾力による位置エネルギー　自然な状態からの変位が x のばね (ばね定数 k) の場合

$$U_{弾}(x) = \frac{1}{2}kx^2 \qquad (5)$$

を弾力による位置エネルギーという．

位置エネルギー　直線運動をする物体が点 x にいるときに作用する力がつねに同じで $F(x)$ である場合，

$$F(x) = -\frac{dU}{dx} \qquad (6)$$

を満たす関数 $U(x)$ を力 F による位置エネルギーとよぶ．$U(x)$ は

$$U(x) = -\int_{x_0}^{x} F(x)\,\mathrm{d}x + U(x_0) \tag{7}$$

と表される．$x = x_0$ を基準点に選び，$U(x_0) = 0$ とすると

$$U(x) = -\int_{x_0}^{x} F(x)\,\mathrm{d}x \tag{8}$$

保存力　ある力のする仕事 $W_{i\to\mathrm{f}}$ が始点 x_i と終点 x_f だけで決まり，途中の経路によらない場合，この力を保存力という．保存力には位置エネルギーが定義できて，関係 (6)，(7) が成り立つ．保存力では

$$W_{i\to\mathrm{f}} = U(x_i) - U(x_\mathrm{f}) \tag{9}$$

という関係が成り立つ．重力，弾力，万有引力は保存力である．

束縛力　力の方向が物体の速度の方向に垂直な力．たとえば，垂直抗力．

非保存力　保存力と束縛力以外の力で，(2) 式の $W_{i\to\mathrm{f}}$ が始点と終点だけで決まらず，途中の経路によって異なる力．たとえば，摩擦力，空気や水の抵抗．

仕事と運動エネルギーの関係　物体に作用する力（すべての力の合力）のする仕事 $W_{i\to\mathrm{f}}$ は，運動エネルギーの増加分に等しい．

$$\frac{1}{2}m{v_\mathrm{f}}^2 - \frac{1}{2}m{v_i}^2 = W_{i\to\mathrm{f}} \tag{10}$$

保存力の位置エネルギーを $U(x)$，非保存力 $F_{非}$ のする仕事を $W^{非}_{i\to\mathrm{f}}$ とすると，(10) 式はつぎのようになる．

$$\left[\frac{1}{2}m{v_\mathrm{f}}^2 + U(x_\mathrm{f})\right] - \left[\frac{1}{2}m{v_i}^2 + U(x_i)\right] = W^{非}_{i\to\mathrm{f}} = \int_{x_i}^{x_\mathrm{f}} F_{非}\,\mathrm{d}x \tag{11}$$

力学的エネルギー保存則　非保存力が作用しない場合には，運動エネルギー $(1/2)mv^2$ と位置エネルギー $U(x)$ の和の力学的エネルギーは一定である．

$$\frac{1}{2}mv^2 + U(x) = 一定 \tag{12}$$

内部エネルギー　物質を構成する分子の熱運動の運動エネルギーと位置エネルギーの総和．

仕事率　力が単位時間あたりに行う仕事をその力の仕事率という．

$$P = \frac{\mathrm{d}W}{\mathrm{d}t} \tag{13}$$

単位はワット (W)．

一定な力 $\boldsymbol{F}$ が作用している物体が速度 $\boldsymbol{v}$ で運動している場合，力 $\boldsymbol{F}$ の仕事率は

$$P = \boldsymbol{F}\cdot\boldsymbol{v} \tag{14}$$

力 $\boldsymbol{F}$ の方向と速度 $\boldsymbol{v}$ が同じ向きならば

$$P = Fv \tag{15}$$

エネルギー保存則　自然界にはいろいろな形態のエネルギーが存在し，直接あるいは仕事を通じて変換し合っており，存在場所も移動するが，総量はつねに一定である．

演習問題 7

A

1. ある人が 15 kg の荷物を鉛直に 1 m 持ち上げた．

（1） この人がした仕事はいくらか．

（2） この人が荷物を最初の位置に戻したとき，この人はどれだけの仕事をしたか．

2. 人間が質量 m kg の物体を手に持って真横にゆっくりと移動する場合に，人間が物体にする仕事を求めよ．

3. 地上より高さ 10 m のところにある質量が 100 kg の物体の重力による位置エネルギーはいくらか．

4. 0.15 kg の野球のボールを 144 km/h の速さで投げた．このボールの運動エネルギーはいくらか．

5. 床から高さ h のところから質量 m の球を自由落下させるとき，球が床に到達する直前の速さ v は

$$v = \sqrt{2gh}$$

であることを力学的エネルギー保存則から導け．

6. 杭打ち機のハンマーが杭の先端を 6.0 m/s の速さで打った．ハンマーの落下距離はいくらか．

7. ブランコに乗って 2 m の高さまで到達した．ブランコが最低点にきたときの速さはどのくらいか．

8. 建物の屋上から 2 個の同じボールを同じ速さで別の方向に投げた．ボールが地面に到達したときの速さは違うか（空気の抵抗は無視せよ）．

9. 図 1 のような摩擦のない斜面上の点 A から球を静かに放した．図 1 の点 B から飛び出した物体の軌道は a, b のどちらになるか．理由を述べよ．

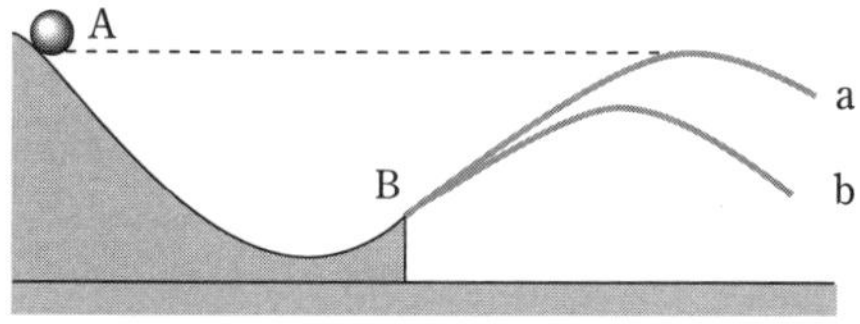

図 1

10. 長さ l，質量 m の単振り子の糸を水平にして，初速度なしに離した．糸が鉛直になったときの張力 S を求めよ．

11. 図 2 のように天井から長さ 1 m の糸でおもりを吊るして，鉛直と角 30° の状態にして静かに離す．高さが 50 cm の吊り戸棚に糸が接触してからおもりが最高点に到達した状態で，糸が鉛直となす角 θ を求めよ．

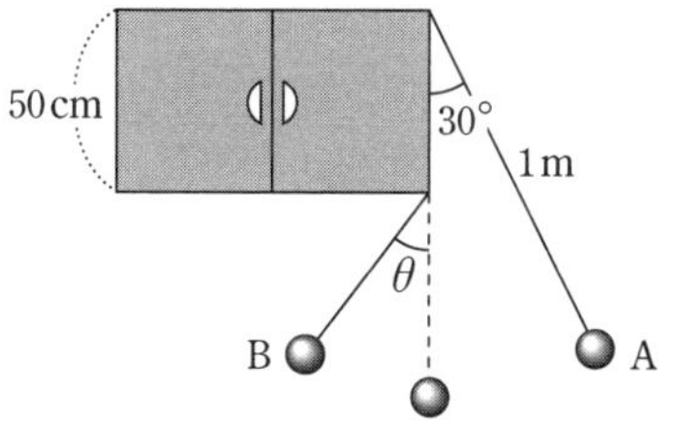

図 2

12. 0.2 kg のおもりを吊るしたときに 0.10 m 伸びるばねがある．このばねのばね定数はいくらか．このばねが 0.15 m 伸びているときの弾力による位置エネルギーはいくらか．

13. 水平でなめらかな床の上にあるばねにつけた 4 kg の物体を，平衡の位置から 0.2 m だけ手で横に引っ張って手を離した．ばね定数を $k = 100$ N/m とすると，

（1） 弾力の最初の位置エネルギーはいくらか．

（2） 物体の最大速度はいくらか．

14. 質量 50 kg の A 君が短距離走でスタートを切って加速して 8 m/s の速さになるまでに外力（路面の作用する前向きの摩擦力）が A 君にした仕事を求めよ（この仕事の実際の原因は A 君の筋肉の働きによるものである）．空気の抵抗は無視せよ．

15. 水平な道路を速さ v で走っている自動車が急ブレーキをかけて停止する場合，車のもっていた運動エネルギー $(1/2)mv^2$ は摩擦力 $\mu N = \mu mg$ のする負の仕事によって減少している．急ブレーキをかけてから車が停止するまでの走行距離 d は，車の初速 v の 2 乗に比例することを示せ．

時速 72 km で走っていた自動車の場合に停止するまでの走行距離 d は何 m か．$\mu = 1.0$ とせよ．

16. 図 3 のように水平面と角 30° をなす滑り台の高さ 2.0 m のところから質量 m の物体を滑り落とす．下端に到達したときの速さ v_f を

（1） 摩擦が無視できる場合，

（2） 動摩擦係数 $\mu' = 0.20$ の場合

の 2 つの場合について計算せよ．

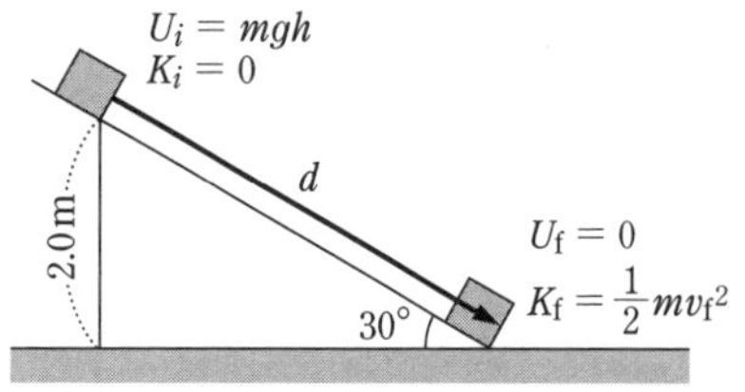

図 3

17. 仕事とエネルギーと仕事率の違いを述べよ．

18. 位置エネルギーとは何か．2, 3 の例をあげて説明せよ．

19. ジェット・コースターが 1 周する間に，重力が乗客にする仕事はいくらか．

20．揚水ポンプを使って，地上から高さ 10 m のタンクに水を 3×10^3 kg くみ上げるのに 20 分かかった．

（1） このとき揚水ポンプのした仕事は何 J か．

（2） この揚水ポンプの仕事率は何 W か．

21．1 kW の仕事率で 10 kg の荷物を鉛直に持ち上げるためには，毎秒約何 m の速さで持ち上げねばならないか．

22．体重 60 kg の人が高さ 10 m の階段を 20 秒で駆け上がった．

（1） この人が重力に逆らってした仕事は何 J か．

（2） このときの仕事率は何 W か．

23．水平面と角 20° をなすスキー場のゲレンデの高さ 20 m のところから直滑降する（図 4）．雪とスキーの動摩擦係数 μ' は，斜面では無視できるが，水平部分では 0.20 とする．空気の抵抗は無視せよ．

（1） 斜面を滑り終わったときのスキーヤーの速さ v はいくらか．

（2） スキーヤーは水平部分を何 m 滑ったあとで停止するか．

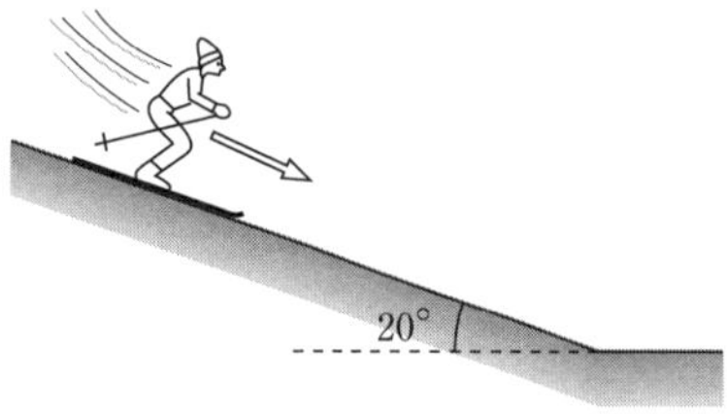

図 4

24．長い急勾配の下り道には，ブレーキが故障したときに乗り上げて停止するためのランプがある（図 5）．時速 100 km の自動車が停止できるためには図 5 のランプの長さ L は何 m なければならないか．ランプには砂や砂利が厚く敷いてあり，摩擦係数は $\mu = 1.2$ とせよ．

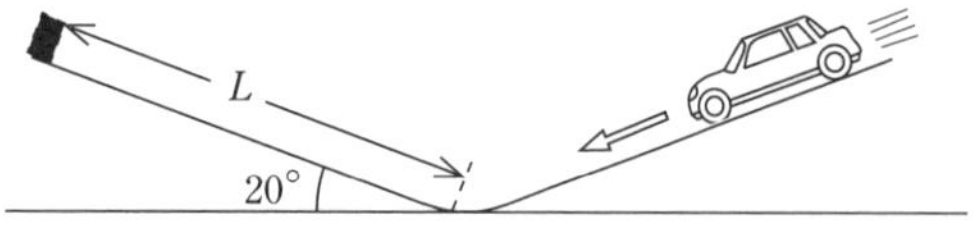

図 5

25．群馬県にある須田貝発電所では，毎秒 65 m^3 の水量が有効落差 77 m を落ちて発電機の水車を回転させ，46000 kW の電力を発電する．この発電所では，水の位置エネルギーの何% が電気エネルギーになるか．

26．質量 1 kg のおもりを地上 1.6 m のところから落とすのに，おもりにつけた糸をつまみ，指の間を滑らせながら等加速度で落としたら 0.8 秒かかった．糸と指の間に何 J の熱が発生するか．

27．地震で放出されるエネルギー E とマグニチュード M の関係を

$$\log_{10} E = 4.7+1.5M$$

とすると（理科年表，1995 年），$M = 8.0$ の地震で放出されるエネルギーは何 J か．これを 1991 年度の日本の発電電力量 8881 億 kWh と比較せよ．

28．地球の大気圏外で太陽の方向に垂直な面積 1 cm^2 の面が 1 分間に受ける太陽の放射エネルギーは 1.96 cal である．これを**太陽定数**という．効率 10 % の太陽電池を使って 1 kW の電力をつくるには，少なくとも何 m^2 の太陽電池が必要か．1 cal = 4.2 J とせよ．

29．ある自動車は，時速 80.5 km（22.4 m/s）で走行するときに，空気抵抗に打ち勝つために 4.85×10^3 W，路面との摩擦と力学的損失を補うために 3.1×10^3 W が必要である．

（1） この自動車を 80.5 km/h で 1 m 動かすために必要な仕事は 3.6×10^2 J であることを示せ．

（2） この自動車の質量は 1.02×10^3 kg である．水平な道路を 22.4 m/s で走行しているときの摩擦係数は 0.036 であることを示せ．

（3） このときのガソリン消費は 17 km/L である．ガソリンの化学的エネルギーは 3.3×10^7 J/L である．ガソリンの化学的エネルギーの何% が力学的仕事に変わったか．

30．ブレーキをかけた後でタイヤが熱くなる理由を述べよ．

31．同じ電力を消費しても蛍光灯の方は白熱電球よりも熱くならない．どちらが明るいか．

32．40 kg の人間が 3000 m の高さの山に登る．

（1） この人間のする仕事はいくらか．

（2） 1 kg の脂肪はおよそ 3.8×10^7 J のエネルギーを供給するが，この人間が 20% の効率で脂肪のエネルギーを仕事に変えるとすると，この登山でどれだけ脂肪を減らせるか．

33．大砲を空に向けて撃った．弾丸は空気の抵抗と重力の作用を受け，地面に落ちた．火薬が点火されてから弾丸が地面に落ちるまでの一連のエネルギーの変化を述べよ．

34．棒高跳びの跳躍力の源は助走の運動エネルギーである．それがしなりやすいポールの弾力による位置エネルギーに変わり，つづいて上昇の運動エネルギーに変わる．棒高跳びの記録はどの程度まで更新可能か．

B

1. なめらかな球面（半径 r）の頂上から静かに滑りだした質点は，どこで球面を離れるか（図6参照）.

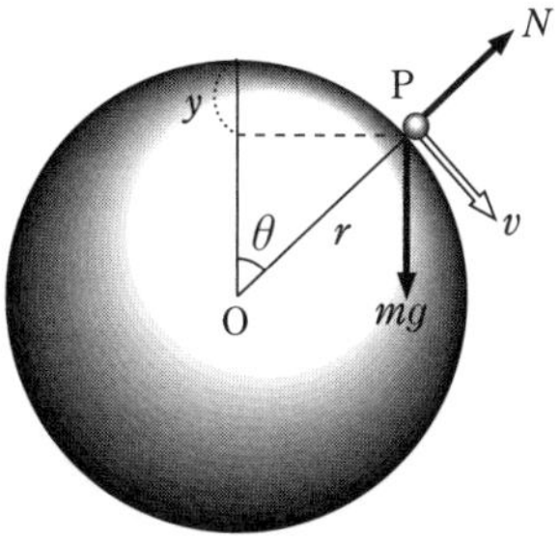

図 6

2. 天井から長さ L の糸でおもりが吊るしてある．図7のように糸を水平にして静かに手を離す．糸が鉛直になったとき，糸は棒Pに接触して，おもりは半径 r の円弧上を運動する．糸がたるまずにおもりが棒Pのまわりの半径 r の円周上を運動する条件は，図7の $d = L-r \geqq 3L/5$ であることを示せ．

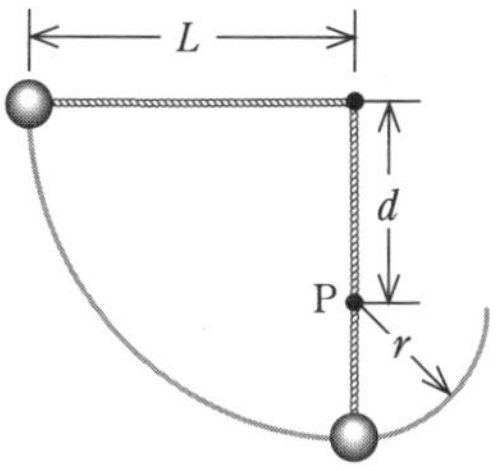

図 7

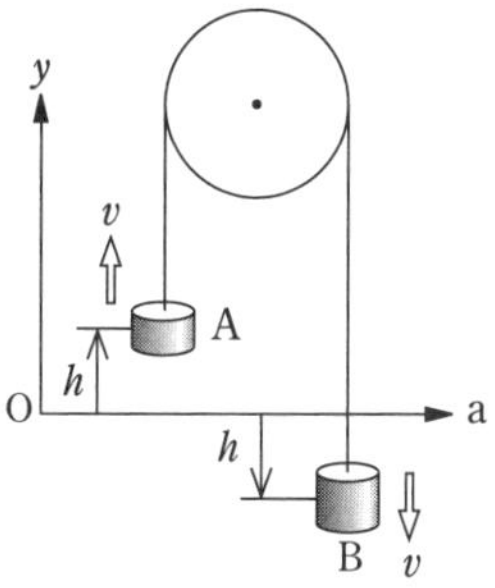

図 8

3. 2つの物体A, Bが軽いひもと滑車で図8のようにつないである．水平面aの上で静止の状態に保ってあった物体A, Bを静かに離した（$m_B > m_A$）．物体Aが距離 h だけ上昇したとき，2つの物体の速さ v は

$$v = \left[2gh\,\frac{m_B - m_A}{m_A + m_B}\right]^{1/2}$$

であることを示せ．

4. てこや滑車などの機械や道具を使うと，小さな力で仕事ができるが，仕事としては得をすることはない．この事実を図9(a)，(b)の場合について説

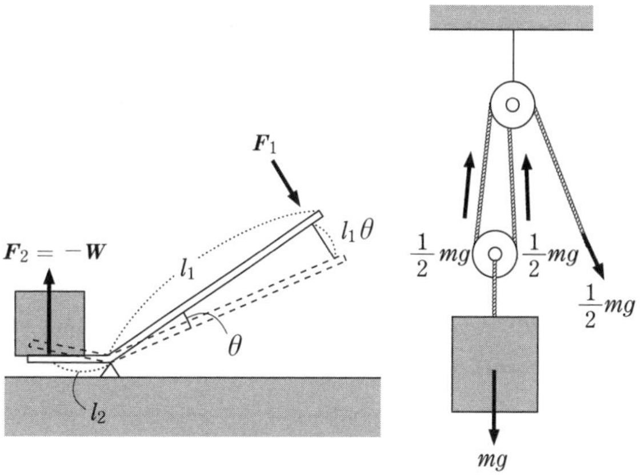

(a)　　(b)

図 9

明せよ．

5. 糸の長さが l の単振り子の力学的エネルギーは

$$E = \frac{1}{2}m\left(l\frac{\mathrm{d}\theta}{\mathrm{d}t}\right)^2 + mgl(1-\cos\theta) \qquad (1)$$

と表される（$l\,\mathrm{d}\theta/\mathrm{d}t$ はおもりの速さで，$l(1-\cos\theta)$ は $\theta = 0$ のときに比べた高さである）．振れの角 θ が小さいときの近似式 $1-\cos\theta \approx \theta^2/2$ を使って，(1)式を書き直せ．この新しい式の両辺を t で微分して，単振り子の運動方程式

$$\frac{\mathrm{d}^2\theta}{\mathrm{d}t^2} = -\frac{g}{l}\theta \qquad (2)$$

を導け．

6. 質量500 kgのトロッコが速さ1.0 m/sで図10の点Aを通過した．トロッコはばねのついた車止めで止められる．このとき，ばねが0.6 m縮むためのばね定数を求めよ．これと同じばねに500 kg

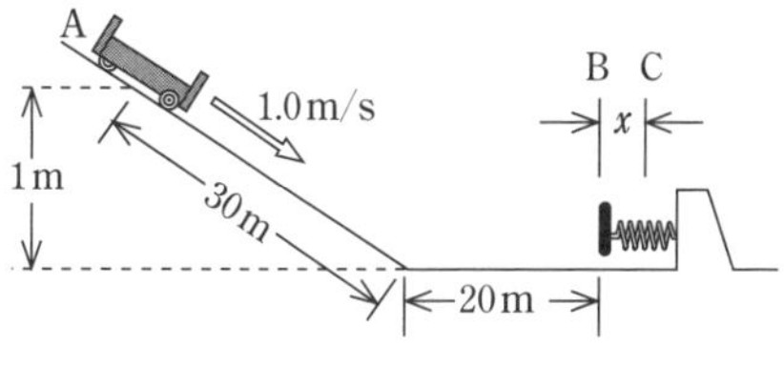

図 10

のおもりを吊るすと，ばねの伸びはいくらか．

7. ナイアガラの滝は高さが約50 mで，平均水流は $4\times10^5\ \mathrm{m^3}$/分 である．

（1） 滝の上と下とでの水温の差は何℃か．

（2） 水の約20%が水力発電に用いられるとして，発電所の出力電力を求めよ．

8 運動量と力積，衝突

高い台の上から飛び降りるとき，ひざを曲げながら着地すると，身体への衝撃は減少する．ガラスのコップをコンクリートの上に落とすと割れるが，たたみの上に落としたのでは割れない．頭部へのデッドボールによる危険を減らすために，野球のバッターはヘルメットをかぶる．自動車の衝突事故での被害を減らすために，シートベルトやエアバッグが使用されている．

野球で捕手が投手の投げたボールを受けるときには，てのひらへの衝撃を弱めるために，厚いミットをはめ，手を後にひきながら捕球する．ボールの捕球は，ボールの速度を変化させること，すなわち，加速度を生じさせることである．したがって，ボールには運動の第2法則によって，次のような力，

$$力 = 質量 \times \frac{速度の変化}{力の作用時間} \tag{8.1}$$

が作用する．この式から，手がボールに及ぼす力の大きさ，したがって，作用反作用の法則によって，手がボールから受ける力の大きさは，力が作用する時間が短いほど大きく，時間が長ければ小さいことがわかる．また，手の受ける衝撃は，ボールの質量に比例し，ボールの速さにも比例することが，(8.1) 式からわかる．

17世紀前半に活躍したフランスのデカルト Descartes は，1644年に刊行された著書の『哲学の諸原理』の中で，物体の運動の勢いを表す量として，「質量 m」×「速度 $\boldsymbol{v}$」という量を導入した．このベクトル量は**運動量**とよばれ，ふつう $\boldsymbol{p}$ という記号で表される．

$$運動量 = 質量 \times 速度, \quad \boldsymbol{p} = m\boldsymbol{v} \tag{8.2}$$

である．

運動量の英語は momentum であり，momentum は勢い，はずみという意味で使われる日常用語である．

物体に力が作用すれば，加速度が生じ，したがって，物体の速度が変化し，運動量も変化する．物体の運動量の変化量は，物体に作用する力と力の作用時間の積の，力積に等しい．力積の英語の impulse は衝撃という意味の日常用語である．

本章では運動量と力積，およびその応用について学ぶ．

8.1　運動量の時間変化率と力

物体の質量 m と速度 $\boldsymbol{v}$ の積

$$\boldsymbol{p} = m\boldsymbol{v} \tag{8.2}$$

が運動量である．**運動量**は，質量と速さのそれぞれに比例し，物体の運動の方向を向いたベクトルであり，物体の運動の勢いを表す量である．

国際単位系では質量の単位は kg，速度の単位は m/s なので，運動量の単位は kg•m/s である．力の単位は N = kg•m/s^2 なので，運動量の単位は kg•m/s = N•s とも表せる．運動量の単位に対する特別な呼び名はない．

多くの場合，物体の質量は一定なので，ある時間での

$$「運動量の変化」=「質量」\times「速度の変化」 \tag{8.3}$$

である．(8.3) 式の両辺を「力の作用時間」で割ると，次の関係が得られる．

$$\frac{運動量の変化}{力の作用時間} = 質量 \times \frac{速度の変化}{力の作用時間} = 質量 \times 平均加速度 = 平均の力 \tag{8.4}$$

最後の等式ではニュートンの運動の第 2 法則を使った．

微小な時間に対する (8.4) 式は

$$\frac{\mathrm{d}(m\boldsymbol{v})}{\mathrm{d}t} = m\frac{\mathrm{d}\boldsymbol{v}}{\mathrm{d}t} = \boldsymbol{F} \qquad \therefore \quad \frac{\mathrm{d}\boldsymbol{p}}{\mathrm{d}t} = \boldsymbol{F} \tag{8.5}$$

となる．すなわち，

「運動量の時間変化率はこの物体に作用する力に等しい．」

(8.5) 式はニュートンの運動の第 2 法則の新しい表現法である．物体はその運動状態を保とうとする慣性をもつ．運動状態を変化させるものが外力だと考えると，物体の慣性を表す量は運動量であると考えてもよい．実は，ニュートンは運動の第 2 法則を $m\boldsymbol{a} = \boldsymbol{F}$ ではなく，

$$\frac{\mathrm{d}\boldsymbol{p}}{\mathrm{d}t} = \boldsymbol{F} \tag{8.6}$$

と定式化した．

例題 1　質量 1000 kg の自動車が時速 72 km (= 20 m/s) で壁に正面衝突して，大破して速さ 3.0 m/s で跳ね返された(図 8.1)．衝突時間を 0.10 秒とする．自動車に 0.10 秒間働いた外力の時間平均 $\langle F \rangle$ を求めよ．

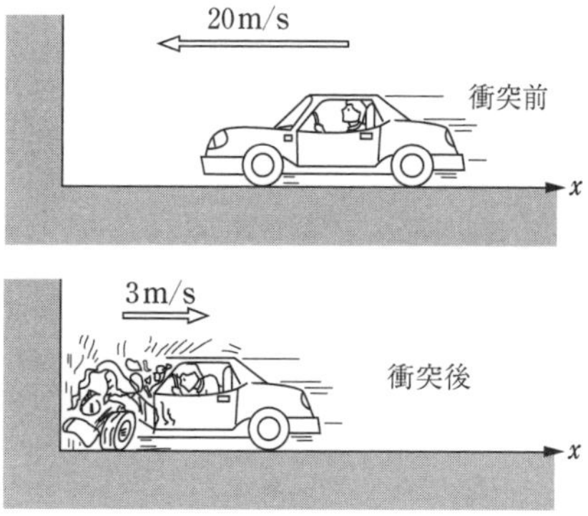

図 8.1　壁と自動車の衝突

解　自動車の運動量変化 Δp は

$$p_i = mv_i = (1000\ \mathrm{kg})(-20\ \mathrm{m/s})$$
$$= -2.0 \times 10^4\ \mathrm{kg{\cdot}m/s}$$
$$p_\mathrm{f} = mv_\mathrm{f} = (1000\ \mathrm{kg})(3.0\ \mathrm{m/s})$$
$$= 3.0 \times 10^3\ \mathrm{kg{\cdot}m/s}$$

から

$$\Delta p = p_\mathrm{f} - p_i$$
$$= [0.3 \times 10^4 - (-2.0 \times 10^4)]\ \mathrm{kg{\cdot}m/s}$$
$$= 2.3 \times 10^4\ \mathrm{kg{\cdot}m/s}$$

したがって，外力の時間平均 $\langle F \rangle$ は

$$\langle F \rangle = \frac{\Delta p}{\Delta t} = \frac{2.3 \times 10^4\ \mathrm{kg{\cdot}m/s}}{0.10\ \mathrm{s}} = 2.3 \times 10^5\ \mathrm{N}$$

> **問 1**　投手の投げた時速 144 km (40 m/s) のボール (質量 0.15 kg) を打者が水平に打ち返した．打球の速さも 40 m/s であった．ボールとバットの接触時間を 0.10 s とすると，バットがボールに作用した力の大きさの平均はいくらか．

(参考)　相対性理論での運動量　　物体の速さ v が光速に近づくと，物体の質量 m は大きくなる．このような場合の理論である相対性理論での物体の運動方程式は $m\boldsymbol{a} = \boldsymbol{F}$ ではなく，(8.6) 式である．ちなみに，相対性理論での運動量 $\boldsymbol{p}$ は

$$\boldsymbol{p} = \frac{m_0 \boldsymbol{v}}{\sqrt{1-v^2/c^2}} \qquad (8.7)$$

である．ここで c は真空中の光速で，m_0 は物体が静止しているときの質量で**静止質量**とよばれる．

8.2　運動量の変化と力積

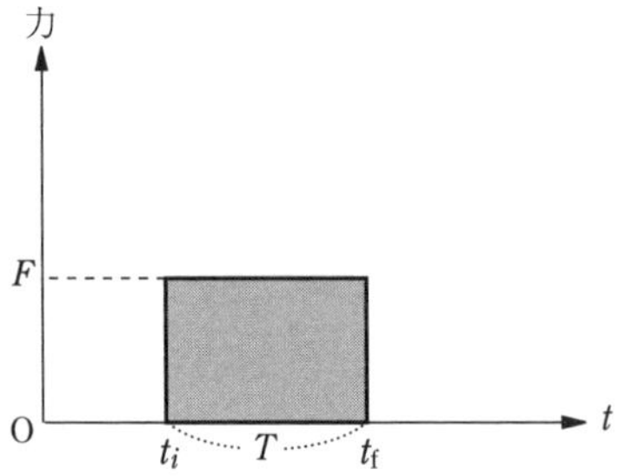

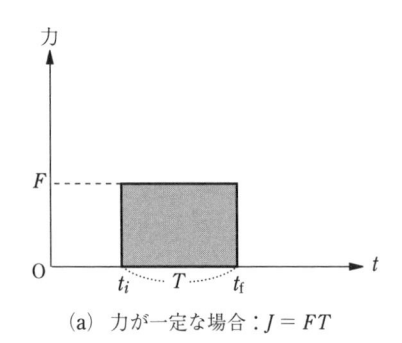

(a)　力が一定な場合：$J = FT$

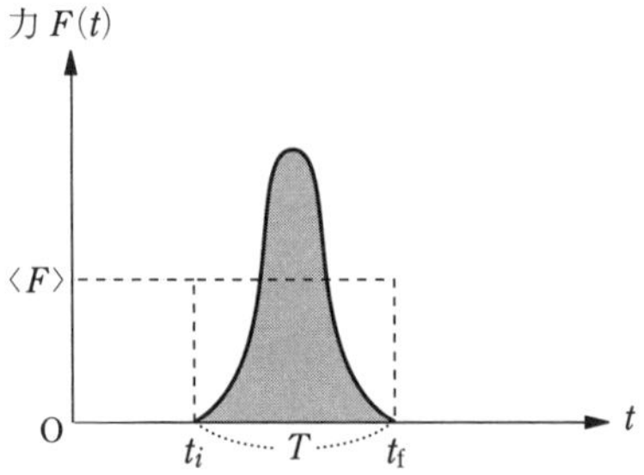

(b)　力が変化する場合：$J = \langle F \rangle T$

図 8.2　力積．アミの部分の面積が力積 J である．

■力　積■　　力の物体に対する効果を表す量として，デカルトは力の時間的効果を表す量の**力積**を導入した．デカルトは力積を「力の衝撃」とよんだが，力積の英語の impulse は衝撃という意味である．

力積は力 $\boldsymbol{F}$ と力の作用時間 T の積で表され，力と同じ向きをもつベクトルである．時刻 t_i から時刻 t_f までの時間 $T = t_f - t_i$ での力 $\boldsymbol{F}$ の力積 $\boldsymbol{J}$ は，力 $\boldsymbol{F}$ が一定な場合には

$$\boldsymbol{J} = \boldsymbol{F}T = \boldsymbol{F}(t_f - t_i) \quad (\text{力 } \boldsymbol{F} \text{ が一定な場合}) \qquad (8.8\,\mathrm{a})$$

と定義される (図 8.2 (a))．力 $\boldsymbol{F}$ が一定でなく，時間とともに変化する場合には，力積 $\boldsymbol{J}$ は平均の力 $\langle \boldsymbol{F} \rangle$ を使って

$$\boldsymbol{J} = \langle \boldsymbol{F} \rangle T \quad (\text{力 } \boldsymbol{F} \text{ が時間とともに変化する場合}) \qquad (8.8\,\mathrm{b})$$

と定義される (図 8.2 (b))．時間 T での平均の力 $\langle \boldsymbol{F} \rangle$ は，数学的には，

$$\langle \boldsymbol{F} \rangle = \frac{1}{T}\int_{t_i}^{t_f} \boldsymbol{F}\,\mathrm{d}t \qquad (8.9)$$

と定義されるので，(8.8 b) 式は

$$\boldsymbol{J} = \int_{t_i}^{t_f} \boldsymbol{F}\,\mathrm{d}t \quad (\text{力 } \boldsymbol{F} \text{ が時間とともに変化する場合}) \qquad (8.10)$$

と表される．力積の国際単位は，力の単位 N と時間の単位 s との積の N･s である．

■運動量の変化と力積の関係■　　(8.4) 式を変形して，(8.8) 式を使うと，

「運動量の変化」＝「平均の力」×「力の作用時間」＝「力積」　(8.11)

と表される．時刻 t_i での運動量が $\boldsymbol{p}_i$ の物体に時刻 t_i から時刻 t_f までの間に力積 $\boldsymbol{J}$ が働いて，時刻 t_f での運動量が $\boldsymbol{p}_f$ になったとすると，(8.11) 式は

$$\boldsymbol{p}_f - \boldsymbol{p}_i = \boldsymbol{F}T \quad (\text{力 } \boldsymbol{F} \text{ が一定な場合}) \qquad (8.12\,\mathrm{a})$$

$$= \langle \boldsymbol{F} \rangle T = \int_{t_i}^{t_f} \boldsymbol{F}\,\mathrm{d}t \quad (\text{力 } \boldsymbol{F} \text{ が一定でない場合}) \qquad (8.12\,\mathrm{b})$$

となる．

(8.12 b) 式は，(8.6) 式を t について時刻 t_i から時刻 t_f まで積分して，

$$\int_{t_i}^{t_f} \frac{d\boldsymbol{p}}{dt} dt = \boldsymbol{p}(t)\Big|_{t_i}^{t_f} = \boldsymbol{p}(t_f) - \boldsymbol{p}(t_i) = \boldsymbol{p}_f - \boldsymbol{p}_i = \int_{t_i}^{t_f} \boldsymbol{F}\, dt \quad (8.13)$$

と求めることができる．

スポーツでも運動量の変化と力積の関係は利用されている．野球で打者がボールを遠くに飛ばすためにも，投手が速いボールを投げるためにも，なるべく長い間ボールに力を加えつづける必要がある．これがフォロースルーである．これに対して，ボールに力を作用するときの力の作用距離の効果を表す量が，第 7 章で学んだ力がする仕事である．

8.3 開いた系での運動量変化と力積の関係

つぎに示す例 1，例 2 の場合のように，時間 Δt に質量 Δm の物体の速度が $\Delta \boldsymbol{v}$ 変化している場合には，この物体には力

$$\boldsymbol{F} = \frac{\Delta m \cdot \Delta \boldsymbol{v}}{\Delta t} = \dot{m}\, \Delta \boldsymbol{v} \quad \left(\dot{m} = \frac{dm}{dt}\right) \quad (8.14)$$

が作用している．

例 1 速さ 1.2 m/s で水平に動いているベルトコンベアの上に，毎秒 10 kg の割合で砂が一様に落下している(図 8.3)．このベルトコンベアを運転するのに必要なパワー(仕事率)を求めよう．$\dot{m} = 10$ kg/s なので，(8.14) 式から

$$F = \dot{m}\, \Delta v = (10 \text{ kg/s})(1.2 \text{ m/s}) = 12 \text{ N}$$

である．必要なパワーは

$$P = Fv = (12 \text{ N})(1.2 \text{ m/s}) = 14.4 \text{ W}$$

例 2 ジェット機のエンジンに，空気が速さ 400 m/s で入り，速さ 900 m/s で出ていく．このとき生じる推力は 100000 N である．燃料の燃焼で生じる少量のガスを無視すると，エンジンに入る空気の 1 秒間あたりの質量 $\dot{m}$ は

$$\dot{m} = \frac{F}{\Delta v} = \frac{100000 \text{ N}}{(900-400)(\text{m/s})} = 200 \text{ kg/s}$$

である．

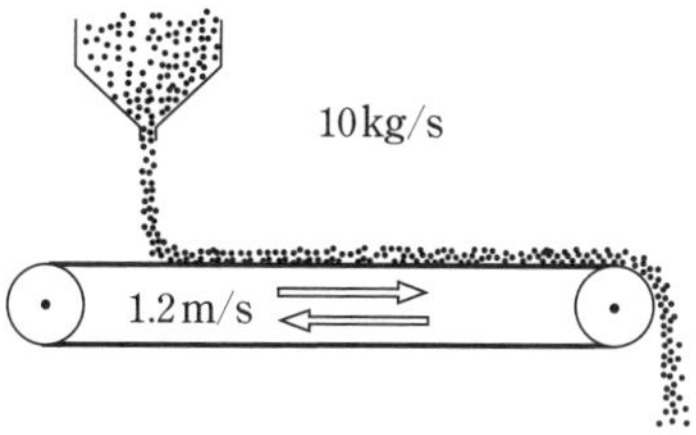

図 8.3

例題 2 質量 m，長さ L のくさりを図 8.4 (a) のように下端が床に接するようにして静かに吊るした状態で，上端をつまんでいた手を離した．くさりが長さ x だけ落下したときに床がくさりに及ぼす力の大きさを求めよ．くさりは，床に落ちたとき，すぐに静止するものとする．

解 くさりが長さ x だけ落下したときの速さ v は，(1.48) 式から $v = \sqrt{2gx}$ である．このあとの微小時間 Δt に，くさりは距離

$$\Delta x = v\, \Delta t = \sqrt{2gx}\, \Delta t$$

落下する．この長さ Δx の部分の質量 Δm と運動量 Δp は

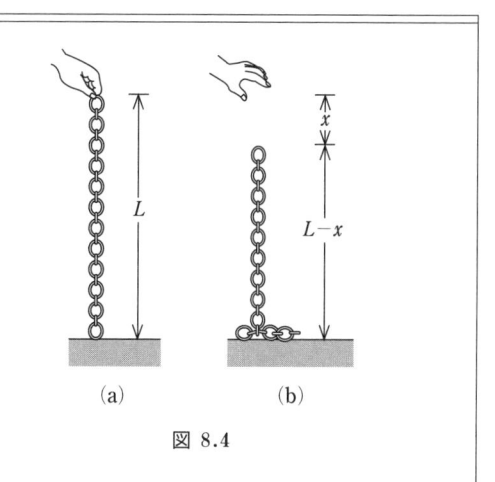

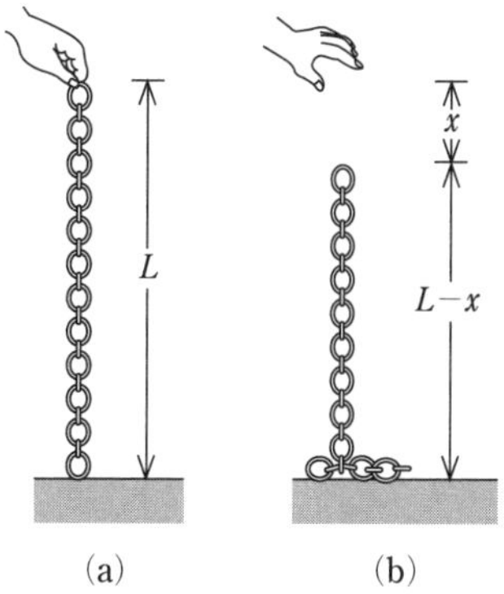

図 8.4

$$\Delta m = \frac{m \cdot \Delta x}{L} = \frac{m\sqrt{2gx}}{L}\Delta t$$

$$\Delta p = (\Delta m)v = \frac{2mgx}{L}\Delta t$$

である．したがって，床がくさりに及ぼす力の大きさ F は

$$F = \frac{\Delta p}{\Delta t} = \frac{2mgx}{L}$$

8.4 運動量保存則

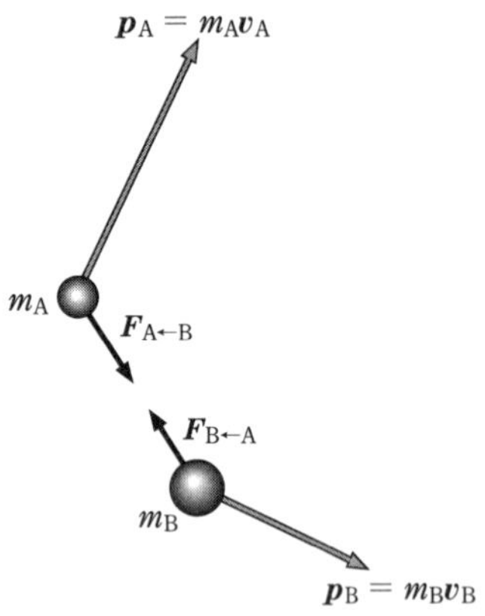

図 8.5　内力だけの作用を受けている 2 つの物体

運動量保存則　質量 m_A, m_B の 2 つの物体 A, B がたがいに力（内力）$\boldsymbol{F}_{A\leftarrow B}$, $\boldsymbol{F}_{B\leftarrow A}$ を及ぼし合っているとする（図 8.5）．他の物体からの力（外力）は無視できるとすると，ニュートンの運動方程式は

$$m_A\frac{d\boldsymbol{v}_A}{dt} = \boldsymbol{F}_{A\leftarrow B}, \quad m_B\frac{d\boldsymbol{v}_B}{dt} = \boldsymbol{F}_{B\leftarrow A} \tag{8.15}$$

となる．これを力積を使って (8.12) 式のように表すと，

$$m_A(\boldsymbol{v}_A' - \boldsymbol{v}_A) = \boldsymbol{F}_{A\leftarrow B}\Delta t, \quad m_B(\boldsymbol{v}_B' - \boldsymbol{v}_B) = \boldsymbol{F}_{B\leftarrow A}\Delta t \tag{8.16}$$

となる．ここで $\boldsymbol{v}_A$, $\boldsymbol{v}_B$ は時刻 t_i での物体 A, B の速度で，$\boldsymbol{v}_A'$, $\boldsymbol{v}_B'$ は時間 Δt が経過した後での時刻 $t_f = t_i + \Delta t$ での速度である．

物体 B が物体 A に及ぼす力 $\boldsymbol{F}_{A\leftarrow B}$ と物体 A が物体 B に及ぼす力 $\boldsymbol{F}_{B\leftarrow A}$ は作用反作用の法則 $\boldsymbol{F}_{A\leftarrow B} + \boldsymbol{F}_{B\leftarrow A} = 0$ に従うので，(8.16) の 2 つの式の両辺の和をとった式は

$$m_A\boldsymbol{v}_A' - m_A\boldsymbol{v}_A + m_B\boldsymbol{v}_B' - m_B\boldsymbol{v}_B = (\boldsymbol{F}_{A\leftarrow B} + \boldsymbol{F}_{B\leftarrow A})\Delta t = 0$$

となる．移項すると

$$m_A\boldsymbol{v}_A' + m_B\boldsymbol{v}_B' = m_A\boldsymbol{v}_A + m_B\boldsymbol{v}_B \quad (\boldsymbol{p}_A' + \boldsymbol{p}_B' = \boldsymbol{p}_A + \boldsymbol{p}_B) \tag{8.17}$$

となり，2 つの物体の運動量の和は時間が経過しても変化しないことがわかる（図 8.6）．すなわち

「たがいに力を及ぼし合うが，ほかからは力が働かない 2 個の物体の運動量の和は時間とともに変わらない．」

という**運動量保存則**が導かれる．たとえば，物体 A の運動量が減少すれば，それと同じ量だけ物体 B の運動量が増加するのである．

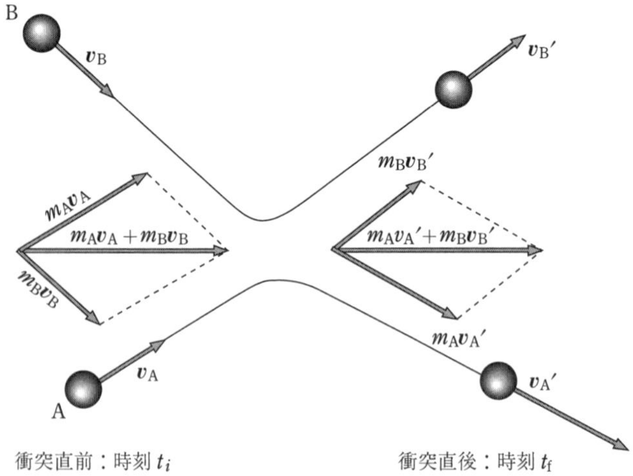

図 8.6　2 つの物体が衝突する場合の運動量の保存

（参考）3 個以上の質点の集団の運動量保存則　3 個以上の質点の集団の場合でも，力がこれらの物体の間に働く内力に限られていて，集団の

外部から外力が働かない場合には，やはり運動量の和は時間とともに変わらない．すなわち，系の全運動量 $\boldsymbol{P}$ は

$$\boldsymbol{P} = \sum_i m_i \boldsymbol{v}_i = 一定 \tag{8.18}$$

である．これも運動量保存則とよぶ．

運動量保存則がきわめて有効なのは，2 つの物体が衝突する場合である．衝突する物体の間に働く力（内力）はきわめて複雑である．力の知識なしに，衝突物体の運動方程式（8.15）を解いて衝突物体の運動を求めることはできない．

地球上ではすべての物体に重力が作用しているので，作用している外力の和が 0 の場合は少ない．しかし，衝突現象のように，きわめて短い時間に 2 物体間に大きな力が働く場合には，外力の力積は内力の力積に比べて無視できる．このようなとき，2 つの物体 A, B の衝突直前（時刻 t_i）の全運動量と衝突直後（時刻 t_f）の全運動量が等しいという運動量保存則は有効である．

例 3　昔，小銃の弾丸の速さ v を測定するために，木片を 2 本の糸で吊った図 8.7 のような振り子が使われた．質量 m の銃弾が質量 M の木片に突き刺さり，銃弾の入った木片は右上方へ動きだす．

この衝突の直前と直後では運動量は保存する．衝突直後の「木片＋銃弾」の速さを V とすると，運動量保存則から

$$mv = (M+m)V \tag{8.19}$$

が導かれる．この衝突では弾丸の運動エネルギーの一部は熱になるので，運動エネルギーは保存しない．

衝突後は，重力の作用のために運動量は変化するが，「木片＋弾丸」の力学的エネルギーは保存する．最高点の高さを h とすると，力学的エネルギー保存則から

$$\frac{1}{2}(M+m)V^2 = (M+m)gh \tag{8.20}$$

が導かれるので，

$$V = \sqrt{2gh} \tag{8.21}$$

である．最高点の高さ h を測定すると，弾丸の速さ v は，(8.19)，(8.21) 式から

$$v = \frac{M+m}{m}\sqrt{2gh} \tag{8.22}$$

であることがわかる．なお，振れの角 θ を測定すると，高さ h は

$$h = L(1-\cos\theta) \tag{8.23}$$

から求められる．

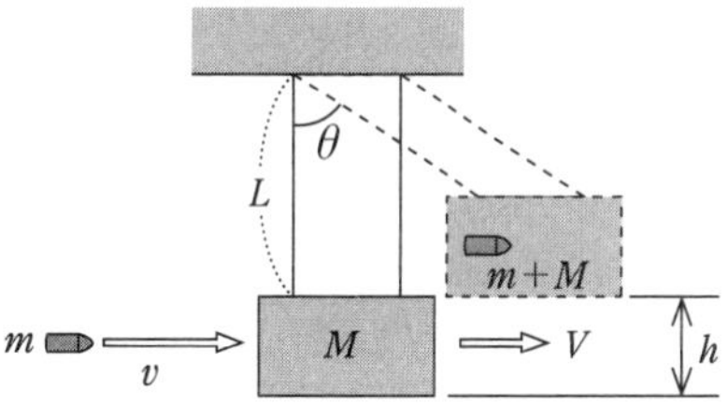

図 8.7

例 4　2 つの物体の衝突の研究は 17 世紀に物理学者の関心を大いに集めた．たとえば，1666 年にロンドンの王立協会ではつぎのような実験が行われた．同じ大きさの 2 つの堅い木の球を，同じ長さの糸で図 8.8 のように吊ってある．球 A を高さ h だけ持ち上げて静かに手を離すと，球 A は静止していたもう 1 つの球 B に衝突する．すると，今度は球 A はほとんど静止し，球 B が動きだしてほぼ同じ高さ h まで上昇する．

この実験は会員の関心を集めたが，ホイヘンスによって，この運動は運動量保存則とエネルギー保存則が成り立つとすれば説明がつくことが示された．球の質量を m，衝突直前の球 A の速さを v_A，衝突直後の球 A, B の速さを $v_A{}'$, $v_B{}'$ とすると，

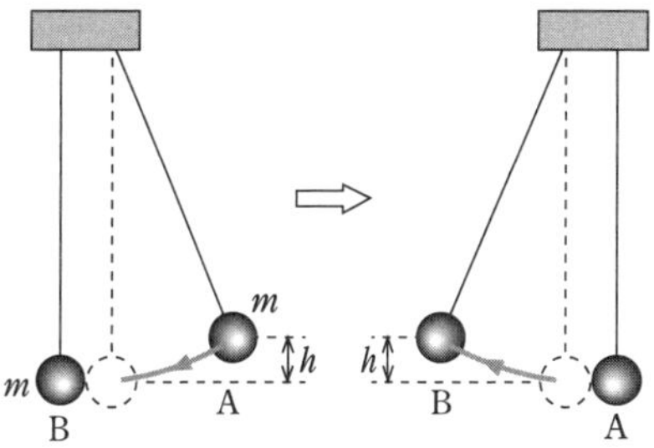

図 8.8

運動量保存則　　$mv_A = mv_A' + mv_B'$　　(8.24)

エネルギー保存則　　$\frac{1}{2}mv_A{}^2 = \frac{1}{2}mv_A'^2 + \frac{1}{2}mv_B'^2$　　(8.25)

が成り立つ．(8.24)式，$v_A' = v_A - v_B'$，を(8.25)式に代入すると，

$$(v_A - v_B')^2 + v_B'^2 - v_A{}^2 = 2v_B'^2 - 2v_A v_B' = 0$$

$$\therefore \quad v_B'(v_B' - v_A) = 0$$

が得られる．$v_B' = 0$，$v_A' = v_A$ という解は，$v_B' > v_A'$ という条件に矛盾する物理的に不可能な解なので，

$$v_B' = v_A, \quad v_A' = 0 \qquad (8.26)$$

が導かれる．$v_A' = 0$ なので衝突後に球 A は静止することが導かれる．$v_B' = v_A$ と力学的エネルギー保存則から球 B が高さ h まで上昇することが説明される．

例題 3　大砲（質量 $M = 1600$ kg）が砲弾（質量 $m = 10$ kg）を水平に速さ $v = 800$ m/s で打ち出した．砲弾が砲身を通過するのに 0.005 秒かかった．大砲の反動はばねを使った機構で吸収される（図 8.9）．

（1）大砲の最初の反跳速度 V を求めよ．

（2）砲弾に加わった力の大きさ F を求めよ．

解　（1）砲弾が加速される間の大砲と砲弾への外力は無視できるので，大砲と砲弾の運動量は保存すると考えてよい．

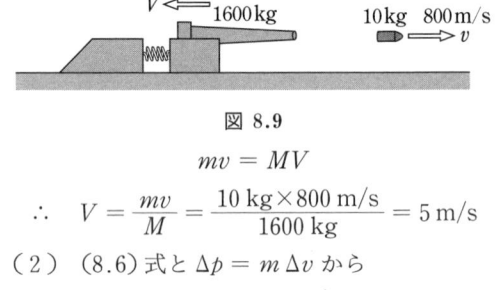

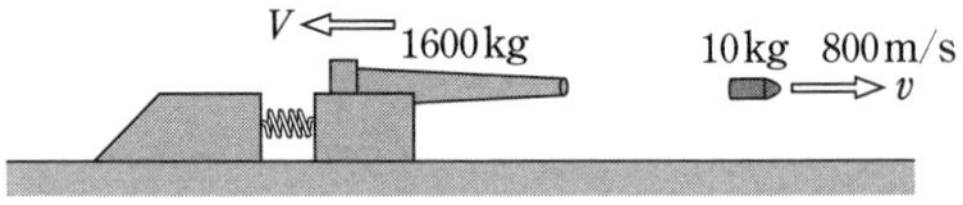

図 8.9

$$mv = MV$$

$$\therefore \quad V = \frac{mv}{M} = \frac{10\ \text{kg} \times 800\ \text{m/s}}{1600\ \text{kg}} = 5\ \text{m/s}$$

（2）(8.6)式と $\Delta p = m\,\Delta v$ から

$$F = \frac{m\,\Delta v}{\Delta t} = \frac{10\ \text{kg} \times 800\ \text{m/s}}{0.005\ \text{s}} = 1.6 \times 10^6\ \text{N}$$

8.5　弾性衝突と非弾性衝突

弾性衝突　　堅い木の球どうしの衝突では球はへこまず，熱，音，振動などの発生は無視できる．このような場合には衝突の直前と直後で運動エネルギーが変化せず，保存する．すなわち

$$\frac{1}{2}m_A v_A{}^2 + \frac{1}{2}m_B v_B{}^2 = \frac{1}{2}m_A v_A'^2 + \frac{1}{2}m_B v_B'^2 \quad \text{（弾性衝突）} \qquad (8.27)$$

が成り立つ．運動エネルギーが保存する衝突を**弾性衝突**という．弾性衝突では運動量と運動エネルギーの両方が保存する．

例題 4　一直線上の弾性衝突　静止している質量 m_B の球 B に質量 m_A の球 A が速度 v_A で正面から弾性衝突する場合，衝突直後の球 A, B の速度 v_A'，v_B' は

$$v_A' = \frac{m_A - m_B}{m_A + m_B} v_A, \qquad v_B' = \frac{2m_A}{m_A + m_B} v_A \qquad (8.28)$$

であることを

運動量保存則　　$m_A v_A = m_A v_A' + m_B v_B'$　　(8.29)

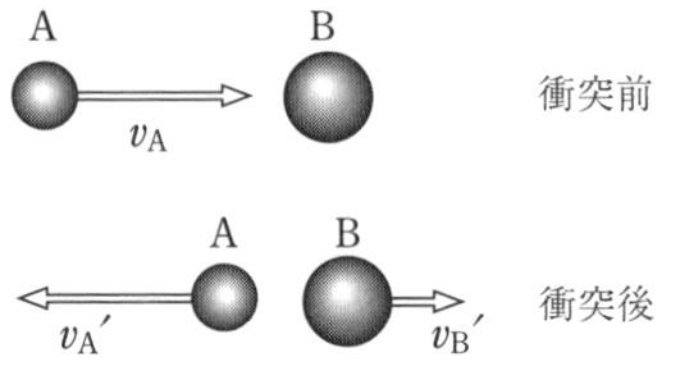

図 8.10　一直線上の弾性衝突（$m_A < m_B$ の場合）

運動エネルギー保存則

$$\frac{1}{2}m_A v_A{}^2 = \frac{1}{2}m_A v_A'^2 + \frac{1}{2}m_B v_B'^2 \qquad (8.30)$$

から導け（図 8.10）．

解 (8.29)式と(8.30)式は，それぞれ，

$$m_A(v_A - v_A{}') = m_B v_B{}' \quad (8.31)$$

$$m_A(v_A - v_A{}')(v_A + v_A{}') = m_B v_B{}'^2 \quad (8.32)$$

と変形できるので，(8.32)式を(8.31)式で割ると

$$v_A + v_A{}' = v_B{}' \quad (8.33)$$

が得られる．(8.31)式と(8.33)式の m_B 倍の差から

$$(m_A - m_B)v_A = (m_A + m_B)v_A{}'$$

$$\therefore \quad v_A{}' = \frac{m_A - m_B}{m_A + m_B} v_A \quad (8.34)$$

(8.31)式と(8.33)式の m_A 倍の和から

$$2m_A v_A = (m_A + m_B)v_B{}'$$

$$\therefore \quad v_B{}' = \frac{2m_A}{m_A + m_B} v_A \quad (8.35)$$

が導かれる．

静止している物体Bに同じ質量の物体Aが正面衝突すると，物体Aは静止するという(8.34)式の結果は，中性子の減速に利用されている．中性子を静止させるには，中性子とほぼ同じ質量をもつ陽子(水素原子核)を多く含むパラフィンなどに中性子を入射させればよい．

問2 10円玉を図8.11のように並べて，下の10円玉を矢印の方向に弾いてぶつけるとどうなるか．実験してみてその結果を物理的に解釈せよ．

問3 図8.12に示すおもちゃのつぎのような運動を説明せよ．このおもちゃは細いひもで吊るされた鋼鉄の球でできている．左端の球を1個斜めに持ち上げて手を離すと，右端の球が振り上がる．左端の球を2個斜めに持ち上げて手を離すと，右端の球が2個振り上がる．

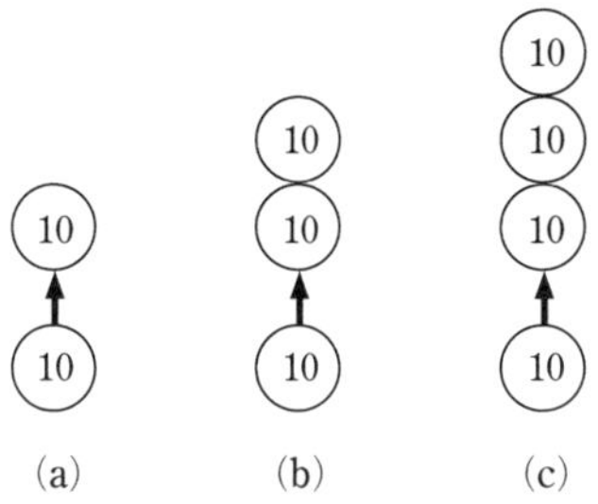

図 8.11

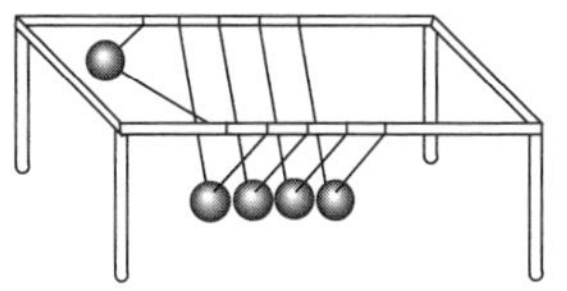

図 8.12

■非弾性衝突■ 衝突で熱が発生したり変形したりして運動エネルギーが減少する場合を**非弾性衝突**という．すなわち，非弾性衝突は，全運動量は保存するが，全運動エネルギーは保存しない衝突である．

衝突後と衝突前の相対速度の大きさの比

$$e = \frac{v_B{}' - v_A{}'}{v_A - v_B} \ (\text{正面衝突}), \qquad e = \frac{|\boldsymbol{v}_B{}' - \boldsymbol{v}_A{}'|}{|\boldsymbol{v}_B - \boldsymbol{v}_A|} \ (\text{一般の場合}) \quad (8.36)$$

をはね返り係数という(図8.13)．$e = 1$ ならば弾性衝突，$1 > e \geqq 0$ ならば非弾性衝突で，$e = 0$ は2つの物体が衝突で付着する場合の完全非弾性衝突である．

正面衝突での衝突後の速度 $v_A{}', v_B{}'$ は

$$\left. \begin{aligned} v_A{}' &= v_A + \frac{m_B}{m_A + m_B}(1+e)(v_B - v_A) \\ v_B{}' &= v_B - \frac{m_A}{m_A + m_B}(1+e)(v_B - v_A) \end{aligned} \right\} \quad (8.37)$$

と表せることが計算の結果として導かれる(この式の正しさは，衝突前後の全運動量が等しいことと，はね返り係数が e であることを示すことで証明できる)．

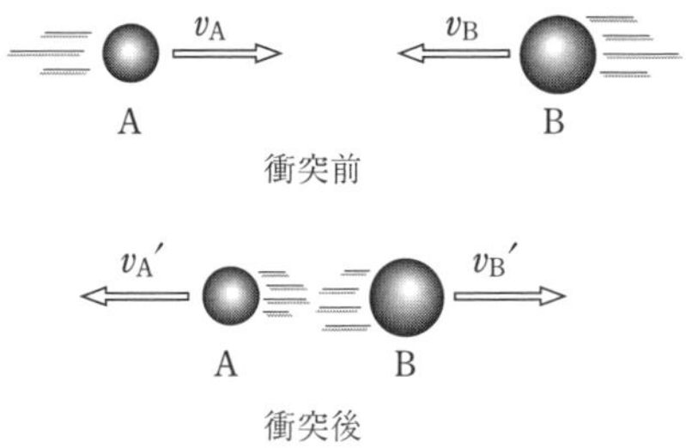

図 8.13 正面衝突 $e = \frac{v_B{}' - v_A{}'}{v_A - v_B}$ ($v_A, v_B, v_A{}', v_B{}'$ は右方への運動の場合を正，左方への運動の場合を負とする)．

問4 一直線上の弾性衝突の(8.33)式は $e = 1$ という式であることを示せ．

例5 完全非弾性衝突 速度 $\boldsymbol{v}_A$ の球Aと速度 $\boldsymbol{v}_B$ の球Bが衝突して付着した場合($v_A{}' = v_B{}'$ なので $e = 0$)，付着後の物体の速度 $\boldsymbol{v}'$ は，

運動量保存則 $\quad m_A\boldsymbol{v}_A + m_B\boldsymbol{v}_B = (m_A + m_B)\boldsymbol{v}'$

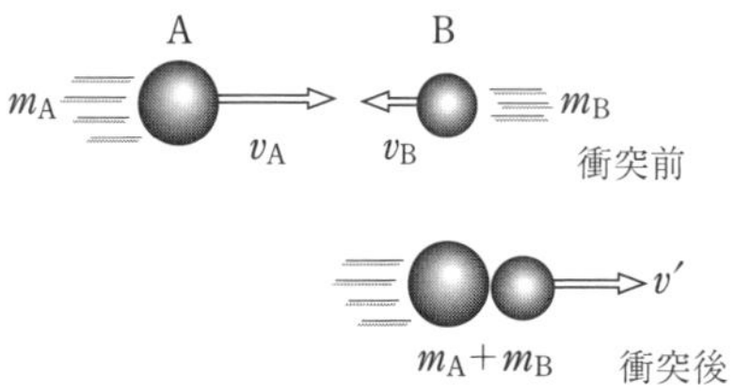

図 8.14 完全非弾性衝突．$\boldsymbol{v}_A$ と $\boldsymbol{v}_B$ は同一直線上になくてもよい．

から

$$\boldsymbol{v}' = \frac{m_A \boldsymbol{v}_A + m_B \boldsymbol{v}_B}{m_A + m_B} \tag{8.38}$$

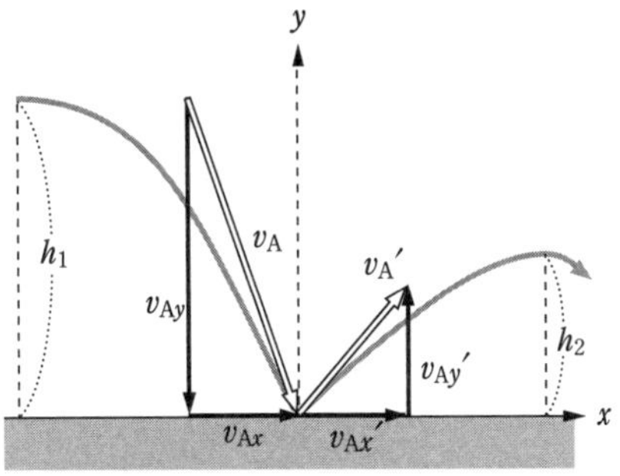

図 8.15 床や壁との衝突.
$v_{Ax} = v_{Ax}'$, $v_{Ay}' = -ev_{Ay}$

床や壁との衝突 　ボールと床や壁の衝突では床や壁の質量が大きくて動かないので，ボールを物体 A，床や壁を物体 B とすると $v_B = v_B' = 0$ である．ボールと床や壁の間に働く力は，床や壁の面に垂直なので，衝突の前と後でのボールの速度 $\boldsymbol{v}_A$, $\boldsymbol{v}_A'$ の面に平行な成分 v_{Ax} , v_{Ax}' は不変で，

$$v_{Ax} = v_{Ax}' \tag{8.39}$$

である（図 8.15）．はね返り係数を e とすると，ボールの速度の面に垂直な方向の成分の衝突直前の値 v_{Ay} と衝突直後の値 v_{Ay}' の間には，$e = -v_{Ay}'/v_{Ay}$ から

$$v_{Ay}' = -ev_{Ay} \tag{8.40}$$

という関係のあることが導かれる．

例題 5 　球を高さ $h_1 = 3.0\,\text{m}$ のところから床に自由落下させたところ，はね返って，最高点 $h_2 = 2.3\,\text{m}$ まで上昇した（図 8.16）．

（1） 床に衝突直前の速さ v を求めよ．

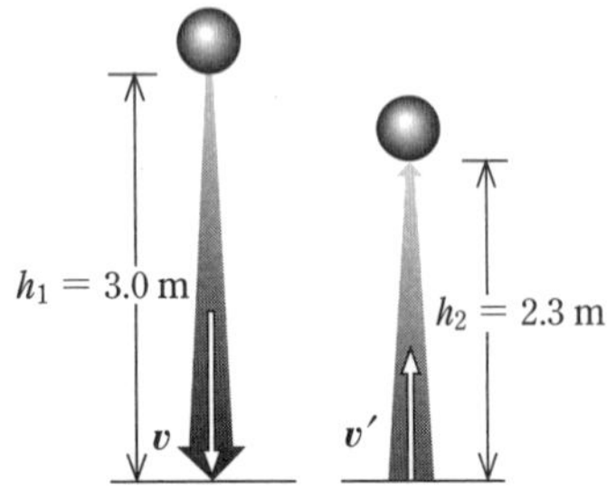

図 8.16

（2） 床に衝突直後の速さ v' を求めよ．

（3） はね返り係数 e を求めよ．

解 （1） 力学的エネルギー保存則から

$$2gh_1 = v^2$$

$$\therefore\quad v = \sqrt{2gh_1} = \sqrt{2\times 9.8\,\text{m/s}^2\times 3.0\,\text{m}} = 7.7\,\text{m/s}$$

（2）

$$2gh_2 = v'^2$$

$$\therefore\quad v' = \sqrt{2gh_2} = \sqrt{2\times 9.8\,\text{m/s}^2\times 2.3\,\text{m}} = 6.7\,\text{m/s}$$

（3）

$$e = \frac{v'}{v} = \sqrt{\frac{h_2}{h_1}} = \sqrt{\frac{2.3}{3.0}} = 0.88 \tag{8.41}$$

2 次元の衝突 　一直線上の衝突ではない 2 次元の衝突では，完全非弾性衝突以外は，運動量保存則とはね返り係数だけからは衝突後の速度 $\boldsymbol{v}_A'$, $\boldsymbol{v}_B'$ を決められない．つぎの例題で示すように，散乱角などの指定が必要である．

例題 6 　静止している球 B（質量 m）に同じ質量で同じ大きさの球 A が速度 $\boldsymbol{v}_A$ で弾性衝突した．衝突後の 2 球の速度 $\boldsymbol{v}_A'$, $\boldsymbol{v}_B'$ を求めよ（図 8.17）．

解 　衝突直前と直後での運動量保存から

$$m\boldsymbol{v}_A = m\boldsymbol{v}_A' + m\boldsymbol{v}_B'$$

$$\therefore\quad \boldsymbol{v}_A = \boldsymbol{v}_A' + \boldsymbol{v}_B' \tag{8.42}$$

この式は $\boldsymbol{v}_A$, $\boldsymbol{v}_A'$, $\boldsymbol{v}_B'$ が三角形の 3 辺であることを示す．

衝突直前と直後での運動エネルギーの保存から

$$\frac{1}{2}mv_A{}^2 = \frac{1}{2}mv_A{}'^2 + \frac{1}{2}mv_B{}'^2$$

$$\therefore\quad v_A{}^2 = v_A{}'^2 + v_B{}'^2 \tag{8.43}$$

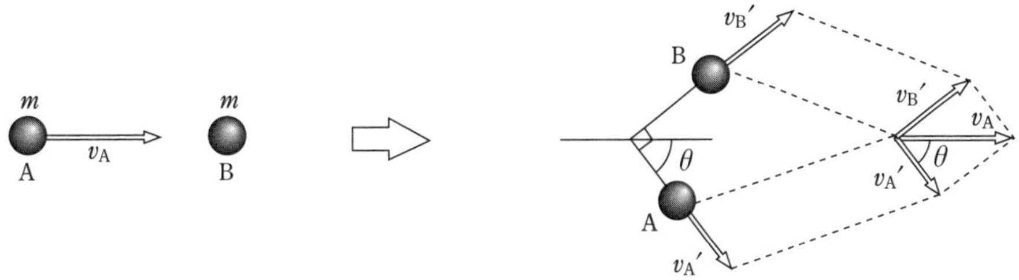

図 8.17 同じ質量の2つの球A, Bの弾性衝突

この式は，図8.17の右の三角形は $\boldsymbol{v}_A$ を斜辺とする直角三角形（$\boldsymbol{v}_A' \perp \boldsymbol{v}_B'$）であることを示す．球Aの散乱角を θ とすると，

$$v_A' = v_A \cos\theta, \quad v_B' = v_A \sin\theta \quad (8.44)$$

である．2つの球が正面衝突し，球Bが $\boldsymbol{v}_A$ の方向に動きだす場合（$\theta = 90°$）には $v_A' = 0$，$\boldsymbol{v}_B' = \boldsymbol{v}_A$ となり，球Aは静止し，球Bが球Aの衝突前の速度で動きだす．

8.6 質量が変化する場合*

ロケットの問題 運動量保存則が有効性を大いに発揮するのは相互作用が未知の場合である．このような例として，衝突現象のほかに，ガスを噴射して進むロケットの運動がある．

例題 7 宇宙ロケットは燃料を燃焼させて，発生するガスを相対速さ V_0 で噴射する．ロケットの質量 m は，燃料の分だけ単位時間あたり $\mathrm{d}m/\mathrm{d}t = -b$（= 定数）の割合で軽くなる（$m = m_0 - bt$）．重力を無視して，ロケットの運動を調べよ．

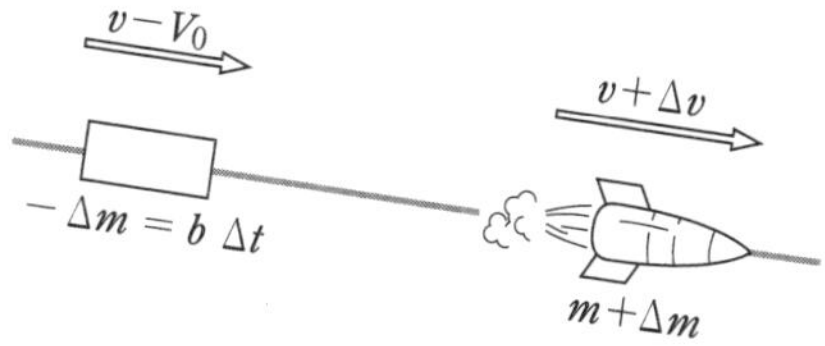

図 8.18

解 ロケットの質量は時刻 t では m，時刻 $t+\Delta t$ では $m+\Delta m$ である．$-\Delta m$ は時間 Δt の間に噴射された燃料の質量で，$\Delta m = -b\,\Delta t$ である．ロケットの速さは，時刻 t では v，時刻 $t+\Delta t$ では $v+\Delta v$ とする．噴射された燃料の速さは $v - V_0$ である．外力は無視できるので，全運動量の保存則

$$(m+\Delta m)(v+\Delta v) + (-\Delta m)(v - V_0) = mv \quad (8.45)$$

から，運動方程式

$$m\frac{\mathrm{d}v}{\mathrm{d}t} = -V_0\frac{\mathrm{d}m}{\mathrm{d}t} = bV_0 \quad (8.46)$$

が導かれる．ロケットの質量は $m = m_0 - bt$ なので，(8.46)式は

$$\mathrm{d}v = \frac{bV_0\,\mathrm{d}t}{m_0 - bt} \quad (8.47)$$

と変形できる．両辺を積分すると，

$$v = -V_0 \log(m_0 - bt) + C \quad (C\text{ は任意定数}) \quad (8.48)$$

となる．$t = 0$ での初期条件，$v = v_0$ を使うと，$v_0 = -V_0 \log m_0 + C$ が導かれるので，ロケットの速さは次のようになる．

$$v(t) = v_0 - V_0 \log\left(1 - \frac{bt}{m_0}\right) \quad (8.49)$$

なお，ロケットが鉛直に上昇するときの速さは

$$v(t) = v_0 - gt - V_0 \log\left(1 - \frac{bt}{m_0}\right) \quad (8.50)$$

である．

第8章のまとめ

運動量　物体の質量 m と速度 $\boldsymbol{v}$ の積を運動量という．

$$\boldsymbol{p} = m\boldsymbol{v} \tag{1}$$

運動量の時間変化率　ある物体の運動量 $\boldsymbol{p}$ の時間変化率はその物体に働く力 $\boldsymbol{F}$ に等しい．

$$\frac{\mathrm{d}\boldsymbol{p}}{\mathrm{d}t} = \boldsymbol{F} \tag{2}$$

力　積　力積 $\boldsymbol{J}$ は力 $\boldsymbol{F}$ と力の作用時間 $T = t_\mathrm{f} - t_i$ の積である．

$$\boldsymbol{J} = \boldsymbol{F}T = \boldsymbol{F}(t_\mathrm{f} - t_i) \quad \text{（一定な力 } \boldsymbol{F} \text{ の場合）} \tag{3 a}$$

$$\boldsymbol{J} = \langle \boldsymbol{F} \rangle T = \int_{t_i}^{t_\mathrm{f}} \boldsymbol{F}(t)\,\mathrm{d}t \quad \text{（力が一定でない場合）} \tag{3 b}$$

運動量の変化と力積の関係　時刻 t_i と t_f での運動量を $\boldsymbol{p}_i$，$\boldsymbol{p}_\mathrm{f}$ とすると，

$$\boldsymbol{p}_\mathrm{f} - \boldsymbol{p}_i = \boldsymbol{J} = \int_{t_i}^{t_\mathrm{f}} \boldsymbol{F}(t)\,\mathrm{d}t \tag{4}$$

運動量保存則　たがいに力を及ぼし合うが，ほかからは力が働かない2個の物体の運動量の和は，時間が経過しても変わらない．

$$m_\mathrm{A}\boldsymbol{v}_\mathrm{A}' + m_\mathrm{B}\boldsymbol{v}_\mathrm{B}' = m_\mathrm{A}\boldsymbol{v}_\mathrm{A} + m_\mathrm{B}\boldsymbol{v}_\mathrm{B} \tag{5}$$

2物体の衝突の直前と直後の全運動量は同じである．

弾性衝突　衝突の直前と直後の全運動エネルギーが変化しない衝突．

一直線上の弾性衝突　静止している物体Bに速度が v_A の物体Aが衝突する場合．

$$v_\mathrm{A}' = \frac{m_\mathrm{A} - m_\mathrm{B}}{m_\mathrm{A} + m_\mathrm{B}} v_\mathrm{A}, \qquad v_\mathrm{B}' = \frac{2m_\mathrm{A}}{m_\mathrm{A} + m_\mathrm{B}} v_\mathrm{A} \tag{6}$$

非弾性衝突　衝突の直前に比べ直後の全運動エネルギーが減少する衝突．

はね返り係数

$$e = \frac{v_\mathrm{B}' - v_\mathrm{A}'}{v_\mathrm{A} - v_\mathrm{B}} \ \text{（正面衝突）}, \qquad e = \frac{|\boldsymbol{v}_\mathrm{B}' - \boldsymbol{v}_\mathrm{A}'|}{|\boldsymbol{v}_\mathrm{A} - \boldsymbol{v}_\mathrm{B}|} \ \text{（一般の場合）} \tag{7}$$

$e = 1$ は弾性衝突，$1 > e \geqq 0$ は非弾性衝突．$e = 0$（付着する場合）を完全非弾性衝突という．

演習問題 8

A

1. 空手の瓦割りの物理的説明をせよ.

2. 速さ 12 m/s で走っていた自動車が石の壁に衝突した.

（1） シートベルトを着けていた乗客は，衝突後 1.0 m 動いて静止した．この人が受ける平均加速度と平均の力の大きさはいくらか．乗客の質量は 50 kg である.

（2） シートベルトを着けていない乗客は，フロントガラスにぶつかってから 0.01 m 動いて静止した．この乗客の受けた平均加速度と平均の力はいくらか.

3. 投手が投げた時速 144 km の球（質量 0.15 kg）を捕手が捕球するとき，ミットが 0.2 m 動いた．ミットに働く平均の力はいくらか.

4. 水平でなめらかな台の上を 0.90 kg のドライアイスの塊が 0.15 m/s の速さで $+x$ 方向に動いている．$t=0$ から $t=0.6$ s の間に $+x$ 方向を向いた力 $F=(3.0-5t)$ N が作用した．（1）$t=0$ での運動量，（2）$t=0$ から $t=0.6$ s までに作用した力積，（3）$t=0.6$ s での運動量と速さ，を求めよ.

5. 図 1 のような速さ $v=1.0$ m/s で動いている水平で長いベルトコンベアに土砂を 1 秒あたり 20 kg の割合で上から落下させている（ベルトの上の土砂の質量を m とすると $\mathrm{d}m/\mathrm{d}t=20$ kg/s).

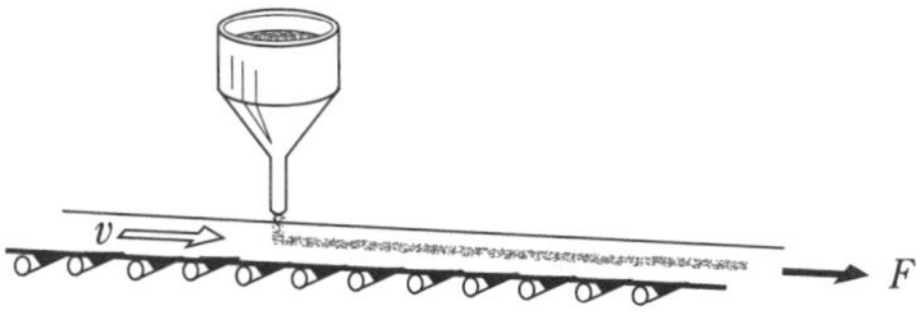

図 1

（1） 1 秒あたりの土砂の運動量の増加量を求めよ.

（2） 土砂を動かすためにベルトが作用する力 F を求めよ.

まだベルトコンベアの先端から土砂が落下していない場合を考え，機械内部の摩擦は無視せよ.

6. 静止している 5 t の電車に，5 t の電車 3 台を連結した列車が 4 km/h の速さで衝突していっしょに動きだした．その速さを求めよ.

7. 木の枝に質量 $M=1$ kg の木片が軽いひもでぶら下げられている．質量 $m=30$ g の矢が速さ $V=30$ m/s で水平に飛んできて木片に刺さった（図 2).

（1） その直後の木片と矢の速度 $\boldsymbol{v}$ を計算せよ.

（2） 矢の刺さった木片は木の枝を中心とする円周上を運動する．最高点の高さ h を求めよ.

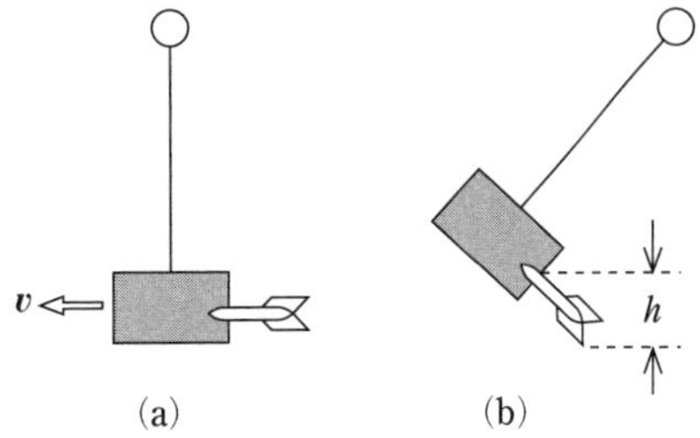

図 2

8. 質量 m_A, m_B の小球 A, B をそれぞれ同じ長さ L の糸で点 O に吊るす（図 3)．球 A を糸が水平になるまで引き上げた後，静かに離して，A と B を衝突させた．A と B は水平に弾性衝突した.

（1） 衝突直前の A の速さ v_A はいくらか.

（2） 衝突直後の A の速さ v_A' と B の速さ v_B' を求めよ.

（3） 衝突後，2 球 A, B は同じ高さまで上昇した．m_A と m_B の関係を求めよ.

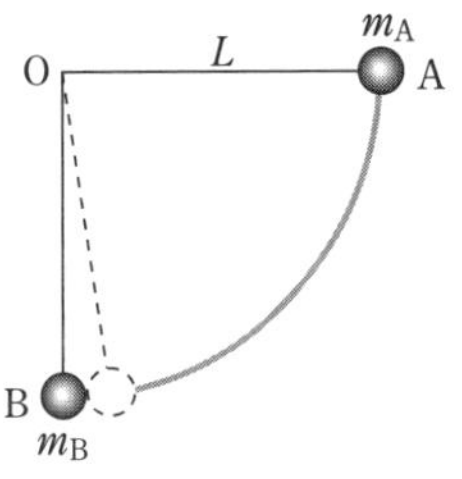

図 3

9. 硬式野球の公式球は，3.96 m の高さから大理石の板の上に落としたとき，1.40～1.45 m の高さまではね返らねばならない．はね返りの係数を求めよ.

10. 宇宙空間には大気は存在しないので，ロケットに力を作用する物体は存在しない．それなのにロケットはなぜ加速されるのか.

B

1. 高さ 3 m のがけの上から飛び降りる人がいる．足ががけの下の地面に触れると，すぐにひざを曲げはじめ，胴体が一様に減速されるようにする.

（1） 人の足が着地したときの人の速さはいくらか.

（2） 減速している間，足が 40 kg の胴体（腕と頭も含めた）に及ぼす力を求めよ．足の長さは 60

cm とせよ．

2．床に置かれたロープの一端をつかみ，一定の速度 $v=0.30\,\mathrm{m/s}$ で持ち上げる．ロープの先端の高さが $h=0.50\,\mathrm{m}$ のとき，手に加わる力は何 N か．ロープの長さ $L=1.0\,\mathrm{m}$ で，質量 $m=0.50\,\mathrm{kg}$ とする．まず，$v=0$ のときを考えよ．摩擦は無視せよ．

3．長さ $L=5.0\,\mathrm{m}$ のベルトコンベアがある．1 秒間あたり 30 kg ($\dot{m}=\mathrm{d}m/\mathrm{d}t=30\,\mathrm{kg/s}$) の土砂を積み込んでいる．ベルトコンベアを速さ $v=1.0\,\mathrm{m/s}$ で動かして高さ $h=1.5\,\mathrm{m}$ のところに土砂を運び上げるのに必要な力はいくらか．まず，$h=0$ の場合を考えよ．

4．密度 $\rho\,(\mathrm{kg/m^3})$ の水が速度 $v\,(\mathrm{m/s})$ で板の面積 $S\,(\mathrm{m^2})$ の部分に垂直にあたっている．板を支えるには何 N の力が必要か．ただし，水は板にあたってもはね返らないものとする．ホースの断面積が $5\,\mathrm{cm^2}$ で，水の速さが 2 m/s の場合の力は何 N か．

5．図 4 の長さ 1 m の軽い棒の先端に質量 5 kg のおもりのついた振り子を静止の状態から落下させ，質量 20 kg のブロックに衝突させた．はね返り係数は $e=0.7$ である．床はなめらかで摩擦は無視できる．

（1） 衝突直前のおもりの速さを求めよ．

（2） そのときのおもりに働いていた棒の張力の強さを求めよ．

（3） 衝突直後のブロックの速さを求めよ．

（4） 15 cm 以下の変形でブロックを止めるのに必要なばねのばね定数を求めよ．

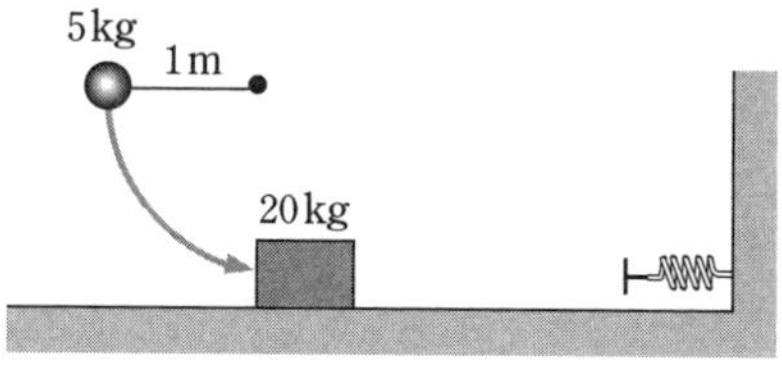

図 4

6．スケーター（質量 m）が速さ v でスケートリンクの手すりに垂直に近づき，手すりを手で押して，同じ速さでバックした．

（1） 手すりがスケーターに及ぼした力の力積はいくらか．

（2） この力がスケーターにした仕事はいくらか．

（3） 手すりのところに静止していたスケーターが手すりを押して速さ v で後退した場合はどうか．

9 角運動量

物体の速度を変化させる原因は力である．しかし，物体の運動を空間のある1点Oから眺めて，その点のまわりを回る運動だと考える場合には，回る速さを変化させる原因として，力よりも力のモーメントを使う方が便利である．

シーソーで遊んだり，てこで重いものを持ち上げた経験から，物体に作用する力が物体を支点（回転軸）のまわりに回転させる能力は

「力の大きさ F」×「支点から力の作用線までの距離 l」$= Fl$

であることが知られている（図9.1）．この

$$N = Fl$$

を点Oのまわりの力 $\boldsymbol{F}$ の**モーメント**という（図9.2）．

バットの太い端と細い端を2人がそれぞれ持って，反対向きに回転させようとすると，太い方を持った人が有利なのは，太い（l が大きい）ので力のモーメントが大きくなるからである（図9.3(a)）．ナットをボルトにねじ込むのに柄の長いスパナを使うのも同じ理由からである（図9.3(b)）．

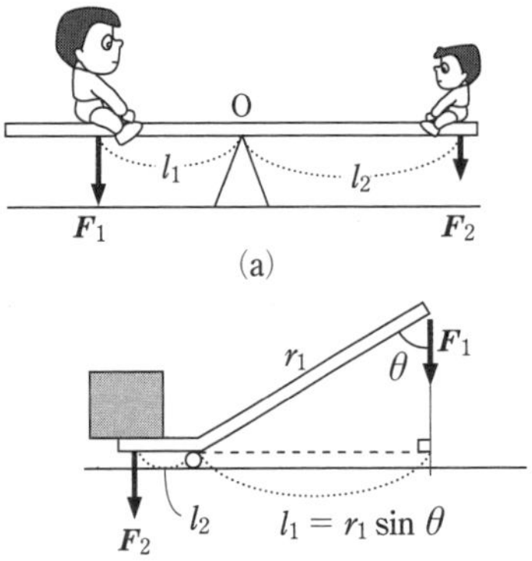

(b)

図 9.1 (a) $F_1 l_1 = F_2 l_2$ ならシーソーはつり合う．(b) $F_1 l_1$ ($= F_1 r_1 \sin\theta$) $> F_2 l_2$ なら荷物を持ち上げられる．

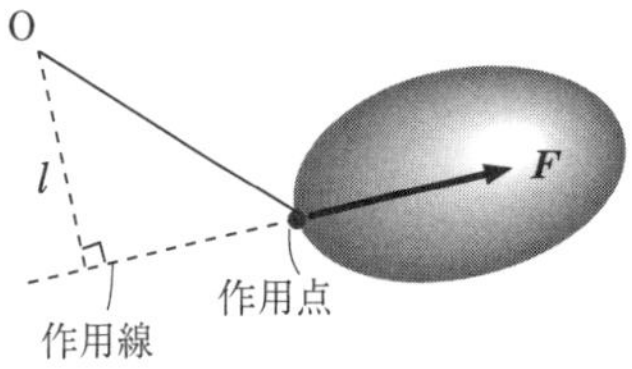

図 9.2 点Oのまわりの力 $\boldsymbol{F}$ のモーメント $N = Fl$

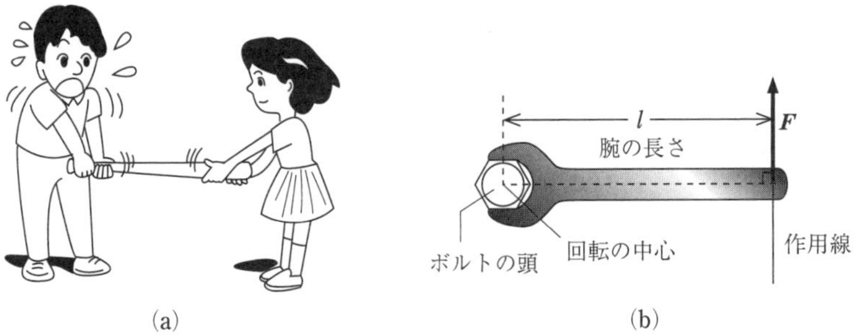

図 9.3

9.1 力のモーメントと角運動量

力のモーメント　「力の大きさ F」と「点Oから力 $\boldsymbol{F}$ の作用線までの距離 l」の積

$$N = Fl \tag{9.1}$$

が，点Oのまわりの**力 $\boldsymbol{F}$ のモーメント**である．力 $\boldsymbol{F}$ が点Oのまわりに物体を回転させようとする向きの違いを，力のモーメントに正負の符号をつけることによって区別する．本書では，物体を回転させようとする向きが時計の針の回る向きと逆のとき（反時計回りのとき）正符号，同じとき

(時計回りのとき) 負符号をつける．図 9.1 (a) の場合，左側の子どもに働く重力のモーメントは正で $F_1 l_1$，右側の子どもに働く重力のモーメントは負で $-F_2 l_2$ であり，シーソーを点 O のまわりに回転させようとする力のモーメントの和は

$$N = F_1 l_1 - F_2 l_2 \tag{9.2}$$

である．したがって，シーソーがつり合っている場合には，$F_1 l_1 = F_2 l_2$ なので，$N = 0$ である．

問 1　図 9.4 の場合，点 O のまわりの力のモーメントの和を求めよ．

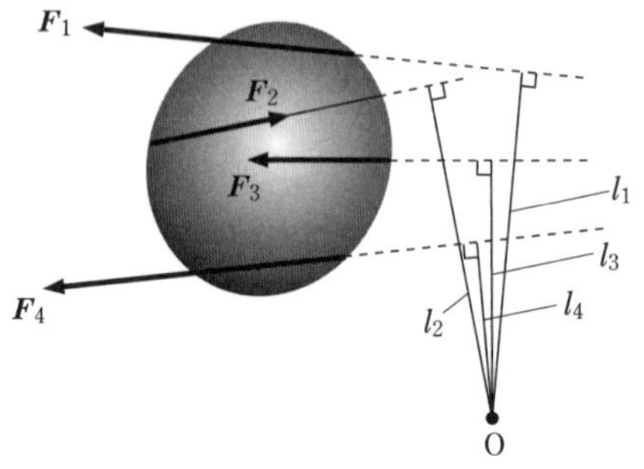

図 9.4

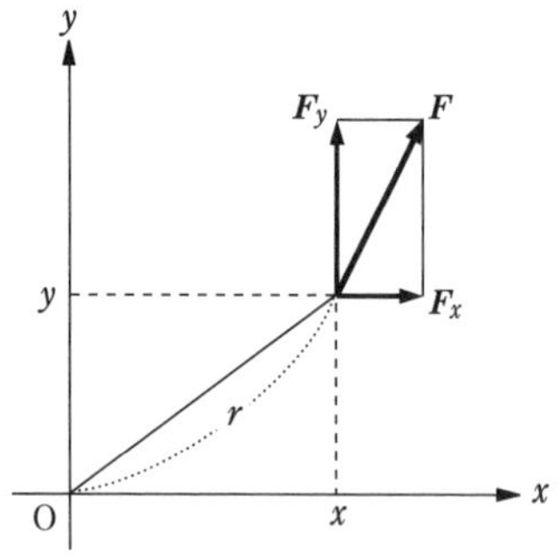

図 9.5　$N = xF_y - yF_x$

図 9.5 のように力 $\boldsymbol{F} = (F_x, F_y)$ の作用点が (x, y) の場合，原点 O のまわりの力 $\boldsymbol{F}$ のモーメント N への，力 $\boldsymbol{F}$ の分力 $\boldsymbol{F}_x$ の寄与は $-yF_x$，分力 $\boldsymbol{F}_y$ の寄与は xF_y なので，

$$N = xF_y - yF_x \tag{9.3}$$

と表される．

■偶　力■　図 9.6 に示すように，作用線が平行で，大きさが等しく，逆向きな 1 対の力 $\boldsymbol{F}, -\boldsymbol{F}$ を**偶力**という．すべての点に関する偶力のモーメントの和 N は

$$N = Fh \tag{9.4}$$

である (図 9.6)．ここで h は 2 本の作用線の距離である．

問 2　偶力の例をあげよ．

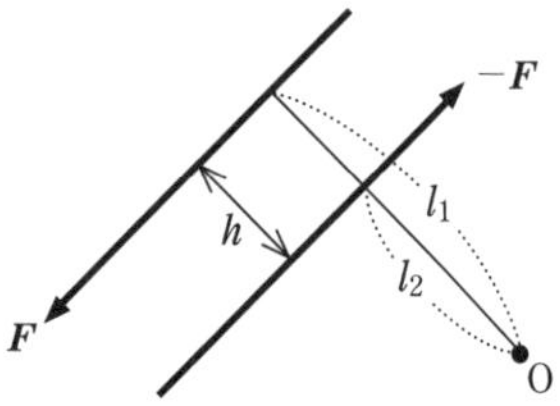

図 9.6　偶力．任意の点 O のまわりの偶力 $\boldsymbol{F}, -\boldsymbol{F}$ のモーメントの和
$N = Fl_1 - Fl_2$
$= F(l_1 - l_2) = Fh$.

■角運動量■　力のモーメントに対応して，点 O のまわりの運動量 $\boldsymbol{p} = m\boldsymbol{v}$ のモーメントを点 O のまわりの**角運動量**という．図 9.7 に示した，点 P にある質量 m，速度 $\boldsymbol{v}$，運動量 $\boldsymbol{p} = m\boldsymbol{v}$ の物体の点 O のまわりの角運動量 L は，「運動量の大きさ $p = mv$」と「点 O から (物体を始点とする) 運動量ベクトルへの垂線の長さ d」の積なので，

$$L = mvd = pd \tag{9.5}$$

である．(9.3) 式と同じようにして

$$L = m(xv_y - yv_x) \tag{9.6}$$

と表せる．点 O のまわりの角運動量は，この点のまわりの物体の回転運動の勢いを表す量で，回転運動を考える場合に重要な量である．

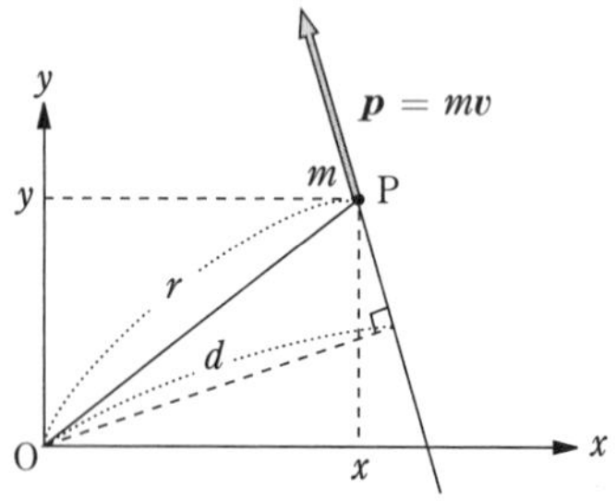

図 9.7　点 O のまわりの角運動量
$L = pd = mvd$

例1　円運動の角運動量　質量 m の物体が，点Oを中心とする半径 r の円周上を速さ $v = r\omega$（ω は角速度）で等速円運動していると，この物体の点Oのまわりの角運動量 L は，$p = mv = mr\omega$，$d = r$ なので（図9.8），

$$L = mvr = mr^2\omega \qquad (9.7)$$

である．等速円運動以外の一般の平面運動では，原点のまわりの角運動量 L を極座標 r, θ を使って表すと，L は(9.7)式の一定の角速度 ω を一般の角速度 $\mathrm{d}\theta/\mathrm{d}t$ で置き換えたものになる．

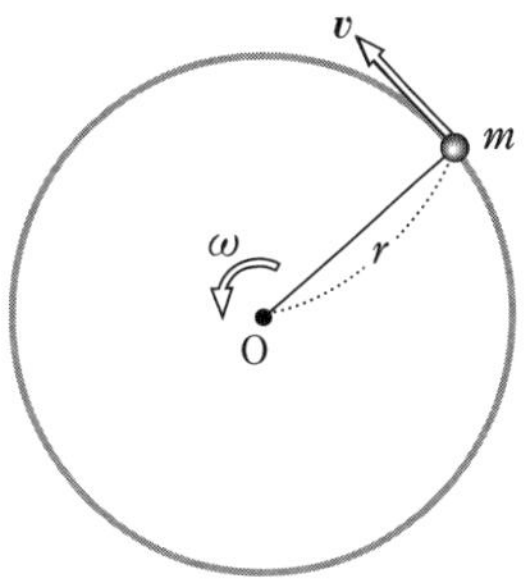

図 9.8　等速円運動の場合．$L = mvr = mr^2\omega$

9.2　回転運動の法則

回転運動では，直線運動の場合の運動量 p と力 F に対応するものが，角運動量 L と力のモーメント N である．したがって，直線運動の場合の運動の法則 $\mathrm{d}p/\mathrm{d}t = F$ に対応する，点Oのまわりの回転運動の法則は

$$\frac{\mathrm{d}L}{\mathrm{d}t} = N \qquad (9.8)$$

である．この回転運動の法則は，「物体が点Oのまわりで回転する勢いを表す量である角運動量の時間変化率は，物体が点Oのまわりに回転する勢いを変化させる力のモーメントに等しい」ことを示している．ここで，角運動量 L と力のモーメント N は原点Oのまわりのものでなくても，両者が同一の点のまわりのものであれば，この法則は成り立つ．

回転運動の法則(9.8)の証明　(9.6)式の両辺を t で微分すると

$$\frac{\mathrm{d}L}{\mathrm{d}t} = \frac{\mathrm{d}}{\mathrm{d}t}[m(xv_y - yv_x)] = m(v_xv_y + xa_y - v_yv_x - ya_x)$$
$$= x(ma_y) - y(ma_x) = xF_y - yF_x = N \qquad (9.9)$$

9.3　中心力と角運動量保存則

中心力　糸の端におもりをつけ，他端を固定して振り子をつくり，鉛直面内で自由に振動させる．このとき，おもりにはひもの張力，重力，空気の抵抗などが働く．この3つの力の中で，ひもの張力はつねに固定点の方を向いている．この場合の張力のように，ある力 $\boldsymbol{F}$ の作用線がつねに一定な点Oを通る場合，力 $\boldsymbol{F}$ を**中心力**とよび，一定な点Oを力 $\boldsymbol{F}$ の中心とよぶ．太陽が惑星に作用する万有引力や，静止した電荷が他の電荷に作用する電気力も中心力である．

中心力と角運動量保存則　物体が点Oを力の中心とする中心力 $\boldsymbol{F}$ だけの作用を受けて運動している場合を考える．この場合，力の中心Oと中心力 $\boldsymbol{F}$ の作用線の距離は0なので，力の中心Oのまわりの力 $\boldsymbol{F}$ のモーメントは0である．したがって，力の中心Oのまわりの物体の角運動量を L とすると，この場合の回転運動の法則(9.8)は

$$\frac{\mathrm{d}L}{\mathrm{d}t} = 0 \qquad \therefore \quad L = \text{一定} \qquad (9.10)$$

となる．この「ある物体が中心力だけの作用を受けて運動している場合，力の中心のまわりの角運動量は一定に保たれる」という事実を，**角運動量保存則**という．

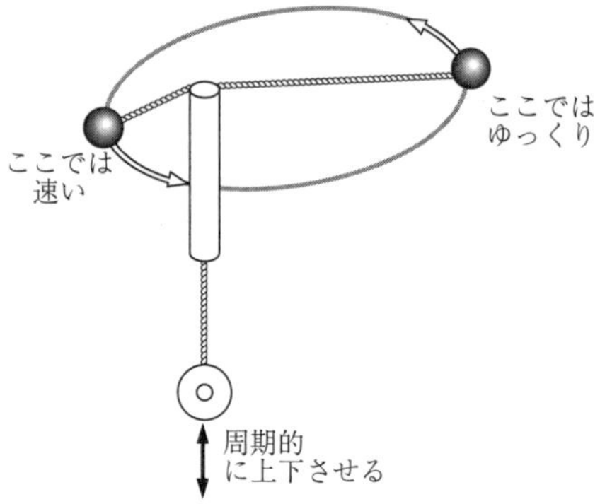

図 9.9

中心力 $\boldsymbol{F}$ のみの作用を受けて運動する物体は，角運動量 L が一定に保たれるばかりでなく，回転軸の方向も一定に保たれるので，一般に「中心力 $\boldsymbol{F}$ のみの作用を受けて運動する物体は，力の中心Oを含む一平面上を運動する（平面運動する）」ことが示される（次節参照）.（次節で示すように，回転軸のまわりの回転運動と結びついた物理量の角運動量は，回転軸の方向を向いたベクトル量である.）

中心力だけの作用を受けて運動する物体の角運動量が保存することを確かめるために，つぎのような実験をしてみよう．プラスチックの練習用ゴルフボールを糸にくくりつけ，ボールペンの筒に糸を通し，糸の下端に5円玉をつけて，ボールを円運動させる（図 9.9）．5円玉を周期的に上下に手で往復させると，ボールの速さも同じ周期で変化することがわかる．すなわち，筒の先端とボールの距離が長いときにはボールの速さは遅く，距離が短いときにはボールの速さは速い．

この実験結果は，ボールに作用する糸の張力は中心力なので，ボールの角運動量は一定であり，半径 r，速さ v の円運動をしている質量 m の物体の角運動量 L は $L = mvr$ なので［(9.7) 式］，ボールの速さ v と半径 r はたがいに反比例することから導かれる．ここで，重力は無視した．このゴルフボールの例の，速さ v と半径 r の反比例関係を幾何学的に表現した法則が次章で学ぶ「面積速度一定の法則」である．

例題 1　中心に穴の開けてある水平でなめらかな台の上で，質量 m の物体にひもをつけ，穴を中心に半径 r_0，速さ v_0 の等速円運動をさせる．物体と台，ひもと台や穴との間に摩擦はないものとする．

（1）穴の下に出ているひもの端を引っ張って，円運動の半径を r_1 に縮めたときの物体の速さ v_1 を求めよ．このとき物体の運動エネルギーはどのように変化したか．この変化は何によって生じたか．

（2）このとき円運動の角速度はどのように変化するか．

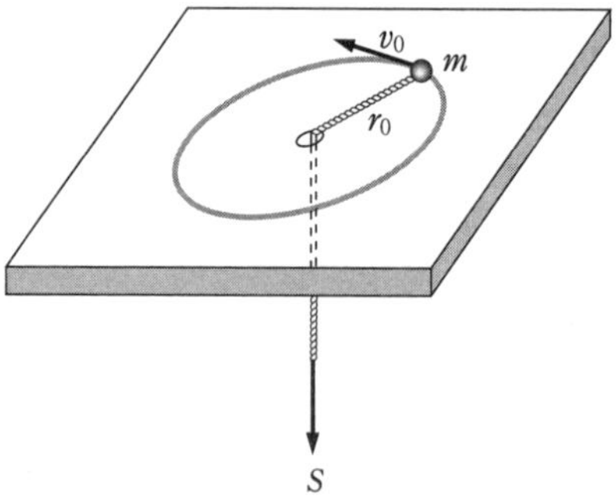

図 9.10

解（1）物体に働くひもの張力 S は穴を力の中心とする中心力なので，物体の穴のまわりの角運動量 L は一定で，

$$L = mr_0v_0 = mr_1v_1 \qquad \therefore \quad v_1 = \frac{v_0r_0}{r_1} \tag{9.11}$$

となる．$r_0 > r_1$ なので，$v_1 > v_0$ である．運動エネルギーの変化は

$$\frac{1}{2}m{v_1}^2 - \frac{1}{2}m{v_0}^2 = \frac{L^2}{2m{r_1}^2} - \frac{L^2}{2m{r_0}^2} > 0 \tag{9.12}$$

である．この運動エネルギーの増加は，ひもの張力 $S = mv^2/r = L^2/mr^3$ のする仕事である．

（2）$v_0 = r_0\omega_0$，$v_1 = r_1\omega_1$ なので，(9.11) 式から

$$m{r_0}^2\omega_0 = m{r_1}^2\omega_1 \qquad \therefore \quad \omega_1 = \frac{\omega_0{r_0}^2}{{r_1}^2} > \omega_0 \tag{9.13}$$

したがって，物体の円運動の角速度 ω も増加する．

問3 フィギュア・スケーターがくるくると回転（スピン）するとき，最初は手を両側に大きく広げて回りはじめ，つぎに手を腰か胸にもってくると回転速度が大きくなることを説明せよ．このときスケーターの運動エネルギーは増加する．この増加は誰がどのようにした仕事のためか．

9.4 ベクトル積で表した回転運動の法則*

物体の回転運動には回転軸がある．回転軸には方向がある．物体の回転に結びついた物理量の角運動量と力のモーメントはベクトルであり，2.5 節で学んだベクトル積で表される．

点 $\boldsymbol{r}$ にある質量 m，速度 $\boldsymbol{v}$ の質点に力 $\boldsymbol{F}$ が働いているとき，原点Oのまわりの力 $\boldsymbol{F}$ のモーメント $\boldsymbol{N}$ と質点の角運動量 $\boldsymbol{L}$ は，ベクトル積を使って，それぞれ

$$\boldsymbol{N} = \boldsymbol{r}\times\boldsymbol{F} \tag{9.14}$$

$$\boldsymbol{L} = \boldsymbol{r}\times\boldsymbol{p} = \boldsymbol{r}\times m\boldsymbol{v} \tag{9.15}$$

と表される（図 9.11，9.12）．

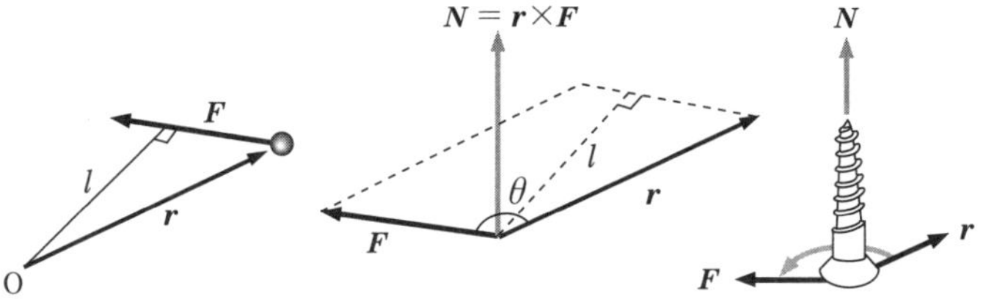

図 9.11 力のモーメント $\boldsymbol{N} = \boldsymbol{r}\times\boldsymbol{F}$．$N = rF\sin\theta$

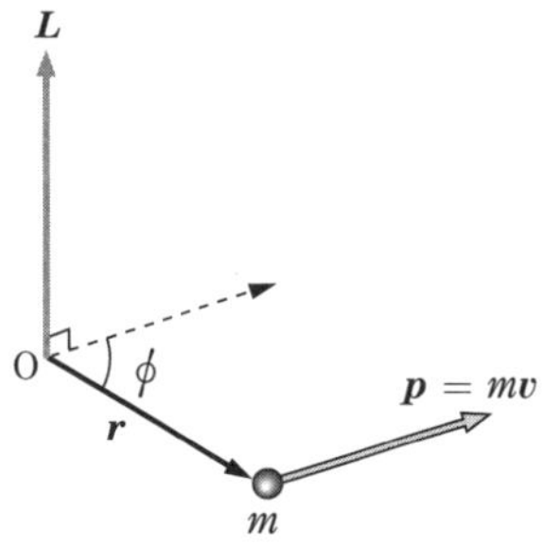

図 9.12 角運動量 $\boldsymbol{L} = \boldsymbol{r}\times\boldsymbol{p} = \boldsymbol{r}\times m\boldsymbol{v}$，$L = rp\sin\phi = rmv\sin\phi$

ベクトルを使うと，回転運動の法則 (9.8) は，ベクトル形で，

$$\frac{\mathrm{d}\boldsymbol{L}}{\mathrm{d}t} = \boldsymbol{N} \tag{9.16}$$

と表される．9.2 節で学んだ回転運動の法則 (9.8) は，物体に作用するすべての力の作用線が一定な平面上にあり，物体がこの平面上を運動する場合にのみ成り立つ法則である．この場合，$\boldsymbol{L}$ も $\boldsymbol{N}$ もこの平面に垂直である．

中心力 $\boldsymbol{F}$ だけの作用を受けて運動する物体の，力の中心Oのまわりの角運動量 $\boldsymbol{L}$ の保存則 (9.10) は，この場合も $\boldsymbol{N} = 0$ なので，$\mathrm{d}\boldsymbol{L}/\mathrm{d}t = 0$ から，

$$\boldsymbol{L} = 一定 \tag{9.17}$$

となる．すなわち，力の中心に関する角運動量 $\boldsymbol{L}$ は大きさも向きも一定なベクトルである．

この場合，$\boldsymbol{L} = \boldsymbol{r}\times\boldsymbol{p} \perp \boldsymbol{r}$ なので，中心力だけの作用を受けて運動する物体の（力の中心を原点とする）位置ベクトルは，一定のベクトル $\boldsymbol{L}$ に垂直なので，力の中心（原点）を含む一平面上を運動する．すなわち，中心力だけの作用を受けている物体は力の中心を含む一平面上を運動する（平面運動する）．

地球は，太陽を力の中心とする中心力である万有引力の作用を受けて運動するので，地球は太陽を含む平面上を運動する．

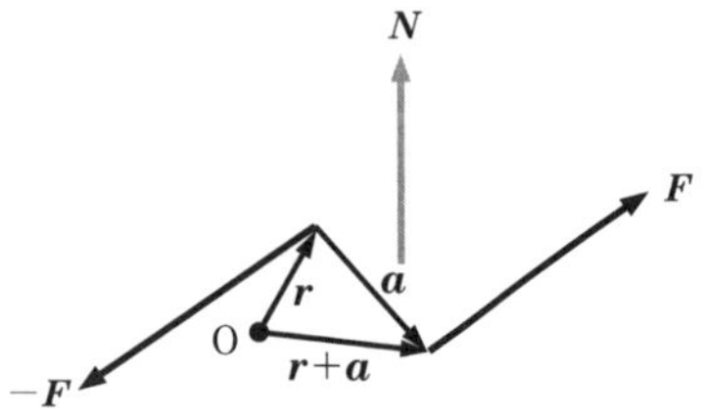

図 9.13
偶力 $\boldsymbol{N} = (\boldsymbol{r}+\boldsymbol{a})\times\boldsymbol{F}+\boldsymbol{r}\times(-\boldsymbol{F})$
$= \boldsymbol{a}\times\boldsymbol{F}$

問4　図9.1の力 $\boldsymbol{F}_1, \boldsymbol{F}_2$ の支点のまわりのモーメントはどのようなベクトルか．

問5　図9.13の偶力 $\boldsymbol{F}, -\boldsymbol{F}$ のモーメントの和 $\boldsymbol{N}$ は

$$\boldsymbol{N} = \boldsymbol{a}\times\boldsymbol{F} \tag{9.18}$$

であることを示せ．$\boldsymbol{a}$ は力 $-\boldsymbol{F}$ の作用点を始点とし，力 $\boldsymbol{F}$ の作用点を終点とするベクトルである．

第9章のまとめ

力のモーメント　点Oから力 $\boldsymbol{F}$ の作用線までの距離を l とすると，点Oのまわりの力のモーメントの大きさ N は

$$N = Fl \tag{1}$$

力 $\boldsymbol{F} = (F_x, F_y)$ の作用点が (x, y) の場合，原点Oのまわりの力 $\boldsymbol{F}$ のモーメント N は

$$N = xF_y - yF_x \tag{2}$$

力のモーメント（ベクトル形）　力 $\boldsymbol{F}$ の作用点の位置ベクトルを $\boldsymbol{r}$ とすると，原点Oのまわりの力 $\boldsymbol{F}$ のモーメント $\boldsymbol{N}$ は

$$\boldsymbol{N} = \boldsymbol{r}\times\boldsymbol{F}, \quad N = rF\sin\theta \tag{3}$$

偶　力　作用線が平行で，大きさが等しく，逆向きな1対の力 $\boldsymbol{F}$, $-\boldsymbol{F}$.

角運動量　点Oから質量 m，速度 $\boldsymbol{v}$ の物体の運動量ベクトル $\boldsymbol{p} = m\boldsymbol{v}$ へ下ろした垂線の長さを d とすると，この物体の点Oのまわりの角運動量の大きさ L は

$$L = pd = mvd \tag{4}$$

等速円運動の角運動量　速さ v，角速度 ω で半径 r の等速円運動をしている物体の中心のまわりの角運動量の大きさ L は

$$L = mvr = mr^2\omega \tag{5}$$

角運動量（ベクトル形）　質量 m，速度 $\boldsymbol{v}$，位置 $\boldsymbol{r}$ の物体の原点Oのまわりの角運動量 $\boldsymbol{L}$ は

$$\boldsymbol{L} = \boldsymbol{r}\times\boldsymbol{p} = \boldsymbol{r}\times(m\boldsymbol{v}), \quad L = rp\sin\phi = rmv\sin\phi \tag{6}$$

回転運動の法則　直線運動の場合の運動の法則 $\mathrm{d}p/\mathrm{d}t = F$ に対応する回転運動の法則は

$$\frac{\mathrm{d}L}{\mathrm{d}t} = N \tag{7}$$

$$\frac{\mathrm{d}\boldsymbol{L}}{\mathrm{d}t} = \boldsymbol{N} \quad \text{（ベクトル形）} \tag{8}$$

中心力　力 $\boldsymbol{F}$ の作用線がつねに一定な点Oを通る場合，力 $\boldsymbol{F}$ を中心力とよび，点Oを力の中心という．

角運動量保存則　物体が点Oを力の中心とする中心力 $\boldsymbol{F}$ だけの作用を受けて運動している場合，力の中心Oのまわりの角運動量 $\boldsymbol{L}$ は一定に保たれる．

$$\boldsymbol{L} = \text{一定} \tag{9}$$

演習問題9

A

1．ねじをしめるとき，ねじまわしやスパナを使う理由を述べよ．

2．太陽は自転している．数十億年後に太陽が膨張して赤色巨星になるとき，自転の角速度は現在と比べてどうなるか．角運動量はどうか．

B

1．単振り子の運動方程式(6.33)を角運動量と力のモーメントの関係(9.8)から導け．

2．中心力 $\boldsymbol{F}(\boldsymbol{r}) = -k\boldsymbol{r}$ の作用を受ける物体(質量 m)の運動を考える(k は正の定数)．つぎのことを示せ．

（1） この物体の軌道は力の中心を中心とする楕円である．

（2） 角運動量は一定である．

（3） 周期は軌道によらず一定である．

3．地球が南北方向に縮むと，自転の角速度はどう変わるか．

4．ブランコをこぐときには，最高点付近ではかがみ，最低点付近では立ち上がる(図1)．この原理を説明せよ．

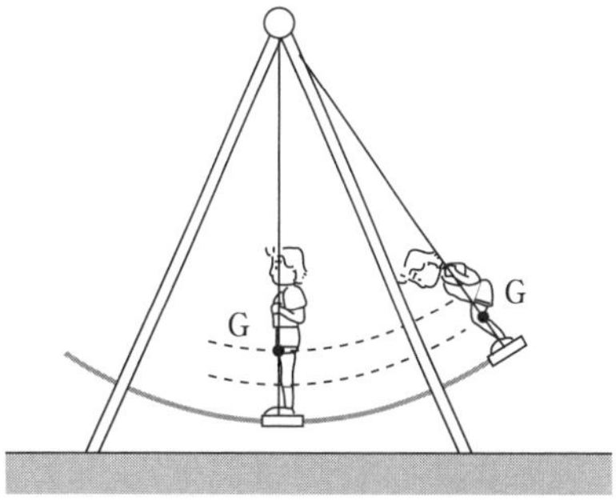

図 1

10 万有引力と惑星の運動

ニュートンは『プリンキピア』の第3編「世界の体系について」の中で，「高い山の上から水平に物体を投射すると，投射速度が小さい間は物体は放物線を描いて地上に落下する．しかし，投射速度を大きくしていくと，地球が丸いので，物体の軌道は放物線からずれて図10.1のA,B,C,Dのようになる．さらに投射速度を大きくすると，物体は地球のまわりの天空を円軌道を描いて回転するだろう」と書いている．このように今から300年以上も前に，ニュートンは人工衛星を予想していた．

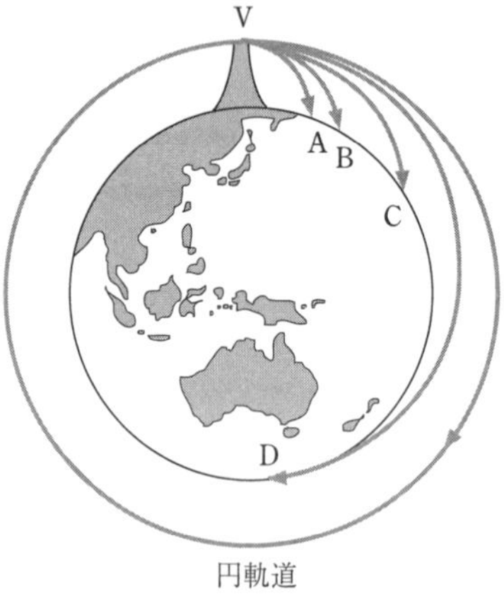

図 10.1 人工衛星の存在に対するニュートンの予想

1665年にロンドンで流行していたペストがケンブリッジを襲い，大学が閉鎖されたので，ニュートンは田舎の母の家に避難した．伝説によると，この頃ニュートンは庭のりんごの木の枝から実が落ちるのを見て，万有引力を思いついたということになっている．図10.1の人工衛星（質量 m）が，地球の重力 mg によってたえず地球の中心に向かって落下していることの結果として円運動を行うように，月（質量 m_M）も地球の及ぼす重力 $m_M g_M$ によって地球に向かって落下しつづけるので，その結果として月は地球のまわりを公転するのだ，ということを思いついたというのである（図10.2）．月は遠いので，月の地球の方への落下運動の加速度は g より小さくなって g_M になっていると考えて，月の受ける地球の重力は，$m_M g$ ではなく，$m_M g_M$ とした．

月での地球の重力の強さと地表での地球の重力の強さとの関係は，ニュートンの発見した，万有引力の法則によって与えられる．

本章では，万有引力の法則と惑星の運動について学ぶ．

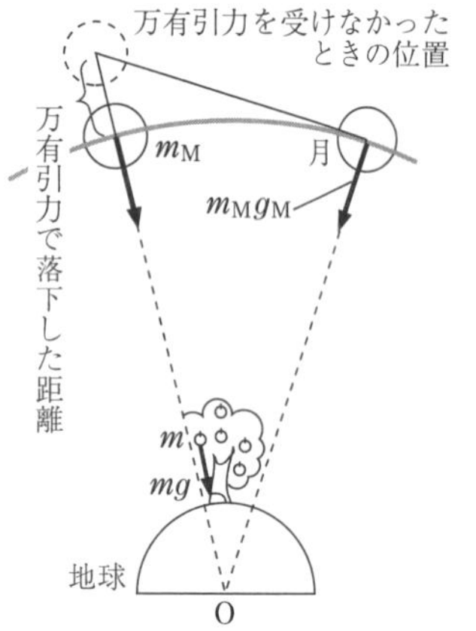

図 10.2 りんごが地面に落ちるように，月も地球に向かって落ちてくる．

10.1 万有引力

地表すれすれの人工衛星　地表に近い円軌道を回転する人工衛星の周期を計算しよう．半径 R_E の地球の表面の近くの円軌道を速さ v で等速円運動する質量 m の人工衛星に作用する大きさが mv^2/R_E の向心力は人工衛星に働く地球の重力 mg である（図 10.3）．したがって，

$$mg = \frac{mv^2}{R_E} \tag{10.1}$$

という条件から，この人工衛星の速さ v は

$$v = \sqrt{gR_E} = \sqrt{9.8\,\mathrm{m/s^2} \times 6.37 \times 10^6\,\mathrm{m}} = 7.9 \times 10^3\,\mathrm{m/s} = 7.9\,\mathrm{km/s} \tag{10.2}$$

となる．ここで，$R_E = 6370\,\mathrm{km}$ を使った．

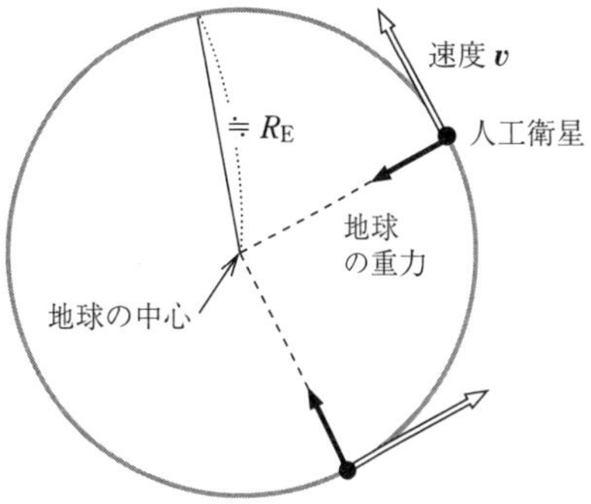

図 10.3 「人工衛星の質量 m×向心加速度 v^2/R_E」＝「地球の重力 mg」

万有引力の法則　地球は地表付近のすべての物体に，物体の質量 m に比例する重力を及ぼす．作用反作用の法則によれば，地表付近にある物体も地球に同じ大きさの引力を及ぼしているはずであり，この力は地球の質量に比例していると考えるのが自然である．

ニュートンはこの考えを一般化して，すべての 2 物体はその質量の積に比例する引力で引き合っていると考え，この力を万有引力とよんだ．さて，重力と質量の比例定数である重力加速度 g は地表付近ではほぼ一定で $g \fallingdotseq 9.8\,\mathrm{m/s^2}$ であるが，地球から遠く離れるとどのように変化するだろうか．ニュートンは太陽のまわりの地球や他の惑星の公転運動などから，万有引力は 2 物体間の距離 r の 2 乗に反比例することを見い出した（問 1 参照）．ニュートンの発見した万有引力の法則は次のとおりである．

「2 物体 A, B の間に働く万有引力の大きさ F は，2 物体の質量 m_A，m_B の積 $m_A m_B$ に比例し，物体間の距離 r の 2 乗に反比例する．」

式で表すと，

$$F = G\frac{m_A m_B}{r^2} \tag{10.3}$$

となる（図 10.4）．

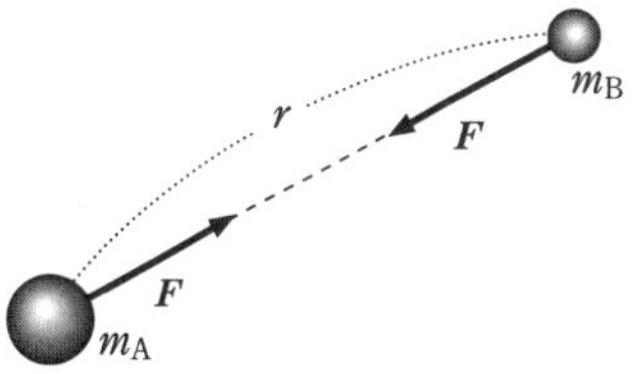

図 10.4 万有引力の法則
$F = G\dfrac{m_A m_B}{r^2}$

広がった 2 つの物体の間に働く万有引力は，物体を細かい部分の和だとみなして，各部分の間に働く万有引力の合力だと考えればよい．2 つの物体の中心距離に比べて広がりが無視できる 2 つの物体の間に働く万有引力を考える場合には，この合力は (10.3) 式で近似できる．しかし，2 つの物体の中心距離に比べて広がりが無視できない 2 つの物体の間に働く万有引力を考える場合には，物体の広がりを無視できない．たとえば，地球と地表に近い軌道を回る人工衛星の間に働く万有引力を考える場合には，地球の広がりを無視できない．

しかし，質量が m_A と m_B で，それぞれの質量分布が球対称な 2 つの物体 A と B の間に働く万有引力は，2 つの物体の中心距離が r ならば，(10.3) 式で与えられることが証明できる．すなわち，質量分布が球対称に広がっている 2 つの物体 A, B の間に働く万有引力は，A, B の質量がそれぞれの中心に集まっている場合に働く万有引力と同じであることが証明できる．この証明は電磁気学で学ぶガウスの法則を使うと容易である．

重力定数　万有引力の法則に現れる比例定数 G は**重力定数**とよばれ，図 10.5 に示すねじれ秤を利用する実験装置を使って，キャベンディッシュが 1798 年に初めて測定に成功した．実験室にある物体の間の万有引力はきわめて弱いので，重力定数 G の測定に成功したのは，ニュートンが万有引力の法則を発見してから 100 年以上も後のことであった．最近の測定値は

$$G = (6.67259 \pm 0.00085) \times 10^{-11}\ \mathrm{m^3/kg \cdot s^2} \tag{10.4}$$

である．

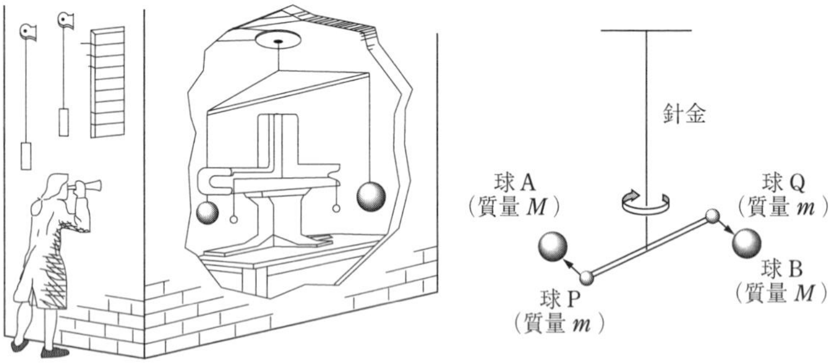

(a) 実験装置　(b) 装置の原理

図 10.5 キャベンディッシュの実験．鉛球 P に鉛球 A を，鉛球 Q に鉛球 B を近づけると，P と A，Q と B の間に働く万有引力によって，針金がどれだけねじれるかを精密に測定し，万有引力の大きさと重力定数 G の値を求めた．

例 1　質量 1 kg の 2 個の金の球の中心を 5 cm 離しておく．この 2 個の球の間に働く万有引力の大きさ F は

$$F = G\frac{m^2}{r^2} = 6.7 \times 10^{-11} \frac{\mathrm{m^3}}{\mathrm{kg \cdot s^2}} \times \frac{(1\ \mathrm{kg})^2}{(0.05\ \mathrm{m})^2} = 2.7 \times 10^{-8}\ \mathrm{N} \tag{10.5}$$

である．この 2 個の金の球の間に働く万有引力の大きさ F は，質量が $m = F/g = 3 \times 10^{-9}$ kg の物体に働く地球の重力の大きさと同じである．

天体間に働く重力の重力定数 G が地球上の実験室で決められるのは，万有引力がすべての物体の間に働く力であるという，普遍性の表れである．重力定数の値は小さいので，万有引力は質量の大きい物体が関係するときにのみ重要である．万有引力は天体を結びつけて，銀河系，恒星，太陽系などをつくる力であり，地表付近では物体を落下させる力である．

地球の質量　前に記したように，地球の表面付近にある質量 m の物体に対して地球が作用する重力 mg は，地球の全質量 m_{E} が半径 R_{E} の地球の中心に集まっているとした場合に，地球が地表の物体に及ぼす万有引力と同じなので，

$$mg = G\frac{m_{\mathrm{E}} m}{{R_{\mathrm{E}}}^2} \tag{10.6}$$

となる．すなわち，重力加速度 g は

$$g = \frac{Gm_{\mathrm{E}}}{{R_{\mathrm{E}}}^2} \tag{10.7}$$

と表せる．この式を変形すると，

$$m_{\mathrm{E}} = \frac{g{R_{\mathrm{E}}}^2}{G} \tag{10.8}$$

となる．

キャベンディッシュの実験によって決定された重力定数 G の値と地球の半径 R_{E} の値 6370 km を使って，地球の質量 m_{E} の値を

$$m_{\mathrm{E}} = \frac{g{R_{\mathrm{E}}}^2}{G} = \frac{(9.8\ \mathrm{m/s^2})(6.37\times10^6\ \mathrm{m})^2}{6.67\times10^{-11}\ \mathrm{m^3/kg{\cdot}s^2}} = 6.0\times10^{24}\ \mathrm{kg} \tag{10.9}$$

と決められるので，キャベンディッシュはこの実験を地球の質量を測る実験とよんだ．

さて，ニュートンの時代に，月と地球の距離 r_{M} は地球の半径 R_{E} の約 60 倍であることがわかっていた．図 10.2 に示した，月が地球の中心に向かって落下してくる加速度 g_{M} は，(10.3) 式と (10.7) 式を使うと，

$$m_{\mathrm{M}}g_{\mathrm{M}} = G\frac{m_{\mathrm{M}}m_{\mathrm{E}}}{{r_{\mathrm{M}}}^2} = G\frac{m_{\mathrm{M}}m_{\mathrm{E}}}{(60R_{\mathrm{E}})^2} = \frac{m_{\mathrm{M}}}{60^2}\frac{Gm_{\mathrm{E}}}{{R_{\mathrm{E}}}^2} = \frac{m_{\mathrm{M}}g}{3600}$$

$$\therefore\quad g_{\mathrm{M}} = \frac{g}{3600} = \frac{9.8}{3600}\ \mathrm{m/s^2} = 2.7\times10^{-3}\ \mathrm{m/s^2} \tag{10.10}$$

となる．

月の公転周期 T_{M} と月の公転運動の速さ v_{M} は，$v_{\mathrm{M}}T_{\mathrm{M}} = 2\pi r_{\mathrm{M}}$ という関係を満たす．そこで，月の公転周期の測定値 $T_{\mathrm{M}} = 27.3$ 日 を使うと，月の公転運動の加速度 $g_{\mathrm{M}} = {v_{\mathrm{M}}}^2/r_{\mathrm{M}}$ は

$$g_{\mathrm{M}} = \frac{{v_{\mathrm{M}}}^2}{r_{\mathrm{M}}} = r_{\mathrm{M}}\left(\frac{2\pi}{T_{\mathrm{M}}}\right)^2 = 60R_{\mathrm{E}}\left(\frac{2\pi}{T_{\mathrm{M}}}\right)^2 = 2.7\times10^{-3}\ \mathrm{m/s^2} \tag{10.11}$$

となり，(10.10) 式の結果と一致し，ニュートンの予想はみごとにあたった．

10.2 ケプラーの法則と万有引力

ケプラーの法則　16 世紀の後半にデンマークのティコ・ブラーエは，当時としてはきわめて精密な観測機器を使って，恒星，太陽，月，惑星などの位置を前例のない正確さをもって長期間にわたって観測した．彼の仕事は望遠鏡の発明以前に行われたものである．

彼の助手であったケプラーは，ティコ・ブラーエの観測結果から，試行錯誤の末に，次の 3 つの法則からなるケプラーの法則を発見した (図 10.6)．

第 1 法則　惑星の軌道は太陽を 1 つの焦点とする楕円である (楕円とは 2 つの焦点からの距離の和が一定な点の集合である)．

第 2 法則　太陽と惑星を結ぶ線分が一定時間に通過する面積は等しい (面積速度一定の法則)．

第 3 法則　惑星が太陽を 1 周する時間 (周期) T の 2 乗と軌道の長軸半径 a の 3 乗の比は，すべての惑星について同じ値をもつ (a^3/T^2 = 一定)．

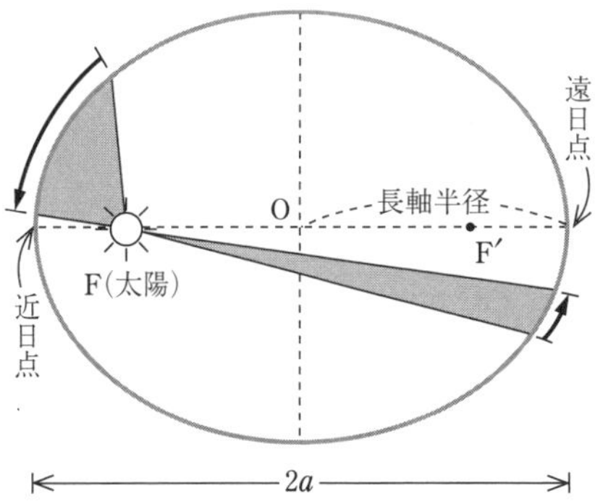

図 10.6　惑星の楕円軌道と面積速度一定．惑星は太陽を焦点の 1 つ (F) とする楕円軌道上を運動する．太陽と惑星を結ぶ線分が同じ時間に通過する面積は一定である．その結果，惑星が太陽から遠い遠日点の付近では速さが遅く，太陽に近い近日点の付近では速い．

■ケプラーの法則とニュートン力学■　ニュートンは，すべての天体の間には(10.3)式に従う万有引力が働くと仮定し，力として万有引力を入れた運動方程式を解くことによって，ケプラーの法則を証明した．また逆に，運動の法則とケプラーの法則から万有引力の法則(10.3)を導いた．

■ケプラーの第2法則の証明■　惑星に作用する太陽の万有引力は，太陽を力の中心とする中心力なので，9.4節で示したように，惑星は太陽を含む一平面上を運動し，太陽のまわりの惑星の角運動量は保存する．つぎの参考で示すように，面積速度一定の法則と角運動保存の法則は同一の法則である．したがって，ケプラーの第2法則は，ニュートン力学(運動の法則と万有引力の法則)によって証明されたことになる．

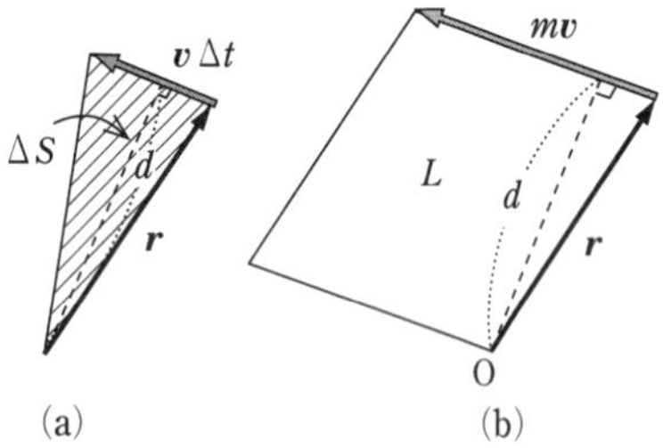

図 10.7　(a)　$\Delta S = \mathrm{d}(v\,\Delta t)/2 = L\,\Delta t/2m$
(b)　$L = mvd$

(参考)　面積速度一定の法則　速度 $\boldsymbol{v}$ の物体は，時間 Δt に $\boldsymbol{v}\,\Delta t$ だけ移動する．図10.7(a)の斜線の部分の面積 $\Delta S = (v\,\Delta t)d/2$ は，力の中心と物体を結ぶ線分が時間 Δt に通過する面積である．この物体の角運動量である図10.7(b)の平行四辺形の面積 $L = mvd$ と ΔS を比べると，$\Delta S = L\,\Delta t/2m$ という関係がある．中心力のみの作用を受けて運動する物体の場合，力の中心のまわりの角運動量は保存するので，中心力の力の中心と物体を結ぶ線分が単位時間に通過する面積 $(\Delta S/\Delta t)$ は一定で，

$$\frac{\Delta S}{\Delta t} = \frac{L}{2m} \tag{10.12}$$

であることがわかる．これを**面積速度一定の法則**という．

太陽のまわりの惑星の公転運動では面積速度が一定なので，惑星が太陽から遠い遠日点の付近では惑星の運動は遅く，太陽に近い近日点の付近では速い．また，1年の長さが一定に保たれるのも，角運動量保存の法則が成り立つためである．

■惑星の軌道が円の場合のケプラーの第3法則の証明■　円は楕円の2つの焦点が一致した場合である．ケプラーの第2法則から，惑星の軌道が円の場合には，惑星は等速円運動を行うことが導かれる．太陽(質量 m_{S})を中心とする惑星(質量 m)の半径 r，速さ v の等速円運動に対するニュートンの運動方程式は，惑星の等速円運動の加速度が v^2/r なので，

$$m\frac{v^2}{r} = G\frac{m_{\mathrm{S}}m}{r^2} \tag{10.13}$$

である．ここで，太陽の質量は惑星の質量よりはるかに大きいので，太陽は静止していると近似した．

惑星の速さ v と公転運動の周期 T の関係 $vT = 2\pi r$ を使って，(10.13)式から導かれる関係の $rv^2 = Gm_{\mathrm{S}}$ から v を消去すると，

$$\frac{r^3}{T^2} = \frac{Gm_{\mathrm{S}}}{4\pi^2} = 定数 \tag{10.14}$$

となる．$Gm_{\mathrm{S}}/4\pi^2$ は，すべての惑星に対して共通な定数である．したがって，「惑星の公転周期 T の2乗は軌道半径 r の3乗に比例する」というケプラーの第3法則が導かれた．

問1　万有引力 F が，$F = Gm_{\rm A}m_{\rm B}/r^n$ のように，距離 r の n 乗に反比例すると仮定して，(10.13) 式の右辺を $Gm_{\rm S}m/r^n$ とおき，ケプラーの第3法則から $n=2$ であることを導け．

このようにして，「惑星の公転周期 T の2乗は軌道半径 r の3乗に比例する」というケプラーの第3法則から，$n=2$ であることが導かれ，万有引力は距離の2乗に反比例することが導かれる．

例2　静止衛星　地球の自転の角速度と同じ角速度 ω で赤道上空を等速円運動するので，地表からは赤道上空の1点に静止しているように見える人工衛星を静止衛星という．したがって，静止衛星の地球のまわりの公転周期は1日である（厳密には1太陽日ではなく1恒星日 $=0.9973$ 日である）．静止衛星の地表からの高さ h を求めてみよう．

静止衛星の公転の角速度は

$$\omega = \frac{2\pi}{60\times60\times24\,\rm s} = 7.27\times10^{-5}\,\rm s^{-1} \tag{10.15}$$

である．円軌道の半径は，地球の半径 $R_{\rm E}$ と静止衛星の高さ h の和の，$R_{\rm E}+h$ なので，静止衛星の向心加速度は $(R_{\rm E}+h)\omega^2$ である．

向心力 = 万有引力 という関係から，質量 m の静止衛星の運動方程式

$$m(R_{\rm E}+h)\omega^2 = G\frac{mm_{\rm E}}{(R_{\rm E}+h)^2} = \frac{mg{R_{\rm E}}^2}{(R_{\rm E}+h)^2} \tag{10.16}$$

が導かれる．ここで，(10.7) 式を使った．この式から

$$\begin{aligned} h &= \left(\frac{g{R_{\rm E}}^2}{\omega^2}\right)^{1/3} - R = \left(\frac{9.8\times(6.4\times10^6)^2}{(7.3\times10^{-5})^2}\right)^{1/3} - 6.4\times10^6 \\ &= 42\times10^6 - 6.4\times10^6 = 3.6\times10^7\,\rm m = 3.6\times10^4\,\rm km \end{aligned} \tag{10.17}$$

問2　地球のまわりの月の公転周期は27.32日で長軸半径 $a_{\rm M}$ は 3.844×10^5 km である．これらの事実から，地球の中心から静止衛星までの距離をケプラーの第3法則を使って計算し，静止衛星の地表からの高さが $h = 36000$ km であることを示せ．静止衛星の公転速度が時速11000 km であることも示せ．

例3　ダークマター　地球が属する太陽系は天の川銀河に属している．銀河は1000億個ぐらいの恒星の集団である．渦巻き銀河の写真を見ると，恒星が平べったい円盤状になって全体として回転しているという印象を受ける（図10.8）．円盤中の恒星の回転運動の向心力は重力である．回転している銀河の中心から離れたところにある恒星やガスの回転速度は，それらが放射する光のドップラー効果を利用して測定できる．したがって，恒星に働く重力の大きさを決めることができる．

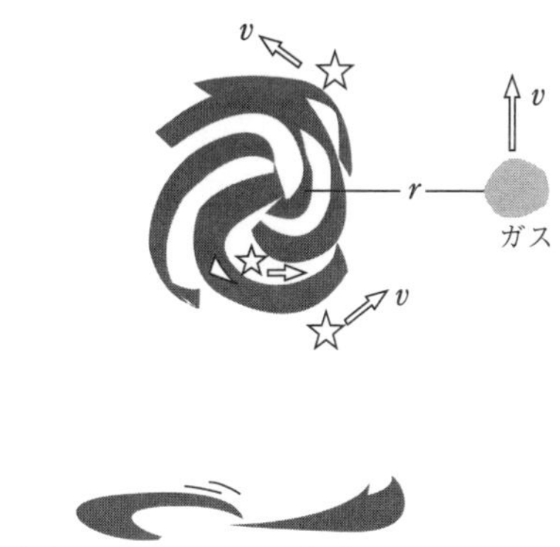

図10.8　渦巻き銀河

電磁気学で学ぶガウスの法則によると，物質の密度分布が球対称な場合には，球の中心から距離 r の点にある物体に働く重力は，球の中心から半径 r の球面の内部にある全質量 $M(r)$ が球の中心に集まっている場合の重力と等しいことが証明できる．

したがって，半径 r のところにある恒星やガスの回転速度 v は

$$\frac{mv^2}{r} = G\frac{mM(r)}{r^2} \qquad \therefore \quad v = \sqrt{\frac{GM(r)}{r}} \tag{10.18}$$

で与えられる．渦巻き銀河の中の恒星の分布は円盤状であって球対称で

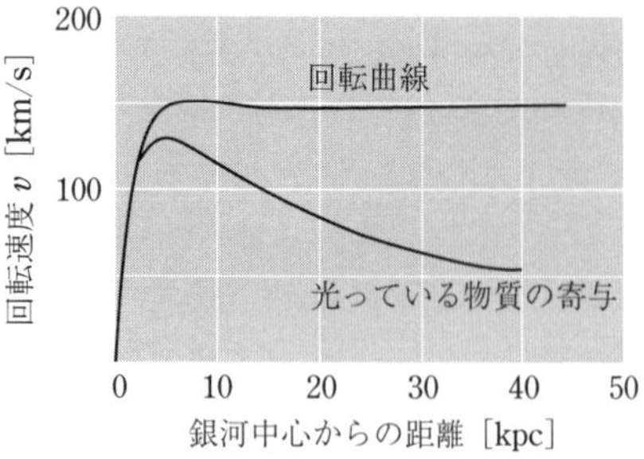

図 10.9　ある渦巻き銀河の回転曲線

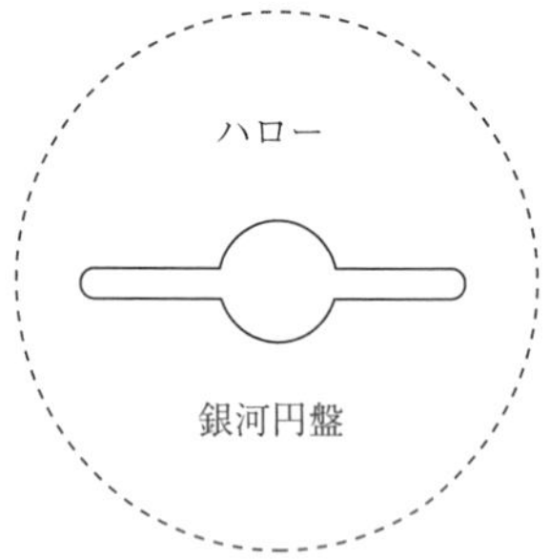

図 10.10　光る物質の銀河円盤を囲んでダークマターがハローに存在する．

はないが，銀河の中心から距離 r の点の重力は，銀河の中心から半径 r の球の内部の全質量が銀河の中心に集まっている場合と同じだと近似してみよう．渦巻き銀河の質量が光っている恒星だけによるものであれば，光っている星雲の外側では $M(r) = M_G$（星雲の全質量）なので，$v = \sqrt{GM_G/r}$ である．したがって，回転速度 v は $\sqrt{r}$ に反比例して減少していくはずである．

ところが，図 10.9 に示すように，渦巻き銀河の外側のガスの出す光の振動数から決められた回転速度 v は，星雲の中心からの距離 r に関係なくほぼ一定である．この事実は，$M(r)$ が星雲の外側でも r に比例して増加していることを示す．すなわち，光っている恒星の存在しない渦巻き星雲の外側の部分にも質量が存在していることを意味する．この光っていない物質をダークマターという（図 10.10）．

星雲の中心からの距離 $r = 30$ kpc での $M(r)$ を $v = 150$ km/s を使って計算してみよう．1 pc（パーセク）= 3.26 光年 = 3.08×10^{16} m なので

$$M(30\text{ kpc}) = \frac{v^2 r}{G} = \frac{(1.50\times10^5)^2\times30\times10^3\times3.1\times10^{16}}{6.7\times10^{-11}}$$
$$= 3\times10^{41}\text{ kg}$$

これは太陽の質量 2×10^{30} kg の約 1000 億倍である．

例題 1　物質の密度分布が球対称な場合，球の中心から距離 r の地点にある物体に働く重力は，中心から半径 r の球面の内部にある全質量 $M(r)$ が球の中心に集っている場合の重力と等しいことが証明できる．

地球が密度 ρ の一様な球だとして，地球に中心を通るまっすぐな長い穴を開けて，地球の表面から質量 m の質点を静かに落としたとき，この質点の運動を調べよ．

解　$M(r) = (4\pi/3)\rho r^3$ なので，質点に働く重力は

$$F = G\frac{mM(r)}{r^2} = \frac{4\pi\rho mG}{3}r \quad (10.19)$$

すなわち，ばね定数 $k = 4\pi\rho mG/3$ のばねの復元力と同じである．したがって，地球の半径を R_E と記すと，質点の運動は周期

$$T = 2\pi\sqrt{\frac{3}{4\pi\rho G}} \quad (10.20)$$

の単振動，

$$r = R_E\cos\omega t = R_E\cos(2\pi t/T)$$

地球の質量は $m_E = 4\pi\rho R_E{}^3/3$ なので，(10.7) 式を使うと

$$T = 2\pi\sqrt{\frac{R_E{}^3}{m_E G}} = 2\pi\sqrt{\frac{R_E}{g}}$$
$$= 5.1\times10^3\text{ s} = 1.4\text{ h}$$

本書では，ケプラーの第 1 法則の証明および楕円軌道の場合のケプラーの第 3 法則の証明は行わない．

なお，太陽の作用する万有引力（あるいは異符号の帯電体の間に働くクーロン引力）のように，距離 r の 2 乗に反比例する引力の中心力の作用を受けて運動する物体の軌道は，円，楕円，放物線，あるいは双曲線である．同符号の帯電体の間に働くクーロン反発力のように，距離の 2 乗に反比例する反発力の中心力の作用を受けて運動する物体の軌道は双曲線である．

10.3　万有引力による位置エネルギー

万有引力による位置エネルギー　距離 r の 2 つの物体（質量 m, M）に力 $F = GmM/r^2$ を作用して，2 つの物体をゆっくりと引き離して距離を無限大にする．このとき力がした仕事は図 10.11 のアミの部分の面積に等しい（7.4 節図 7.12 参照）．この面積を図に示した長方形の面積の和で近似すると

$$W = \int_r^\infty G\frac{mM}{r^2}\,\mathrm{d}r \approx GmM\left[\frac{r_2-r_1}{r_1r_2}+\frac{r_3-r_2}{r_2r_3}+\cdots\right]$$
$$= GmM\left[\left(\frac{1}{r_1}-\frac{1}{r_2}\right)+\left(\frac{1}{r_2}-\frac{1}{r_3}\right)+\cdots\right]$$
$$= G\frac{mM}{r_1} = G\frac{mM}{r} \tag{10.21}$$

となる（$r_1 = r$）．

7.6 節で示したように，熱や他の形のエネルギーが発生しない場合には，力のする仕事は力学的エネルギーの増加量に等しい［(7.57) 式］．ゆっくり動かす場合には運動エネルギーは無視できるので，(10.21) 式の W は位置エネルギーの増加量に等しい．距離が r の 2 つの物体の間に働く万有引力による位置エネルギーを $U(r)$ とし，万有引力による位置エネルギーを測る基準点を $r = \infty$ の無限遠点とすると［$U(\infty) = 0$ とすると］，$W = U(\infty) - U(r) = -U(r)$ なので，$U(r) = -GmM/r$ である．したがって，距離 r の 2 物体（質量 m, M）の間の万有引力による位置エネルギー $U(r)$ は次のように表される．

$$U(r) = -G\frac{mM}{r} \tag{10.22}$$

GmM/r^2 の原始関数は $-GmM/r$ であることを使うと，(10.22) 式は

$$\int_r^\infty G\frac{mM}{r^2}\,\mathrm{d}r = -G\frac{mM}{r}\Bigg|_r^\infty = G\frac{mM}{r} \tag{10.23}$$

と求められることを注意しておこう．なお，万有引力は保存力であり，万有引力には位置エネルギーが存在することなどの，厳密な議論は次節に示す．

2 つの物体が広がりをもつが，それぞれの物体の質量分布が球対称な場合の万有引力による位置エネルギーは，(10.22) 式で r を 2 物体の中心の距離としたものである．

問 3　図 10.12 に示す地球の万有引力による位置エネルギーの図を眺めて，物体が地球から遠ざかるときに，地球の万有引力のする仕事が正か負かを述べよ．また，物体を地球から遠ざけるためには，物体に外力が正の仕事をする必要があるか否かを述べよ．

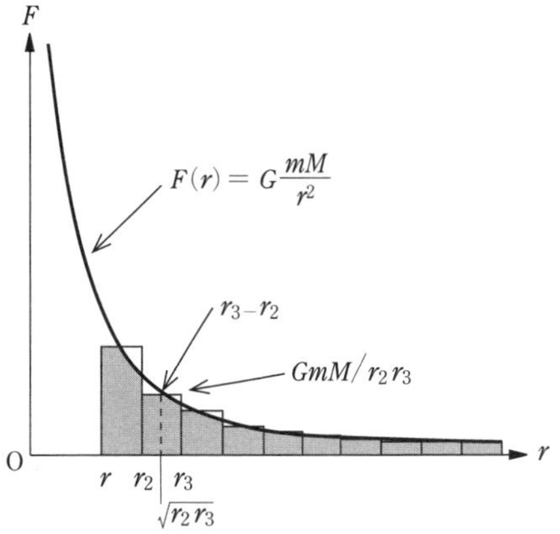

図 10.11　ゆっくり引き離すときに外力 $F(r) = GmM/r^2$ のする仕事

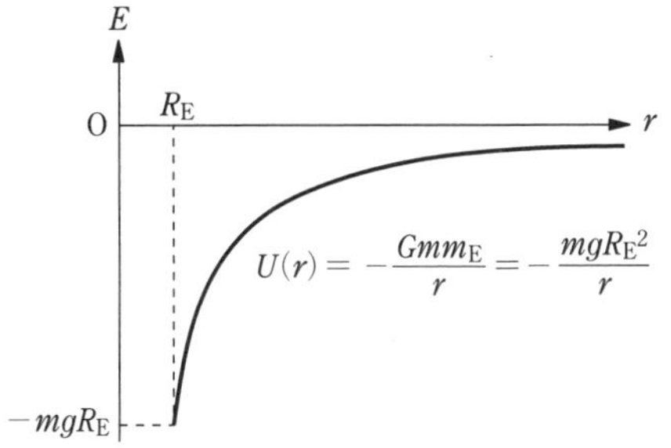

図 10.12　地球の万有引力による位置エネルギー
$U(r) = -\dfrac{Gmm_E}{r}$

例題 2　脱出速度　ロケットを発射して，地球の重力圏から脱出させて，無限の遠方まで到達させたい．打ち上げる際のロケットの初速 v の最小値を求めよ．ロケットは1段ロケットで，地球の自転による効果は無視できるものとせよ．地球の半径は $R_E = 6.37\times10^6$ m，地球の質量は $m_E = 5.97\times10^{24}$ kg とせよ．

解　地表 $(r = R_E)$ での質量 m の物体の万有引力による位置エネルギー $U(R_E)$ は，(10.7) 式と (10.22) 式から

$$U(R_E) = -G\frac{m_E m}{R_E} = -mgR_E \quad (10.24)$$

である．したがって，地表で質量 m のロケットを初速 v で打ち上げると，そのときのロケットの力学的エネルギーは

$$E = \frac{1}{2}mv^2 + U(R_E) = \frac{1}{2}mv^2 - mgR_E \quad (10.25)$$

である．このロケットが宇宙空間を運動する際には力学的エネルギーはほぼ保存されると考えられる．したがって，このロケットが，地球の作用する万有引力に打ち勝って，位置エネルギーが0の無限の遠方 $[U(\infty) = 0]$ まで脱出できるための条件は，無限の遠方でのロケットの力学的エネルギーは運動エネルギー $(1/2)mv_\infty{}^2$ だけなので，ロケットの力学的エネルギーが正であることである．

$$\therefore \quad E = \frac{1}{2}mv^2 - mgR_E = \frac{1}{2}mv_\infty{}^2 > 0 \quad (10.26)$$

したがって，ロケットが，地球の重力に打ち勝って，地球の重力圏から脱出できるための最低速度（脱出速度）は，$mv^2/2 - mgR_E = 0$ から，

$$v = \sqrt{2gR_E} = \sqrt{2\times9.8\times6.37\times10^6} = 1.12\times10^4 \text{ m/s} \quad (10.27)$$

なお，この脱出速度は，地表付近の円軌道を回る人工衛星の速さ $\sqrt{gR_E}$ [(10.2) 式] の $\sqrt{2}$ 倍である．

10.4　直線運動以外での仕事とエネルギー*

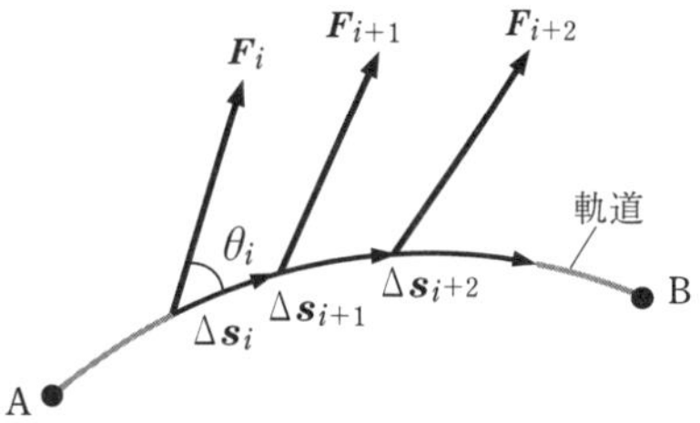

図 10.13　物体が点Aから点Bまで移動するときに，力 $\boldsymbol{F}$ のする仕事 $W_{A\to B}$ は，各微小区間での力のする微小仕事 $\Delta W_i = \boldsymbol{F}_i\cdot\Delta\boldsymbol{s}_i = F_i\,\Delta s_i\cos\theta_i$ の和である．

物体が力 $\boldsymbol{F}$ の作用を受けて点Aから点Bまで動くときに，この力 $\boldsymbol{F}$ のする仕事 $W_{A\to B}$ は次のように計算できる．物体が動いた道筋 A → B を N 個の微小区間に区切って，その各区間での仕事を足し上げる．i 番目の微小区間の始点を出発点とし終点で終わる変位ベクトルを $\Delta\boldsymbol{s}_i$ とし，この微小区間での力 $\boldsymbol{F}$ はほぼ一定で $\boldsymbol{F}_i$ で近似できるとすれば，i 番目の微小区間において力 $\boldsymbol{F}$ がした仕事 ΔW_i は

$$\Delta W_i = \boldsymbol{F}_i\cdot\Delta\boldsymbol{s}_i = F_i\,\Delta s_i\cos\theta_i = F_{it}\,\Delta s_i \quad (10.28)$$

と近似できる．θ_i は $\boldsymbol{F}_i$ と $\Delta\boldsymbol{s}_i$ のなす角で，$F_{it} = F_i\cos\theta_i$ は力 $\boldsymbol{F}_i$ の $\Delta\boldsymbol{s}_i$ 方向成分である．したがって，

$$W_{A\to B} \approx \Delta W_1 + \Delta W_2 + \cdots + \Delta W_N \quad (10.29)$$

となる．$W_{A\to B}$ の正確な値は微小区間の数 $N\to\infty$，各微小区間の長さ $\Delta s_i \to 0$ の極限での値で，これを

$$W_{A\to B} = \lim_{N\to\infty}\sum_{i=1}^{N}\boldsymbol{F}_i\cdot\Delta\boldsymbol{s}_i = \int_A^B \boldsymbol{F}\cdot d\boldsymbol{s} = \int_A^B F\cos\theta\, ds = \int_A^B F_t\, ds \quad (10.30)$$

と記す．右辺の積分は道筋に沿っての積分で**線積分**とよばれる．

■保存力のする仕事と位置エネルギー■　点 $\boldsymbol{r} = (x, y, z)$ にある物体に働く力 $\boldsymbol{F}$ が x, y, z だけの関数 $\boldsymbol{F} = \boldsymbol{F}(x, y, z)$ の場合を考えよう．重力やばねの弾力はこのような力の例である．動摩擦力は物体の速度の逆向きに作用するので，動摩擦力は速度 $\boldsymbol{v} = (v_x, v_y, v_z)$ の関数であり，動

摩擦力は $\boldsymbol{F}=\boldsymbol{F}(x,y,z)$ のタイプの力ではない．

力 $\boldsymbol{F}$ の中には，積分 (10.30) の値が点 A から点 B までの道筋に関係せず，両端の点 A と点 B の位置だけで決まるものがある (図 10.14) (たとえば重力)．このような力 $\boldsymbol{F}(x,y,z)$ を**保存力**とよぶ．すなわち

「保存力とは，物体が点 A から出発して，点 B に行く間に，力の行う仕事が道筋によらず一定な力である．」

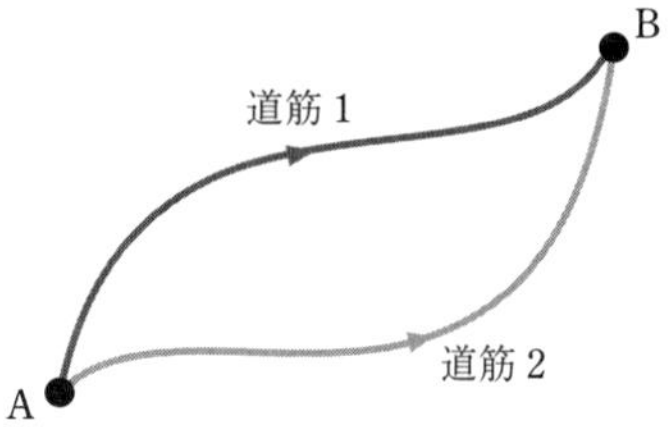

図 10.14　点 A から点 B までの 2 つの道筋

保存力の場合には，点 P での物体の**位置エネルギー** $U(\mathrm{P})$ を

$$U(\mathrm{P})=-\int_{\mathrm{A}}^{\mathrm{P}}\boldsymbol{F}\cdot\mathrm{d}\boldsymbol{s}+U(\mathrm{A}) \tag{10.31}$$

によって定義する．点 A を位置エネルギーを測る基準点とすると，そこでは $U(\mathrm{A})=0$ なので，

$$U(\mathrm{P})=-\int_{\mathrm{A}}^{\mathrm{P}}\boldsymbol{F}\cdot\mathrm{d}\boldsymbol{s}=\int_{\mathrm{P}}^{\mathrm{A}}\boldsymbol{F}\cdot\mathrm{d}\boldsymbol{s} \tag{10.32}$$

となる．点 P にある物体の保存力 $\boldsymbol{F}$ による位置エネルギーとは，物体が点 P から基準点 A まで移動するときに保存力がする仕事 $W_{\mathrm{P\to A}}$ であることがわかる．

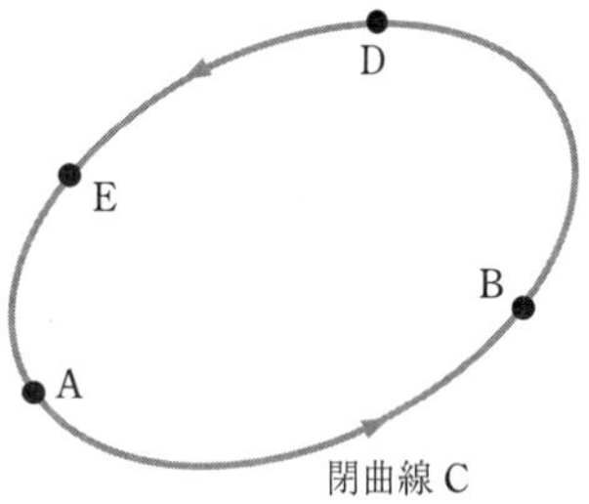

図 10.15　閉曲線 C

(10.31) 式によれば，

$$U(\mathrm{P})-U(\mathrm{A})=W_{\mathrm{P\to A}} \tag{10.33}$$

なので，閉曲線 C に沿って物体が 1 周する場合，この物体に作用する保存力 $\boldsymbol{F}$ がこの物体にする仕事は $U(\mathrm{A})-U(\mathrm{A})=0$，すなわち

$$\oint_{\mathrm{C}}F_{\mathrm{t}}\,\mathrm{d}s=0 \tag{10.34}$$

である (図 10.15)．積分記号についている○印と記号 C は閉曲線 C に沿って 1 周する積分であることを意味する．ジェット・コースターに乗って 1 周する場合に，重力が乗客にする仕事は，(10.34) の積分の一例である．

位置エネルギーから力を導く　1 次元の場合の力と位置エネルギーの関係 $F(x)=-\mathrm{d}U/\mathrm{d}x$ に対応する，力 $\boldsymbol{F}(x,y,z)$ と位置エネルギー $U(x,y,z)$ の関係は

$$F_x=-\frac{\partial U}{\partial x},\quad F_y=-\frac{\partial U}{\partial y},\quad F_z=-\frac{\partial U}{\partial z} \tag{10.35}$$

である．$\partial U/\partial x$，$\partial U/\partial y$，$\partial U/\partial z$ は**偏微分**で，$\partial U/\partial x$ は，y と z を定数とみなし，$U(x,y,z)$ を x だけの関数とみなして x で微分した導関数である．

直線運動の場合は，力 F が位置座標 x だけの関数 $F(x)$ であれば，力 $F(x)$ は保存力であるが，3 次元運動の場合は力が位置座標だけの関数 $\boldsymbol{F}(\boldsymbol{r})$ であっても保存力とは限らない．円に沿って物体が動くときに物体に働く力が図 10.16 に示すようなものである場合はその一例である．$W_{\mathrm{A\to C\to B}}$ は正であるが，$W_{\mathrm{A\to D\to B}}$ は負であり，物体が点 A から点 B まで移動する際に力 $\boldsymbol{F}$ がする仕事は道筋によって異なるからである．

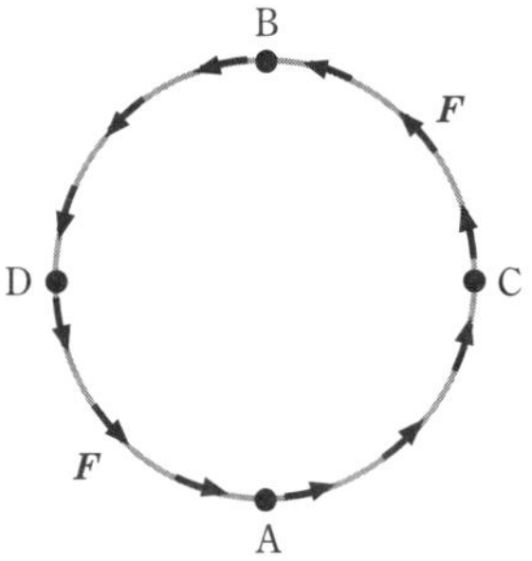

図 10.16　非保存力の一例．$W_{\mathrm{A\to C\to B}}>0$，$W_{\mathrm{A\to D\to B}}<0$

(参考)　万有引力による位置エネルギー　質量 m の物体が原点に静止している他の物体 (質量 M) から万有引力の作用を受けている場合の位置エネルギーを求めよう．

図 10.17 に示すように，物体 m が点 Q から点 Q′ に動いた場合に，万

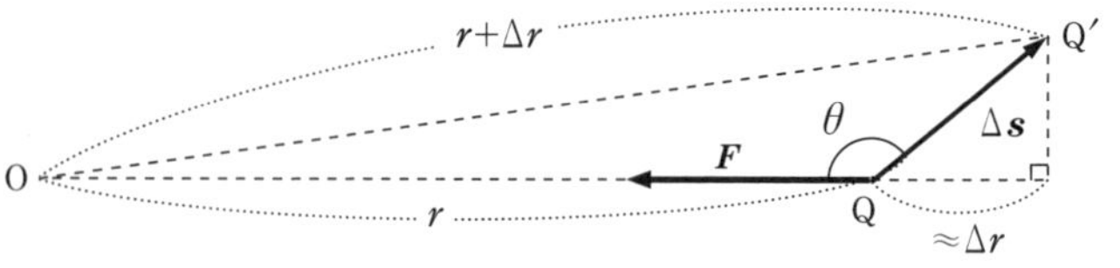

図 10.17

有引力のする仕事は（$r \gg \Delta s$ の場合には，$\overrightarrow{\mathrm{OQ}}$ と $\overrightarrow{\mathrm{OQ'}}$ はほぼ平行なので，$\Delta r \approx \Delta s\cos(\pi-\theta) = -\Delta s\cos\theta$ を使うと）

$$\Delta W = \boldsymbol{F}\cdot\Delta\boldsymbol{s} = \frac{GMm}{r^2}\Delta s\cos\theta = -\frac{GMm}{r^2}\Delta r \qquad (10.36)$$

である．万有引力による位置エネルギーを測る基準点として $r=\infty$ の無限遠点を選ぶと，原点からの距離が r の点 Q での万有引力による位置エネルギーは

$$U(r) = -\int_\infty^r \boldsymbol{F}\cdot\mathrm{d}\boldsymbol{s} = GMm\int_\infty^r \frac{\mathrm{d}r}{r^2} = -\frac{GMm}{r}\bigg|_\infty^r = -\frac{GMm}{r} \qquad (10.37)$$

であることがわかる．物体が点 A から点 B まで移動するときに万有引力がする仕事 $W_{\mathrm{A}\to\mathrm{B}}$ は，線分 $\overline{\mathrm{OA}}$ の長さ r_A と線分 $\overline{\mathrm{OB}}$ の長さ r_B だけの関数

$$\begin{aligned} W_{\mathrm{A}\to\mathrm{B}} &= \int_\mathrm{A}^\mathrm{B} \boldsymbol{F}\cdot\mathrm{d}\boldsymbol{s} = -GMm\int_{r_\mathrm{A}}^{r_\mathrm{B}} \frac{\mathrm{d}r}{r^2} = \frac{GMm}{r_\mathrm{B}} - \frac{GMm}{r_\mathrm{A}} \\ &= U(r_\mathrm{A}) - U(r_\mathrm{B}) \end{aligned} \qquad (10.38)$$

であり，点 A から点 B までの移動の道筋によらない．したがって，万有引力は保存力である．

第 10 章のまとめ

万有引力　すべての 2 物体はその質量の積に比例し，距離の 2 乗に反比例する引力で引き合っている．この力を万有引力とよぶ．

万有引力の法則　2 物体 A, B の間に働く万有引力の大きさ F は，2 物体の質量 m_A, m_B の積 $m_\mathrm{A}m_\mathrm{B}$ に比例し，物体間の距離 r の 2 乗に反比例する．

$$F = G\frac{m_\mathrm{A}m_\mathrm{B}}{r^2} \qquad (1)$$

比例定数 G は重力定数とよばれ，

$$G = (6.67259 \pm 0.00085) \times 10^{-11}\ \mathrm{m^3/kg\cdot s^2} \qquad (2)$$

広がりを無視できない物体の間の万有引力　質量が m_A と m_B で質量分布が球対称な物体 A と B の間に働く万有引力は，2 つの物体の中心距離が r ならば，(1) 式で与えられる．

万有引力による位置エネルギー　距離 r の 2 物体 A, B の間に働く万有引力による位置エネルギーは

$$U(r) = -G\frac{m_\mathrm{A}m_\mathrm{B}}{r} \qquad (3)$$

ケプラーの法則

第1法則　惑星の軌道は太陽を1つの焦点とする楕円である（楕円とは2つの焦点からの距離の和が一定な点の集合である）．

第2法則　太陽と惑星を結ぶ線分が一定時間に通過する面積は等しい（面積速度一定の法則）．

第3法則　惑星が太陽を1周する時間（周期）T の2乗と軌道の長軸半径 a の3乗の比は，すべての惑星について同じ値をもつ（a^3/T^2 = 一定）．

演習問題 10

A

1．地球（質量 M_E）のまわりの半径 r の円軌道を回る人工衛星（質量 m）の周期 T を求めよ．地表のごく近くの円軌道上を運動する人工衛星の速さと周期はいくらか．

2．太陽のまわりを回る惑星の軌道が円軌道であるとすると，惑星の速さ v は軌道半径 r の平方根に反比例すること（$v \propto 1/\sqrt{r}$）を示せ．

3．周期が70年の彗星の軌道の長軸半径は地球の軌道の長軸半径の何倍か．

4．人工衛星の打ち上げには多段ロケットを使い，つぎつぎに加速するとともに軌道を修正して，所定の軌道に衛星をのせる．多段ロケットを使わず，1段ロケット（= 人工衛星）を打ち上げて軌道修正をしない場合には，人工衛星はどうなるか．

5．月面にある物体が月の引力圏から脱出するために必要な速さ v_M を求めよ．月面での重力加速度 $g_M \approx g/6$，月の半径 $R_M = (1/3.7)R_E$（R_E は地球の半径），地球からの脱出速度 $v_E = 11.2$ km/s を使え．

B

1．地球のまわりの半径 r の円軌道を回る人工衛星の運動エネルギー K，位置エネルギー U，全エネルギー E の間には，$E = K+U = U/2$ の関係があることを示せ，人工衛星の軌道半径が増すと運動エネルギーは増加するか．

2．地表で発射されたロケットの太陽の引力圏からの脱出速度 v_S は $2\sqrt{2}\,\pi r_E/T_E$ であることを示せ．ここで，r_E と T_E は地球の公転半径と公転周期である．ただし，地球の引力圏を脱出するのに必要なエネルギーは無視せよ．

3．質量が太陽の質量（2×10^{30} kg）の2倍，密度が太陽の密度の約 10^{15} 倍（半径 $R \approx 9$ km）の中性子星の引力圏からの脱出速度はいくらか．

4．月の引力によって潮汐が生じる理由を説明し，潮汐が地球の自転速度を遅くすることも説明せよ（平均で1日に0.002秒遅くなる）．

5．太陽系の属する銀河系を遠くから眺めると，恒星は円盤状に分布し，恒星は全体として円盤に垂直な対称軸のまわりを回転している．銀河系は初期には球状だったと考えられる．球状分布が円盤状分布に変化した理由を，角運動量保存則を利用して説明せよ．

6．（銀河系中心部の巨大なブラックホール）射手座にある銀河系中心付近の星の動きを詳細に観測した結果，銀河中心から光が1週間かかって進む距離にある星が秒速2000 km の猛烈な速さで銀河中心の周囲を回転していることがわかった．星の周回軌道の内側にある物質の質量は太陽の質量の約何百万倍であるかを推定せよ．これだけの質量が狭い範囲に集中するのはブラックホール以外にはありえない．

11 剛体の重心

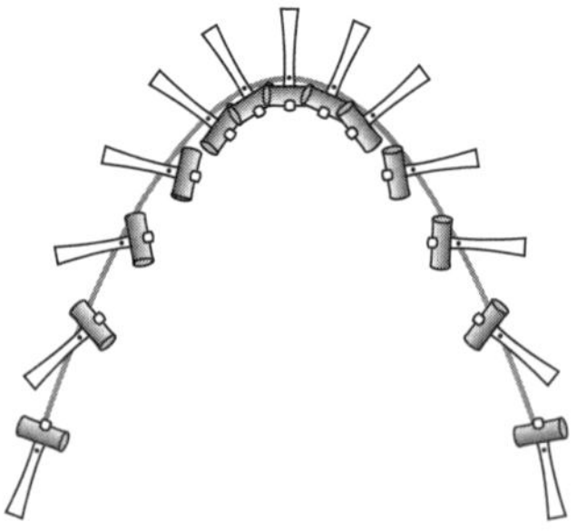

図 11.1　金槌の重心は放物線上を運動する.

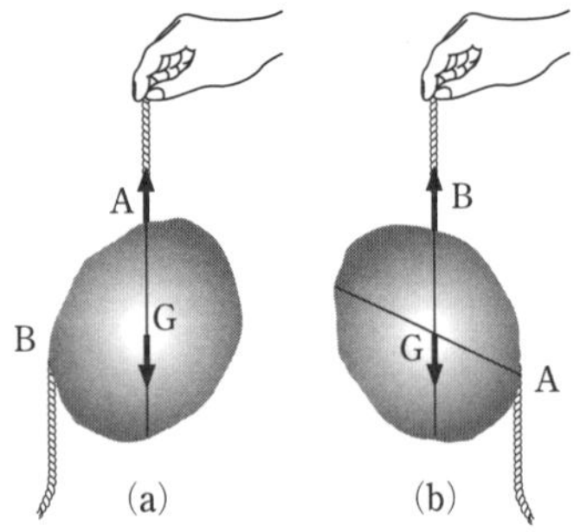

図 11.2　剛体の各部分に作用する重力の合力は重心 G に作用するので，図のように剛体を吊るして静止させると，重心 G は糸の支点の真下にある.

いままでは物体の広がりを無視し，物体を質量をもつ点状の粒子，すなわち，質点とみなしてきた．しかし，実際の物体には広がりがある．これからは対象の物体の広がりも考えることにする．この章では，主として剛体を考える．剛体とは，外から力を加えたときに変形が無視できる硬い物体を指す．

剛体は回転するので，質点の運動に比べると，剛体の運動ははるかに複雑である．図 11.1 に示すように，金槌を空中に放り投げると，金槌の両端は複雑な運動をする．しかし，図 11.1 をよく見ると，金槌には簡単な運動をする点があることがわかる．アミの線で示した放物線の上を運動する点の重心である．金槌の重心は，小さな球を放り投げた場合と同じ放物運動を行う．

剛体には重心があり，剛体に作用するすべての外力の合力が作用している同じ質量の質点とまったく同じ運動を，重心は行う．

剛体の重心には，「剛体のつり合いや運動に対する重力の効果を問題にするときには，剛体の各部分に作用する重力の合力がこの剛体の重心に作用しているとみなせる」という重要な性質がある．この性質から，剛体を糸で吊るす場合に，剛体の重心の位置は，支点の鉛直下方にあることがわかる．この事実を使って，剛体の重心を探せる (図 11.2).

これらの 2 つの性質のために，重心は物体を代表する点である．

11.1 質点系と剛体

これまでは，大きさが無視できるような物体 (質点) だけを考えてきた．しかし，現実の物体には大きさがあり，回転したり，変形したりする．また小さな物体でも，斜面を滑り落ちる場合と転がり落ちる場合は区別して考えねばならない．物体には鉄や石のように硬い物体もあれば，ゴムのように軟らかい物体もある．硬い物体とは，力を加えた場合に変形がごくわずかな物体である．力を加えてもまったく変形しない物体を仮想して，これを**剛体**という．

広がった物体の運動を考えるときには，物体を微小な部分に分割して，そのおのおのを質点として取り扱えばよい．質点の集まりを**質点系**という．剛体は質点間の距離が変化しない質点系である．

11.2 重　心

2つの質点の重心　図 11.3 に示すように，軽い棒の両端 P, Q に質量 m_1, m_2 の小さな物体をつける．2つの球には鉛直下向きの重力 $W_1 = m_1g$ と $W_2 = m_2g$ が作用する．この棒の1点を指で支えて静止させておくには，どこを支えればよいだろうか．求める点を G とすると，2つの物体に作用する重力の点 G のまわりのモーメントの大きさ $W_1l_1 = m_1gl_1$ と $W_2l_2 = m_2gl_2$ が等しくなければならない．したがって，

$$m_1gl_1 = m_2gl_2 \qquad \therefore \quad \frac{l_1}{l_2} = \frac{m_2}{m_1} \tag{11.1}$$

となる．$l_1 = \overline{\mathrm{GP}}\sin\theta$，$l_2 = \overline{\mathrm{GQ}}\sin\theta$ なので，点 G は線分（棒）$\overline{\mathrm{PQ}}$ を $m_2 : m_1$ に内分する点であることがわかる．

$$\frac{l_1}{l_2} = \frac{\overline{\mathrm{GP}}\sin\theta}{\overline{\mathrm{GQ}}\sin\theta} = \frac{\overline{\mathrm{GP}}}{\overline{\mathrm{GQ}}} = \frac{m_2}{m_1} \qquad \therefore \quad \overline{\mathrm{GP}} : \overline{\mathrm{GQ}} = m_2 : m_1 \tag{11.2}$$

このような条件を満たす点 G を通り，鉛直上向きで，大きさが $(m_1+m_2)g$ の力 $\boldsymbol{F}$ は，2つの物体に働く重力 $\boldsymbol{W}_1, \boldsymbol{W}_2$ とつり合う．したがって，棒の両端に固定された2つの物体に働く重力 $\boldsymbol{W}_1, \boldsymbol{W}_2$ の効果は，点 G を通り鉛直下向きで，大きさが $(m_1+m_2)g$ の力 $\boldsymbol{W}$ と同じである．この力 $\boldsymbol{W}$ を2つの物体に働く重力 $\boldsymbol{W}_1$ と $\boldsymbol{W}_2$ の合力とよび，点 G を2つの物体の**重心**（あるいは質量中心）とよぶ．

2つの物体の位置を $\boldsymbol{r}_1 = (x_1, y_1, z_1)$，$\boldsymbol{r}_2 = (x_2, y_2, z_2)$ とすれば，重心 G の位置 $\boldsymbol{R} = (X, Y, Z)$ は，

$$\boldsymbol{R} = \frac{m_1\boldsymbol{r}_1 + m_2\boldsymbol{r}_2}{m_1+m_2} \tag{11.3}$$

で，位置座標は

$$X = \frac{m_1x_1+m_2x_2}{m_1+m_2}, \qquad Y = \frac{m_1y_1+m_2y_2}{m_1+m_2}, \qquad Z = \frac{m_1z_1+m_2z_2}{m_1+m_2} \tag{11.3'}$$

である．

(11.3) 式で定義される点 $\boldsymbol{R}$ が2つの物体を結ぶ線分 $\overline{\mathrm{PQ}}$ を $m_2 : m_1$ に内分することは，(11.3) 式の両辺を m_1+m_2 倍することによって，次のように証明できる．

$$(m_1+m_2)\boldsymbol{R} = m_1\boldsymbol{r}_1 + m_2\boldsymbol{r}_2, \qquad m_1(\boldsymbol{R}-\boldsymbol{r}_1) = m_2(\boldsymbol{r}_2-\boldsymbol{R})$$

$$\therefore \quad \frac{\boldsymbol{R}-\boldsymbol{r}_1}{\boldsymbol{r}_2-\boldsymbol{R}} = \frac{m_2}{m_1} \tag{11.4}$$

$\boldsymbol{R}-\boldsymbol{r}_1 = \overrightarrow{\mathrm{PG}}$，$\boldsymbol{r}_2-\boldsymbol{R} = \overrightarrow{\mathrm{GQ}}$ なので（図 11.4），(11.4) 式は点 G が線分 $\overline{\mathrm{PQ}}$ を $m_2 : m_1$ に内分する点であることを示す．

なお，図 11.3 の2つの物体をつけた棒が，図 11.5 のように曲がっていて，線分 $\overline{\mathrm{PQ}}$ を $m_2 : m_1$ に内分する点 G が棒の外部にあっても，点 G は2つの物体の重心である．

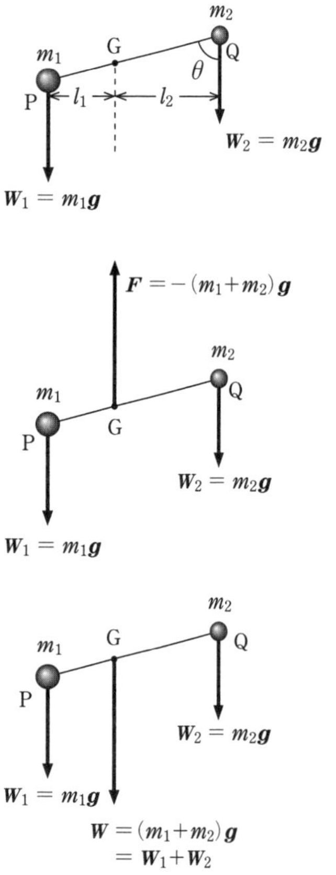

図 11.3　棒に固定された2つの物体に作用する重力 $\boldsymbol{W}_1, \boldsymbol{W}_2$ の合力は重心 G を通る鉛直下向きの力 $\boldsymbol{W}_1 + \boldsymbol{W}_2$ である．
重心 G は $\overline{\mathrm{PQ}}$ を $m_2 : m_1$ に内分する点，すなわち $\overline{\mathrm{GP}} : \overline{\mathrm{GQ}} = W_2 : W_1 = m_2 : m_1$ の点である．

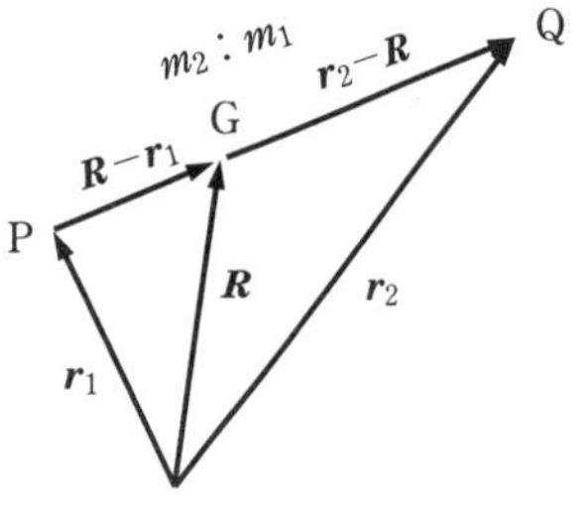

図 11.4　重心の位置ベクトル $\boldsymbol{R}$ は
$\boldsymbol{R} = \dfrac{m_1\boldsymbol{r}_1+m_2\boldsymbol{r}_2}{m_1+m_2}$
$(\overrightarrow{\mathrm{PG}} = \boldsymbol{R}-\boldsymbol{r}_1) : (\overrightarrow{\mathrm{GQ}} = \boldsymbol{r}_2-\boldsymbol{R})$
$= m_2 : m_1$

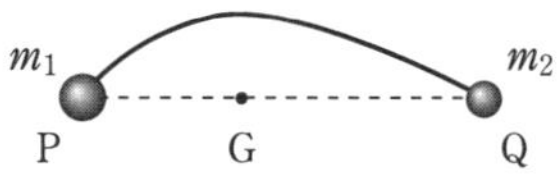

図 11.5　重心 G は物体の外部に存在することもある．

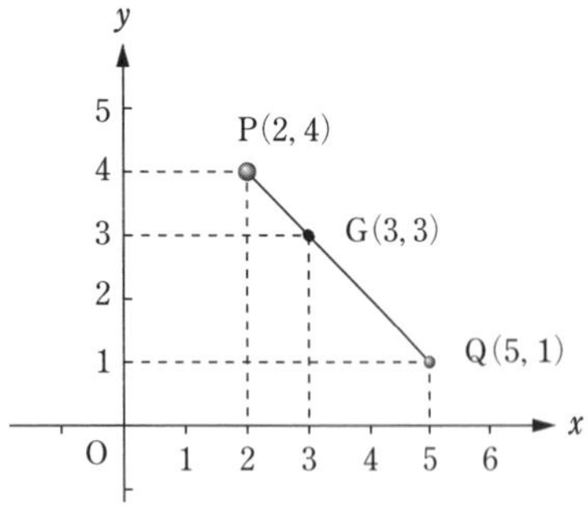

図 11.6

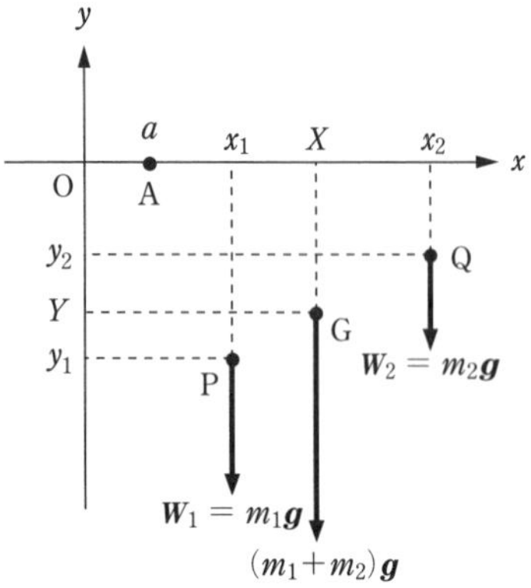

図 11.7
$(m_1g)x_1+(m_2g)x_2 = [(m_1+m_2)g]X$

2つの物体に働く重力 $\boldsymbol{W}_1$, $\boldsymbol{W}_2$ の合力の作用線はつねに重心Gを通り，重心の位置はつねに(11.3)式で与えられる.

例1 点P = (2,4) にある質量 $m_1 = 6$ kg の物体と点Q = (5,1) にある質量 $m_2 = 3$ kg の物体の重心Gの位置 (X, Y) は(図11.6参照)

$$X = \frac{6\times2+3\times5}{6+3} = 3, \qquad Y = \frac{6\times4+3\times1}{6+3} = 3$$

図11.7で，点Oのまわりの2つの力 $\boldsymbol{W}_1$, $\boldsymbol{W}_2$ のモーメントの和 $(m_1g)x_1+(m_2g)x_2$ は，重心Gに作用する力 $\boldsymbol{W}$ のモーメント $[(m_1+m_2)g]X$ に等しく，

$$m_1gx_1+m_2gx_2 = (m_1+m_2)gX \tag{11.5}$$

であることが，(11.3′)式の両辺に $(m_1+m_2)g$ を掛けてみるとわかる.

一般に，剛体の各部分に働く重力の任意の点Aのまわりのモーメントの和は，全重力が重心に働くとした場合の点Aのまわりのモーメントに等しい.

問1 図11.7の点Aの場合，(11.5)式から

$$m_1g(x_1-a)+m_2g(x_2-a) = (m_1+m_2)g(X-a)$$

が成り立つことを示せ.

■3個以上の質点から成り立つ質点系や剛体の重心■ 質量 m_1, m_2, m_3, … の小さな物体(質点)が点 $\boldsymbol{r}_1 = (x_1, y_1, z_1)$, $\boldsymbol{r}_2 = (x_2, y_2, z_2)$, $\boldsymbol{r}_3 = (x_3, y_3, z_3)$, … にある場合には，位置ベクトル $\boldsymbol{R} = (X, Y, Z)$ が

$$\boldsymbol{R} = \frac{m_1\boldsymbol{r}_1+m_2\boldsymbol{r}_2+m_3\boldsymbol{r}_3+\cdots}{M} \tag{11.6}$$

の点，すなわち位置座標が

$$\left.\begin{aligned} X &= \frac{m_1x_1+m_2x_2+m_3x_3+\cdots}{M}, \\ Y &= \frac{m_1y_1+m_2y_2+m_3y_3+\cdots}{M}, \\ Z &= \frac{m_1z_1+m_2z_2+m_3z_3+\cdots}{M} \end{aligned}\right\} \tag{11.6′}$$

の点を，この質点系の重心(あるいは質量中心)という. 上の式で M は系の全質量(系の質量の和)

$$M = m_1+m_2+m_3+\cdots$$

である.

この質点系に働く重力の合力は，重心Gを通る鉛直下向きの力 $M\boldsymbol{g} = (m_1+m_2+\cdots)\boldsymbol{g}$ であることは，まず $m_1\boldsymbol{g}$ と $m_2\boldsymbol{g}$ の合力をつくり，つぎに $m_1\boldsymbol{g}$ と $m_2\boldsymbol{g}$ の合力と $m_3\boldsymbol{g}$ との合力をつくり，… という合成によって示すことができる(演習問題11B3参照).

（参考） 重心の位置の積分形での表現　剛体の質量は連続的に分布しているので，(11.6) 式を

$$\left.\begin{aligned} \boldsymbol{R} &= \frac{1}{M}\int \boldsymbol{r}\,\mathrm{d}m, \\ X = \frac{1}{M}\int x\,\mathrm{d}m, \quad Y &= \frac{1}{M}\int y\,\mathrm{d}m, \quad Z = \frac{1}{M}\int z\,\mathrm{d}m \end{aligned}\right\} \tag{11.7}$$

と積分形で表せる．微小体積 $\mathrm{d}V$ の質量を $\mathrm{d}m$，密度を ρ とすると

$$\rho = \frac{\mathrm{d}m}{\mathrm{d}V}, \quad \mathrm{d}m = \rho\,\mathrm{d}V \tag{11.8}$$

という関係があるので，剛体の重心を

$$\boldsymbol{R} = \frac{1}{M}\int \rho\boldsymbol{r}\,\mathrm{d}V, \tag{11.9}$$

$$X = \frac{1}{M}\int \rho x\,\mathrm{d}V, \quad Y = \frac{1}{M}\int \rho y\,\mathrm{d}V, \quad Z = \frac{1}{M}\int \rho z\,\mathrm{d}V \tag{11.9'}$$

と表せる（演習問題 11 B 1 参照）．

剛体の各部分に作用する重力 $m_1\boldsymbol{g}$，$m_2\boldsymbol{g}$，$m_3\boldsymbol{g}$，… の重心 G のまわりのモーメントの和は 0 なので，剛体の重心を支えると，この剛体は重力によって回転しはじめることはない．また，剛体の各部分に作用する重力 $m_1\boldsymbol{g}, m_2\boldsymbol{g}, m_3\boldsymbol{g}$, … の原点 O のまわりのモーメントの和 $m_1gx_1+m_2gx_2+m_3gx_3+\cdots$ は全重力 $(m_1+m_2+m_3+\cdots)\boldsymbol{g}$ が剛体の重心 G に作用すると考えたときの点 O のまわりのモーメント $(m_1+m_2+m_3+\cdots)gX$ に等しい．

$$m_1gx_1+m_2gx_2+m_3gx_3+\cdots = (m_1+m_2+m_3+\cdots)gX \tag{11.10}$$

任意の点のまわりのモーメントについても同じことが示せる．

このように，物体のつり合いや運動に対する重力の効果を問題にするときには，物体の各部分に働く重力がこの物体の重心に集中して働いていると考えることができる．すなわち，物体の全質量が重心に集まっているとみなせる．この事実のために，重心は物体の中で重要な意味をもつ点である．

したがって，物体が糸で吊るされて静止している場合，物体の重心は糸の支点の鉛直下方にある．この事実を使って．物体の重心を探せる（図 11.2）．材質が一様で厚さが一定な薄い円板の重心は円の中心で，材質が一様で厚さが一定な薄い三角形の板の重心は三角形の 3 本の中線（頂点と

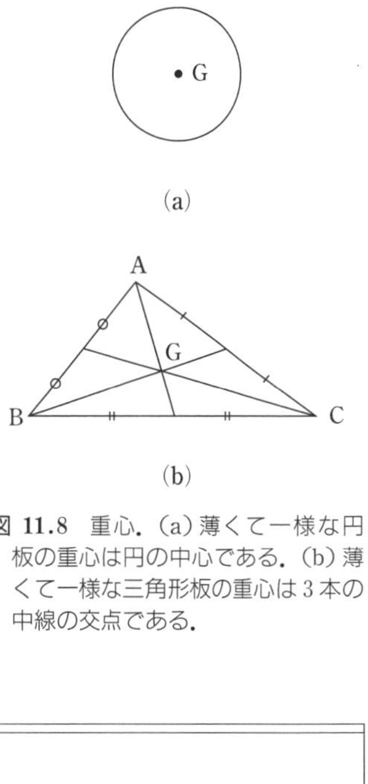

図 11.8　重心．(a) 薄くて一様な円板の重心は円の中心である．(b) 薄くて一様な三角形板の重心は 3 本の中線の交点である．

例題 1　図 11.9 の直角三角形の頂点上にある 3 つの質量 m の質点の重心を求めよ．

解　$X = \dfrac{4m}{3m} = \dfrac{4}{3}$，　$Y = \dfrac{3m}{3m} = 1$，

$Z = 0$

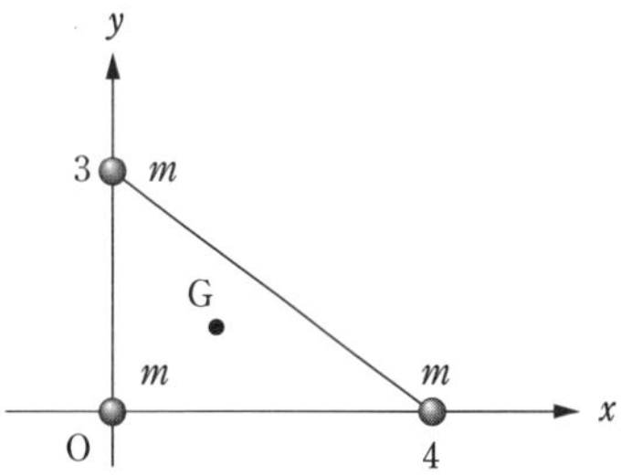

図 11.9

例題 2　図 11.10 の形の，材質が一様で厚さが一定な薄い板の重心を求めよ．

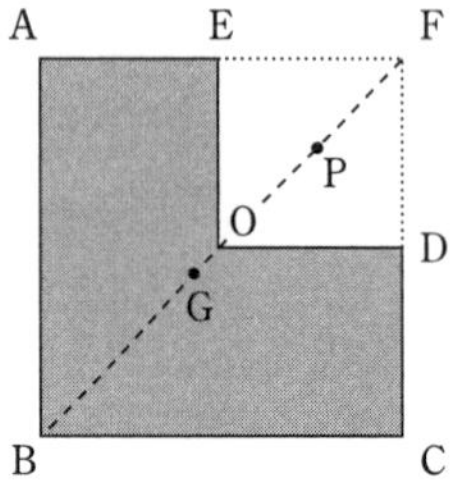

図 11.10

解　板 ABCDOE は線分 BO に関して対称なので，その重心 G は直線 BO 上にある．右上の正方形 OEFD の面積は正方形 ABCF の面積の 1/4 である．もし，この部分が切り落とされていなければ，点 P を中心とする正方形の板の受けていた重力 $\boldsymbol{F}$ と重心 G が受ける重力 $3\boldsymbol{F}$ の合力の作用点は，正方形 ABCF の重心である中心 O である．したがって，

$$\overline{\mathrm{GO}} : \overline{\mathrm{OP}} = 1 : 3 \qquad \therefore \quad 3\,\overline{\mathrm{GO}} = \overline{\mathrm{OP}}$$

が導かれる．点 P は線分 $\overline{\mathrm{OF}}$ の中心で，$\overline{\mathrm{OF}} = \overline{\mathrm{OB}}$ なので，$2\,\overline{\mathrm{OP}} = \overline{\mathrm{BO}}$

$$\therefore \quad \overline{\mathrm{GO}} = \frac{1}{6}\overline{\mathrm{BO}}$$

対辺の中点を結ぶ線分）の交点である三角形の重心である（図 11.8）．ドーナッツのように，重心が外部にある物体もある．

問 2　長さが 6 m の丸太がある．その一端 A を持ち上げるには 80 kgf の力が必要であり，他端 B を持ち上げるには 70 kgf の力が必要である．この丸太の質量と重心の位置を求めよ．1 kgf（重力キログラム）は 1 kg の物体に働く地球の重力の大きさで，1 kgf = 9.8 N.

11.3　重心の運動方程式

重心の速度 $\boldsymbol{V} = (V_x, V_y, V_z)$ は重心の位置 $\boldsymbol{R} = (X, Y, Z)$ の時間変化率

$$\boldsymbol{V} = \frac{\mathrm{d}\boldsymbol{R}}{\mathrm{d}t} = \left(\frac{\mathrm{d}X}{\mathrm{d}t}, \frac{\mathrm{d}Y}{\mathrm{d}t}, \frac{\mathrm{d}Z}{\mathrm{d}t}\right) \tag{11.11}$$

であり，重心の加速度 $\boldsymbol{A} = (A_x, A_y, A_z)$ は重心速度 $\boldsymbol{V}$ の時間変化率

$$\boldsymbol{A} = \frac{\mathrm{d}\boldsymbol{V}}{\mathrm{d}t} = \frac{\mathrm{d}^2\boldsymbol{R}}{\mathrm{d}t^2} = \left(\frac{\mathrm{d}^2X}{\mathrm{d}t^2}, \frac{\mathrm{d}^2Y}{\mathrm{d}t^2}, \frac{\mathrm{d}^2Z}{\mathrm{d}t^2}\right) \tag{11.12}$$

である．

質点系あるいは剛体に外部の物体が作用するすべての力の合力を $\boldsymbol{F} = (F_x, F_y, F_z)$ とすると，全質量が M の質点系あるいは剛体の重心の運動方程式は，ベクトル形では

$$M\boldsymbol{A} = M\frac{\mathrm{d}^2\boldsymbol{R}}{\mathrm{d}t^2} = \boldsymbol{F} \tag{11.13}$$

であり，成分で表すと，

$$\left.\begin{aligned} &MA_x = M\frac{\mathrm{d}^2X}{\mathrm{d}t^2} = F_x, \qquad MA_y = M\frac{\mathrm{d}^2Y}{\mathrm{d}t^2} = F_y, \\ &MA_z = M\frac{\mathrm{d}^2Z}{\mathrm{d}t^2} = F_z \end{aligned}\right\} \tag{11.13$'$}$$

である．(11.13) 式は (4.1) 式と同じ形なので，

「質点系あるいは剛体の重心 $\boldsymbol{R}$ は，全質量 M が重心に集まり，すべ

ての外力の合力 $\boldsymbol{F}$ が重心に作用するとしたときの，質量 M の質点と同一の運動を行う.」

ことを意味している．(11.13) 式は質点系や剛体の重心に対するニュートンの運動の第 2 法則である．

この法則の結果，図 11.11 (a)，(b) で，飛び込みの選手が同じ力で板を蹴って，同じ向きにジャンプした場合，選手の重心は同じ放物線上を運動することがわかる．ただし，空気の抵抗は無視できるとした．

問 3 花火が空中で爆発した．空気抵抗を無視すれば，爆発後の花火の破片の運動について何がいえるか．

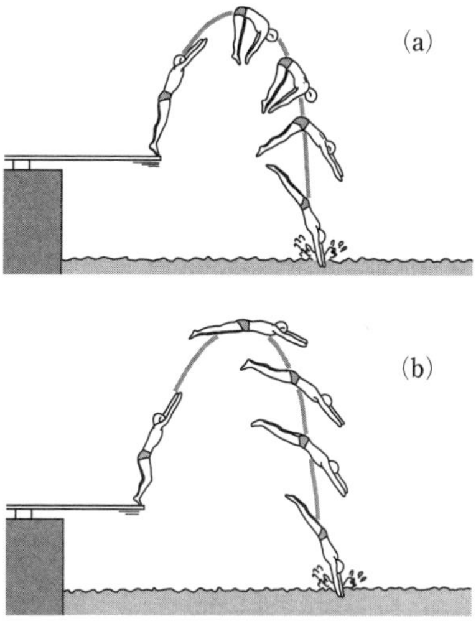

図 11.11

(11.13) 式の証明 重心の位置に対する (11.6) 式の両辺を M 倍した

$$M\boldsymbol{R} = m_1\boldsymbol{r}_1 + m_2\boldsymbol{r}_2 + m_3\boldsymbol{r}_3 + \cdots \tag{11.14}$$

を t で微分していくと，$\mathrm{d}\boldsymbol{R}/\mathrm{d}t = \boldsymbol{V}$，$\mathrm{d}\boldsymbol{V}/\mathrm{d}t = \boldsymbol{A}$，$\mathrm{d}\boldsymbol{r}_i/\mathrm{d}t = \boldsymbol{v}_i$，$\mathrm{d}\boldsymbol{v}_i/\mathrm{d}t = \boldsymbol{a}_i$ なので，

$$M\boldsymbol{V} = m_1\boldsymbol{v}_1 + m_2\boldsymbol{v}_2 + m_3\boldsymbol{v}_3 + \cdots \tag{11.15}$$

$$M\boldsymbol{A} = m_1\boldsymbol{a}_1 + m_2\boldsymbol{a}_2 + m_3\boldsymbol{a}_3 + \cdots \tag{11.16}$$

が得られる．

質点 i に作用する力には，質点系の外部の物体からの力（外力）$\boldsymbol{F}_i$ と，質点系内の他の質点からの力（内力），$\boldsymbol{F}_{i\leftarrow 1}, \boldsymbol{F}_{i\leftarrow 2}, \cdots, \boldsymbol{F}_{i\leftarrow i-1}, \boldsymbol{F}_{i\leftarrow i+1}$，$\cdots$ の 2 種類がある．したがって，質点の運動方程式は

$$\left.\begin{aligned} m_1\boldsymbol{a}_1 &= \boldsymbol{F}_1 + \boldsymbol{F}_{1\leftarrow 2} + \boldsymbol{F}_{1\leftarrow 3} + \cdots \\ m_2\boldsymbol{a}_2 &= \boldsymbol{F}_2 + \boldsymbol{F}_{2\leftarrow 1} + \boldsymbol{F}_{2\leftarrow 3} + \cdots \\ m_3\boldsymbol{a}_3 &= \boldsymbol{F}_3 + \boldsymbol{F}_{3\leftarrow 1} + \boldsymbol{F}_{3\leftarrow 2} + \cdots \\ &\cdots\cdots\cdots\cdots \end{aligned}\right\} \tag{11.17}$$

と表される．これらの式の左辺の和と右辺の和をとり，作用反作用の法則

$$\boldsymbol{F}_{1\leftarrow 2} + \boldsymbol{F}_{2\leftarrow 1} = 0, \quad \boldsymbol{F}_{1\leftarrow 3} + \boldsymbol{F}_{3\leftarrow 1} = 0, \quad \boldsymbol{F}_{2\leftarrow 3} + \boldsymbol{F}_{3\leftarrow 2} = 0, \quad \cdots \tag{11.18}$$

を使うと (図 11.12)，

$$m_1\boldsymbol{a}_1 + m_2\boldsymbol{a}_2 + m_3\boldsymbol{a}_3 + \cdots = \boldsymbol{F}_1 + \boldsymbol{F}_2 + \boldsymbol{F}_3 + \cdots = \boldsymbol{F} \tag{11.19}$$

となる．(11.16) 式と (11.19) 式から (11.13) 式が導かれる． （証明終）

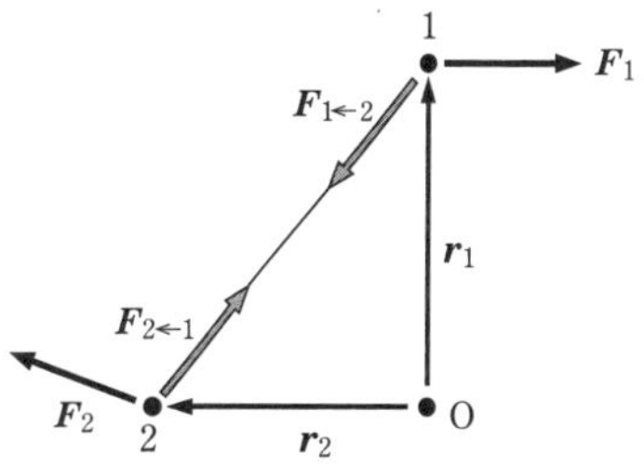

図 11.12 $m_1\boldsymbol{a}_1 = \boldsymbol{F}_1 + \boldsymbol{F}_{1\leftarrow 2}$
$m_2\boldsymbol{a}_2 = \boldsymbol{F}_2 + \boldsymbol{F}_{2\leftarrow 1}$
$m_1\boldsymbol{a}_1 + m_2\boldsymbol{a}_2 = \boldsymbol{F}_1 + \boldsymbol{F}_2$

11.4 外力が重心に行う仕事と重心運動の運動エネルギーの関係

剛体の運動は，重心の運動と重心のまわりの回転運動に分解できる．前節の (11.13) 式は剛体の重心の運動方程式である．

剛体の運動エネルギーは，重心の運動エネルギー K_{cm} と重心のまわりの回転運動のエネルギーの和である．また，質点系の運動エネルギーは，重心の運動エネルギー K_{cm} と各質点の重心に対する運動の運動エネルギーの和である (11.5 節参照)．

力が質点にする仕事と運動エネルギーの関係 (7.42) に対応して，質点系や剛体の場合にも，合力 $\boldsymbol{F}$ が重心にする仕事 W_{cm} は，質点系や剛体の重心の運動エネルギー $K_{\mathrm{cm}} = (1/2)MV^2$ の増加量に等しい，すなわち，

$$W_{\mathrm{cm}} = K_{\mathrm{cm,f}} - K_{\mathrm{cm},i} = \frac{1}{2}MV_{\mathrm{f}}^2 - \frac{1}{2}MV_i^2 \qquad (11.20)$$

という関係がある．重心が x 軸に沿って運動する場合には，合力 $\boldsymbol{F}$ が重心にする仕事 W_{cm} は

$$W_{\mathrm{cm}} = \int_{x_i}^{x_{\mathrm{f}}} F_x \, \mathrm{d}X \qquad (11.21)$$

である．

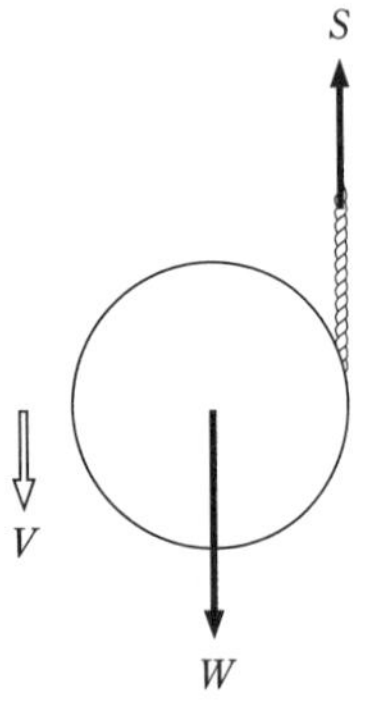

図 11.13

例 2　ヨーヨーの糸を軸に巻きつけ，糸の端を持ってヨーヨーを落下させる場合，ヨーヨーには鉛直下向きの重力 W と鉛直上向きの糸の張力 S が働く（図 11.13）．したがって，ヨーヨーを落下させる力は，鉛直下向きの合力 $W-S$ である．ヨーヨーの重心の落下運動のエネルギー K_{cm} の増加量は合力 $W-S$ のする仕事である．糸を持たずにヨーヨーを落下させるときの K_{cm} の増加量は重力 W だけのする仕事なので，糸の端を持つとヨーヨーの落下速度は遅くなる（14.4 節参照）．

ヨーヨーの重力による位置エネルギーの減少量のすべてはヨーヨーの重心の落下運動のエネルギー K_{cm} にはならない．この差はヨーヨーの回転運動のエネルギーになる．

■質点系や剛体の運動量■　質点系や剛体を構成する質点の運動量 $\boldsymbol{p}_1 = m_1\boldsymbol{v}_1$，$\boldsymbol{p}_2 = m_2\boldsymbol{v}_2$，$\boldsymbol{p}_3 = m_3\boldsymbol{v}_3$，… の和を質点系や剛体の運動量（記号 $\boldsymbol{P}$）と定義する．

$$\boldsymbol{P} = \boldsymbol{p}_1 + \boldsymbol{p}_2 + \boldsymbol{p}_3 + \cdots = m_1\boldsymbol{v}_1 + m_2\boldsymbol{v}_2 + m_3\boldsymbol{v}_3 + \cdots \qquad (11.22)$$

(11.15) 式と (11.22) 式から，質点系や剛体の運動量 $\boldsymbol{P}$ は，全質量 M と重心速度 $\boldsymbol{V}$ の積

$$\boldsymbol{P} = M\boldsymbol{V} \qquad (11.23)$$

であることがわかる．

したがって，質点の運動量 $\boldsymbol{p} = m\boldsymbol{v}$ と重心の運動量 $\boldsymbol{P} = M\boldsymbol{V}$ は同じ形をしていることがわかる．

(11.23) 式の両辺を t で微分すると，$\mathrm{d}M/\mathrm{d}t = 0$ なので，(11.13) 式を使うと

$$\frac{\mathrm{d}\boldsymbol{P}}{\mathrm{d}t} = \frac{\mathrm{d}}{\mathrm{d}t}(M\boldsymbol{V}) = \frac{\mathrm{d}M}{\mathrm{d}t}\boldsymbol{V} + M\frac{\mathrm{d}\boldsymbol{V}}{\mathrm{d}t} = M\frac{\mathrm{d}\boldsymbol{V}}{\mathrm{d}t} = \boldsymbol{F} \qquad (11.24)$$

すなわち，

$$\frac{\mathrm{d}\boldsymbol{P}}{\mathrm{d}t} = \boldsymbol{F} \qquad (11.25)$$

であることがわかる．これは重心の運動法則 (11.13) の別な表現法である．

■運動量保存の法則■　質点系や剛体に外力が作用しない場合（$\boldsymbol{F} = 0$ の場合），(11.25) 式から運動量保存の法則が導かれる．すなわち

「質点系や剛体に作用する外力（外力の合力）$\boldsymbol{F}$ が 0 ならば

$$\frac{\mathrm{d}\boldsymbol{P}}{\mathrm{d}t} = 0 \quad \text{すなわち} \quad \boldsymbol{P} = \text{一定} \qquad (11.26)$$

である（運動量は時間とともに変化しない）．」

外力が働いていない質点系や剛体の重心の速度 $\boldsymbol{V}$ は一定，

$$V = \frac{\boldsymbol{P}}{M} = 一定 \quad (\boldsymbol{F} = 0 \text{ の場合}) \tag{11.27}$$

なので，この場合には重心は等速直線運動を行う．

11.5　2 体問題（2 質点系）*

2 体問題は応用上重要なので，ここで触れておく．

外力が作用せず，内力で作用し合っている 2 質点系の場合，2 つの質点の運動方程式は

$$m_1 \frac{\mathrm{d}^2 \boldsymbol{r}_1}{\mathrm{d}t^2} = \boldsymbol{F}_{1 \leftarrow 2}, \qquad m_2 \frac{\mathrm{d}^2 \boldsymbol{r}_2}{\mathrm{d}t^2} = \boldsymbol{F}_{2 \leftarrow 1} = -\boldsymbol{F}_{1 \leftarrow 2} \tag{11.28}$$

である（内力 $\boldsymbol{F}_{1 \leftarrow 2}$ と $\boldsymbol{F}_{2 \leftarrow 1}$ は作用反作用の法則 $\boldsymbol{F}_{1 \leftarrow 2} = -\boldsymbol{F}_{2 \leftarrow 1}$ を満たす）．第 1 式の両辺を m_1 で割った式から第 2 式の両辺を m_2 で割った式を引くと，

$$\frac{\mathrm{d}^2 \boldsymbol{r}_1}{\mathrm{d}t^2} - \frac{\mathrm{d}^2 \boldsymbol{r}_2}{\mathrm{d}t^2} = \frac{\mathrm{d}^2}{\mathrm{d}t^2}(\boldsymbol{r}_1 - \boldsymbol{r}_2) = \frac{1}{m_1}\boldsymbol{F}_{1 \leftarrow 2} + \frac{1}{m_2}\boldsymbol{F}_{1 \leftarrow 2} = \frac{m_1 + m_2}{m_1 m_2}\boldsymbol{F}_{1 \leftarrow 2} \tag{11.29}$$

が得られるので，2 つの質点の相対座標（質点 2 を始点とし質点 1 を終点とするベクトル（図 11.14 参照））

$$\boldsymbol{r} = \boldsymbol{r}_1 - \boldsymbol{r}_2 \tag{11.30}$$

の運動方程式として

$$m \frac{\mathrm{d}^2 \boldsymbol{r}}{\mathrm{d}t^2} = \boldsymbol{F}_{1 \leftarrow 2} \tag{11.31}$$

が得られる．

$$m = \frac{m_1 m_2}{m_1 + m_2} \tag{11.32}$$

は**換算質量**とよばれる．すなわち，2 質点の内力だけによる相対運動は，静止している質点 2 のまわりを，質量 m の質点 1 が力 $\boldsymbol{F}_{1 \leftarrow 2}$ の作用を受けて行う運動と同一である．なお，この場合には外力が作用しないので，2 質点系の重心は等速直線運動を行う．惑星（質量 m_1）と太陽（質量 m_2）のように一方の質量が他方の質量よりはるかに大きいときには（$m_1 \ll m_2$），換算質量 m は軽い方の質量にほぼ等しい（$m \fallingdotseq m_1$）．

2 質点系の運動エネルギーは

$$\frac{1}{2}mv_1{}^2 + \frac{1}{2}m_2 v_2{}^2 = \frac{1}{2}MV^2 + \frac{1}{2}mv^2 \tag{11.33}$$

と表せる．ただし，$\boldsymbol{v} = \boldsymbol{v}_1 - \boldsymbol{v}_2$ は質点 2 に対する質点 1 の相対速度である．(11.33) 式は，2 質点系の運動エネルギーは，重心の運動エネルギーと相対運動の運動エネルギーの和として表せることを示している．

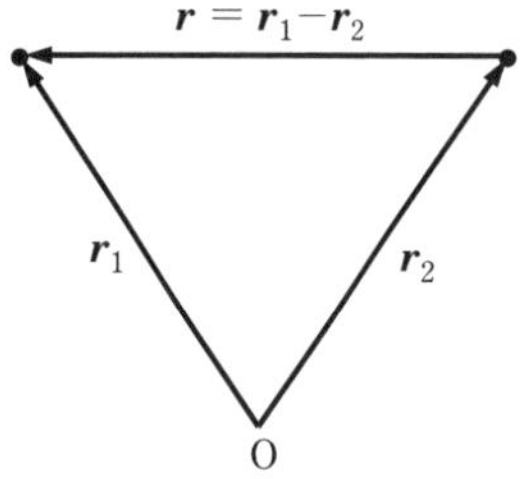

図 11.14　相対座標 $\boldsymbol{r} = \boldsymbol{r}_1 - \boldsymbol{r}_2$

第11章のまとめ

重心（質量中心）　質点系の重心は，次のような位置 $\boldsymbol{R} = (X, Y, Z)$ の点である．

$$\left.\begin{aligned} &\boldsymbol{R} = \frac{m_1\boldsymbol{r}_1 + m_2\boldsymbol{r}_2 + \cdots}{M}, \\ &X = \frac{m_1x_1 + m_2x_2 + \cdots}{M}, \quad Y = \frac{m_1y_1 + m_2y_2 + \cdots}{M}, \\ &Z = \frac{m_1z_1 + m_2z_2 + \cdots}{M} \end{aligned}\right\} \quad (1)$$

ここで，M は全質量で，$M = m_1 + m_2 + \cdots$．

質量が連続的に分布している物体の重心は

$$\boldsymbol{R} = \frac{1}{M}\int \boldsymbol{r}\,\mathrm{d}m,$$

$$X = \frac{1}{M}\int x\,\mathrm{d}m, \quad Y = \frac{1}{M}\int y\,\mathrm{d}m, \quad Z = \frac{1}{M}\int z\,\mathrm{d}m \quad (2)$$

質点系を構成する各質点に働く重力の重心のまわりのモーメントの和は 0 である．

質点系や剛体の重心の運動の法則　質点系や剛体の重心は，全質量 M が重心に集中し，全外力の合力 $\boldsymbol{F}$ が重心に作用する場合と同じ運動をする．

$$M\boldsymbol{A} = M\frac{\mathrm{d}^2\boldsymbol{R}}{\mathrm{d}t^2} = M\frac{\mathrm{d}\boldsymbol{V}}{\mathrm{d}t} = \boldsymbol{F} \quad (3)$$

外力が重心に行う仕事と重心の運動エネルギーの関係

$$W_{\mathrm{cm}} = K_{\mathrm{cm,f}} - K_{\mathrm{cm},i} = \frac{1}{2}MV_{\mathrm{f}}^2 - \frac{1}{2}MV_i^2 \quad (4)$$

$$W_{\mathrm{cm}} = \int_{X_i}^{X_{\mathrm{f}}} F_x\,\mathrm{d}X \quad (5)$$

質点系や剛体の運動量とニュートンの運動の第 2 法則

$$\boldsymbol{P} = M\boldsymbol{V} \quad (6)$$

$$\frac{\mathrm{d}\boldsymbol{P}}{\mathrm{d}t} = \boldsymbol{F} \quad (7)$$

演習問題11

A

1. 図1のような薄い一様な板の重心の位置を求めよ.

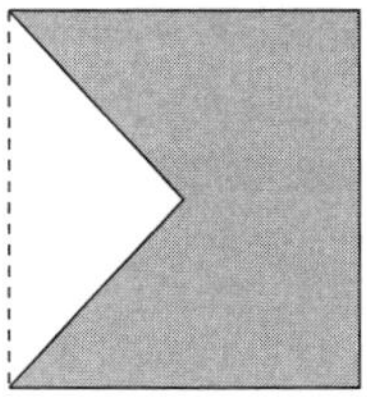

図 1

2. 走高跳びで，選手の重心が棒より上を通過しなくても棒を飛び越すことは可能か.

3. 大砲の弾丸が発射され，上空で破裂し，いくつかの破片に分裂した．破片の重心はどのような運動をするか.

4. 体重 M_A, M_B の2人がなめらかな氷上で静止している．Aが質量 m のボールを（氷に対して）水平速度 v で投げ，Bがこれをつかんだ．2人はどのような運動をするか.

5. 宇宙飛行士（宇宙服+体重 = 約100 kg）が30 mの綱で900 kgの宇宙船と結ばれている．飛行士が綱をたぐり寄せると宇宙船はこの間にどれだけ動くか（無重量状態とする）.

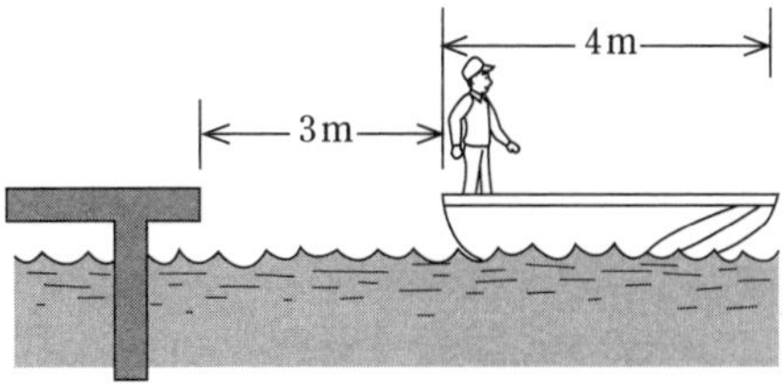

図 2

B

1. 材質の一様な半径 R の半球の重心を求めよ.

2. 図2のボートの最後端にいる質量が30 kgの少年が，前後対称で質量が100 kgのボートの最先端まで歩いて行った．ボートに対する湖水の抵抗力は無視できるものとして，次の問に答えよ.

（1） 少年とボートの重心はどこにあるか.

（2） ボートの最後端とボート乗り場の間隔は何mになったか.

3. 3つの質点の重心の位置と，3つの質点に働く重力の合力を求めよ.

12 固定軸のまわりの剛体の回転運動

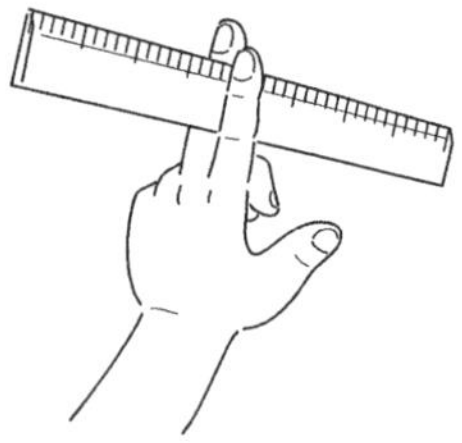

図 12.1 ものさしを2本の指ではさんで，水平面内で振動させてみる．

30 cm のものさしを中指と人差し指ではさんで水平面内で振ってみよう（図 12.1）．ものさしの真中をはさんだ場合と端をはさんだ場合の振りやすさを比べてみよう．端をはさんで振る方が指の力を強くしなければならない．剛体には回転させやすいものと，回転させにくいものがある．1つの剛体でも，回転させやすい支点（ものさしの中心）と回転させにくい支点（ものさしの端）がある．剛体の回転させにくさを表す量が慣性モーメントである．

こまを回してみるとわかるように，回転している剛体は同一の回転状態をつづけようとする性質をもつ．慣性モーメントの大きい剛体ほど回転状態を変化させにくい．

この章では，固定軸のまわりの剛体の回転運動を学ぶ．

12.1 角速度と角加速度（固定軸のまわりの剛体の回転の場合）

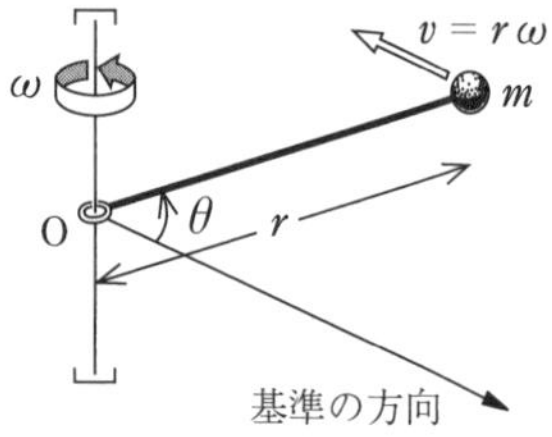

図 12.2

図 12.2 に示すように，長さ r の軽い棒の一端に質量 m の重いおもりをつけて，棒のもう一方の端の点 O を通り棒に垂直な軸（回転軸）のまわりに回転させると，おもりは回転軸に垂直な面の上で，半径 r の円運動を行う．おもりの位置は，棒が基準の方向となす角（角位置）θ によって指定される．

角 θ が時間とともに変化する割合（時間変化率）

$$\omega = \frac{\mathrm{d}\theta}{\mathrm{d}t} \tag{12.1}$$

を回転の**角速度**という．第3章で学んだように，国際単位系での角度の単位はラジアン（rad）で，角速度の単位は rad/s である（無次元の単位の rad を省略して 1/s と記すこともある）．角速度 ω は単位時間あたりの回転数 f の 2π 倍である（$\omega = 2\pi f$）．角速度の時間変化率

$$\alpha = \frac{\mathrm{d}\omega}{\mathrm{d}t} = \frac{\mathrm{d}^2\theta}{\mathrm{d}t^2} \tag{12.2}$$

を回転の**角加速度**という．角加速度の単位は $\mathrm{rad/s^2}$ である．

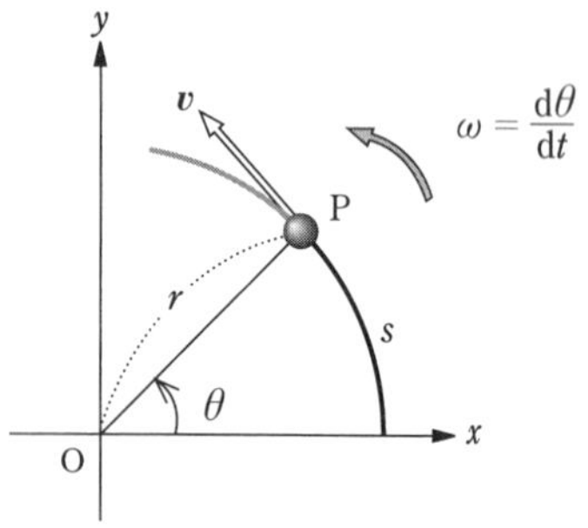

図 12.3 $v = r\omega$

角度の単位にラジアンを使うと，図 12.3 の中心角 θ，半径 r の扇形の弧の長さ $s = r\theta$ なので，半径 r の円運動を行う物体の速さ v は

$$v = \frac{\mathrm{d}s}{\mathrm{d}t} = r\frac{\mathrm{d}\theta}{\mathrm{d}t} = r\omega \tag{12.3}$$

である．したがって，図 12.2 のおもりの速さも $v = r\omega$ であり，おもりの運動エネルギー $K = mv^2/2$ は，

$$K = \frac{1}{2}mv^2 = \frac{1}{2}m(r\omega)^2 = \frac{1}{2}mr^2\omega^2 \quad (12.4)$$

と表せる．

等速円運動をする物体の加速度は，第3章で学んだように，向心加速度

$$a_r = \frac{v^2}{r} = r\omega^2 \quad (12.5)$$

であるが，等速ではない円運動の加速度 $\boldsymbol{a}$ は，向心加速度 a_r 以外に，円の接線方向を向いた成分の接線加速度 a_{t} をもつ（図 12.4）．

$$a_{\mathrm{t}} = \frac{\mathrm{d}v}{\mathrm{d}t} = r\frac{\mathrm{d}\omega}{\mathrm{d}t} = r\alpha \quad (12.6)$$

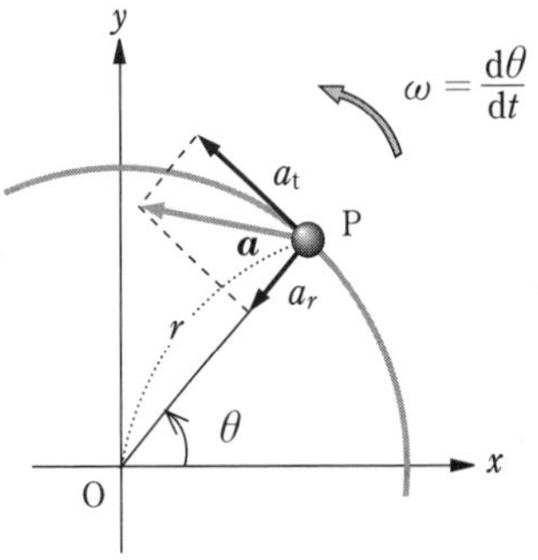

図 12.4 向心加速度 a_r と接線加速度 a_{t}

（参考） 等角加速度円運動　角加速度が一定な円運動を等角加速度円運動という．角加速度が一定で α の等角加速度円運動では，時刻0での角位置と角速度を θ_0，ω_0 とし，時刻 t での角位置と角速度を θ, ω とすると，時間 t での角速度の変化 $\omega - \omega_0$ や回転角 $\theta - \theta_0$ などに対して

$$\omega - \omega_0 = \alpha t, \quad \omega = \omega_0 + \alpha t \quad (12.7\,\mathrm{a})$$

$$\theta - \theta_0 = \frac{1}{2}(\omega_0 + \omega)t = \omega_0 t + \frac{1}{2}\alpha t^2, \quad \theta = \theta_0 + \omega_0 t + \frac{1}{2}\alpha t^2 \quad (12.7\,\mathrm{b})$$

$$\omega^2 - {\omega_0}^2 = 2\alpha(\theta - \theta_0) \quad (12.7\,\mathrm{c})$$

という関係が成り立つ．これらの関係は，等加速度直線運動の（1.27），（1.29），（1.31）式に対応する関係で，同じようにして導ける．

例題1　レコードプレーヤーの電源を切ったら，1分間に33回転の割合で一様に回転していたターンテーブルが一様に減速して10秒後に停止した．

（1） 角速度はこの10秒間にどのように変化したか．

（2） この間の平均角加速度はいくらか．

（3） この間にターンテーブルは何回転したか．

（4） ターンテーブルの半径を $r = 14\,\mathrm{cm}$ として，スイッチを切った直後のターンテーブルのふちの点の接線加速度 a_{t} と向心加速度 a_r を求めよ．

解　（1） 角速度 ω は回転数 f の 2π 倍，$\omega = 2\pi f$ である．電源を切った瞬間（$t = 0$）の角速度 $\omega_0 = 2\pi\times 33/\mathrm{min} = 2\pi\times 33/60\,\mathrm{s} = 3.46/\mathrm{s}$．10秒後（$t = 10\,\mathrm{s}$）の角速度 $\omega = 0$．

（2） 平均角加速度は「角速度の変化」/「時間」なので，

$$\alpha = \frac{\omega - \omega_0}{t} = \frac{-3.46/\mathrm{s}}{10\,\mathrm{s}} = -0.346/\mathrm{s}^2$$

（3） （12.7 b）式を使うと，回転角 $\theta - \theta_0$ は

$$\begin{aligned}\theta - \theta_0 &= \omega_0 t + \frac{\alpha t^2}{2}\\ &= (3.46\,\mathrm{rad/s})(10\,\mathrm{s})\\ &\quad + \frac{(-0.346\,\mathrm{rad/s^2})(10\,\mathrm{s})^2}{2}\\ &= 17.3\,\mathrm{rad}\end{aligned}$$

$$\frac{17.3\,\mathrm{rad}}{2\pi\,\mathrm{rad}} = 2.8\,(回転)$$

（4） $a_{\mathrm{t}} = r\alpha = (0.14\,\mathrm{m})(-0.346/\mathrm{s}^2)$
$= -0.048\,\mathrm{m/s^2}$

$a_r = r\omega^2 = (0.14\,\mathrm{m})(3.46/\mathrm{s})^2$
$= 1.68\,\mathrm{m/s^2}$

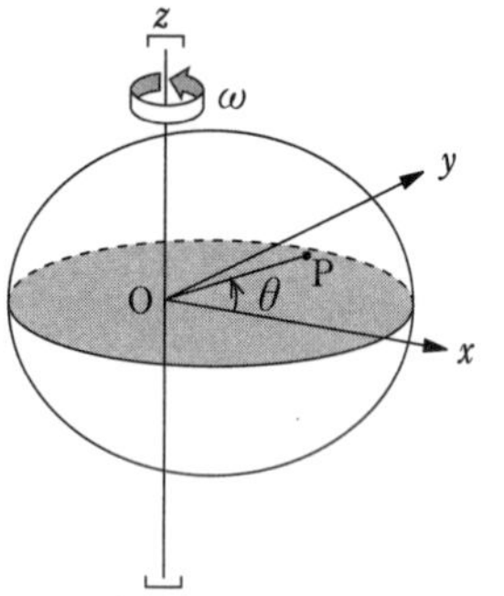

(a) 剛体の位置は角 θ で決まる

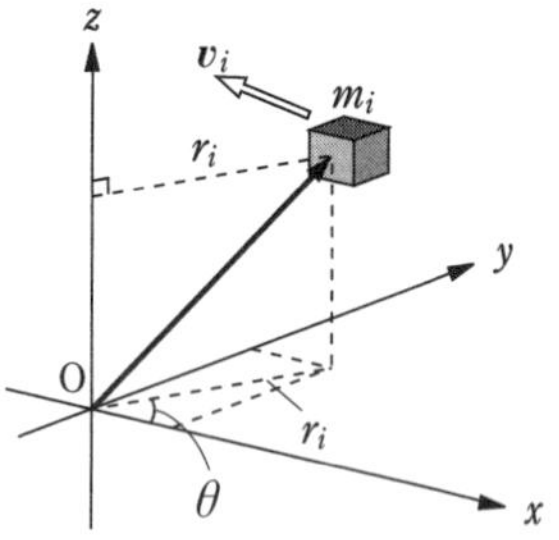

(b)

図 12.5　固定軸のある剛体の運動

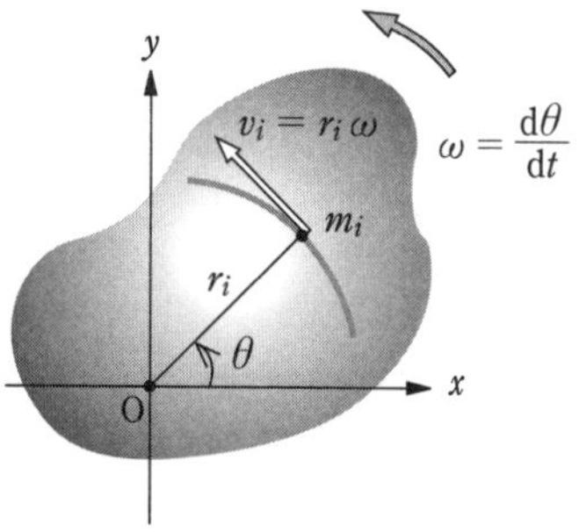

図 12.6　$v_i = r_i\omega$

図 12.5 に示すような，軸が軸受けによって z 軸上に固定されている，固定軸のある剛体の回転を考える．このとき剛体のすべての点は軸に垂直な平面（xy 平面に平行な平面）の上で，この平面と軸（z 軸）との交点を中心とする円運動を行う．xy 平面上を運動する剛体の 1 点を P とすると，この剛体の位置を，図 12.5 (a) の線分 OP が $+x$ 軸となす角 θ によって指定できる．

剛体のすべての部分は軸のまわりを共通の角速度

$$\omega = \frac{\mathrm{d}\theta}{\mathrm{d}t} \tag{12.8}$$

と共通の角加速度

$$\alpha = \frac{\mathrm{d}\omega}{\mathrm{d}t} = \frac{\mathrm{d}^2\theta}{\mathrm{d}t^2} \tag{12.9}$$

で回転する．

12.2　回転運動の運動エネルギーと慣性モーメント

剛体を小さな体積要素に分割して，剛体をこれらの体積要素の和だと考える．図 12.5 (b) の質量 m_i をもつ i 番目の体積要素と回転軸（z 軸）の距離を r_i とすると，その速さは $v_i = \omega r_i$ なので（図 12.6），運動エネルギー K_i は

$$K_i = \frac{1}{2} m_i {v_i}^2 = \frac{1}{2} m_i {r_i}^2 \omega^2 \tag{12.10}$$

と表される．

剛体全体の回転運動の運動エネルギー K は，各体積要素の運動エネルギーの和 $K_1 + K_2 + \cdots$ なので，

$$\begin{aligned} K &= \frac{1}{2} m_1 {r_1}^2 \omega^2 + \frac{1}{2} m_2 {r_2}^2 \omega^2 + \cdots \\ &= \frac{1}{2} (m_1 {r_1}^2 + m_2 {r_2}^2 + \cdots) \omega^2 \\ &= \frac{1}{2} (\sum_i m_i {r_i}^2) \omega^2 \end{aligned} \tag{12.11}$$

と表される．

そこで，この剛体の固定軸のまわりの**慣性モーメント** I を

$$I = m_1 {r_1}^2 + m_2 {r_2}^2 + \cdots = \sum_i m_i {r_i}^2 \tag{12.12}$$

と定義すると，この剛体の回転運動の運動エネルギー K は

$$K = \frac{1}{2} I \omega^2 \tag{12.13}$$

と表される．

問 1　図 12.2 のおもりの慣性モーメントはいくらか．

慣性モーメントの計算例　体積が ΔV の部分の質量を Δm とすると，その密度 ρ は

$$\rho = \frac{\Delta m}{\Delta V}$$

なので，慣性モーメント I は

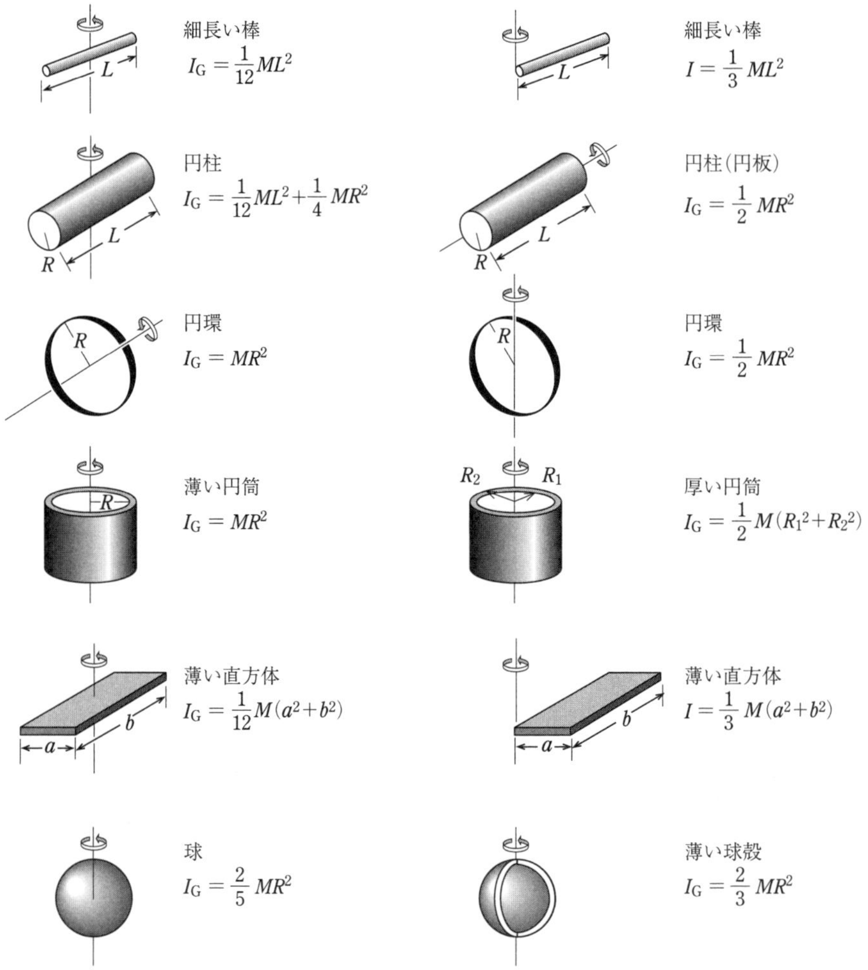
細長い棒
$I_G = \frac{1}{12}ML^2$
細長い棒
$I = \frac{1}{3}ML^2$
円柱
$I_G = \frac{1}{12}ML^2 + \frac{1}{4}MR^2$
円柱(円板)
$I_G = \frac{1}{2}MR^2$
円環
$I_G = MR^2$
円環
$I_G = \frac{1}{2}MR^2$
薄い円筒
$I_G = MR^2$
厚い円筒
$I_G = \frac{1}{2}M(R_1{}^2 + R_2{}^2)$
薄い直方体
$I_G = \frac{1}{12}M(a^2+b^2)$
薄い直方体
$I = \frac{1}{3}M(a^2+b^2)$
球
$I_G = \frac{2}{5}MR^2$
薄い球殻
$I_G = \frac{2}{3}MR^2$

図 12.7 慣性モーメントの例．物体の質量を M とする．I_G は回転軸が剛体の重心を通る場合の慣性モーメントである．質量 M の剛体のある軸のまわりの慣性モーメントを $I = Mk^2$ とおいて k をその剛体の回転軸のまわりの**回転半径**ということがある．

$$I = \sum_i r_i{}^2 \Delta m_i = \sum_i \rho_i r_i{}^2 \Delta V_i \tag{12.14}$$

と表される．各部分の質量 Δm_i と体積 ΔV_i を小さくしていく極限では，(12.14) 式の和は体積分になる．

$$I = \lim_{\Delta m_i \to 0} \sum_i r_i{}^2 \Delta m_i = \int r^2 \, \mathrm{d}m \tag{12.15}$$

$$I = \lim_{\Delta V_i \to 0} \sum_i \rho_i r_i{}^2 \Delta V_i = \int \rho r^2 \, \mathrm{d}V \tag{12.16}$$

[r^2 は z 軸からの距離の 2 乗なので，(12.15)，(12.16) 式の積分の中の r^2 は x^2+y^2 である．]

慣性モーメントの計算例を図 12.7 に示す．同じ物体でも回転軸が異なると，慣性モーメントの大きさは異なる（図 12.7 の上 3 列の右と左の慣性モーメントを比べよ）．

問 2 図 12.8 (a)，(b) のどちらの場合の慣性モーメントが大きいか．

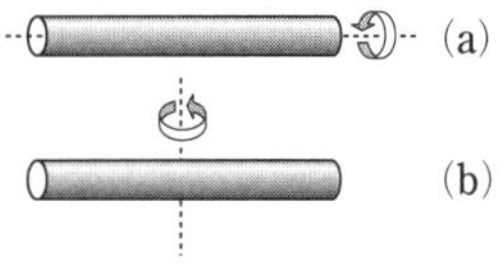
(a)
(b)

図 12.8

例題 2　次の剛体の慣性モーメントを求めよ．括弧内に回転軸を指定する．

（1）　質量 M，半径 R の円環（円の中心を通り，円に垂直な軸）（図 12.9（a））

（2）　質量 M，長さ L の細い棒（棒の中心を通り，棒に垂直な軸）（図 12.9（b））

（3）　質量 M，長さ L の細い棒（棒の端を通り，棒に垂直な軸）（図 12.9（b））

（4）　質量 M，半径 R，長さ L の円柱（円柱の中心軸）（図 12.9（c））

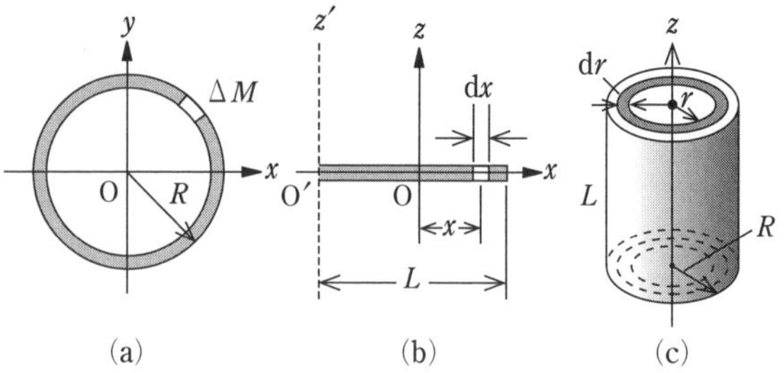

図 12.9

解　（1）　$I = \int r^2\,\mathrm{d}m = R^2 \int \mathrm{d}m = MR^2$

$$\left(\int \mathrm{d}m = M\right)$$

（2）　棒の長さ $\mathrm{d}x$ の部分の質量は $\mathrm{d}m = M(\mathrm{d}x/L) = (M/L)\mathrm{d}x$ なので，

$$I = \int r^2\,\mathrm{d}m = \int_{-L/2}^{L/2} x^2 \frac{M}{L}\,\mathrm{d}x$$
$$= \frac{M}{L}\int_{-L/2}^{L/2} x^2\,\mathrm{d}x = \frac{M}{L}\left[\frac{x^3}{3}\right]_{-L/2}^{L/2}$$
$$= \frac{1}{12}ML^2$$

（3）　$I = \int r^2\,\mathrm{d}m = \int_0^L x^2 \frac{M}{L}\,\mathrm{d}x$

$$= \frac{M}{L}\int_0^L x^2\,\mathrm{d}x = \frac{M}{L}\left[\frac{x^3}{3}\right]_0^L = \frac{1}{3}ML^2$$

ここで，x は O′ からの距離である．

（4）　円柱の密度 $\rho = M/\pi R^2 L$．半径が r と $r + \mathrm{d}r$ の間の厚さ $\mathrm{d}r$ の円筒の質量 $\mathrm{d}m = \rho(2\pi r\,\mathrm{d}r)L$ なので，

$$I = \int r^2\,\mathrm{d}m = 2\pi\rho L\int_0^R r^3\,\mathrm{d}r = 2\pi\rho L\left[\frac{r^4}{4}\right]_0^R$$
$$= \frac{1}{2}\pi\rho L R^4 = \frac{1}{2}MR^2$$

■平行軸の定理■　質量 M の剛体内の 1 点 O を通る回転軸（z 軸とする）のまわりの慣性モーメントを I，重心 G を通り z 軸と平行な軸のまわりの慣性モーメントを I_G とすると，

$$I = I_G + Mh^2 \tag{12.17}$$

の関係がある．h は重心 G と z 軸の距離である（図 12.10）．

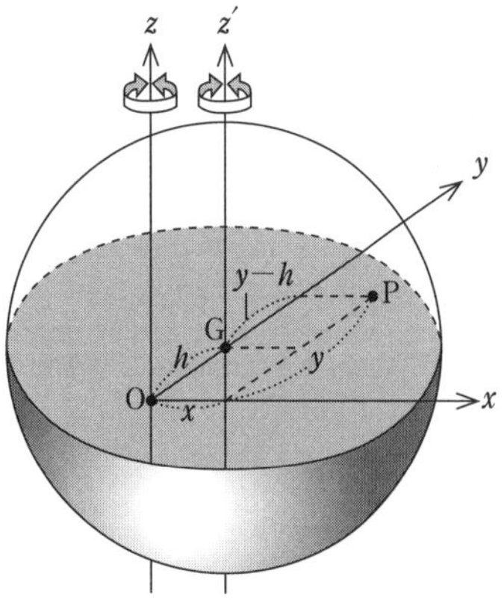

図 12.10　平行軸の定理．
$I = I_G + Mh^2$

（証明）　重心の座標が $(0, h, 0)$ となるように座標軸を選ぶ（重心は y 軸上にある）．点 $\mathrm{P}(x_i, y_i, z_i)$ と回転軸（z 軸）の距離は $r_i = \sqrt{x_i{}^2 + y_i{}^2}$ なので，

$$I = \sum_i m_i r_i{}^2 = \sum_i m_i(x_i{}^2 + y_i{}^2)$$
$$= \sum_i m_i[x_i{}^2 + (y_i - h)^2 + 2hy_i - h^2]$$
$$= \sum_i m_i[x_i{}^2 + (y_i - h)^2] + 2h\sum_i m_i y_i - h^2\sum_i m_i$$
$$= I_G + 2h(Mh) - h^2 M = I_G + Mh^2 \tag{12.18}$$

［点 P から重心を通る軸までの距離は $\sqrt{x_i{}^2 + (y_i - h)^2}$，$h = \sum m_i y_i / M$，$\sum m_i = M$ を使った．］

例 1　図 12.7 のいちばん上の 2 つの場合に（12.17）式が成り立つことを示す．棒の重心は棒の中心なので，左側から

$$I_G = \frac{1}{12}ML^2 \tag{12.19}$$

右側は（12.17）式の h が $L/2$ の場合なので，

$$I = I_G + M\left(\frac{L}{2}\right)^2 = \frac{1}{12}ML^2 + \frac{1}{4}ML^2 = \frac{1}{3}ML^2 \tag{12.20}$$

例 2　ボルダ Borda の振り子　半径 R，質量 M の金属球を，長さが l で質量 m の細い針金（$l \gg R$）で吊るした振り子をボルダの振り子という（図 12.11）．針金と球の相対運動を無視して全体を剛体とみなして，この振り子の慣性モーメント I を計算する．金属球の慣性モーメント I_1 は，平行軸の定理を使うと，$I_G = (2/5)MR^2$，$h = l+R$ なので，

$$I_1 = \frac{2}{5}MR^2 + M(l+R)^2 \tag{12.21}$$

針金の慣性モーメント I_2 は

$$I_2 = \frac{1}{3}ml^2 \tag{12.22}$$

なので，

$$I = I_1 + I_2 = \frac{2}{5}MR^2 + M(l+R)^2 + \frac{1}{3}ml^2 \tag{12.23}$$

である．

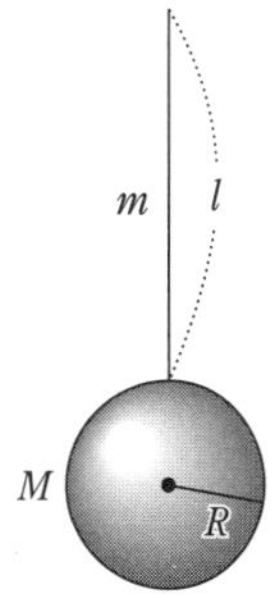

図 12.11　ボルダの振り子

例 3　フライホイール　中心軸のまわりに回転できる金属製の重い円柱をフライホイールという．フライホイールを高速で回転させると，回転運動の運動エネルギーという形でエネルギーを蓄えられる．半径 $R = 2.37\ \mathrm{m}$，高さ $h = 2.69\ \mathrm{m}$ の鉄の円柱が，1 分あたり 582 回転している場合の運動エネルギー K を計算する．鉄の密度 ρ は $7.86\ \mathrm{g/cm^3}$ である．

$$M = \pi R^2 h\rho = \pi\times(2.37\ \mathrm{m})^2\times 2.69\ \mathrm{m}\times 7.86\times 10^3\ \mathrm{kg/m^3}$$
$$= 3.73\times 10^5\ \mathrm{kg}$$
$$I = \frac{1}{2}MR^2 = \frac{1}{2}\times 3.73\times 10^5\ \mathrm{kg}\times(2.37\ \mathrm{m})^2$$
$$= 1.05\times 10^6\ \mathrm{kg\cdot m^2}$$
$$\omega = 2\pi f = 2\pi\times 582/60\ \mathrm{s} = 60.9/\mathrm{s}$$
$$K = \frac{1}{2}I\omega^2 = \frac{1}{2}\times 1.05\times 10^6\ \mathrm{kg\cdot m^2}\times(60.9/\mathrm{s})^2 = 1.95\times 10^9\ \mathrm{J} \tag{12.24}$$

12.3　固定軸のまわりの剛体の回転運動の法則

力のモーメント　力 $\boldsymbol{F}$ が物体を点 O のまわりに回転させようとする能力を，点 O のまわりの力 $\boldsymbol{F}$ のモーメントあるいはトルクとよび，N と記す．

図 12.12 の場合，力 $\boldsymbol{F}$ の大きさ F と回転軸 O から力 $\boldsymbol{F}$ の作用線までの距離 l の積 Fl を，力 $\boldsymbol{F}$ の回転軸 O のまわりのモーメントと定義する（回転軸 O の方向と力 $\boldsymbol{F}$ は垂直だとする）．

$$N = Fl \tag{12.25}$$

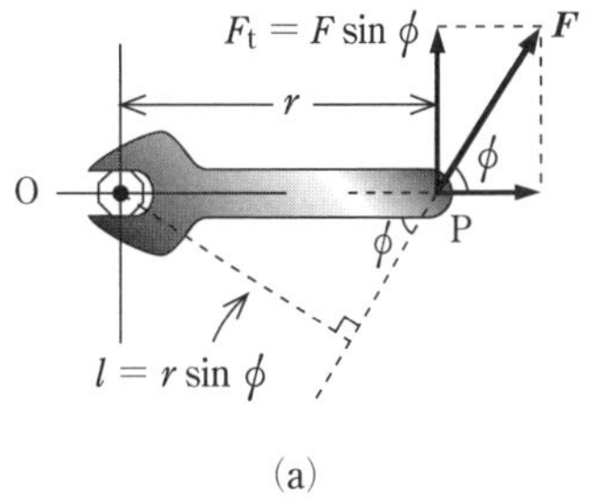

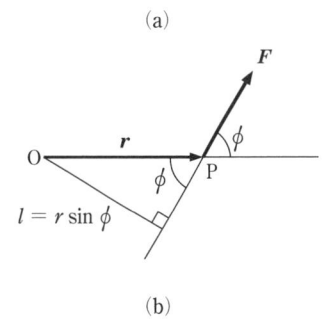

図 12.12　力のモーメント $N = Fl$

図 12.12 のように角 ϕ を定義すると，作用点 P の円運動の接線方向への力 $\boldsymbol{F}$ の成分は $F_t = F\sin\phi$，回転軸から力の作用線までの距離 l は $l = r\sin\phi$ と表されるので，力 $\boldsymbol{F}$ のモーメント (12.25) は

$$N = Fr\sin\phi = rF_t \tag{12.25'}$$

と表される（図 12.12）．力のモーメントの単位は N·m である．

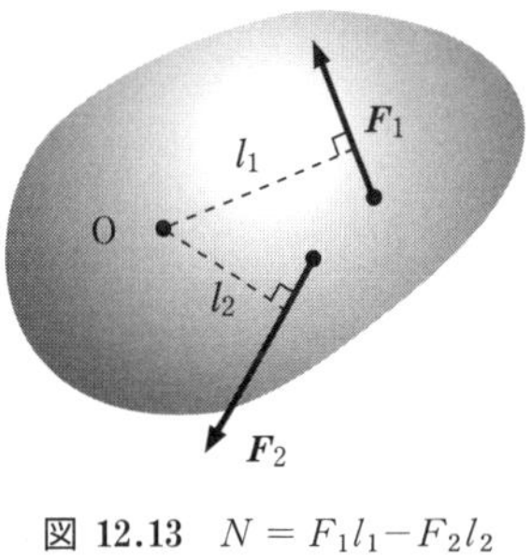

図 12.13　$N = F_1 l_1 - F_2 l_2$

力のモーメント $N = Fl$ には正負の符号があり，力 $\boldsymbol{F}$ が物体を回転軸 O のまわりに時計の針の回る向きと逆向きに回転させようとする場合には

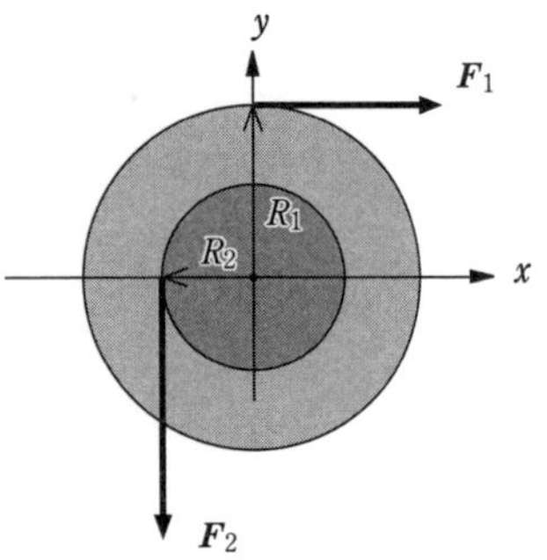

図 12.14　$F_1 = 3\,\mathrm{N}$，$R_1 = 1\,\mathrm{m}$
$F_2 = 4\,\mathrm{N}$，$R_2 = 0.5\,\mathrm{m}$

正 ($N = Fl$)，時計の針の回る向きに回転させようとする場合には負 ($N = -Fl$) と定義する (図 12.13).

例 4　図 12.14 の物体に働く外力 $\boldsymbol{F}_1$, $\boldsymbol{F}_2$ の点 O のまわりのモーメント N は

$$N = -F_1R_1 + F_2R_2 = -3\,\mathrm{N}\times 1\,\mathrm{m} + 4\,\mathrm{N}\times 0.5\,\mathrm{m} = -1.0\,\mathrm{N \cdot m}$$

なので，外力は全体として，物体を時計の針の回る向きに回転させようとする向きに働く.

■ 回転運動の法則 ■　半径 r の円運動をしている質量 m の質点の円の接線方向の運動方程式

$$F_\mathrm{t} = ma_\mathrm{t} \tag{12.26}$$

の両辺に半径 r を掛けると

$$F_\mathrm{t}r = N = ma_\mathrm{t}r = m(r\alpha)r = mr^2\alpha$$

$$\therefore \quad N = (mr^2)\alpha \tag{12.27}$$

が導かれる (図 12.15 (a)). 質点ではなく，剛体の場合には，剛体を小物体の集まりと考えると，各小物体に対する (12.27) 式の

$$N_i = (m_i r_i{}^2)\alpha \tag{12.28}$$

が成り立つので，それらの和として，固定軸のある剛体の回転運動の法則

$$N = \sum_i N_i = \sum_i m_i r_i{}^2\alpha = (\sum_i m_i r_i{}^2)\alpha = I\alpha \tag{12.29}$$

$$\therefore \quad I\alpha = I\frac{\mathrm{d}\omega}{\mathrm{d}t} = I\frac{\mathrm{d}^2\theta}{\mathrm{d}t^2} = N \tag{12.30}$$

が導かれる (図 12.15 (b)). I は (12.12) 式で定義された慣性モーメントで，$N = \sum N_i$ は剛体に作用する外力のモーメントの和で，外力のモーメントという.（各小物体の回転運動には内力のモーメントも影響を与えるが，作用反作用の法則によって剛体全体の回転運動には内力のモーメントは打ち消し合い，内力は影響しない (図 12.16).）剛体が回転せず静止状態をつづける条件は，外力のモーメント $N = 0$ である.

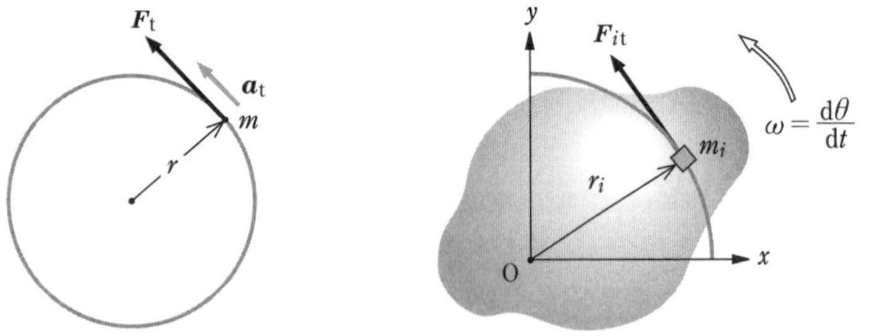

(a)　$F_\mathrm{t} = ma_\mathrm{t} = mr\alpha$　　(b)　$N_i = r_iF_{i\mathrm{t}} = m_ir_i{}^2\alpha$

図 12.15

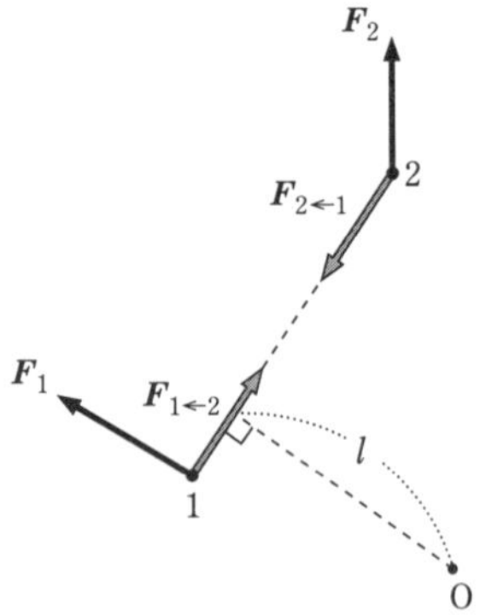

図 12.16　内力のモーメントは打ち消し合う.

■ 固定軸のまわりの剛体の回転運動と x 軸に沿っての直線運動との対応 ■
x 軸に沿っての直線運動の方程式 $m\,\mathrm{d}^2x/\mathrm{d}t^2 = F$ と (12.30) 式を比べると，慣性モーメント $I \longleftrightarrow$ 質量 m，角位置 $\theta \longleftrightarrow$ 位置座標 x，力のモーメント $N \longleftrightarrow$ 力 F，のような対応関係があることがわかる. この対応関係を推し進めると，剛体の固定軸のまわりの回転運動と質点の直線運動は次

のように対応していることがわかる．

角位置（回転角）	θ	位置座標	x
角速度	$\omega = \dfrac{\mathrm{d}\theta}{\mathrm{d}t}$	速　度	$v = \dfrac{\mathrm{d}x}{\mathrm{d}t}$
角加速度	$\alpha = \dfrac{\mathrm{d}\omega}{\mathrm{d}t} = \dfrac{\mathrm{d}^2\theta}{\mathrm{d}t^2}$	加速度	$a = \dfrac{\mathrm{d}v}{\mathrm{d}t} = \dfrac{\mathrm{d}^2x}{\mathrm{d}t^2}$
慣性モーメント	I	質　量	m
外力のモーメント	$N = I\alpha$	外　力	$F = ma$
運動エネルギー	$\dfrac{1}{2}I\omega^2$	運動エネルギー	$\dfrac{1}{2}mv^2$
仕　事	$W = N\theta$ $W = \int_{\theta_0}^{\theta} N\,\mathrm{d}\theta$	仕　事	$W = Fx$ $W = \int_{x_0}^{x} F\,\mathrm{d}x$
仕事率	$P = N\omega$	仕事率	$P = Fv$

仕事と運動エネルギーの関係

$$W = \Delta K = \frac{1}{2}I{\omega_\mathrm{f}}^2 - \frac{1}{2}I{\omega_i}^2$$

仕事と運動エネルギーの関係

$$W = \Delta K = \frac{1}{2}m{v_\mathrm{f}}^2 - \frac{1}{2}m{v_i}^2$$

等角加速度運動

$$\omega = \omega_0 + \alpha t$$
$$\theta = \theta_0 + \omega_0 t + \frac{1}{2}\alpha t^2$$
$$\omega^2 - {\omega_0}^2 = 2\alpha(\theta - \theta_0)$$

等加速度運動

$$v = v_0 + at$$
$$x = x_0 + v_0 t + \frac{1}{2}at^2$$
$$v^2 - {v_0}^2 = 2a(x - x_0)$$

(12.31)

例 5　剛体振り子　水平な固定軸のまわりに自由に回転でき，重力の作用によって振動する剛体を剛体振り子という（図 12.17）．

剛体振り子に働く外力は，固定軸に作用する軸受けの抗力 T と重力 Mg である．固定軸 O と抗力の作用線の距離は 0 なので，固定軸のまわりの抗力のモーメントは 0 である．11.2 節で示したように，剛体に働く重力の効果は，質量 M の剛体に働く全重力 Mg が重心 G に作用する場合と同じである．そこで，固定軸 O から重心 G までの距離を L とし，$\overline{\mathrm{OG}}$ が鉛直線となす角を θ とすると，固定軸のまわりのモーメント Fl は，$F = Mg$，$l = L\sin\theta$ なので，

$$N = -MgL\sin\theta$$

である（負符号は，重力が振り子の振れを復元する向きに働くことを意味する）．したがって，回転軸のまわりの慣性モーメントが I の剛体振り子の運動方程式 $I\alpha = N$ は

$$I\frac{\mathrm{d}^2\theta}{\mathrm{d}t^2} = -MgL\sin\theta \qquad \therefore \quad \frac{\mathrm{d}^2\theta}{\mathrm{d}t^2} = -\frac{MgL}{I}\sin\theta \qquad (12.32)$$

となる．この方程式を 6.2 節の単振り子の方程式 $\mathrm{d}^2\theta/\mathrm{d}t^2 = -(g/l)\sin\theta$ と比べると，剛体振り子は糸の長さが

$$l = \frac{I}{ML} \qquad (12.33)$$

の単振り子と同じ運動をすることがわかる．振幅が小さく，$\sin\theta \approx \theta$ と近似できる場合の剛体振り子の周期 T は，(6.37) 式の $T =$

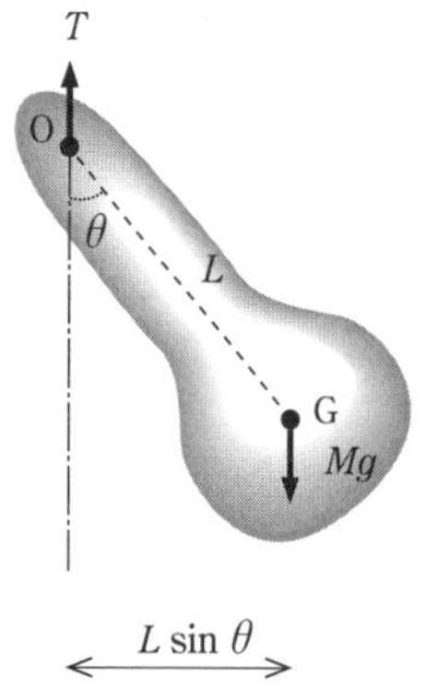

図 12.17　剛体振り子

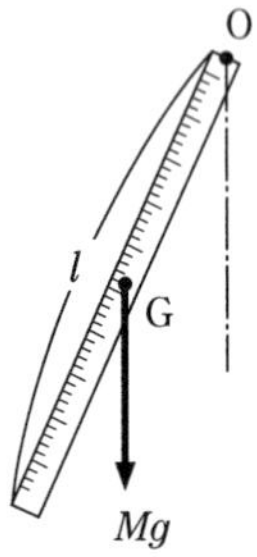

図 12.18

$2\pi\sqrt{l/g}$ の l に (12.33) 式を代入した

$$T = 2\pi\sqrt{\frac{I}{MgL}} \tag{12.34}$$

であることが導かれる.

慣性モーメントが正確に求められる剛体振り子の微小振動の周期 T を測定すると，重力加速度 g は

$$g = \left(\frac{2\pi}{T}\right)^2\left(\frac{I}{ML}\right) \tag{12.35}$$

で与えられる.

例 6 長さ $l = 30$ cm のものさしの一端を持って，鉛直面内で振動させるときの振動の周期を求めてみよう (図 12.18).

$$I = \frac{1}{3}Ml^2, \qquad L = \frac{l}{2}$$

なので，(12.34) 式から

$$T = 2\pi\sqrt{\frac{I}{MgL}} = 2\pi\sqrt{\frac{2l}{3g}} = 2\pi\sqrt{\frac{2\times 0.30\ \mathrm{m}}{3\times 9.8\ \mathrm{m/s^2}}} = 0.90\ \mathrm{s}$$

例題 3 図 12.19 のように質量 M，半径 R の滑車に軽い糸が巻きつけてあり，その一端には質量 m のおもりがつけてある. おもりの落下運動の加速度 a と糸の張力 S および滑車の回転の角加速度 α を求めよ. $m = 1.0$ kg, $M = 2.0$ kg, $R = 20$ cm の場合の a と S と α を計算せよ.

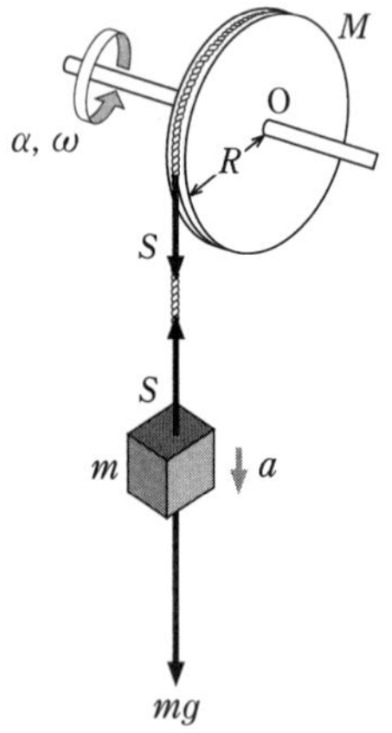

図 12.19

解 慣性モーメントが I の滑車を回転させる糸の張力 S の中心軸 O のまわりのモーメントは $N = SR$ なので，滑車の回転運動の方程式は

$$I\alpha = N = SR \qquad \therefore\quad \alpha = \frac{SR}{I} \tag{12.36}$$

質量 m のおもりの運動方程式は

$$ma = mg - S \tag{12.37}$$

おもりの加速度 a は半径 R の滑車の端の接線加速度 $a_t = R\alpha$ に等しいので [(12.6) 式]

$$a = R\alpha \quad \text{すなわち} \quad g - \frac{S}{m} = \frac{SR^2}{I} \tag{12.38}$$

$$\therefore\quad S = \frac{mg}{1 + mR^2/I} \tag{12.39}$$

$$\left.\begin{aligned} \alpha &= \frac{SR}{I} = \frac{g}{R + I/mR}, \\ a &= R\alpha = \frac{g}{1 + I/mR^2} \end{aligned}\right\} \tag{12.40}$$

滑車の慣性モーメントが大きく $I \gg mR^2$ の場合には，おもりの落下加速度 a は重力加速度 g に比べはるかに小さい. 滑車の慣性モーメントが小さく，$I \ll mR^2$ の場合にはおもりの落下加速度 a はほぼ重力加速度 g に等しい.

$m = 1.0$ kg, $M = 2.0$ kg, $R = 20$ cm の場合は，$I = MR^2/2$ で $I/mR^2 = M/2m = 1.0$ なので

$$S = \frac{1}{2}mg = 4.9\ \mathrm{N}, \qquad a = \frac{1}{2}g = 4.9\ \mathrm{m/s^2} \tag{12.41}$$

$$\alpha = \frac{a}{R} = 25/\mathrm{s^2} \tag{12.42}$$

■角運動量■ 直線運動の運動量 $p = mv$ に対応して，固定軸のまわりの剛体の回転運動の角運動量 L

$$L = I\omega \tag{12.43}$$

を導入する．直線運動の運動方程式 $F=ma$ は $F=\mathrm{d}p/\mathrm{d}t$ と表されるように，固定軸のまわりの剛体の回転運動の法則 $N=I\alpha=I\,\mathrm{d}\omega/\mathrm{d}t$ [(12.30)式] は

$$\frac{\mathrm{d}L}{\mathrm{d}t}=N \tag{12.44}$$

と表せる．

第12章のまとめ

回転の表現　固定軸のまわりの剛体の運動を記述する量に，角位置（基準の方向からの回転角）θ，角速度 ω，角加速度 α がある．

$$\omega=\frac{\mathrm{d}\theta}{\mathrm{d}t},\qquad \alpha=\frac{\mathrm{d}\omega}{\mathrm{d}t}=\frac{\mathrm{d}^2\theta}{\mathrm{d}t^2} \tag{1}$$

固定軸からの距離が r の点の，基準の点からの移動距離 s，速さ v，接線加速度 a_{t}，向心加速度 a_r は

$$s=r\theta, \tag{2}$$

$$v=r\omega=r\frac{\mathrm{d}\theta}{\mathrm{d}t}, \tag{3}$$

$$a_{\mathrm{t}}=r\alpha=r\frac{\mathrm{d}^2\theta}{\mathrm{d}t^2},\qquad a_r=\frac{v^2}{r}=v\omega=r\omega^2 \tag{4}$$

という関係を満たす．関係(2)，(3)，(4)は角度の単位にラジアンを使ったときにのみ成り立つ．

$$1\,\text{回転}=360^\circ=2\pi\,\mathrm{rad} \tag{5}$$

なので，単位時間あたりの回転数 f と角速度 ω の関係は

$$\omega=2\pi f \tag{6}$$

慣性モーメント　広がった物体を小部分に分割して，質量 m_i の部分 i と回転軸の距離を r_i とすると，この物体の回転軸のまわりの慣性モーメント I は

$$I=\sum m_i {r_i}^2$$

積分形では

$$I=\int r^2\,\mathrm{d}m=\int \rho r^2\,\mathrm{d}V \tag{7}$$

平行軸の定理　質量 M の物体のある回転軸のまわりの慣性モーメント I は，重心を通りこの軸に平行な回転軸のまわりの慣性モーメントを I_{G}，2つの軸の距離を h とすると

$$I=I_{\mathrm{G}}+Mh^2 \tag{8}$$

回転運動の運動エネルギー

$$K=\frac{1}{2}I\omega^2 \tag{9}$$

力のモーメント（トルク）　（回転軸に垂直な）力 $\boldsymbol{F}$ の大きさと回転軸から力 $\boldsymbol{F}$ の作用線までの距離 l の積（図12.12参照）．

$$N=Fl=rF_{\mathrm{t}}=rF\sin\phi \tag{10}$$

回転軸のまわりの剛体の回転運動の法則

$$I\alpha = I\frac{\mathrm{d}\omega}{\mathrm{d}t} = I\frac{\mathrm{d}^2\theta}{\mathrm{d}t^2} = N \tag{11}$$

剛体振り子の周期

$$T = 2\pi\sqrt{\frac{I}{MgL}} \tag{12}$$

L は回転軸と重心の距離.

演習問題 12

A

1. 図1の2つの円板B,Cは接触していて，滑り合うことなく回転している．円板A,Bは接着されていて，時計の針の回る向きとは逆向きに回転している．円板Cの角速度と角加速度は2 rad/sと6 rad/s^2 である．おもりDの速度と加速度を求めよ．

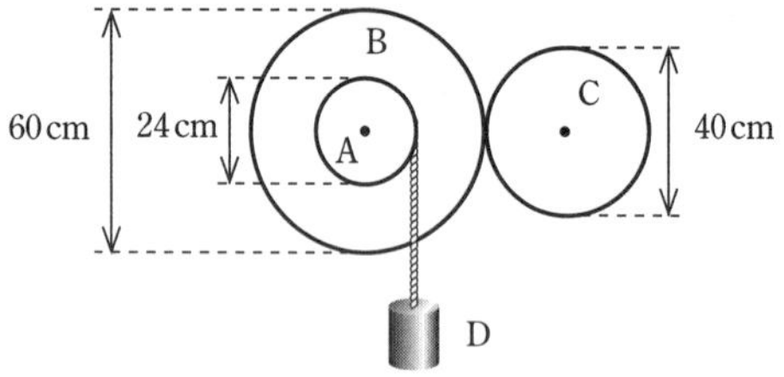

図 1

2. 半径1 m，高さ1 mの鉄製(比重は8 g/cm^3)の円柱が中心軸のまわりを毎分600回転している．回転による運動エネルギーを求めよ．

3. あるヘリコプターの3枚の回転翼はいずれも長さ $L = 5.0$ m，質量 $M = 200$ kgである(図2)．回転翼が1分間に300回転しているときの回転の運動エネルギーを求めよ．

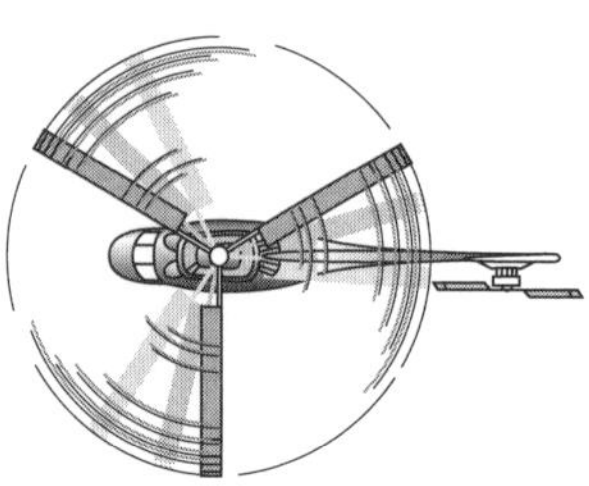

図 2

4. 同じ長さで同じ太さの鉄の棒とアルミニウムの棒を図3のように接着した．点Oのまわりに回転できる(a)の場合と点O′のまわりに回転できる(b)の場合，どちらが回転させやすいか．

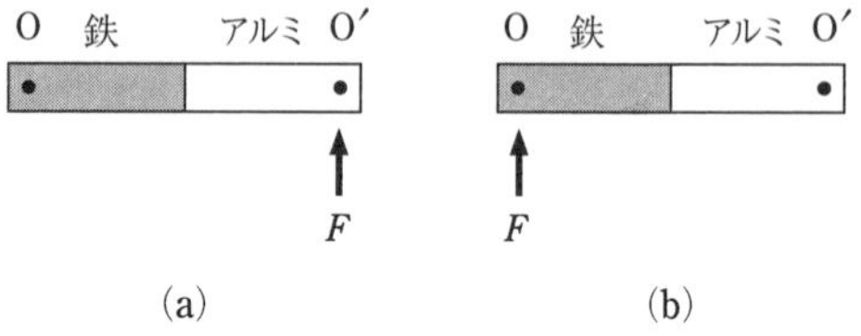

図 3

5. 軽い木製の枠のまわりに質量 $m = 5$ kg，半径 $r = 0.5$ mの鉄の輪をはめた車輪がある(図4)．

(1) この車輪の軸のまわりの慣性モーメント I はいくらか．

(2) この車輪にひもを滑らないように巻きつけ，その先に質量 $M = 10$ kgのおもりをつけて放す．車輪の回転の角加速度 α，おもりの落下の加速度 a，ひもの張力 S を求めよ．

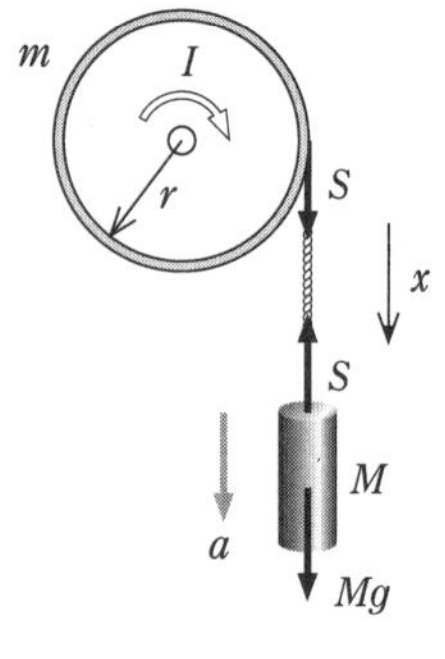

図 4

6．高い塀の上を歩くとき，なぜ両腕を左右に伸ばすのか．

B

1．図5の装置で下のベルトコンベアの上面は $v=10\,\mathrm{m/s}$ で左へ移動している．そこへ半径 $R=28\,\mathrm{cm}$，質量 $M=15\,\mathrm{kg}$，慣性モーメント $I=0.9\,\mathrm{kg{\cdot}m^2}$ のタイヤをのせた．タイヤは軸Oのまわりで自由に回転できる．タイヤを支える棒の質量は無視せよ．

（1）タイヤの最初の角速度は0だとして，最終の角速度になるまでの時間 T を求めよ．ただし，タイヤとベルトコンベアの摩擦係数 $\mu=0.50$ とせよ．

（2）タイヤが最終速度になるまでのベルトの移動距離 L は何mか．

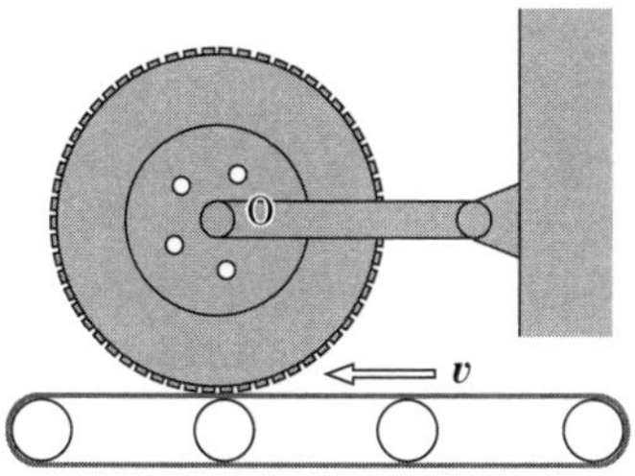

図 5

2．図6のような装置がある．長さ L，質量 M の棒は左端のまわりで振動できるが，右端にはばね定数が k のばねが取り付けてあり，つり合いの状態では棒は水平である．この棒の微小振動の周期は $T=2\pi\sqrt{M/3k}$ であることを示せ．

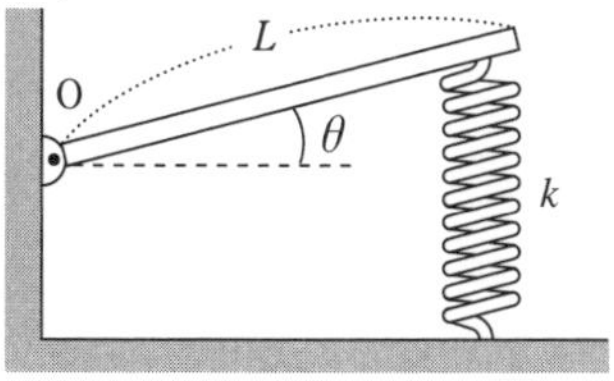

図 6

3．図7のような3辺の長さが a, b, c で質量が M の直方体の長さ c の辺のまわりの慣性モーメント I は

$$I=\frac{1}{3}M(a^2+b^2)$$

である．図に示した軸のまわりにこの直方体を剛体振り子として振動させたときの周期 T を求めよ．

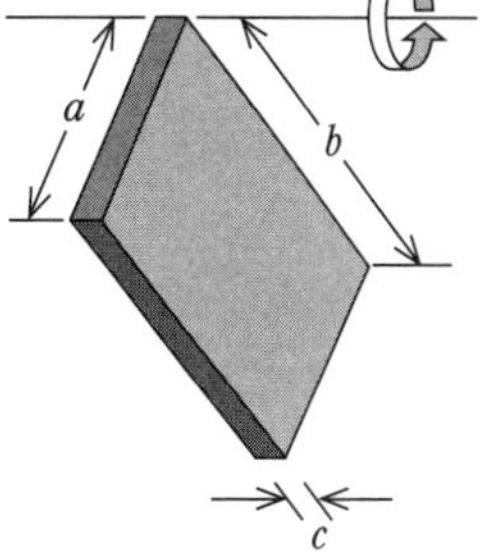

図 7

4．図8の装置でおもり m_1, m_2 の加速度 a と糸の張力 S_1, S_2 を求めよ．$m_1=20\,\mathrm{kg}$，$m_2=10\,\mathrm{kg}$，$M=20\,\mathrm{kg}$，$R=20\,\mathrm{cm}$，$I=MR^2/2$ の場合の a，S_1, S_2 を計算せよ．

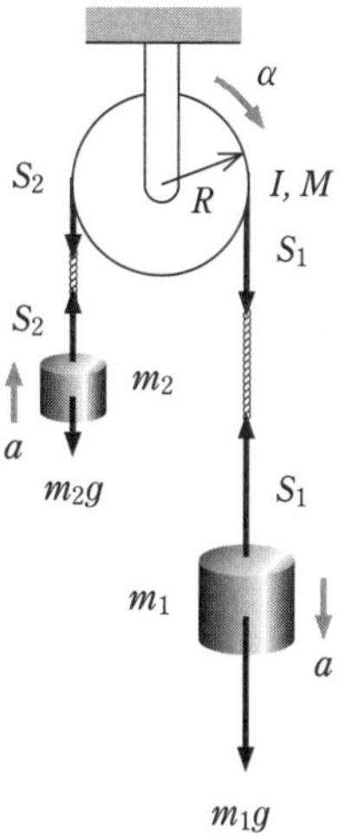

図 8

13 剛体の平面運動

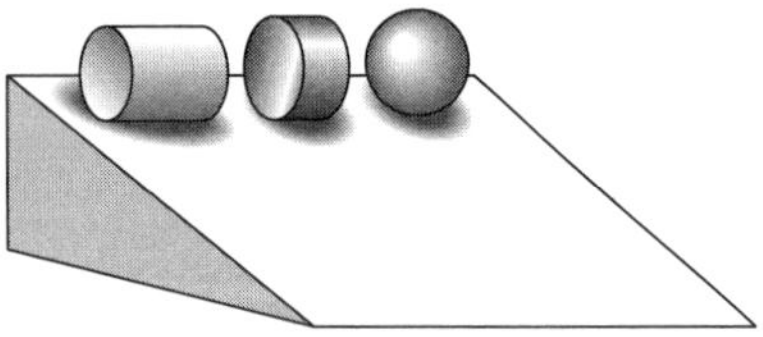

図 13.1

図 13.1 のように，斜面の上から同じ質量，同じ半径の球と円柱と薄い円筒を転がり落としてみよう．斜面の傾きは小さいので，接触点が斜面を滑らない場合を調べる．実験してみると，3 つの物体は同じ速さで転がり落ちるのではなく，球がいちばん速く，つぎが円柱で，いちばん遅いのが円筒であることがわかる．

生卵とゆで卵で同じ実験をすると，生卵の方がゆで卵よりも速く落ちる．そこで，卵を割らなくても，生卵とゆで卵を区別できる．

本章を学ぶと，なぜこのような速さの差が生じるのかがわかるはずである．

13.1 剛体の運動法則

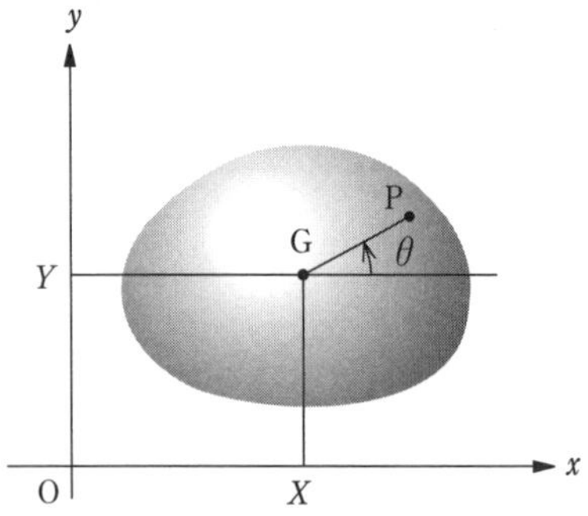

図 13.2 剛体の平面運動．剛体の位置は，重心座標 (X, Y) と重心のまわりの回転角 θ がわかれば決まる．

剛体の平面運動 剛体のすべての点が一定の平面に平行な平面上を動く運動を剛体の平面運動という．図 13.1 の円柱などが平らな斜面を転落する運動はその一例である．本章では剛体の平面運動を学ぶ．

この一定の平面を xy 平面に選ぶと，剛体の位置を定めるには，重心 G の x, y 座標の X, Y のほかに，xy 平面内にあるもう 1 つの点 P の位置を知る必要があるが，これは線分 $\overline{\mathrm{GP}}$ が $+x$ 軸となす角 θ から決められる（図 13.2）．したがって，剛体の平面運動を調べるには，重心 G の座標 X, Y と重心のまわりの回転角 θ の従う運動法則が必要である．

剛体の重心の運動法則 力 $\boldsymbol{F} = (F_x, F_y)$ の作用している質量 M の剛体の重心 G (X, Y) の運動方程式は

$$MA_x = M\frac{\mathrm{d}V_x}{\mathrm{d}t} = M\frac{\mathrm{d}^2X}{\mathrm{d}t^2} = F_x, \quad MA_y = M\frac{\mathrm{d}V_y}{\mathrm{d}t} = M\frac{\mathrm{d}^2Y}{\mathrm{d}t^2} = F_y \tag{13.1}$$

である．(A_x, A_y) は重心の加速度で，(V_x, V_y) は重心の速度である．

剛体の重心のまわりの回転運動の法則 固定軸のまわりの剛体の回転運動の法則は (12.30) 式であった．重心を通る軸のまわりの回転運動にも同じ形の法則が成り立つ．重心を通り z 軸に平行な直線のまわりの剛体の慣性モーメントを I_{G}，剛体に作用する力のこの直線のまわりのモーメントの和を N とすると，重心のまわりの回転角 θ の従う運動方程式は

$$I_{\mathrm{G}}\alpha = I_{\mathrm{G}}\frac{\mathrm{d}\omega}{\mathrm{d}t} = I_{\mathrm{G}}\frac{\mathrm{d}^2\theta}{\mathrm{d}t^2} = N \tag{13.2}$$

である．α は重心のまわりの剛体の回転の角加速度で，ω は角速度である．証明は略すが，(13.2) 式は重心が運動していても成り立つ．

なお，円柱が平面上を滑らずに転がる場合には，円柱と平面の接触線は，次節で示すように，その瞬間の円柱の回転軸である．この場合は接触線のまわりの剛体の慣性モーメントを I_{P} とすると，接触線のまわりの回転運動の運動方程式

$$I_{\mathrm{P}}\alpha = I_{\mathrm{P}}\frac{\mathrm{d}\omega}{\mathrm{d}t} = I_{\mathrm{P}}\frac{\mathrm{d}^2\theta}{\mathrm{d}t^2} = N' \tag{13.3}$$

が成り立つ．N' は剛体に作用する力の接触線のまわりのモーメントの和である．この場合，円柱の重心と接触線の距離は円柱の半径 R なので，平行軸の定理［(12.17) 式］によって

$$I_{\mathrm{P}} = I_{\mathrm{G}} + MR^2 \tag{13.4}$$

という関係がある．

■剛体の運動エネルギー■　剛体の運動エネルギー K は重心運動の運動エネルギー $MV^2/2$ と重心のまわりの回転運動の運動エネルギー $I_{\mathrm{G}}\omega^2/2$ の和

$$K = \frac{1}{2}MV^2 + \frac{1}{2}I_{\mathrm{G}}\omega^2 \tag{13.5}$$

である．

■力学的エネルギー保存の法則■　剛体に作用する摩擦力によって熱が発生しない場合には，剛体の重心の高さを h とすると，剛体の運動エネルギーと重力による位置エネルギーの和が一定，

$$\frac{1}{2}MV^2 + \frac{1}{2}I_{\mathrm{G}}\omega^2 + Mgh = 一定 \tag{13.6}$$

という力学的エネルギー保存の法則が成り立つ．

■剛体が重心のまわりに回転しない平面運動の場合■　この場合の運動法則は，重心の運動方程式 (13.1) と剛体が重心のまわりに回転しない条件「重心のまわりの力のモーメントの和 N が 0」

$$N = 0 \tag{13.7}$$

である．

例題 1　図 13.3 は競走用自動車（質量 M）の概念図である．この自動車の出しうる最大加速度 $A_{\max}$ は μg であり，この加速度を出すためには $l_2 = \mu h$ でなければならないことを示せ．μ はタイヤと道路の静止摩擦係数である．この自動車は後輪駆動なので，地面との摩擦力 F は後輪のみに作用すると考えてよい．

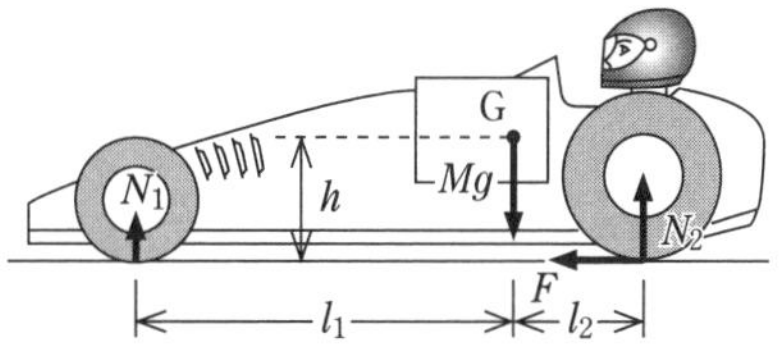

図 13.3　競走用自動車の概念図

解 鉛直方向の力のつり合い条件

$$N_1+N_2-Mg=0$$

重心のまわりの力のモーメントのつり合い条件

$$N_2l_2-N_1l_1-Fh=0$$

水平方向の運動方程式 $MA=F$

垂直抗力と静止摩擦力の関係 $F\leqq\mu N_2$

の4つの関係式がある．$A=F/M$ が最大なのは，$F=\mu N_2$ のときで，しかも N_2 が最大のときである．$N_1\geqq0$ なので，$N_2=Mg-N_1$ が最大なのは $N_1=0$ のときで，このとき $N_2=Mg$ である．したがって，$A=F/M$ が最大なのは，$N_1=0$，$F=\mu N_2=\mu Mg$ のときである．

$$\therefore\quad A_{\max}=\mu g$$

このとき，$N_2l_2-N_1l_1-Fh=Mgl_2-\mu Mgh=0$ なので，

$$l_2=\mu h$$

例題2 時速54 km (= 15 m/s) で走っていた質量5000 kg のトラックがブレーキをかけたところ，スキッドしながら5秒後に停止した (図13.4)．

（1） タイヤと路面の摩擦係数 μ を求めよ．

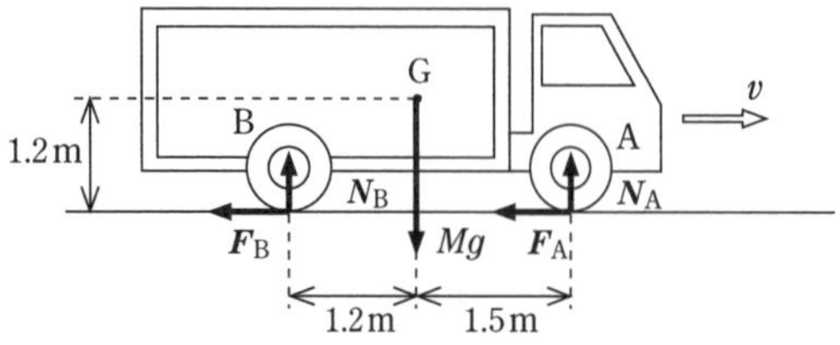

図 13.4

（2） 前後のタイヤの組A, Bに作用する摩擦力 F_A, F_B と垂直抗力 N_A, N_B を求めよ．簡単のために重力加速度を $g=10\ \mathrm{m/s^2}$ とせよ．

解 （1） 摩擦力 F_A, F_B によるトラックの加速度 $-A$ は

$$A=\frac{15\ \mathrm{m/s}-0}{5\ \mathrm{s}}=3\ \mathrm{m/s^2}=\frac{F_A+F_B}{M}$$

$$\therefore\quad F_A+F_B=MA=5000\ \mathrm{kg}\times3\ \mathrm{m/s^2}=15000\ \mathrm{N}$$

である．摩擦力と垂直抗力の関係と鉛直方向のつり合いの式から

$$F_A=\mu N_A,\quad F_B=\mu N_B,\quad N_A+N_B=Mg$$

$$\therefore\quad MA=F_A+F_B=\mu(N_A+N_B)=\mu Mg$$

$$\therefore\quad \mu=\frac{A}{g}=\frac{3\ \mathrm{m/s^2}}{10\ \mathrm{m/s^2}}=0.30$$

（2） 重心のまわりのつり合いの式は

$$N_A\times1.5\ \mathrm{m}-F_A\times1.2\ \mathrm{m}-N_B\times1.2\ \mathrm{m}-F_B\times1.2\ \mathrm{m}=0$$

$$\therefore\quad (5-4\mu)N_A=4(1+\mu)N_B,$$

$$3.8N_A=5.2N_B$$

$$N_A=\frac{N_A}{N_A+N_B}Mg=\frac{5.2}{9.0}\times5000\times10\ \mathrm{N}=2.89\times10^4\ \mathrm{N}$$

$$N_B=\frac{N_B}{N_A+N_B}Mg=\frac{3.8}{9.0}\times5000\times10\ \mathrm{N}=2.11\times10^4\ \mathrm{N}$$

$$F_A=\mu N_A=0.30\times2.89\times10^4\ \mathrm{N}=8.7\times10^3\ \mathrm{N}$$

$$F_B=\mu N_B=0.30\times2.11\times10^4\ \mathrm{N}=6.3\times10^3\ \mathrm{N}$$

13.2 剛体が平面上を滑らずに転がる場合

半径 R の円柱，円筒，球，球殻などが平面上を滑らずに転がる場合を考える．これらの剛体が中心(重心)G のまわりに角速度 ω で回転すると，図13.5の点Pの回転による速度は $-R\omega$ である．接触点Pは滑らないので，速度は0である．したがって，重心速度 V (図13.5 (a)) と回転速度 $-R\omega$ (図13.5 (b)) は打ち消し合うので，

$$V=R\omega \tag{13.8}$$

これらの剛体は，各瞬間では，接触点Pを中心とする角速度 $\omega=V/R$ の回転運動を行う (図13.5 (c))．点Pのまわりの慣性モーメントを I_P とすると，運動エネルギーは

$$K=\frac{1}{2}I_P\omega^2 \tag{13.9}$$

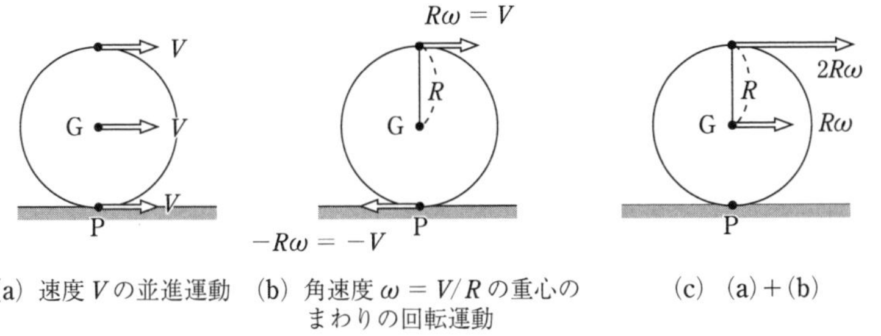

図 13.5 円柱が平面上を滑らずに転がる場合．(c) は (a) と (b) を合成したものである．速度 V の並進運動と重心のまわりの角速度 $\omega = V/R$ の回転運動を合成すると，接触点 P での速度は 0，重心の速度は $V = R\omega$．剛体の運動は各瞬間での剛体と斜面との接触点 P を中心とする角速度 $\omega = V/R$ の回転運動．

である．平行軸の定理 (12.17) のため，重心を通る軸のまわりの慣性モーメントを I_G，剛体の質量を M とすると，

$$I_P = I_G + MR^2 \tag{13.10}$$

なので，円柱や球が平面上を滑らずに転がる場合の運動エネルギー K は

$$K = \frac{1}{2}I_G\omega^2 + \frac{1}{2}MR^2\omega^2 \tag{13.11}$$

$$= \frac{1}{2}I_G\omega^2 + \frac{1}{2}MV^2 = \frac{1}{2}\left(\frac{I_G}{R^2}+M\right)V^2 \tag{13.12}$$

と表せる．すなわち，剛体の運動エネルギー K は剛体の重心の運動エネルギー $(1/2)MV^2$ と重心のまわりの回転の運動エネルギー $(1/2)I_G\omega^2$ の和である．

この場合の剛体の全運動エネルギーは，速さ V，質量 M の質点の運動エネルギー $MV^2/2$ の $[1+(I_G/MR^2)]$ 倍である．いくつかの剛体の例を表 13.1 に示す．

表 13.1

剛体	I_G	$1+(I_G/MR^2)$
薄い円筒	MR^2	2
円　柱	$\frac{1}{2}MR^2$	3/2
薄い球殻	$\frac{2}{3}MR^2$	5/3
球	$\frac{2}{5}MR^2$	7/5

13.3　斜面の上を転がり落ちる剛体の運動

質量 M，半径 R の球，球殻，円柱，円筒などが水平面と角 β をなす斜面の上を転がり落ちる運動を考える (図 13.6)．

剛体に働く力は，重心 G に働く重力 Mg，斜面との接触点で働く垂直抗力 T と摩擦力 F である．したがって，斜面に沿って下向きに x 軸，斜面に垂直に y 軸を選ぶと，(13.1) 式と (13.2) 式は

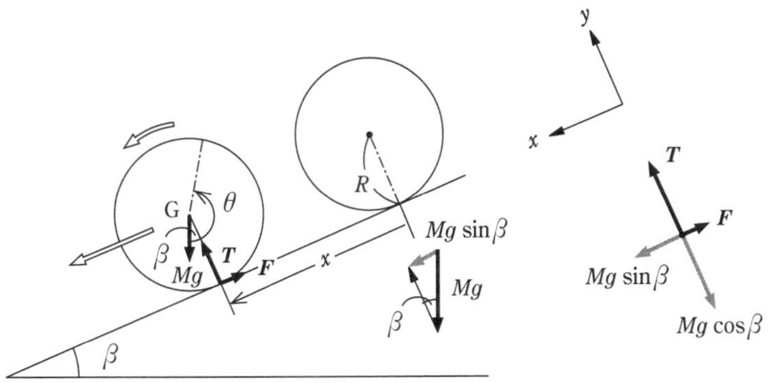

図 13.6 斜面を転がり落ちる剛体

$$M\frac{\mathrm{d}^2X}{\mathrm{d}t^2} = Mg\sin\beta - F, \tag{13.13}$$

$$0 = T - Mg\cos\beta \qquad \therefore \quad T = Mg\cos\beta \tag{13.14}$$

$$I_{\mathrm{G}}\frac{\mathrm{d}^2\theta}{\mathrm{d}t^2} = FR \tag{13.15}$$

となる.

（1） 斜面との接触点で滑らずに転がり落ちる場合　剛体の重心の速度 V と重心のまわりの回転の角速度 ω との間に

$$V = R\omega \quad \text{すなわち} \quad \frac{\mathrm{d}X}{\mathrm{d}t} = R\frac{\mathrm{d}\theta}{\mathrm{d}t} \tag{13.16}$$

という関係があるので [前節の (13.8) 式], その両辺を t で微分すると

$$\frac{\mathrm{d}^2X}{\mathrm{d}t^2} = R\frac{\mathrm{d}^2\theta}{\mathrm{d}t^2} \quad \text{すなわち} \quad A_x = R\alpha \tag{13.17}$$

という関係がある. (13.13) 式と (13.15) 式から F を消去し, (13.17) 式を使うと

$$Mg\sin\beta = M\frac{\mathrm{d}^2X}{\mathrm{d}t^2} + \frac{I_{\mathrm{G}}}{R^2}\frac{\mathrm{d}^2X}{\mathrm{d}t^2} = \left(M + \frac{I_{\mathrm{G}}}{R^2}\right)\frac{\mathrm{d}^2X}{\mathrm{d}t^2} \tag{13.18}$$

$$\therefore \quad \frac{\mathrm{d}^2X}{\mathrm{d}t^2} = g\sin\beta\frac{1}{1+(I_{\mathrm{G}}/MR^2)} \tag{13.19}$$

が導かれる. すなわち, 剛体の重心は加速度 $g\sin\beta/[1+(I_{\mathrm{G}}/MR^2)]$ の等加速度で運動し, 剛体と斜面の間に摩擦がなく, 剛体が回転せずに滑り落ちるときの加速度 $g\sin\beta$ の $1/[1+(I_{\mathrm{G}}/MR^2)]$ 倍の加速度で運動する.

重心の加速度の式 (13.19) は, 接触点のまわりの回転の運動方程式

$$I_{\mathrm{P}}\frac{\mathrm{d}^2\theta}{\mathrm{d}t^2} = (I_{\mathrm{G}} + MR^2)\frac{1}{R}\frac{\mathrm{d}^2X}{\mathrm{d}t^2} = (Mg\sin\beta)R \tag{13.20}$$

から直接に導くこともできる.

(13.19) 式から, 剛体が斜面を滑らずに転がり落ちるときには, I_{G}/MR^2 が小さいものは速く落ち, I_{G}/MR^2 が大きいものは遅く落ちることがわかる. 薄い円筒, 薄い球殻, 円柱, 球の重心の落下加速度 $g\sin\beta/[1+(I_{\mathrm{G}}/MR^2)]$ を示すと

$$\text{薄い円筒：}\frac{1}{2}g\sin\beta, \qquad \text{薄い球殻：}\frac{3}{5}g\sin\beta,$$

$$\text{円柱：}\frac{2}{3}g\sin\beta, \qquad \text{球：}\frac{5}{7}g\sin\beta$$

となるので, 転がり落ちる速さは, この順に速くなることがわかる.

生卵とゆで卵を比べると, 生卵は殻が回転しても白味と黄味は殻と同じ角速度で回転しないので, ゆで卵に比べて慣性モーメント I_{G} が実質的に小さい. したがって, 生卵はゆで卵よりも速く転がり落ちる.

重心の落下加速度 $g\sin\beta/[1+(I_{\mathrm{G}}/MR^2)]$ が $g\sin\beta$ よりも小さいのは, 剛体の落下を妨げる向きに摩擦力

$$F = Mg\sin\beta\frac{I_{\mathrm{G}}}{MR^2+I_{\mathrm{G}}} \tag{13.21}$$

が働くためである. しかし, 剛体は各瞬間での接触点では静止しているので, この場合には摩擦力がする仕事が熱になって剛体の力学的エネルギー

を減少させることはない．

(13.15) 式が示すように，摩擦力 F は剛体を回転させる力である．(13.6) 式と (13.12) 式が示すように，剛体の落下に伴う重力による位置エネルギーの減少分は，剛体の運動エネルギー

$$\frac{1}{2}MV^2+\frac{1}{2}I_G\omega^2=\frac{1}{2}\left(1+\frac{I_G}{MR^2}\right)MV^2 \qquad (13.22)$$

の増加分になる．すなわち，増加分の $1/[1+(I_G/MR^2)]$ が重心運動の運動エネルギー $MV^2/2$ の増加分になり，残りの $I_G/(MR^2+I_G)$ が重心のまわりの回転運動の運動エネルギー $I_G\omega^2/2$ の増加分になる．重力による位置エネルギーの減少分の一部が回転運動の運動エネルギーの増加分になるので，重心の加速度が $g\sin\beta$ に比べて小さいのである．

剛体と斜面の静止摩擦係数を μ とすると，接触点で剛体が滑らない条件は

$$F \leqq \mu T = \mu Mg\cos\beta \qquad (13.23)$$

すなわち

$$Mg\sin\beta\frac{I_G}{MR^2+I_G} \leqq \mu Mg\cos\beta$$

$$\therefore \quad \tan\beta \leqq \mu\frac{MR^2+I_G}{I_G} \qquad (13.24)$$

である．

（2） 斜面との接触点で滑りながら転がり落ちる場合　斜面の勾配が大きく，(13.24) 式の条件が満たされない場合には，剛体は斜面との接触点で滑りながら落下する．この場合の摩擦力は運動摩擦力である．剛体と斜面の運動摩擦係数を μ' とすると，摩擦力 F は

$$F = \mu' T = \mu' Mg\cos\beta \qquad (13.25)$$

である．この場合，重心の位置は (13.13) 式と (13.25) 式，重心のまわりの回転角は (13.15) 式と (13.25) 式から別々に求められる．重心の移動距離 X と重心のまわりの回転角 θ の間に $X=R\theta$ という関係はない．

13.4 剛体の平面運動のいくつかの例

例題 3　一様な円板（半径 R，質量 M）のまわりに糸を巻きつけ，糸の他端を固定し，円板に接していない糸の部分を鉛直にして放したときの運動を調べよ（図 13.7 参照）．糸の張力 S と円板に働く重力 Mg の関係を求めよ．

解　鉛直下向きを $+x$ 方向とすると (13.1)，(13.2) 式は

$$M\frac{d^2X}{dt^2} = Mg-S \qquad (13.26)$$

$$I_G\frac{d^2\theta}{dt^2} = SR \qquad (13.27)$$

である．$R\,d^2\theta/dt^2 = d^2X/dt^2$ を使って，加速度

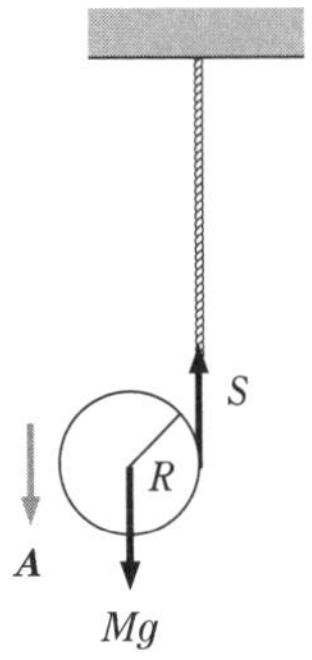

図 13.7

$A = \mathrm{d}^2X/\mathrm{d}t^2$ と S を求めると

$$A = \frac{\mathrm{d}^2X}{\mathrm{d}t^2} = \frac{g}{1+(I_G/MR^2)}$$

$$\therefore \quad S = \frac{I_G}{MR^2+I_G}Mg \qquad (13.28)$$

円板の I_G は $MR^2/2$ なので，

$$A = \frac{2}{3}g, \quad S = \frac{1}{3}Mg \qquad (13.29)$$

円板の重心は加速度 $A = (2/3)g$ の等加速度運動をする．

例題 4　図 13.8 に示すヨーヨー（質量 M，慣性モーメント I_G，軸の半径 R_0）の落下運動の加速度 A を求めよ．

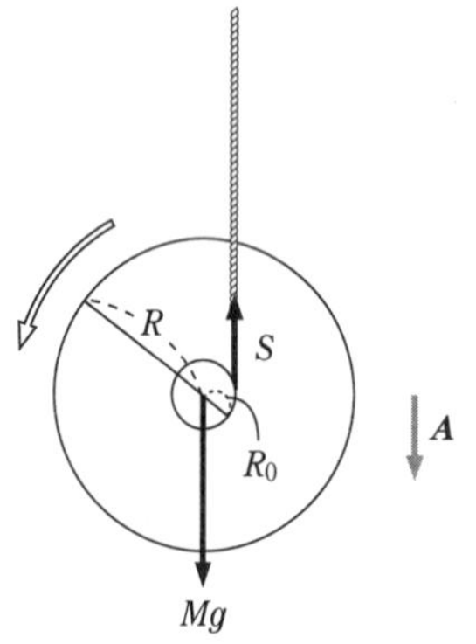

図 13.8

解　ヨーヨーには鉛直下向きに重力 Mg と鉛直上向きに糸の張力 S が作用する．重心の鉛直方向の運動方程式は

$$MA = Mg-S \qquad (13.30)$$

軸のまわりの回転運動の方程式は

$$I_G\alpha = SR_0 \qquad (13.31)$$

である．$A = R_0\alpha$ という関係を使い，(13.30) 式と (13.31) 式から S を消去すると，

$$A = \frac{g}{1+I_G/MR_0^{\ 2}} \qquad (13.32)$$

R_0 を小さくして，$I_G/MR_0^{\ 2}$ を大きくすると，落下の加速度 A は重力加速度 g に比べてはるかに小さくなり，ヨーヨーはゆっくり落下する．図 13.8 のヨーヨーの軸の部分の質量が無視できる場合は，ヨーヨーの慣性モーメント $I_G = MR^2/2$ なので

$$A = \frac{2R_0^{\ 2}}{2R_0^{\ 2}+R^2}g \qquad (13.33)$$

例題 5　図 13.9 に示す装置のおもりから静かに手を離し，質量 m_1 のおもりが高さ h だけ落下したときのおもりの速さ v を求めよ．

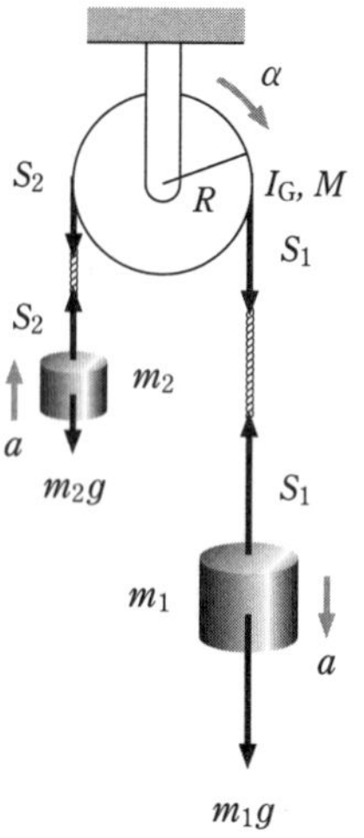

図 13.9

解　最初の状態に比べ，系の運動エネルギーは

$$\frac{1}{2}m_1v^2+\frac{1}{2}m_2v^2+\frac{1}{2}I_G\omega^2$$

$$= \frac{1}{2}\left(m_1+m_2+\frac{I_G}{R^2}\right)v^2 \qquad (13.34)$$

だけ増加し，系の重力による位置エネルギーは

$$-m_1gh+m_2gh \qquad (13.35)$$

だけ増加したので，力学的エネルギー保存則から

$$\frac{1}{2}\left(m_1+m_2+\frac{I_G}{R^2}\right)v^2-(m_1-m_2)gh = 0 \qquad (13.36)$$

$$\therefore \quad v = \left[\frac{2(m_1-m_2)gh}{m_1+m_2+(I_G/R^2)}\right]^{1/2} \qquad (13.37)$$

13.5　いろいろな回転運動*

日常生活でなじみ深いいくつかの回転運動について学ぼう．前章の最後に固定軸のまわりの剛体の回転運動の角運動 $L = I\omega$ を導入した．

角速度の大きさが同じでも，回転軸の向きが違えば別の回転である．そこで，回転軸の方向を向き，角速度 ω を大きさとし，回転の向きに右ねじを回したときにねじの進む向きを向いたベクトル $\boldsymbol{\omega}$ を導入し，**角速度ベクトル**という（図 13.10）．

図 13.10　角速度ベクトル $\boldsymbol{\omega}$

角速度ベクトル $\boldsymbol{\omega}$ を使って，こまのような軸対称な剛体の回転運動の角運動量ベクトル $\boldsymbol{L}$ を

$$\boldsymbol{L} = I\boldsymbol{\omega} \tag{13.38}$$

と定義できる．(12.44) 式に対応する角運動量 $\boldsymbol{L}$ の従うベクトル形の運動法則は

$$\frac{\mathrm{d}\boldsymbol{L}}{\mathrm{d}t} = \boldsymbol{N} \tag{13.39}$$

である．ベクトルとしての力のモーメント $\boldsymbol{N}$ の一般的な定義は 9.4 節に示した．2 つ以上の力が作用する場合の力のモーメント $\boldsymbol{N}$ はおのおのの力のモーメント $\boldsymbol{N}_1, \boldsymbol{N}_2, \cdots$ のベクトル和である．図 13.11 に，偶力（たがいに大きさが等しく逆向きに平行な 2 つの力 $\boldsymbol{F}, -\boldsymbol{F}$ の組）の場合のモーメント $\boldsymbol{N}$ を示す．

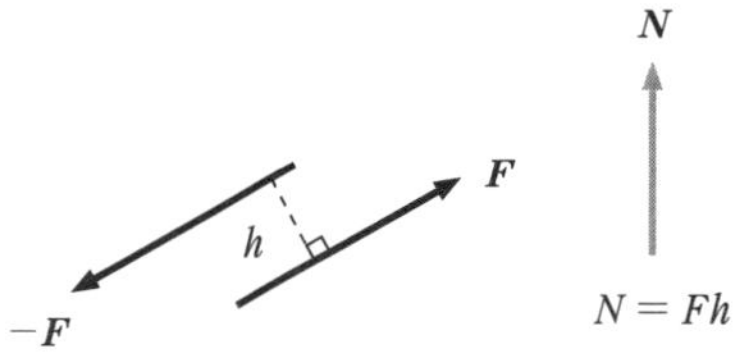

図 13.11　偶力のモーメント $N = Fh$

角運動量 $\boldsymbol{L}$ の運動法則 (13.39) は，つぎに示す例 1 のフィギュア・スケーターのように慣性モーメントの大きさが変化する場合にも，参考に示すこまのみそすり運動のように回転軸の向きが変化する場合にも成り立つ，一般的な法則である．

例 1　フィギュア・スケーターがくるくると回転（スピン）しはじめるためには，スケート靴の金属の刃に氷が偶力を作用させるようにしむけなければならない．この偶力のモーメント $\boldsymbol{N}$ は鉛直方向を向いていて，スケーターの角運動量は $\Delta\boldsymbol{L} = \boldsymbol{N}\,\Delta t$ となり，スケーターは回転しはじめる．

つぎにスケーターが靴のつま先で立ち，左右に大きく広げていた腕を縮めて腰か胸にもってくると，回転の角速度が大きくなる（図 13.12）．この事実はつぎのように説明される．氷が靴のつま先に作用する偶力のモーメントは小さいので（$N \approx 0$），

$$\frac{\mathrm{d}\boldsymbol{L}}{\mathrm{d}t} = \boldsymbol{N} \approx 0 \tag{13.40}$$

$$\therefore \quad \boldsymbol{L} = I\boldsymbol{\omega} = (\sum_i {r_i}^2 m_i)\boldsymbol{\omega} \approx \text{一定} \tag{13.41}$$

すなわち，スケーターの角運動量の大きさ $L = I\omega$ は一定である．スケーターが広げていた腕を縮めると，手の部分の r^2 が減少するので，慣性モーメントの大きさ I は減少する．ところが，$I\omega =$ 一定 なので，角速度 $\omega = L/I$ は増加するのである．

図 13.12

例題 6　自転車が走っている．

（1）　回転している自転車の車輪の角運動量 $\boldsymbol{L}$ はどのようなベクトルか．

（2）　自転車の乗り手が身体を右に傾けた．乗り手の重心に働く重力と地面の垂直抗力からなる偶力のモーメント $\boldsymbol{N}$ はどのようなベクトルか．

（3） 乗り手が身体を右に傾けると自転車の進行方向が右前方になるのはなぜか．

解 （1） 右から左の方向（車輪の回る向きにねじを回したときに，右ねじの進む向き）（図 13.13 参照）．

（2） 後から前の方向（重力と抗力が自転車を回そうとする向きにねじを回したときに右ねじの進む向き）．

（3） $\Delta\boldsymbol{L} = \boldsymbol{N}\,\Delta t$ である．$\boldsymbol{L}+\Delta\boldsymbol{L}$ は車輪に垂直なので，車輪は右折の向きに回る．

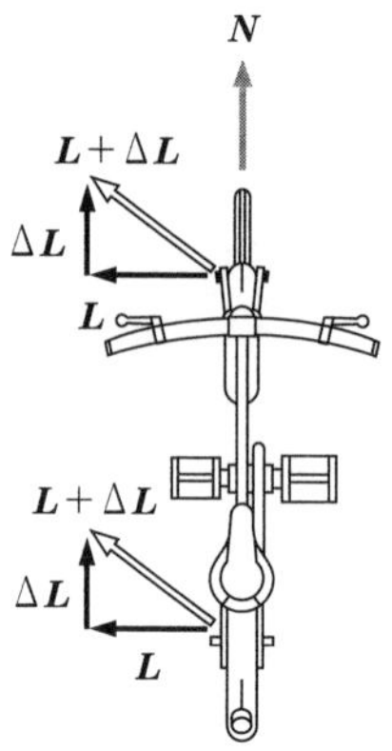

図 13.13

（参考） こまのみそすり運動　回転しているこまの軸の上端が水平面内で等速円運動をする場合，こまのみそすり運動という．この運動の周期 T を求めよう．大きな角速度 ω で回転しているこまの軸が鉛直方向となす角を θ とし，軸のまわりの慣性モーメントを I とする．こまの角運動量 $\boldsymbol{L}$ は $\boldsymbol{L} = I\boldsymbol{\omega}$ である．こまに働く外力は，重心に鉛直下向きの重力 $M\boldsymbol{g}$ と地面との接点 O に鉛直上向きの垂直抗力 $\boldsymbol{T}$ が作用し，2 つの力は大きさが等しく逆向きなので偶力になっている（図 13.14（a））．重心 G と接点 O の距離を d とすると，重力と垂直抗力の偶力のモーメント $\boldsymbol{N}$ は，大きさ N が

$$N = Mgd\sin\theta \equiv N_0 \sin\theta \tag{13.42}$$

で，方向は水平面内にあり，角運動量と垂直である（図 13.14（b））．したがって，ベクトル $\boldsymbol{L}$ の大きさ $L = I\omega$ は変化せず，ベクトル $\boldsymbol{L}$ の先端が水平面内で半径 $L\sin\theta$ の円を描いて運動する．その角速度を Ω とすると，

$$\Delta L = (L\sin\theta)(\Omega\,\mathrm{d}t) = I\omega\Omega\sin\theta\,\mathrm{d}t \tag{13.43}$$

なので（図 13.14（c）），（13.39）式 $[\Delta\boldsymbol{L}/\Delta t = \boldsymbol{N}]$ から

$$\Delta L = I\omega\Omega\sin\theta\,\Delta t = N\,\Delta t = N_0\sin\theta\,\Delta t$$

$$\Omega = \frac{N_0}{I\omega} = \frac{Mgd}{I\omega} \qquad \therefore \quad T = \frac{2\pi}{\Omega} = \frac{2\pi I\omega}{Mgd}$$

したがって，こまの回転が上から見て時計の針と反対の向きであれば，こまの上端は水平面内で上から見ると時計の針と反対の向きに角速度 $Mgd/I\omega$ の等速円運動を行う．

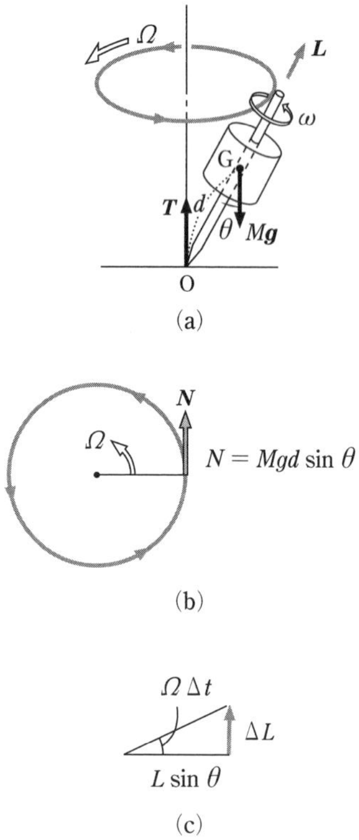

図 13.14　こまのみそすり運動

回転運動の慣性　物体は等速直線運動をつづけようとする慣性をもつが，回転している剛体は一定の回転軸のまわりで一定の角速度の回転をつづけようとする慣性をもつ．こまが倒れずに回転しつづけるのも，自転車が動いているときに倒れにくいのも，回転運動の慣性のためである．直線運動の場合の慣性の大小を表す量は質量であるが，回転運動の慣性の大小を表す量は慣性モーメントである．

第13章のまとめ

剛体の平面運動　剛体のすべての点が一定の平面に平行な平面上を動く運動.

剛体の重心の運動法則

$$MA_x = M\frac{\mathrm{d}^2X}{\mathrm{d}t^2} = F_x, \qquad MA_y = M\frac{\mathrm{d}^2Y}{\mathrm{d}t^2} = F_y \tag{1}$$

$F = (F_x, F_y)$ は剛体に働く外力の合力.

剛体の重心のまわりの回転運動の法則

$$I_\mathrm{G}\alpha = I_\mathrm{G}\frac{\mathrm{d}^2\theta}{\mathrm{d}t^2} = N \tag{2}$$

N は外力の重心のまわりのモーメントの和.

剛体の運動エネルギー

$$\frac{1}{2}MV^2+\frac{1}{2}I_\mathrm{G}\omega^2 \tag{3}$$

剛体の力学的エネルギー

$$\frac{1}{2}MV^2+\frac{1}{2}I_\mathrm{G}\omega^2+Mgh \tag{4}$$

剛体が平面上を滑らずに転がる場合の重心運動と重心のまわりの回転運動の関係

$$V = R\omega \quad \left[\frac{\mathrm{d}X}{\mathrm{d}t} = R\frac{\mathrm{d}\theta}{\mathrm{d}t}\right], \qquad A = R\alpha \quad \left[\frac{\mathrm{d}^2X}{\mathrm{d}t^2} = R\frac{\mathrm{d}^2\theta}{\mathrm{d}t^2}\right] \tag{5}$$

$$K = \frac{1}{2}MV^2+\frac{1}{2}I_\mathrm{G}\omega^2 = \frac{1}{2}\left(1+\frac{I_\mathrm{G}}{MR^2}\right)MV^2 \tag{6}$$

剛体が水平と角 β をなす斜面を滑らずに転がり落ちるときの加速度

$$\frac{g\sin\beta}{1+(I_\mathrm{G}/MR^2)}$$

演 習 問 題 13

A

1. 大きさも重さも完全に同じだが，一方は中空で，もう一方は物質が中まで詰まっている2つの球がある．球を割らずに中空の球を選び出すにはどうすればよいか.

2. 摩擦のない坂を球が回転せずに滑り落ちる場合と，同じ傾斜の坂を，この球が同じ高さから滑らずに転がり落ちる場合とでは，坂の下に達したときの球の速さの関係はどのようになっているか.

3. ビールの入ったビールかん，中のビールを凍らせたビールかん，空のビールかんの3つを斜面の上から静かに転がすと，どのビールかんが最も速く斜面を転がり落ちるか.

4. 図1の水平との傾きが30°の斜面を滑らずに転がり落ちる車輪の加速度を計算せよ．車輪の質量を M，慣性モーメントを I_G，軸の半径を R_0 とせよ.

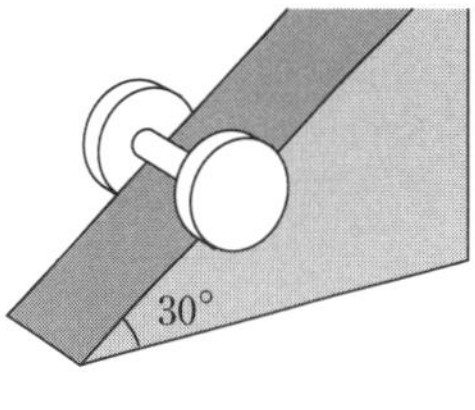

図 1

5. 質量 M，半径 R のボールに初速 V を与えて斜面に沿って滑らないように転がり上げさせる．ボールはどのくらいの高さの地点まで到達するか.

B

1．ビリヤードで，半径 R の球の中心より $(2/5)R$ だけ上のところを水平に突くと，球は滑らずに転がるという．この事実を説明せよ．

2．図2のように糸巻きの糸を引くとき，引く方向によって糸巻きの運動方向は異なる．図2の F_1，F_2，F_3 の場合はどうなるか．床との接触点のまわりの外力のモーメントを考えてみよ．

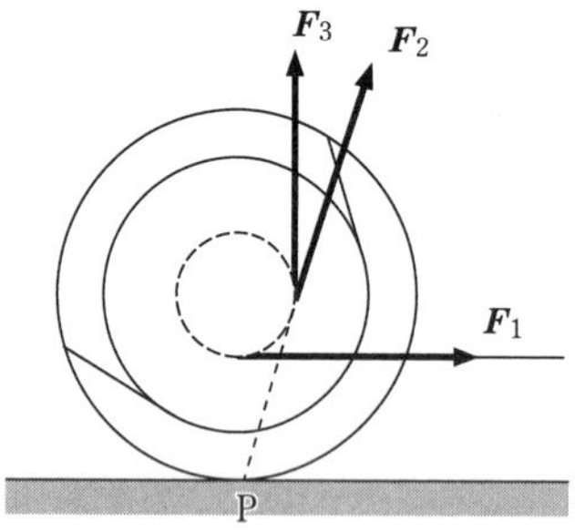

図 2

3．図3の長さ L，質量 M の一様な棒は点Oのまわりでなめらかに回転できる．棒を水平の状態から静かに手を離した．

（1） 手を離した瞬間の棒の回転の角加速度 α と重心Gの加速度 A を求めよ．

（2） 棒が鉛直になったときの重心の速さ V を計算せよ．

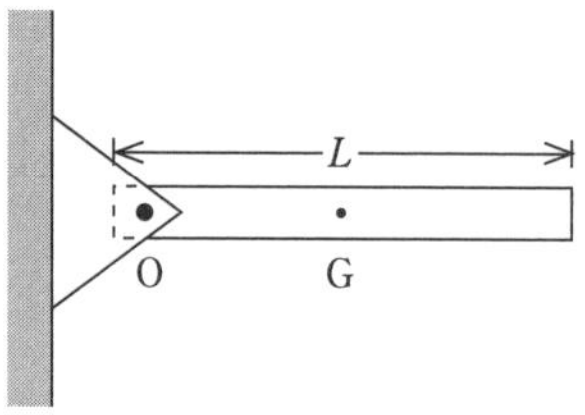

図 3

4．変形できる物体の場合，ある点のまわりの外力のモーメントが0でも物体はその点のまわりを回転できる．重い球を1つずつ両手に持って回転椅子に座り，両腕を左右に伸ばして身体を右にねじると椅子は左へ回る．両手を下ろし身体を左に戻すと，椅子と人間は左側に回転したことになる．この事実と角運動量保存の法則との関係を議論せよ．

5．中心を通る鉛直軸のまわりに自由に回転できる円板（半径 r，質量は無視できる）の1つの直径の両端に，質量 M, m の人間A, Bが静止している．Bだけが円周に沿って動き，Aのところにくるとすれば，その間に円板はどれだけ回っているか．

6．図4の宇宙船の向きを変えるための中央の車輪の使い方を説明せよ．

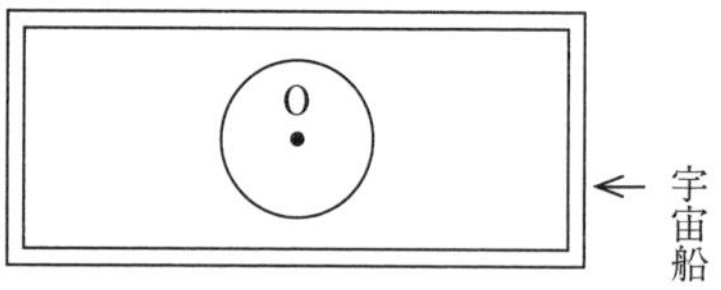

図 4

7．飛び込みの選手がプールの水面に垂直に飛び込むには，図5(b)のようではなく，図5(a)のように途中で身体を丸めた方が角度の調節がしやすい．その理由を説明せよ．選手の重心はどのような軌道を描くか．

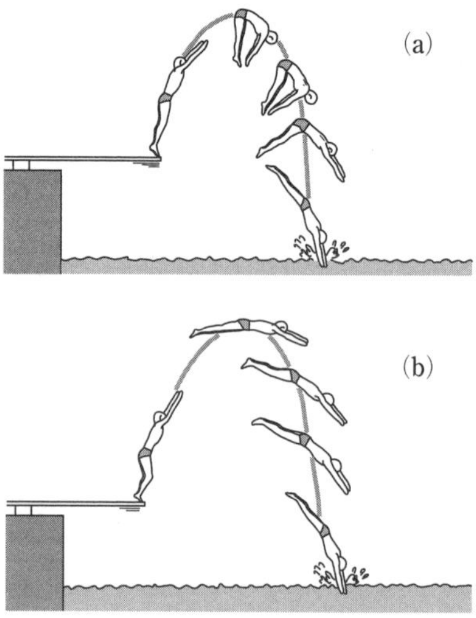

図 5

14 力のつり合い

これまでは力と運動について学んできた．

日常生活では，身のまわりの物体が静止しつづけることが望ましい場合が多い．はしごを登っている間に，はしごが動きはじめたら危険である．この章では，いくつかの力が作用している剛体が静止状態をつづけるために，これらの力が満たさねばならない条件 —— 力のつり合い条件 —— を求める．

14.1 剛体に作用する力のつり合い条件

物体は力を受けると変形するが，物体が硬くて変形が無視できる場合には，この物体を剛体という．

いくつかの力が作用している剛体が静止しつづけている場合，これらの力はつり合っているという．

剛体に作用する力 $\boldsymbol{F}_1, \boldsymbol{F}_2, \cdots$ がつり合うための条件を求めよう．簡単のために，剛体に作用するすべての力の作用線は一平面上にあるものとし，この平面を xy 平面とする．

剛体に作用する力 $\boldsymbol{F}_1, \boldsymbol{F}_2, \cdots$ のつり合い条件は 2 つある．

（1） 力のベクトル和 $\boldsymbol{F} = \boldsymbol{F}_1 + \boldsymbol{F}_2 + \cdots$ が $\boldsymbol{0}$ であるという条件：

$$\boldsymbol{F}_1 + \boldsymbol{F}_2 + \cdots = \boldsymbol{0} \tag{14.1}$$

成分で表すと，

$$F_{1x} + F_{2x} + \cdots = 0, \quad F_{1y} + F_{2y} + \cdots = 0 \tag{14.1$'$}$$

これは剛体の重心の加速度 $\boldsymbol{A} = (\boldsymbol{F}_1 + \boldsymbol{F}_2 + \cdots)/M = \boldsymbol{0}$ という条件である．条件 (14.1) が満たされていれば，静止していた剛体の重心が動きはじめることはない．もし $\boldsymbol{F} \neq \boldsymbol{0}$ であれば，重心は加速度 $\boldsymbol{A} = \boldsymbol{F}/M$ で加速される．

（2） 1 つの点 P のまわりの力のモーメントの和 $N = N_1 + N_2 + \cdots$ が 0 であるという条件：

$$N = [\boldsymbol{F}_1 \text{のモーメント}] + [\boldsymbol{F}_2 \text{のモーメント}] + \cdots = 0 \tag{14.2}$$

これは外力によって剛体が点 P のまわりに回転しはじめないための条件である．点 P から力 $\boldsymbol{F}_1, \boldsymbol{F}_2, \cdots$ の作用線までの距離を $l_1, l_2, \cdots$ とすると，点 P のまわりの力 $\boldsymbol{F}_1, \boldsymbol{F}_2, \cdots$ のモーメント $N_1, N_2, \cdots$ の大きさは $F_1 l_1, F_2 l_2, \cdots$ である．力のモーメント $N_1, N_2, \cdots$ には正負の符号があり，力 $\boldsymbol{F}_i$ が剛体を点 P のまわりに時計の針の回る向きと逆向きに回そうとするとき力 $\boldsymbol{F}_i$ のモーメント N_i は正で $N_i = F_i l_i$，時計の針の回る向きに回そうとするとき N_i は負で $N_i = -F_i l_i$ と約束する（図 14.1 参

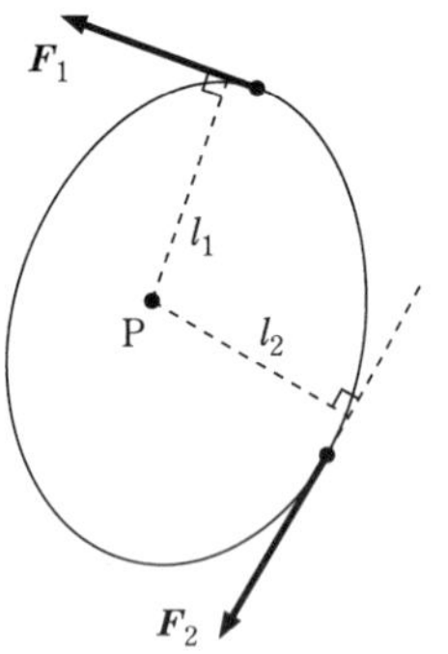

図 14.1　$N = F_1 l_1 - F_2 l_2$

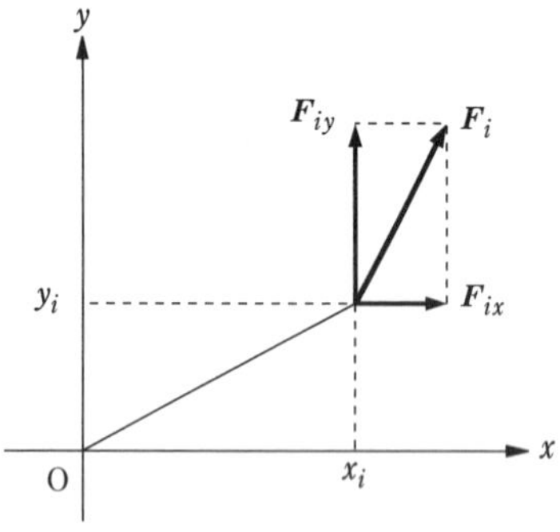

図 14.2　力 $\boldsymbol{F}_i$ の原点 O のまわりのモーメント N_i
$N_i = x_i F_{iy} - y_i F_{ix}$

照).

静止している剛体の重心が静止しつづけ，1 つの点 P のまわりに剛体が回転しはじめなければ，剛体は静止しつづける．したがって，2 つの条件 (14.1) 式と (14.2) 式が剛体に作用する力がつり合うための条件である．

点 P として原点 O を選ぶと便利な場合がある．力 $\boldsymbol{F}_1, \boldsymbol{F}_2, \cdots$ を x 方向と y 方向の分力に $\boldsymbol{F}_1 = \boldsymbol{F}_{1x} + \boldsymbol{F}_{1y}$，$\boldsymbol{F}_2 = \boldsymbol{F}_{2x} + \boldsymbol{F}_{2y}$，… と分解すると，原点 O のまわりの力のモーメントの和 $N = N_1 + N_2 + \cdots = 0$ という条件は

$$(x_1 F_{1y} - y_1 F_{1x}) + (x_2 F_{2y} - y_2 F_{2x}) + \cdots = 0 \qquad (14.2')$$

となる．ただし，$(x_1, y_1, 0)$，$(x_2, y_2, 0)$，… は力 $\boldsymbol{F}_1, \boldsymbol{F}_2, \cdots$ の作用点である．$x_1 F_{1y}$ は分力 $\boldsymbol{F}_{1y}$ のモーメント，$-y_1 F_{1x}$ は分力 $\boldsymbol{F}_{1x}$ のモーメントである (図 14.2).

14.2　剛体のつり合いの問題の解き方

（1） 図を描き，(14.1) 式，(14.2) 式を適用する剛体を描く．
（2） 剛体に作用するすべての力のベクトルを作用点と作用線が正しくなるように記入する．重力の作用点は重心になるよう記入する．
（3） (14.2′) 式を使う場合は，x 軸と y 軸を記入する．未知の力の方向が座標軸の方向になるように選ぶ．
（4） 力のつり合いの式 (14.1) を書く．
（5） ある 1 つの点を選び，その点のまわりの (14.2) 式を書く．未知の力の作用点をこの点として選ぶのが便利である．(14.2′) 式を使う場合には，この点を原点とする．
（6） (14.1)，(14.2) 式を解く．

（注意） 重力と重心　　重力は剛体の全体に作用するが，11.2 節で学んだように，剛体のつり合いを考えるときには，質量 M の剛体の各部分に作用する重力 $m_1 g, m_2 g, \cdots$ の合力

$$m_1 g + m_2 g + \cdots = (m_1 + m_2 + \cdots) g = Mg \qquad (14.3)$$

が，剛体の重心 G に作用すると考えてよい．鉛直上方を $+y$ 方向とすると，水平な z 軸のまわりの重力のモーメントの和は

$$x_1(-m_1 g) + x_2(-m_2 g) + \cdots = -(m_1 x_1 + m_2 x_2 + \cdots) g$$
$$= -MXg = X(-Mg) \qquad (14.4)$$

と表せるからである．x_i は部分 i の x 座標，X は重心の x 座標である．

例 1　図 14.3 のように，重さ 50 kgf の物体を水平な軽い棒で 2 人の人間 A, B が支えるとき，2 人の肩が棒を支える力 F_A, F_B を，棒に作用する 3 つの力 F_A, F_B と重力 $W = 50$ kgf のつり合いの条件から求めよう．

鉛直方向の力のつり合いの式は

$$F_A + F_B - W = 0 \qquad \therefore \quad F_A + F_B = W = 50 \text{ kgf} \qquad (14.5)$$

点 C のまわりの力のモーメントのつり合いの式は，符号まで考慮すると，

$$-F_A \times 60 \text{ cm} + F_B \times 40 \text{ cm} = 0 \qquad \therefore \quad 3F_A = 2F_B \qquad (14.6)$$

となるので，2 つの条件から

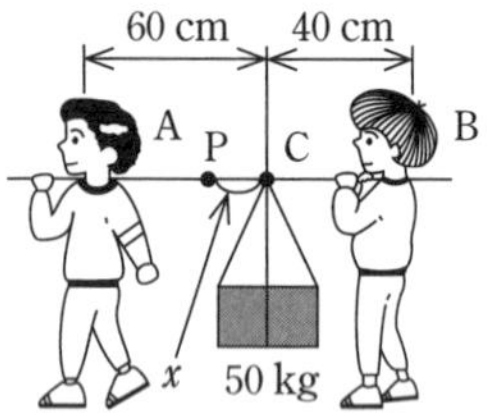

(a)

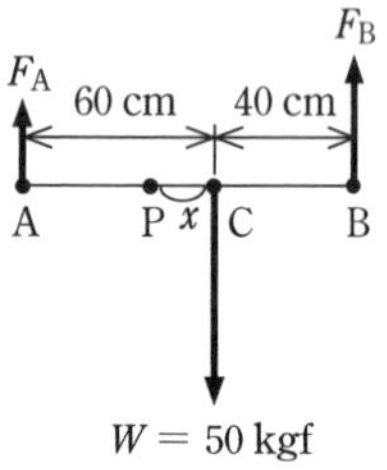

(b)

図 14.3

$$F_A = \frac{2}{5} W = 20 \text{ kgf}, \quad F_B = \frac{3}{5} W = 30 \text{ kgf} \tag{14.7}$$

が導かれる．

点Cではなく，棒の上の任意の点Pのまわりの力のモーメントのつり合いの式は，$W = F_A + F_B$ であることを利用すると

$$\begin{aligned} &-F_A \times (60 \text{ cm} - x) - Wx + F_B \times (40 \text{ cm} + x) \\ &= -F_A \times (60 \text{ cm} - x) - (F_A + F_B)x + F_B \times (40 \text{ cm} + x) \\ &= -F_A \times 60 \text{ cm} + F_B \times 40 \text{ cm} = 0 \end{aligned} \tag{14.8}$$

となるので，(14.1) 式が成り立っている場合には，任意の点のまわりで (14.2) 式を適用してもかまわないことがわかる．

なお，棒が水平でなくても (14.7) 式の結果は変わらない．

例題1　図 14.4 (a) の飛び込み台の長さ 4.5 m の板の端に質量 $m = 50$ kg の選手が立っている．1.5 m 間隔の 2 本の支柱に働く力 $\boldsymbol{F}_1, \boldsymbol{F}_2$ を求めよ．

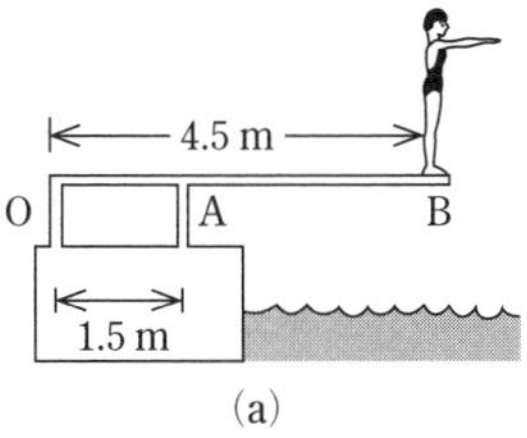

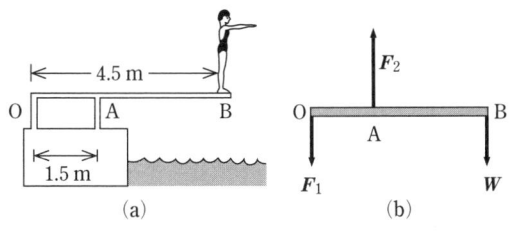

図 14.4

解　図 14.4 (b) のように力 $\boldsymbol{F}_1$ を下向き，力 $\boldsymbol{F}_2$ を上向きにすると，上下方向の力のつり合いから

$$F_2 - F_1 = W = 50 \times 9.8 \text{ N} = 490 \text{ N}$$

点Oのまわりの力のモーメント $N = 0$ という条件から

$$1.5F_2 - 4.5W = 0$$

$$\therefore \quad F_2 = 3W = 1470 \text{ N},$$
$$F_1 = F_2 - W = 2W = 980 \text{ N}$$

例題2　図 14.5 のようにてのひらに 5 kg の物体をのせるとき，二頭筋の作用する力 F の大きさを求めよ．腕の質量は無視せよ．$L = 32$ cm，$d = 4$ cm とせよ．

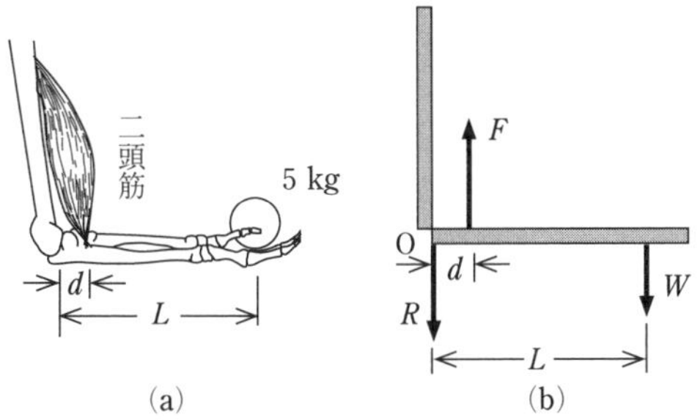

図 14.5

解　ひじのまわりのモーメントが 0 という条件から

$$Fd - WL = 0 \qquad \therefore \quad 4F = 32W$$
$$\therefore \quad F = 8W = 40 \text{ kgf}$$

例題3　長さが L のはしごが壁に立てかけてある（図 14.6）．壁とはしごの上端の間の摩擦は無視でき，床とはしごの下端の間の静止摩擦係数を μ とする．はしごの重心Gははしごの中央にある．このはしごをどこまで傾けると，はしごは床の上に倒れてしまうか．

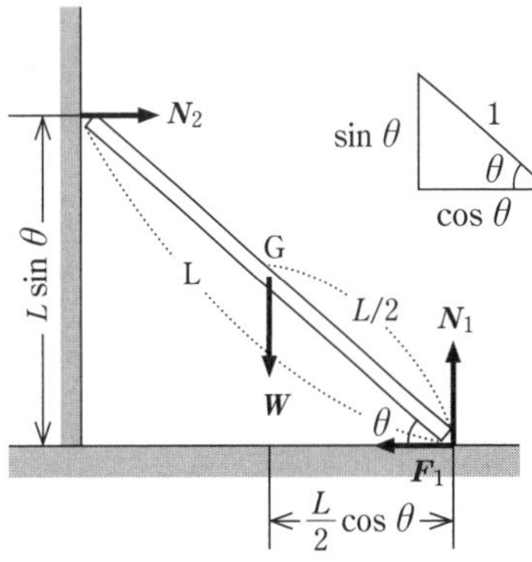

図 14.6

解　はしごには，重心に重力 $\boldsymbol{W}$，下端に床の垂直抗力 $\boldsymbol{N}_1$ と静止摩擦力 $\boldsymbol{F}_1$，上端に壁の垂直抗力 $\boldsymbol{N}_2$ が図 14.6 のように作用する．はしごに働く力の和が 0 というつり合い条件 (14.1) は

$$\left.\begin{aligned} W - N_1 = 0 \quad &(\text{鉛直方向}), \\ N_2 - F_1 = 0 \quad &(\text{水平方向}) \end{aligned}\right\} \tag{14.9}$$

である．はしごと床のなす角を θ とすると，はしごの下端のまわりの力のモーメントの和 = 0 というつり合い条件 (14.2) は

$$W\cdot\frac{1}{2}L\cos\theta - N_2 L\sin\theta = 0$$

$$\therefore\quad W\cos\theta = 2N_2\sin\theta \qquad (14.10)$$

となる．(14.9) から導かれる $W = N_1$，$N_2 = F_1$ を (14.10) に代入すると，

$$F_1 = \frac{\cos\theta}{2\sin\theta}N_1 \qquad (14.11)$$

が導かれる．角 θ を小さくしていき，$\theta = \theta_c$ のときにはしごが床に倒れるとすると，角 θ_c では F_1 は最大摩擦力 μN_1 なので，(14.11) 式で $\theta = \theta_c$ とおいたものと比べて

$$\mu = \frac{\cos\theta_c}{2\sin\theta_c} = \frac{1}{2\tan\theta_c} \qquad \therefore\quad \tan\theta_c = \frac{1}{2\mu} \qquad (14.12)$$

が導かれる．$\tan 30^\circ = 0.577$，$\tan 45^\circ = 1$，$\tan 60^\circ = 1.732$ なので，はしごが倒れる角度 θ_c は $\mu = 0.87$ のとき 30°，$\mu = 0.50$ のとき 45°，$\mu = 0.29$ のとき 60° である．

例題 4　例題 3 のはしごの質量を 20 kg，長さを 4 m，床とはしごの静止摩擦係数を 0.40 とする．はしごと床の角度 $\theta = 60^\circ$ のとき，このはしごに体重 60 kg の人が登りはじめた．この人ははしごの上端まで到達できるだろうか．

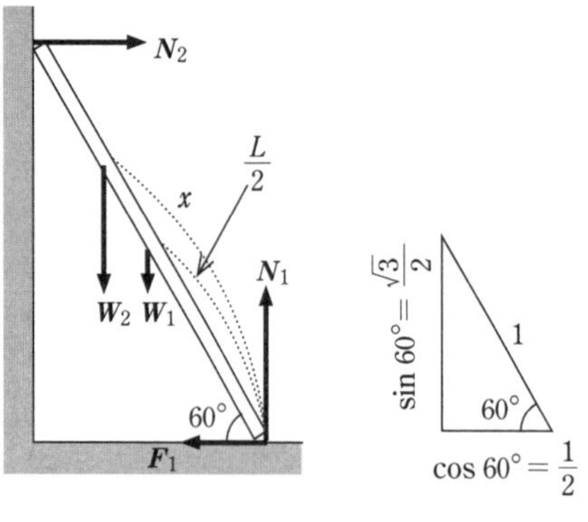

図 14.7

解　はしごと人間の受ける重力を $\boldsymbol{W}_1$, $\boldsymbol{W}_2$ とすると，$\boldsymbol{W}_2 = 3\boldsymbol{W}_1$ である．人間がはしごの下端から距離 x のところにいる場合，図 14.7 を参考にすると，つり合い条件 (14.1) は

$$W_1 + W_2 = N_1$$

$$\therefore\quad \left.\begin{array}{ll} 4W_1 = N_1 & (\text{鉛直方向}), \\ N_2 = F_1 & (\text{水平方向}) \end{array}\right\} \qquad (14.13)$$

はしごの下端のまわりでのつり合い条件 (14.2) は

$$W_1\frac{1}{2}L\cos 60^\circ + W_2 x\cos 60^\circ - N_2 L\sin 60^\circ = 0 \qquad (14.14)$$

となる．$\sin 60^\circ = \sqrt{3}/2$，$\cos 60^\circ = 1/2$ なので，この式は

$$\frac{1}{16}N_1 L + \frac{3}{8}N_1 x - \frac{\sqrt{3}}{2}F_1 L = 0$$

$$\therefore\quad \frac{F_1}{N_1} = \frac{1}{8\sqrt{3}L}(L+6x) \qquad (14.15)$$

静止摩擦係数 $\mu = 0.40$ なので $F_1/N_1 \leqq \mu = 0.40$．したがって

$$\frac{1}{8\sqrt{3}L}(L+6x) \leqq 0.40,$$

$$L+6x \leqq 5.54L \qquad \therefore\quad x \leqq 0.76L \qquad (14.16)$$

はしごの下端から約 3/4 (3.0 m) 登ったところではしごは倒れる．

例題 5　半径 R，質量 M の円柱にひもを巻きつけて，図 14.8 のようにひもの端を水平に引っ張って高さ h の段を引き上げるための最小の力の大きさ F を求めよ．$M = 60$ kg，$R = 0.5$ m，$h = 0.2$ m の場合の力の大きさ F を計算せよ．

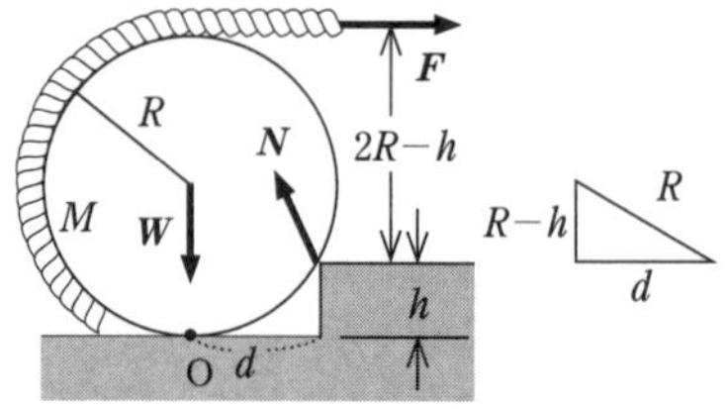

図 14.8

解　円柱が床から持ち上がる瞬間には床の抗力は 0 なので，円柱に働く力は図 14.8 に記した 3 つの力 $\boldsymbol{F}, \boldsymbol{W}, \boldsymbol{N}$ である．階段の角のまわりの力 $\boldsymbol{F}, \boldsymbol{W}$ のモーメントの和 = 0 という条件は，$d = \sqrt{R^2-(R-h)^2} = \sqrt{2Rh-h^2}$ であることを使うと

$$F(2R-h) = Wd = W\sqrt{2Rh-h^2}$$

$$\therefore\quad F = \frac{W\sqrt{2Rh-h^2}}{2R-h} = W\sqrt{\frac{h}{2R-h}}$$

$$= \sqrt{\frac{0.2}{0.8}}\times 60\ \text{kgf} = \frac{1}{2}\times 60\ \text{kgf}$$

$$= 30\ \text{kgf}$$

14.3　安定なつり合いと不安定なつり合い

ある物体に作用する力がつり合っている場合に，安定なつり合いと不安定なつり合いがある．物体をつり合いの状態から少しずらせたときに復元力が働く場合を安定なつり合いといい，そうでない場合を不安定なつり合いという．図 14.9 のやじろべえは安定なつり合いの例である．

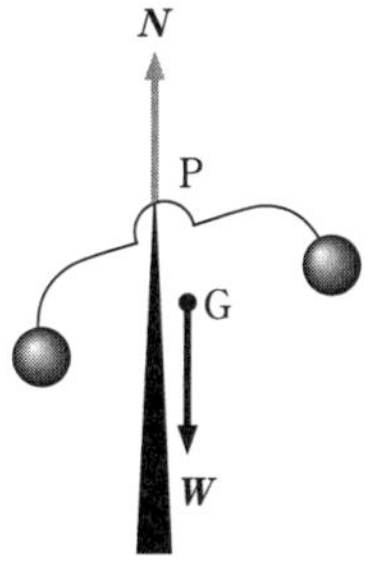

図 14.9　やじろべえ．やじろべえの重心 G は支点 P よりも低いので，やじろべえを傾けた場合，抗力 $\boldsymbol{N}$ と重力 $\boldsymbol{W}$ の作用はやじろべえを水平に戻そうとする復元力になる．やじろべえの重心は外部にあることに注意．

第 14 章のまとめ

剛体に作用する力のつり合い条件　　条件は 2 つある．

$$\boldsymbol{F}_1+\boldsymbol{F}_2+\cdots=\boldsymbol{0}\quad [F_{1x}+F_{2x}+\cdots=0,\ F_{1y}+F_{2y}+\cdots=0] \tag{1}$$

$$[\boldsymbol{F}_1\text{ のモーメント}]+[\boldsymbol{F}_2\text{ のモーメント}]+\cdots=0$$
$$[N_1+N_2+\cdots=0] \tag{2}$$

演 習 問 題 14

A

1. ある種類の木の実を割るには，その両側から 3 kgf 以上の力を加える必要がある．図 1 の道具を使うと，木の実を割るために必要な力はいくらか．

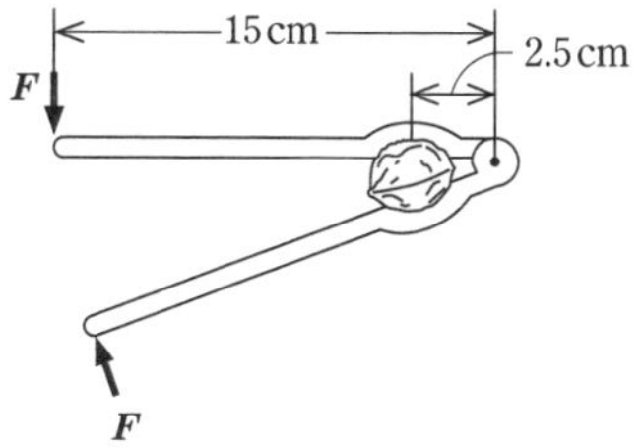

図 1

2. 縦 2.0 m，横 2.4 m，質量 40 kg の一様な長方形の板を，図 2 のように，長さ $l=3.0$ m の水平な棒につける．棒は壁に固定したちょうつがいと綱で固定されている．

（1）　綱の張力 S を求めよ．

（2）　ちょうつがいが棒に及ぼす力を求めよ．

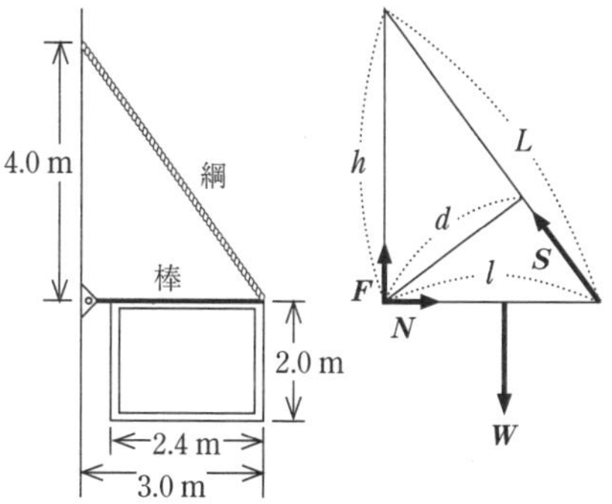

図 2

3. 人間が前にかがんで質量 M の荷物を持ち上げるときに脊柱に働く力の概念図が図 3 である．体重を W とすると，胴体の重さ W_1 は約 $0.4W$ である．頭と腕の重さ W_2 は約 $0.2W$ である．$\boldsymbol{R}$ は仙骨が脊柱に作用する力，$\boldsymbol{T}$ は脊椎挙筋が脊柱に及ぼす力である．W, M, θ を使って T を表せ．$W=60$ kgf，$M=20$ kg，$\theta=30°$ のとき，T は何 kgf か．$\sin 12°=0.208$ を使え．

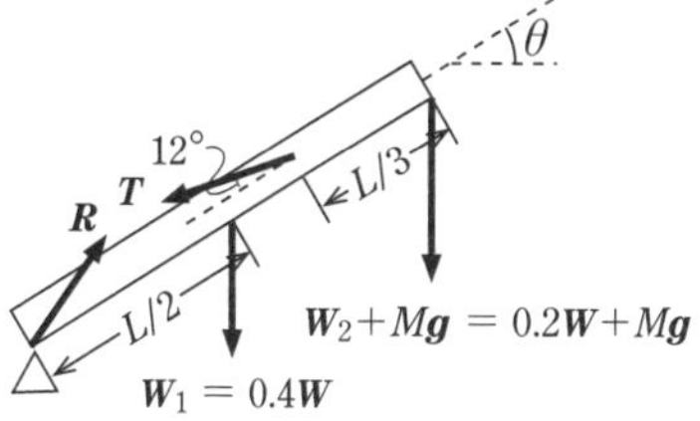

図 3

4．図4に示すように，長さ L，質量 m の一様な棒の根本は軸で止まっている．棒の下端から距離 x のところから針金が水平に張ってあり，棒は鉛直から角度 θ だけ傾いている．質量 M の物体が棒の上端にぶら下がっているとき，水平な針金の張力 T を求めよ．

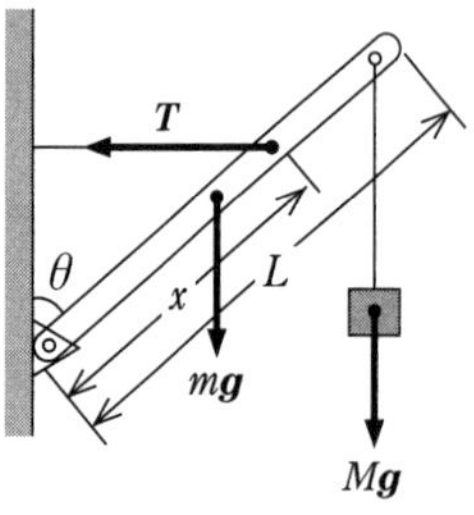

図 4

B

1．図5のように壁に額をかけた．壁はなめらかだとすると，ひもの張力 S，額の重力 W，壁の垂直抗力 T の作用線は1点で交わることを示せ．

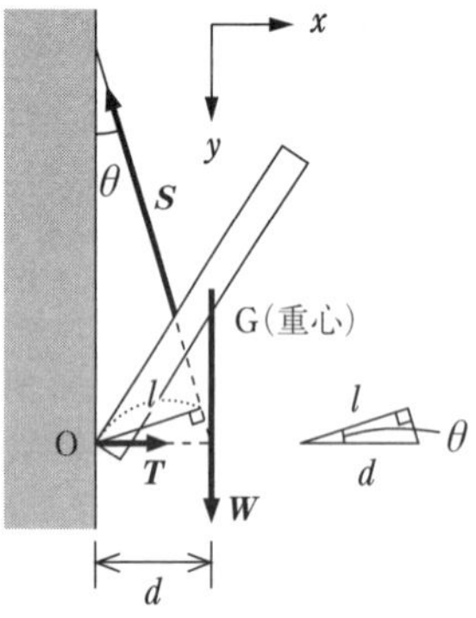

図 5

2．なめらかな斜面の上に質量が200 kg の物体が置いてある（図6）．おもりの質量 m をどのように選べば，おもりは静止しているか，滑車は軽く，摩擦がないものとする．

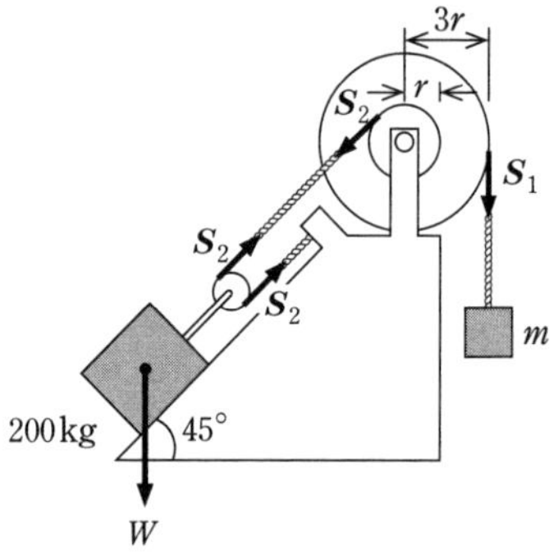

図 6

3．半径 R，質量 M の半球の重心は円の中心から距離 $(3/8)R$ の点にある（演習問題 11 B 1）．

この半球に質量の無視できる軽い棒をつけ，それに質量 m のおもりをつけた（図7）．このおもりの位置を高くすると不安定になる．このことを調べよ．

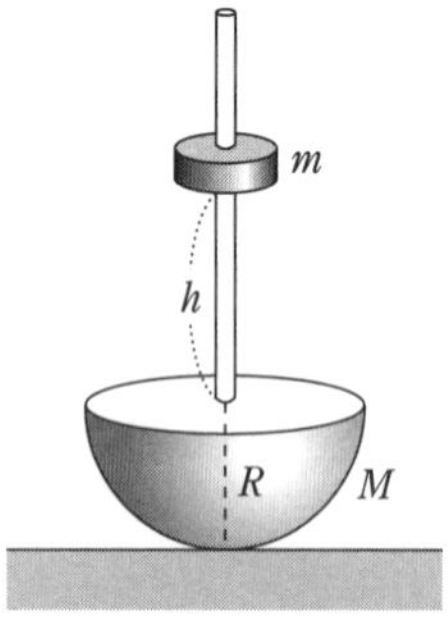

図 7

15 見かけの力

物体の位置や速度を測定するには，基準になる座標軸（座標系）を選ばなければならない．測定の基準となる座標軸としてまず考えられるのは，観測者に都合のよい座標軸である．たとえば，天体の運行を観測する場合には天文台（地表）に固定した座標軸である．電車の乗客が電車の中の現象を記述する場合には電車（の床や壁）に固定した座標軸である．

ところで，ニュートンの慣性の法則と運動の法則は任意の座標系で成り立つのではない．長い時間にわたって減衰しない単振り子の振動を観察すると，地球の自転に伴って振り子の振動面が回転していくことがわかる．これがフーコーの振り子である．地球に固定した座標系で運動の法則が成り立つと考えると，フーコーの振り子の説明には見かけの力を導入しなければならない．

15.1 慣　性　系

慣性系と非慣性系　物体の位置や速度を測定するには，基準になる座標軸（座標系）を選ばなければならない．ニュートンの慣性の法則と運動の法則は任意の座標系で成り立つのではない．これらの法則の成り立つ座標系を**慣性系**，成り立たない座標系を**非慣性系**という．多くの場合，地表に固定された座標系は近似的に慣性系だと考えてよい．

ニュートンの運動の法則が成り立つ慣性系があれば，その慣性系に対して等速直線運動している座標系も慣性系である．これを**ガリレオの相対性原理**という．これに対して，慣性系に対して加速度運動している座標系は非慣性系である．

ガリレオの相対性原理　中世の人たちは「地球は宇宙の中心にあって不動で，すべての天体は地球のまわりを回転している」という天動説を信じていた．人間は自分を中心にして周囲を観察するので，天動説は自然に受け入れられる．当時の人たちは「地球が動いていれば，高い塔の上から石を落とすと，落下中に地球が動くので，石は塔の真下には落ちないはずである」と考えていた．したがって，石が塔の真下に落ちる事実も「地球が太陽のまわりを回っている」という地動説に反対する証拠だと考えられていた．

地球や惑星が太陽のまわりを回っているという地動説は，1543年にコペルニクスが提唱した．ガリレオは地動説を信じた．地球が動いていても塔の上から落とした石が塔の真下に落ちる事実を説明するために，ガリレオは「走っている船のマストの上の鳥の巣から卵が落ちると，マストの根本に落ちる」と主張して，実験してそのとおりになることを示したといわれている．卵の落下中に船は前進するのに，なぜ卵はマストの根本に落ちるのだろうか．

船のかわりに電車の中でボールを自由落下させよう．等速直線運動している電車の中でボールをそっと落とすと，ボールは落とした人の足もとに落ちる．車内の人 A は，このボールが自由落下したと観察する．一方，地上に立っている人 B は，このボールは水平に投射された物体の描く放物線軌道を落下すると観察する (図 15.1)．すなわち，地上で見ると，落とす前のボールは水平に等速直線運動しているので，ボールは手から離れたあとも，慣性によって水平方向に同じ速度を保つ．このとき，電車は等速直線運動をつづけるので，ボールが床に到達するまでに，車内の人も水平方向へボールと同じ距離を進む．このようにして，地上に立っている人が見ても，車内の人の足もとにボールが落ちる事実を理解できる．

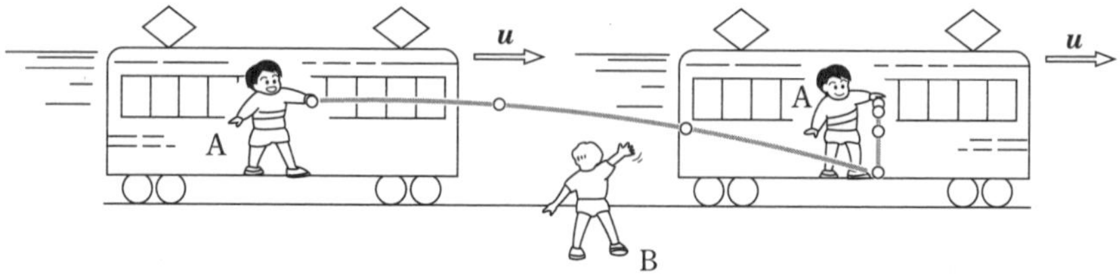

図 15.1 地面に対して等速度運動する電車の中でボールを落としたとき．車内の人 A には自由落下運動に見える．地上に立っている人 B には水平投射運動に見える．

地上の人が観察する水平投射されたボールの放物運動も，車内の人が観察するボールの自由落下運動も，地球の重力の作用を受けているボールが運動の法則に従って行う運動である．電車の速度を $\boldsymbol{u}$，電車の中の人 A が観測するボールの速度を $\boldsymbol{v}'$ とすると，地表に静止している人 B が観測するボールの速度 $\boldsymbol{v}$ は

$$\boldsymbol{v} = \boldsymbol{v}' + \boldsymbol{u} \tag{15.1}$$

である．$\boldsymbol{u}$ は一定なので，ボールの加速度は

$$\boldsymbol{a} = \frac{\boldsymbol{v}(t = t_2) - \boldsymbol{v}(t = t_1)}{t_2 - t_1} = \frac{\boldsymbol{v}'(t = t_2) - \boldsymbol{v}'(t = t_1)}{t_2 - t_1} = \boldsymbol{a}' \tag{15.2}$$

となり，地表に静止している観測者 B に対するボールの加速度 $\boldsymbol{a}$ と電車の中で静止している観測者 A に対するボールの加速度 $\boldsymbol{a}'$ は等しい．したがって，重力 $\boldsymbol{W} = m\boldsymbol{g}$ の作用による質量 m のボールの運動方程式は，慣性系である地上で静止している人 B に対して

$$m\boldsymbol{a} = m\boldsymbol{g} \tag{15.3}$$

なので，$\boldsymbol{a}' = \boldsymbol{a}$ を使うと，(15.3) 式は

$$m\boldsymbol{a}' = m\boldsymbol{g} \tag{15.4}$$

となり，電車に固定された座標系に対して静止している人 A に対しても同じ運動方程式が成り立つことが確かめられた．すなわち，2 人の観測者 A, B の両方に対して，ニュートンの運動方程式が成り立つことがわかった．

力の作用していない物体が $\boldsymbol{a} = \boldsymbol{0}$ の等速度運動をする座標系（すなわち

慣性系）があれば，この座標系に対して等速度運動をする座標系でも $\boldsymbol{a}' = \boldsymbol{a} = \boldsymbol{0}$ なので，この座標系もやはり慣性系である．

このようにして，慣性系に対して等速度運動する座標系も慣性系であることが証明された．これを**ガリレオの相対性原理**という．したがって，慣性系である地面に対して等速直線運動している電車に固定された座標系も慣性系である．

アインシュタインは，

「慣性系に対して等速度運動する座標系も慣性系である．」

という条件に

「真空中の光の速さはすべての慣性系で同一である．」

という条件を追加して，特殊相対性理論を建設した．この2つの条件をアインシュタインの**特殊相対性原理**という．ニュートン力学では，たがいに等速度運動する2つの座標系で，時間の測定に共通の時計が使えると考えるので，2つの座標系での時刻を t, t' とすると，$t = t'$ である．しかし，特殊相対性理論では，たがいに等速度運動する2つの座標系で共通の時計は使えず，時計の進み方が異なり，2つの座標系での時刻を t, t' とすると，$t \neq t'$ である．

たがいに等速度運動している2つの慣性系では，運動方程式は同じ形をしているが，初期条件（$t = t_0$ での速度 $\boldsymbol{v}_0$）が異なるので，観察される運動は異なっている．

夜，長いトンネルの中で等速度運動している列車に乗っている乗客は，列車が前に動いているのか後ろに動いているのかわからないことがある．これは地表に対して等速度運動している列車に固定された座標系は慣性系なので，地表に固定された慣性系と同一のニュートンの運動の法則が成り立つからである．

15.2 見かけの力

慣性力　電車が加速や減速をするとき，電車が静止しているときには受けないある種の力を受けるように乗客は感じる．たとえば，実験室の実験台の上の台車に人形を立てて台車を急に加速すると，人形は後ろに倒れる．人形のこの動きを，実験室の床に立っている人は「人形が床に対して静止しつづけよう」とする慣性の法則によって説明できる．しかし，台車の上の人形にとっては後ろ向きの力を受けたのと同じ状態になる．

図15.2(a)のように，等加速度運動する電車の天井から糸でおもりを吊り下げると，糸は鉛直線から傾いた状態になる．この現象を地上に立っている観測者Aと車内の観測者Bはどのように説明するだろうか．

地上に立っている観測者Aに対しておもりは加速度 $\boldsymbol{a}$ で等加速度運動する．そこで，Aは「質量 m のおもりは重力 $\boldsymbol{W}$ と糸からの張力 $\boldsymbol{S}$ を受けて，その合力 $\boldsymbol{f}$ によって加速度 $\boldsymbol{a}$

$$\boldsymbol{a} = \frac{\boldsymbol{S} + \boldsymbol{W}}{m} = \frac{\boldsymbol{f}}{m} \tag{15.5}$$

を生じている」と説明する．すなわち，運動の法則から $m\boldsymbol{a} = \boldsymbol{f}$ という関係が成り立つ．

一方，車内の観測者Bにとって，おもりは静止している．おもりに働

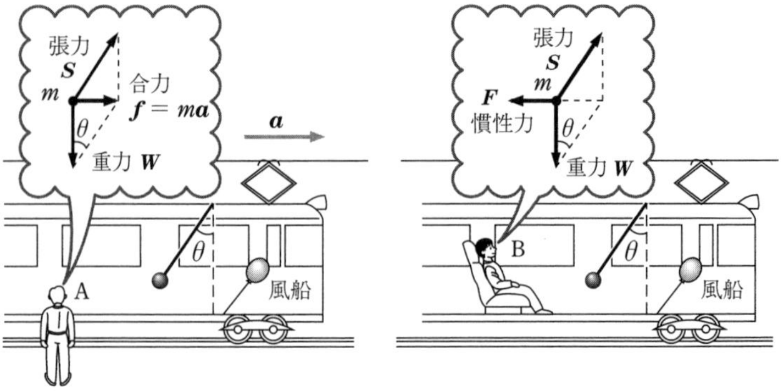

(a) 地上（慣性系）に立っている観測者Aが見る．
$\boldsymbol{ma} = \boldsymbol{S}+\boldsymbol{W} = \boldsymbol{f}$

(b) 車内で座っている観測者Bが見る．
$\boldsymbol{S}+\boldsymbol{W}+\boldsymbol{F} = \boldsymbol{0}$，$\boldsymbol{F} = -\boldsymbol{ma}$

図 15.2 加速度運動と慣性力

く重力 $\boldsymbol{W}$ とひもの張力 $\boldsymbol{S}$ はつり合っていないのにおもりが静止しているので，Bは「おもりは2つの力のほかにある種の力 $\boldsymbol{F}$ を受けて，これらの3つの力がつり合っている」と考える．この力 $\boldsymbol{F}$ は図15.2(b)から明らかなように，$\boldsymbol{f} = m\boldsymbol{a}$ と同じ大きさで逆向きである．すなわち，力 $\boldsymbol{F}$

$$\boldsymbol{F} = -m\boldsymbol{a} \tag{15.6}$$

が作用し，3つの力 $\boldsymbol{S}, \boldsymbol{W}, \boldsymbol{F}$ はつり合いの条件

$$\boldsymbol{S}+\boldsymbol{W}+\boldsymbol{F} = \boldsymbol{0} \tag{15.7}$$

を満たすので，つり合っていると考える．

一般に，加速度 $\boldsymbol{a}_0$ で運動中の観測者が質量 m の物体を見た場合，物体には観測者の加速度 $\boldsymbol{a}_0$ と逆向きに，大きさが ma_0 の力

$$\boldsymbol{F} = -m\boldsymbol{a}_0 \tag{15.8}$$

が作用しているように見える*．加速度運動をしている観測者に現れるこの力を**慣性力**という．いままで学んできた力は物体から物体に働き，作用と反作用がある．慣性力は加速度運動している観測者だけに現れ，反作用にあたる力はない．このような意味で，慣性力はこれまでに出てきた力と区別される力なので，**見かけの力**とよぶ．非慣性系でも運動の法則を見かけの上で成り立たせようとするときに，導入しなければならないのが見かけの力である．見かけの力を導入しなくてもニュートンの運動の法則が成り立つ座標系が慣性系である．発車直後の電車に固定された座標系はもちろん非慣性系である．

*電車に固定した座標系での位置ベクトル $\boldsymbol{r}'$ と地面に固定した座標系での位置ベクトル $\boldsymbol{r}$ の関係は
$\boldsymbol{r}' = \boldsymbol{r}-\frac{1}{2}\boldsymbol{a}_0 t^2$ なので，
$\boldsymbol{v}' = \boldsymbol{v}-\boldsymbol{a}_0 t$，$\boldsymbol{a}' = \boldsymbol{a}-\boldsymbol{a}_0$．
$\boldsymbol{a} = \boldsymbol{0}$ なので，$\boldsymbol{a}' = -\boldsymbol{a}_0$

多くの場合に，地球に固定された座標系は慣性系と考えてよい．しかし，地球は自転と公転を行っているので，厳密には地球は慣性系ではない．地球規模の大きな運動や高精度の実験では，見かけの力を考えなければならない（次項を参照）．

慣性力は，重力と同じように質量に比例するので，慣性力が現れると，重力と慣性力の合力が見かけの上の重力になったように観測される．

図15.2の車中に水を入れた容器を置くと，水面は傾く．水面は見かけの重力の方向，すなわちおもりをつけた糸の方向に垂直になる．この電車の乗客がゴム風船を持っている場合には，風船をつないであるひもの向きはおもりを吊るしてある糸と平行になる．風船に働く見かけの浮力は見か

けの重力の逆向きに働くからである．これは，風船の各部分に働く空気の圧力の合力を考えてみればわかることである（16.2 節参照）．

ある遊園地には，途中まで自由落下するゴンドラがある．重力加速度 $\boldsymbol{g}$ で自由落下中のゴンドラの乗客に対して，重力（$m\boldsymbol{g}$）と慣性力（$-m\boldsymbol{g}$）は打ち消し合うので，見かけの重力は 0 である．このように物体を重力に逆らって支える力が働かないので重力加速度 $\boldsymbol{g}$ で自由落下し，見かけの重力が 0 の状態を**無重量状態**という．

机の上に置いてある水の入ったペットボトルの栓をはずし，ボトルの側面に小穴を開けると水が穴から飛び出す．穴の内側での水圧が大気の圧力の 1 気圧より高いからである（16.1 節参照）．ところが，このボトルを自由落下させると，落下中にボトルの穴から水は飛び出さない．自由落下中の物体に働く見かけの重力は 0 なので，水の圧力はどこでも大気圧と同じ 1 気圧だからである．

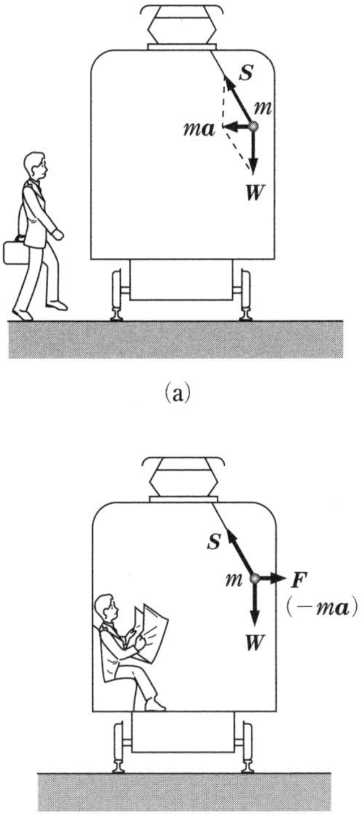

図 15.3 カーブを曲がる電車の天井から吊るしたおもり．(a) 線路のそばの人が見た場合の解釈．(b) 車内の人が見た場合の解釈．

■ 遠心力 ■　電車がカーブを通過するとき，車内の人は横向きの力を受けるように感じる（図 15.3）．これは乗客が等速直線運動をつづけようとする慣性に基づく，一種の慣性力である．この見かけの力は円運動をしている物体を円の中心から遠ざける向きに働くので**遠心力**という．

図 15.4 のように，回転台に立てた柱に糸で質量 m のおもりを吊り下げ，回転台を一定の角速度 ω で回転させてみる．おもりは柱から離れ，糸と柱は一定の角度を保って回転し，おもりは半径 r の等速円運動を行う．この様子を回転台の外で静止している観測者 A は，重力 $\boldsymbol{W}$ と糸から受ける張力 $\boldsymbol{S}$ の合力 $\boldsymbol{f}$ が，大きさが $mr\omega^2$ の向心力

$$m\boldsymbol{a} = -m\omega^2\boldsymbol{r} = \boldsymbol{W}+\boldsymbol{S} = \boldsymbol{f} \tag{15.9}$$

になって，おもりが円運動していると説明する．

これに対して，回転台の上で台といっしょに回転する観測者 B は，おもりが静止しているのは，おもりに働く力がつり合っているためだと考える．そこで，静止しているおもりに働く力がつり合っているためには，重力 $\boldsymbol{W}$ と糸の張力 $\boldsymbol{S}$ 以外に，回転台の外側に向かう慣性力 $\boldsymbol{F}$ が働いていると考える．すなわち，慣性力である遠心力

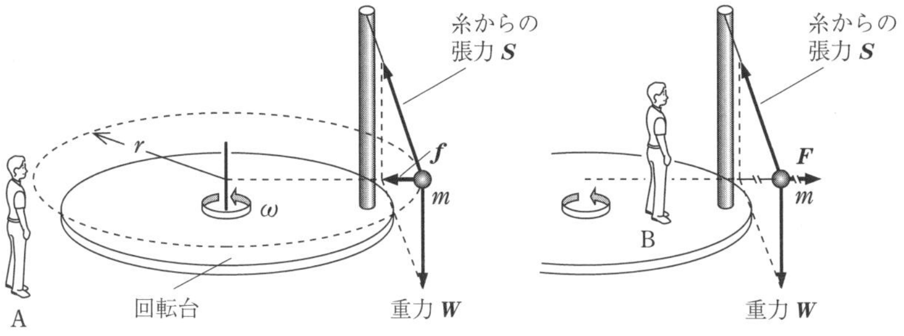

(a)　　　(b)

図 15.4 円運動と遠心力

(a) 回転台の横の観測者 A が見た場合．

$$m\boldsymbol{a} = -m\omega^2\boldsymbol{r} = \boldsymbol{W}+\boldsymbol{S} = \boldsymbol{f}$$

(b) 回転台の上で等速円運動している観測者 B が見た場合．

$$\boldsymbol{W}+\boldsymbol{S}+\boldsymbol{F} = 0, \quad \boldsymbol{F} = -m\boldsymbol{a} = m\omega^2\boldsymbol{r}$$

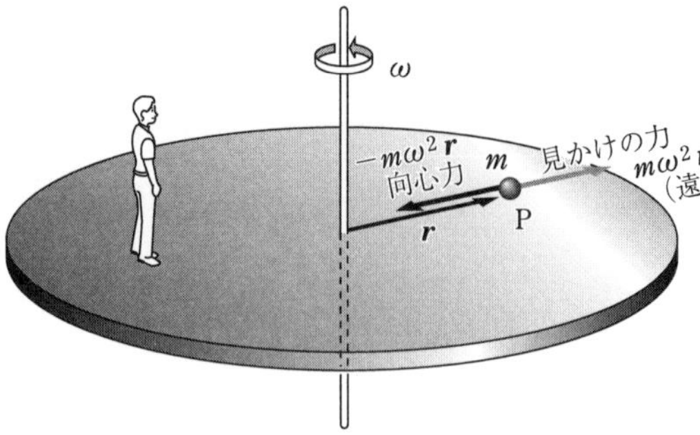

図 15.5　固定点のまわりを角速度 ω で回転する回転座標系（非慣性系）に対して静止している質量 m の物体 P に働く見かけの力の遠心力（大きさ $m\omega^2 r$）

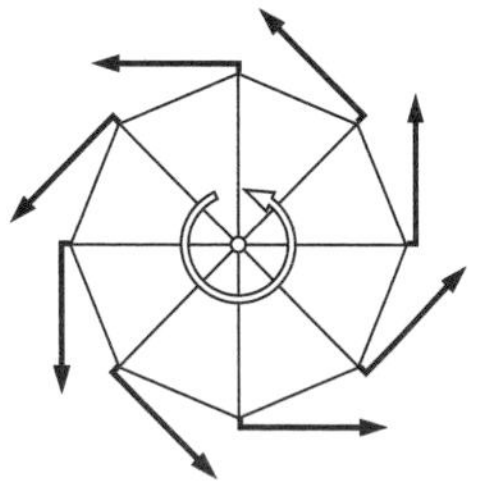

(a)

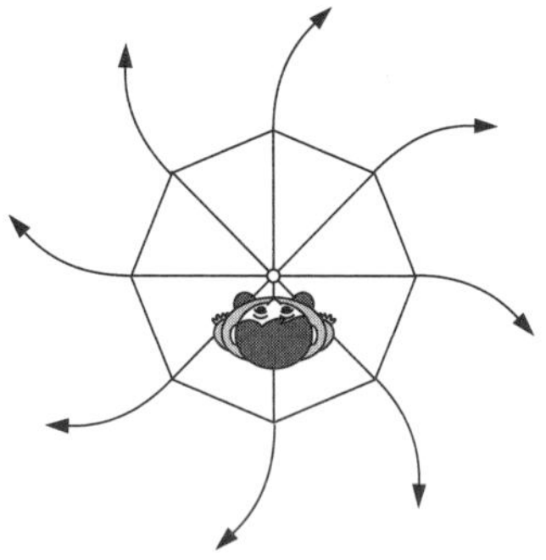

(b)

図 15.6　回転する傘の骨の先端から飛び出す雨水．(a) 地上で観測する場合．(b) 傘の中心に乗って観測する場合．

$$\boldsymbol{F} = m\omega^2 \boldsymbol{r} \tag{15.10}$$

が働くので，力のつり合いの条件

$$\boldsymbol{W} + \boldsymbol{S} + \boldsymbol{F} = \boldsymbol{0} \tag{15.11}$$

が満足されていると考える．

このように，物体とともに角速度 ω で円運動する人から見ると，円運動の中心から距離 r のところにある物体には，回転の中心 O から遠ざかる方向を向き，大きさが $m\omega^2 r$ の見かけの力である遠心力

$$\boldsymbol{F} = m\omega^2 \boldsymbol{r} \tag{15.12}$$

が働く（図 15.5）．

雨の日に傘をぐるぐる回すと，骨の先端から雨水が飛んでいく．地上の観察者には，雨水の飛び出す方向は骨の先端の運動方向，すなわち骨の先端の描く円の接線方向で，雨水の初速は骨の先端の速さである．傘の上から雨水の運動を観察すると，雨水は初速 0 で，骨の延長線方向に加速され，徐々に傘から遠ざかっていく．これは遠心力による運動である．しかし，その後，雨水は骨の延長線からずれていく．図 15.6 (b) の場合は右の方へずれる．この原因はつぎに学ぶコリオリの力である．

洗濯に使う脱水機では，この遠心力によって水分が脱水槽の穴から外へ飛び出すことを利用している．体温計の水銀柱を下げるときに，水銀溜めの反対側を持って勢いよく振るのも遠心力の利用である．

牛乳からクリームや脂肪を分離するときのように，密度が異なる物質を分離するには，その容器を急速に回転させると，遠心力のために，密度の大きい物質は容器の側面の近くに集まる．遠心力も慣性力の一種で，その大きさは質量に比例し，重力と遠心力のベクトル和が見かけの重力としてふるまう．したがって，遠心分離機の内部では容器の壁が下側，中心が上側のようになるので，密度の大きな物質は，見かけの上では下側になる容器の壁のそばに集まるのである．

地球のまわりの円軌道を回っている人工衛星では

「人工衛星の向心力 $mr\omega^2$」＝「地球の重力」

である．したがって，人工衛星の中の宇宙飛行士にとっては，地球の重力と遠心力がつり合っているので，重力プラス遠心力である見かけの重力は 0 である．したがって，人工衛星の中は無重量状態である．この事実を読者諸君はよく知っているだろう．無重量状態は何かと不便なので，未来の

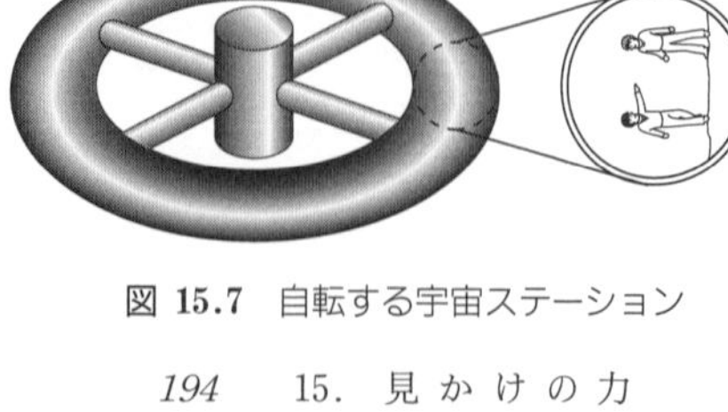

図 15.7　自転する宇宙ステーション

宇宙ステーション計画では，宇宙ステーションを中心のまわりに自転させて，自転のための遠心力による見かけの重力（人工重力）を発生させることも考えられる（図 15.7）.

地球は地軸のまわりに自転しているから，地球といっしょに回転しているわれわれは，地表上に静止している物体には遠心力が作用していると感じる．物体の重さ，すなわち物体に働く重力は，厳密には地球の万有引力と遠心力との合力である（図 15.8）．しかし，遠心力は万有引力の 1/3% 以下なので，地表上の物体の運動を調べるときには，たいていの場合，遠心力を無視して，地表に固定した座標系を慣性系とみなしてよい．

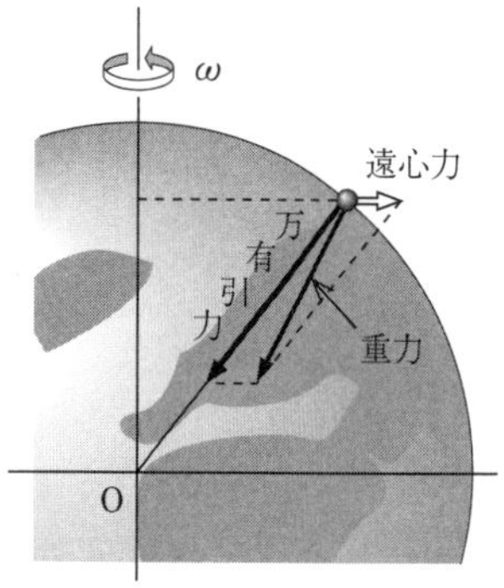

図 15.8　地表での重力は万有引力と遠心力の合力である．

問 1　地球が完全な球形ではなく，赤道のところは球形よりふくらんでいる理由を考えよ．

コリオリの力　回転している座標系に対して静止している物体には見かけの力の遠心力が働くが，回転している座標系に対して物体が運動しているときには，遠心力のほかに，もう一つの見かけの力（慣性力）であるコリオリの力が現れる．この力の存在については，ぐるぐる回っている傘の骨の先端から飛び出した雨水の運動のところで，すでに触れた．

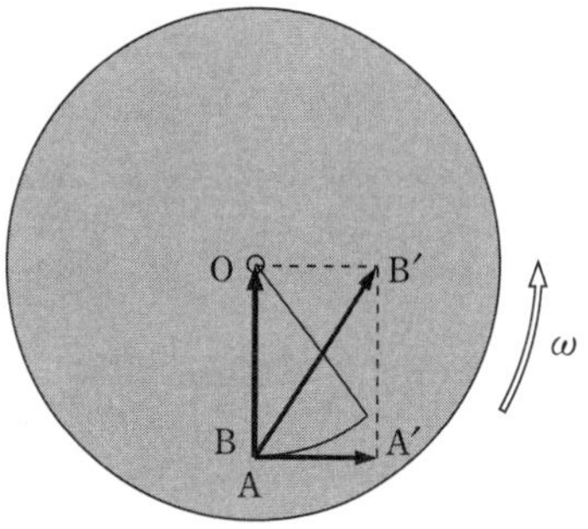

図 15.9

図 15.9 の回転台の上の点 B に静止している人 A がボールを中心 O をめがけて投げると，ボールは O ではなく右にそれて B′ の方へ運動する．この現象を，地面の上に立っている観測者は，人間 A は $\overrightarrow{BO}$ に対して垂直方向に運動しているので，ボールの速度は 2 つの速度を合成した $\overrightarrow{BB'}$ の方向を向くためだと考える．これに対して，回転台の上に静止している人間 A は，ボールには $\overrightarrow{BO}$ に対して垂直方向を向いた見かけの力のコリオリの力が働くので，ボールは右の方にそれると考える．

角速度 ω で回転している座標系に対して速度 $\boldsymbol{v}'$ で運動している質量 m の物体に働くコリオリの力の方向は回転軸と速度 $\boldsymbol{v}'$ の両方に垂直で，大きさ F は

$$F = 2m\omega v' \sin\theta \tag{15.13}$$

である．θ は回転軸と速度ベクトル $\boldsymbol{v}'$ のなす角である．角速度ベクトル $\boldsymbol{\omega}$（図 13.10 参照）とベクトル積を使うと，コリオリの力 $\boldsymbol{F}$ は

$$\boldsymbol{F} = 2m\boldsymbol{v}' \times \boldsymbol{\omega} \tag{15.14}$$

と表される（図 15.10 参照）.

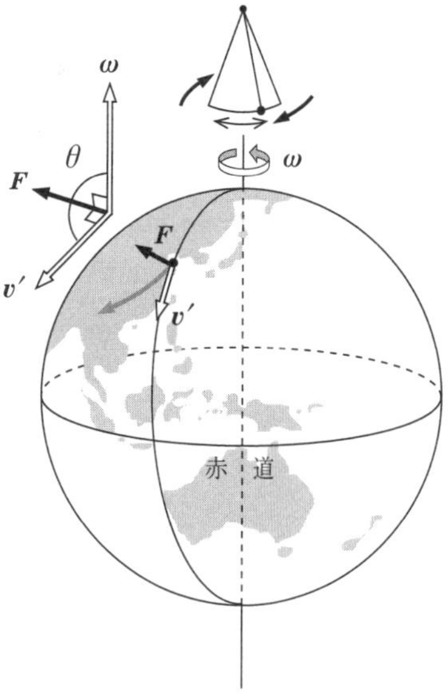

図 15.10　コリオリの力．自転している座標系に対して速度 $\boldsymbol{v}'$ で運動する物体の軌道はコリオリの力 $\boldsymbol{F}$ のためにアミの線のように偏っていく（地球の北極から南へ運動する物体の軌道はコリオリの力のために右の方へ偏る）.

問 2　回転台の回転が図 15.9 と逆向きの場合はどうか．
問 3　図 15.9 の回転台の中心近くから外側に向けてボールを投げると，ボールはどちらにそれるか．

貿易風や，高気圧・低気圧付近の気流などは，コリオリの力の影響が顕著に見られる例である．地球の赤道付近は，一般に太陽からの熱を他の地帯より余分に受けている．温かい空気は上昇し，その後へ温帯からの風が吹き込む．北半球では赤道へ向かって南方に吹く風は，コリオリの力の影響で西へそれる．これが南西に向かってほとんど定常的に吹いている貿易風とよばれる風である．

高気圧から吹き出す風や低気圧に吹き込む風の向きを気象衛星から観測すると，風の向きは等圧線に垂直ではなく，北半球では図 15.11 のように

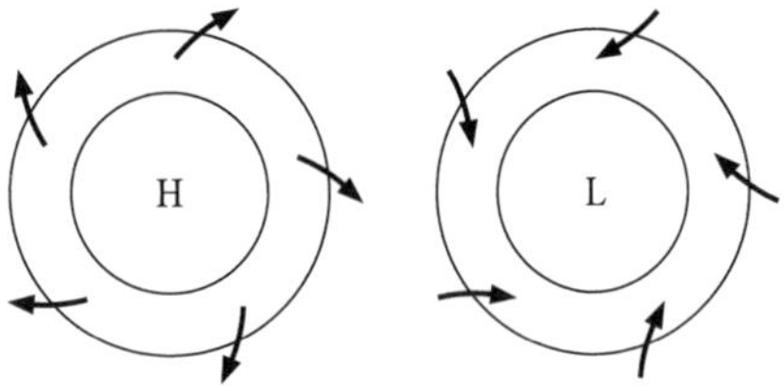

図 15.11　北半球での風向き

進行方向の右側の方にそれ，南半球では左側の方にそれるのも，コリオリの力が原因である．高気圧や低気圧領域では，気圧の差はコリオリの力と遠心力の合力とほぼつり合っており，風は等圧線にほぼ平行に吹く．

北半球ではコリオリの力が物体の進行方向を右の方へ曲げようとする力であることは，北極点で振り子を振動させてみればすぐわかる．振り子が振動しているうちに地球が自転するので，地上では振り子の振動面が回転しているように見える．このときのおもりの運動を地上で上から観察すると，おもりの運動方向は右の方へ曲がるように見える．

地球の自転の影響で，振り子の振動面は時間とともに回転する．このことをはっきり示すために用いられる振り子がフーコーの振り子である．フーコーは1851年に長さ67 mの糸に28 kgのおもりを吊るした振り子をつくり，この振り子の振動面は北緯 θ 度で周期 T

$$T = \frac{24\,\text{時間}}{\sin\theta^\circ} \tag{15.15}$$

で回転することを示した．フーコーの振り子は，地球に固定された座標系は慣性系ではなく，慣性系は恒星の方向を基準に選ばなければならないことを示している．

第15章のまとめ

慣性系　慣性の法則と運動の法則の成り立つ座標系を慣性系，成り立たない座標系を非慣性系という．

ガリレオの相対性原理　1つの慣性系があれば，その慣性系に対して等速直線運動している座標系も慣性系である．

慣性力（見かけの力）　一般に，慣性系に対して加速度 $\boldsymbol{a}$ で運動中の観測者が質量 m の物体を見た場合，物体には観測者の加速度と逆向きに，大きさが ma の力

$$\boldsymbol{F} = -m\boldsymbol{a} \tag{1}$$

が働いているように見える．慣性系に対して加速度運動をしている観測者に現れるこの力を慣性力あるいは見かけの力という．

遠心力　慣性系に対して角速度 ω で回転している回転座標系の回転軸から距離 r のところで静止している質量 m の物体に働く，回転軸から遠ざかる方向を向き，大きさが $m\omega^2 r$ の見かけの力．

$$\boldsymbol{F} = m\omega^2\boldsymbol{r} \tag{2}$$

コリオリの力　回転している座標系に対して物体が運動しているときには，遠心力のほかにも，もう1つの見かけの力であるコリオリの力が現れる．コリオリの力の方向は座標系の回転軸と回転座標系に相対的な物体の速度 $\boldsymbol{v}'$ の両方に垂直で，その大きさは

$$F = 2m\omega v' \sin\theta \tag{3}$$

演習問題15

A

1． 次の観測者に対して運動の第1法則が成り立つかどうかを述べよ．

（1） 等速度で落下しているパラシュート乗り．

（2） 飛行機から飛び出した直後のパラシュート乗り．

（3） 滑走路に着地後，逆噴射しているジェット機のパイロット．

2．（1） 乗客がおもりをつけた糸を手で吊るして，糸と鉛直方向がなす角 θ を測れば，乗り物の加速度の大きさ a は $a = g\tan\theta$ であることを示せ．

（2） 新幹線ひかり，通勤電車，レーシングカーの発車時の加速度はそれぞれ 0.6，1.0〜1.5，4.5 m/s^2，ジェット機の着陸時の加速度は −3〜−5 m/s^2 である．それぞれの場合の角 θ を求めよ．

（3） 曲率半径 $r = 30$ m のカーブを時速 54 km で走っている自動車の中での角 θ を求めよ．

3． 凍結したスキー場のなめらかな斜面の上を直滑降するスキーヤーが手に振り子を持っている．このおもりを吊るした糸の向きが一定になったときの糸の向きと鉛直のなす角を求めよ．スキーと斜面の間に摩擦がある場合はどうなるか．

4． 電車の中におもりが吊るしてある．この電車が半径 800 m のカーブを 30 m/s の速さで走るとき，おもりを吊るした糸は鉛直線からおよそ何度傾くか．

5． 半径 1.2 m の円を描いて，水の入っているバケツを手に持って鉛直面内で回す．バケツが真上にきても，水がこぼれない最少の回転数 f を求めよ．

6． 無重量状態の宇宙空間で，人工的な重力をつくり出すために，遠心力の利用が考えられている．いま，宇宙船の回転軸から距離 980 m の部分にある質量 m の物体が，地表と同じ大きさの人工的な重力を得るためには，宇宙船の回転の周期をいくらにしたらよいか．重力加速度を 9.8 m/s^2 とする（図15.7参照）．

B

1． メリーゴーラウンドのなめらかな床の上に，鉄球が軽いひもで中心の柱に結ばれて，床といっしょに動いている．ある瞬間にひもが切れた．その後の鉄球の運動を，地面の上の人とメリーゴーラウンドの上の人がそれぞれどう解釈するかを説明せよ．メリーゴーラウンドの上の人は鉄球の運動を遠心力だけで説明できるだろうか．

2． 北極から南へロケットを発射すると西へそれ，赤道から北へ発射すると東へそれる理由を説明せよ．［ヒント：地球は西から東へ自転している．この自転によって，緯度 θ の地点は西から東に向かって $\omega R\cos\theta$ の速さで動いていることを使え（緯度 θ によって速さが違う）．R は地球の半径．］

3． 赤道上の港に停泊している船のマストの先端から鉛の球を初速度なしに落とした．空気の抵抗は無視でき，船は完全に静止しているとすれば，球はマストの先端の直下に落ちるだろうか．

4． ある遊園地にローターとよばれる遊具がある．中空な円筒形の部屋が中心軸のまわりに回転できるようになっている（図1）．ローターの乗客は壁に背をつけて立つ．ローターが回りはじめ，回転速度が増していき，ある速さになると，ローターの床が下降する．乗客の足は床から離れ，重力とつり合っていた床からの抗力がなくなったのに，乗客が落下しないのは，壁との間の摩擦力のためである．

（1） ローターの内部の半径を 2.8 m，乗客と壁の摩擦係数を 0.4 とすると，床を下降させるときのローターの1分間あたりの回転数は最低いくらか．

（2） 乗客の感じる見かけの重力の方向が，運転開始から終了までの間にどう変わるかを説明せよ．ローターが大きな回転速度で回っているときに，乗客は仰向けに寝ているような感じがするという．その理由を説明せよ．

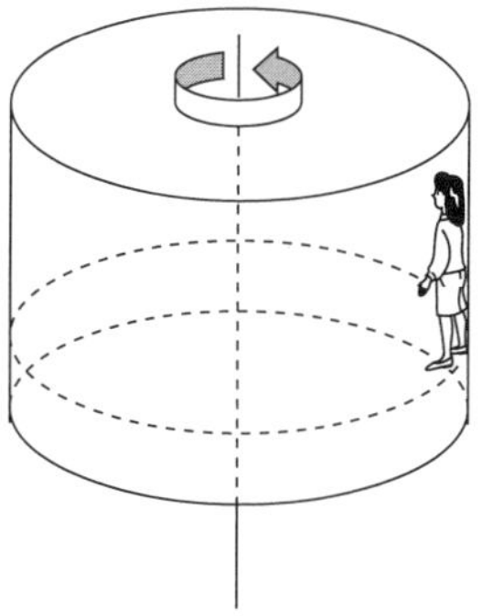

図1

16 連続体の力学

日常生活で経験する運動は，空気中や水中で起こる．空気や水のような気体や液体は，一定の形をもたず，容器の形に応じて自由に変形するので，まとめて流体という．この章では，まず流体の代表的な性質である圧力を調べる．静止している流体の圧力と運動している流体の圧力を学ぶ．つぎに，流体中を運動している物体に働く力である抵抗力と揚力を学ぶ．最後に，固体に外力を加えたときの変形を学ぶ．

16.1 圧　力

圧　力　雪の上を靴で歩くと足が雪の中へ深くめり込むが，スキーをはくと深くはめり込まない．スキーは靴よりも雪との接触面積が大きいからである．湿地では乗用車は湿地にめり込んでしまって走れないが，乗用車よりもはるかに重い湿地用ブルドーザーは湿地でも走れる．ブルドーザーにはタイヤよりもはるかに地面との接触面積の大きいキャタピラがついているからである．

これらの事実は，面に対する押す力の作用は，力が加わる面積によって異なり，面積が小さいほど大きく，面積が大きいほど小さいことを示す．面に垂直に力が作用するとき，単位面積あたりの力の強さを**圧力**という．すなわち，

$$\text{圧力} = \frac{\text{面を垂直に押す力}}{\text{力が作用する面積}} \tag{16.1}$$

である（図 16.1）．

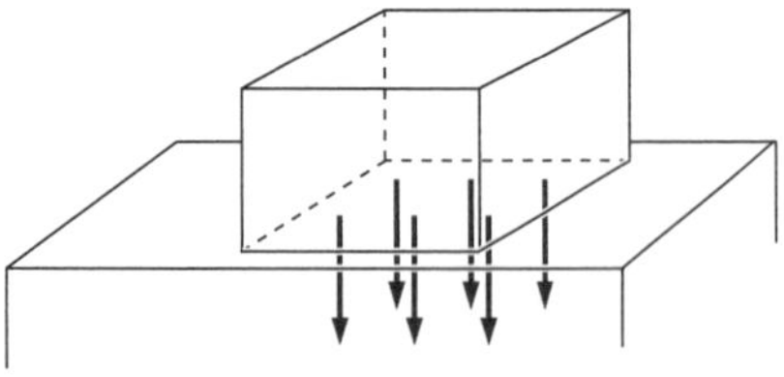

図 16.1
$\text{圧力} = \dfrac{\text{物体の面を垂直に押す力}}{\text{力が加わる面の面積}}$

国際単位系での力の単位は 1 ニュートン = 1 N = 1 kg·m/s^2 で，面積の単位は 1 平方メートル = 1 m^2 なので，国際単位系での圧力の単位は 1 m^2 の面を 1 N の力が押すときの圧力の大きさで，これを 1 パスカル（Pa）という．すなわち，

$$\mathrm{Pa} = \frac{\mathrm{N}}{\mathrm{m}^2} = \frac{\mathrm{kg}}{\mathrm{m \cdot s^2}} \tag{16.2}$$

である．

力の単位として実用単位の 1 重力キログラム 1 kgf，面積の単位として 1 cm^2 を使うと，圧力の実用単位 1 kgf/cm^2 が得られ，力の単位として 1 kgf，面積の単位として 1 m^2 を使うと，圧力の実用単位 1 kgf/m^2 が得られる．

1 m^2 = (100 cm)^2 = 10000 cm^2 なので，1 kgf/cm^2 = 10000 kgf/m^2 である．(4.8) 式から，1 N ≈ (1/9.8) kgf，1 m^2 = 10000 cm^2 なので

$$\mathrm{Pa} = \frac{\mathrm{N}}{\mathrm{m}^2} \approx \frac{\mathrm{kgf}}{9.8}\frac{1}{10000\ \mathrm{cm}^2} = \frac{1}{98000}\frac{\mathrm{kgf}}{\mathrm{cm}^2} \tag{16.3}$$

であり，

$$1\ \mathrm{kgf/cm^2} \approx 98000\ \mathrm{Pa} \tag{16.4}$$

である．

ハイヒールをはいて芝生に入ると，かかとは土の中にめり込む．かかとの先端の面積が 4 cm^2 のハイヒールをはいて体重が 50 kg の人が歩くとき，全体重を片足のかかとで支えている場合には，かかとが地面に加える圧力は

$$\frac{50\ \mathrm{kgf}}{4\ \mathrm{cm}^2} = 12.5\ \mathrm{kgf/cm^2}$$

である．これに対して，体重 66 kg，片足の裏の面積が 110 cm^2 の人が，全体重を両足の裏に一様にかけて静かに立っている場合，足の裏が地面に加える圧力は

$$\frac{66\ \mathrm{kgf}}{2\times110\ \mathrm{cm}^2} = 0.3\ \mathrm{kgf/cm^2}$$

である．ハイヒールのかかとで足を踏まれると圧力がきわめて大きく，危険であることがわかる．

象の足が地面に加える圧力はどのくらいだろうか．象の足の直径を 40 cm，面積を 1250 cm^2，体重を 4000 kg とすると，象が四本足で立っているときの圧力は

$$\frac{4000\ \mathrm{kgf}}{4\times1250\ \mathrm{cm}^2} = 0.8\ \mathrm{kgf/cm^2}$$

である．湿地用ブルドーザーの質量を 13000 kg，2 本のキャタピラの接地面積を 5.6 m^2 とすると，キャタピラが湿地を押す圧力は，

$$\frac{13000\ \mathrm{kgf}}{56000\ \mathrm{cm}^2} = 0.23\ \mathrm{kgf/cm^2}$$

である．

シャベルやつるはしの先端がとがっていると地面を掘りやすいのは，同じ力でも圧力が大きくなるためである．逆に，クレーン車などの重い車両が路上で工事に使用されるときに，道路に鉄板を敷いてその上で作業するのは，道路への圧力を小さくして路面を傷つけないためである．

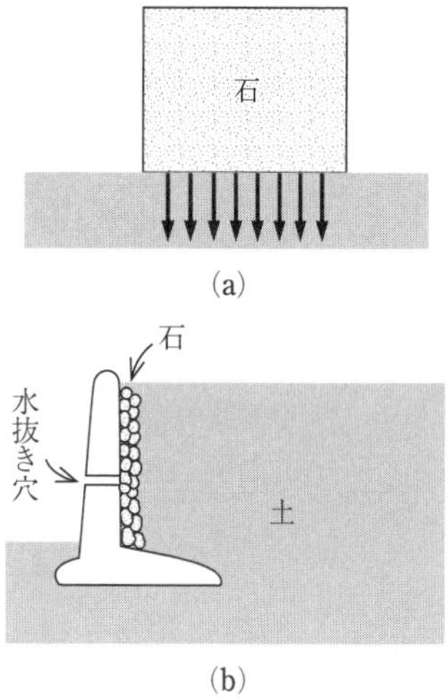

図 16.2 (a) 大きな石は下の地面に大きな力を加えるが，横の空気には大きな力は及ぼさない．
(b) 壁に対する土の圧力（土圧）はそれほど大きくないが，雨が降り土が水を多量に含むと壁に対する圧力が大きくなる．そこで壁には水抜き穴があけてある．

■液体や気体の圧力■ 地面の上に大きな石を置くと，石は下の地面に大きな力を作用するが，横の空気に大きな力を作用することはない（図 16.2 (a)）．ところが，地面の上に水を貯えようとすると，水槽を設置してその中に水を入れる必要がある．水槽の中の水は水槽の底に力を加えるが，側面にも力を加える．この事実は，水槽の側面に穴があいている場合，水が出ないように手で穴を押さえると，水は手を押すことから明らかである．

水の中に潜ると耳は水の圧力を感じる．この圧力は耳をどの方向に向けても同じ大きさである（図 16.3）．すなわち，「静止している水は水中の任意の向きの面に垂直に圧力を加え，同一の点ではすべての方向への圧力の大きさは等しい」．この圧力の大きさを，その点での**水圧**（あるいは**静水**

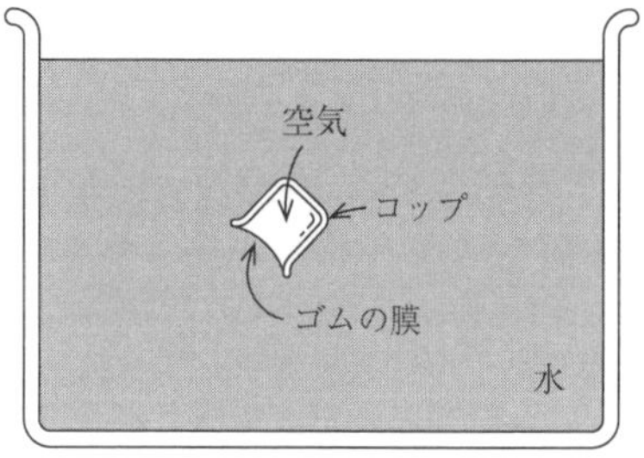

図 16.3 コップの向きを変えても，ゴムの膜のへこみは変わらないので，同じ点でのすべての方向への水の圧力の大きさは等しいことがわかる．

圧）という．静止している水が面に垂直に力を加えることは，作用反作用の法則からわかる．水の圧力が面に平行な成分をもてば，水への反作用で面に沿った水の流れが生じるという非現実的なことが生じるからである．

上に述べた静止している水の圧力の性質は，静止しているアルコール，油，水銀などの他のすべての液体や空気などのすべての気体の圧力の性質でもある．液体と気体は容器の形に応じて自由に変形するので，まとめて**流体**という．すなわち，

「静止している流体は流体中の任意の向きの面に垂直に圧力を加え，同一の点ではすべての方向への圧力の大きさは等しい．この圧力の大きさをその点での流体の**静水圧**という．」

■密　度■　同じ大きさの容器に入った水と水銀では水銀の方がはるかに重い．単位体積あたりの物質の質量をその物質の**密度**という．

$$密度 = \frac{質量}{体積} \tag{16.5}$$

である．質量の単位として kg，体積の単位として m^3 を選ぶと，密度の単位は kg/m^3 である．質量の単位として g，体積の単位として cm^3 を使うと，密度の単位は g/cm^3 である．

体積が $1\ L = 1000\ cm^3$（$= 1000$ cc）の水の質量は $1\ kg = 1000\ g$，すなわち，体積 $1\ cm^3$ の水の質量は 1 g なので，水の密度は $1\ g/cm^3$ である．g/cm^3 は密度の単位として便利である．いくつかの物質の密度を示す．

水素（0 ℃，1 気圧）	$0.0000899\ g/cm^3 = 0.0899\ kg/m^3$
空気（0 ℃，1 気圧）	$0.001293\ g/cm^3 = 1.293\ kg/m^3$
水	$1.000\ g/cm^3 = 1000\ kg/m^3$
鉄	$7.86\ g/cm^3 = 7860\ kg/m^3$
水銀	$13.59\ g/cm^3 = 13590\ kg/m^3$

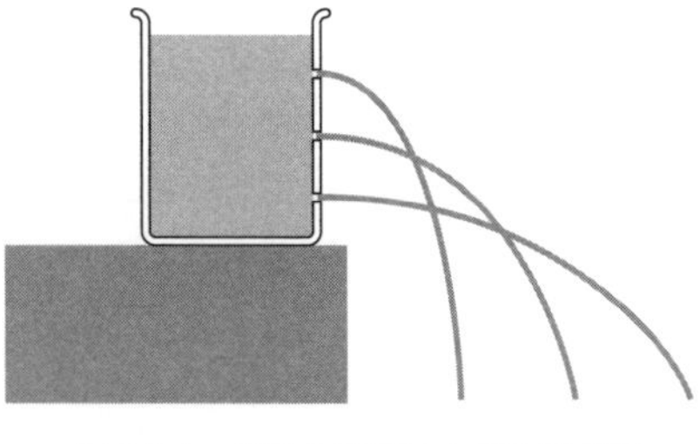

図 16.4　水面から深いところほど圧力が大きい．

■圧力と高さの関係■　水槽の側面に 3 つの穴が開いている場合，穴から水が図 16.4 のように飛び出す．この実験から，水の深さが深いほど水の圧力が大きいことがわかる．したがって，静止している水や空気の圧力の第 2 の性質として，

「圧力は高さとともに減少していくが，同じ高さでは等しい．」

ことがわかる．

図 16.5 のように，密度 ρ の液体中に高さ h，底面積 A の円柱の部分を考える．この円柱内の液体は静止しているので，この円柱内の液体に働く力はつり合っている．側面に対する力のつり合いから，同じ高さでの水の圧力は等しいことがわかる（円柱でなく角柱を使う方がわかりやすい）．この円柱の上部での圧力を p，下部での圧力を p_0 とすると，この円柱の面積 A の上面に下向きに働く力は pA，下面に上向きに働く力は p_0A であり，体積 hA，質量 ρhA の液体に働く重力は ρhAg なので，つり合いの条件から

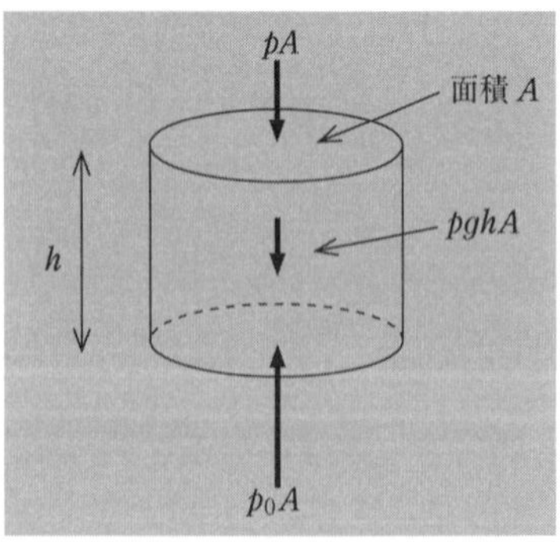

図 16.5　高さ h とともに圧力 p は減少する．
$p = p_0 - \rho gh$

$$pA + \rho hAg - p_0A = 0$$

$$\therefore \quad p = p_0 - \rho gh \tag{16.6}$$

という圧力と高さの関係が導かれる．水の密度は $\rho = 1\,\mathrm{g/cm^3}$ なので，(16.6) 式から水中で 1 cm 浅くなるのにつれて，1 $\mathrm{cm^2}$ あたりの水の重さは 1 gf ずつ減っていくから，水圧は $1\,\mathrm{gf/cm^2} = 0.001\,\mathrm{kgf/cm^2}$ ずつ小さくなることがわかる．地表付近での大気の密度は $\rho = 0.00129\,\mathrm{g/cm^3}$，$\rho g = 0.00129\,\mathrm{gf/cm^3}$ なので，大気の圧力は 1 cm 上昇すると 0.00129 gf/$\mathrm{cm^2}$ ずつ減っていく．したがって，100 m 上昇するのにつれ 0.0129 kgf/$\mathrm{cm^2}$ ずつ減っていく．

大気の圧力　細長いガラス管に水銀を満たし，水銀がこぼれないようにして上下を逆さにして，容器の中の水銀の中に入れると，図 16.6 のように管の中の水銀柱は約 76 cm の高さになる．管内の水銀面の上の空間はほぼ真空であるが，ごくわずかな水銀が蒸発している．この水銀柱は容器の水銀面を上から押している大気の圧力によって押し上げられているので，この水銀柱の高さ h を測定すると大気圧が測定できる．水銀の密度は $\rho = 13.59\,\mathrm{g/cm^3}$ である．

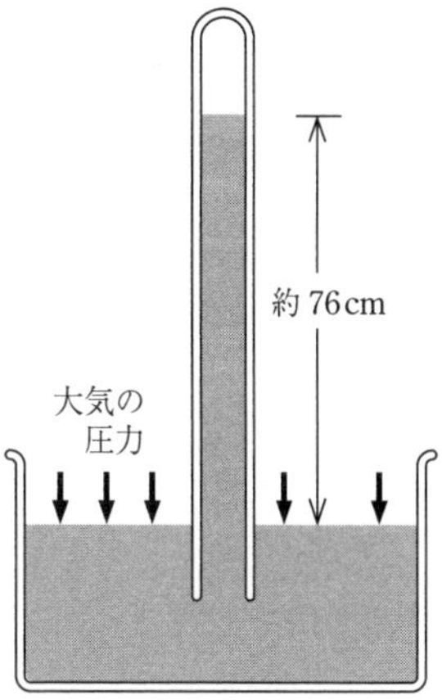

図 16.6　海抜 0m 付近では水銀柱の高さは約 76cm．約 100m 高くなると水銀柱の高さは 1cm 低くなる．水で実験すると，水柱の高さは約 10m になる．

管の中の水銀柱に (16.6) 式を適用する．真空の圧力は 0 なので

$$p_0 = 0, \quad h \approx -76\,\mathrm{cm}, \quad \rho = 13.59\,\mathrm{g/cm^3}, \quad \rho g = 13.59\,\mathrm{gf/cm^3}$$

なので（図 16.5 とは p_0 と p が入れかわっていることに注意），大気圧 p は

$$\begin{aligned} p &= -\rho g h \approx 13.59\,\mathrm{gf/cm^3} \times 76\,\mathrm{cm} \\ &= 1033\,\mathrm{gf/cm^2} = 1.033\,\mathrm{kgf/cm^2} \end{aligned} \tag{16.7}$$

である．$1033\,\mathrm{gf/cm^2} = 1.033\,\mathrm{kgf/cm^2}$ を 1 気圧という．

$$1033\,\mathrm{gf/cm^2} = 1.033\,\mathrm{kgf/cm^2} = 1\,\text{気圧}$$

1 kg の水の体積は 1000 $\mathrm{cm^3}$ なので，1 $\mathrm{cm^2}$ の面積の上に 1 kg の水柱をつくると高さが 10 m になる．したがって，水銀柱のかわりに水柱を使うと，水柱の高さは約 10 m になる．湖の中に潜ると，深さが 10 m のときの水圧は 1 気圧，深さが 20 m のときの水圧は 2 気圧である．ほんとうの圧力は大気の圧力の 1 気圧を加えて，1+1 = 2 気圧，2+1 = 3 気圧である．潜水夫が水中に潜ると身体中のすべて（たとえば肺の中の空気）の圧力は身体の皮膚を押す水圧に等しくなる．

1 気圧はほぼ 1.033 kgf/$\mathrm{cm^2}$ なので

$$1\,\text{気圧} \approx 1.033\,\mathrm{kgf/cm^2} \approx 101300\,\mathrm{Pa} \tag{16.8}$$

である．基本単位の 100 倍の接頭語をヘクト (hecto) といい，h という記号を使うので 100 Pa = 1 hPa で，これを 1 ヘクトパスカルという．これが天気予報で使われるヘクトパスカルである．したがって，

$$1\,\text{気圧} \approx 1013\,\mathrm{hPa} \tag{16.9}$$

である．

圧力の単位として，圧力を水銀柱の高さに換算したものも使われる．図 16.6 の場合，水銀柱の高さが 76 cm = 760 mm のときに大気の圧力は 1 気圧なので，

$$1\,\text{気圧} = 1013\,\mathrm{hPa} = 760\,\mathrm{mmHg} \tag{16.10}$$

と記す．

$$1\,\mathrm{mmHg} = \frac{1}{760}\,\text{気圧} \tag{16.11}$$

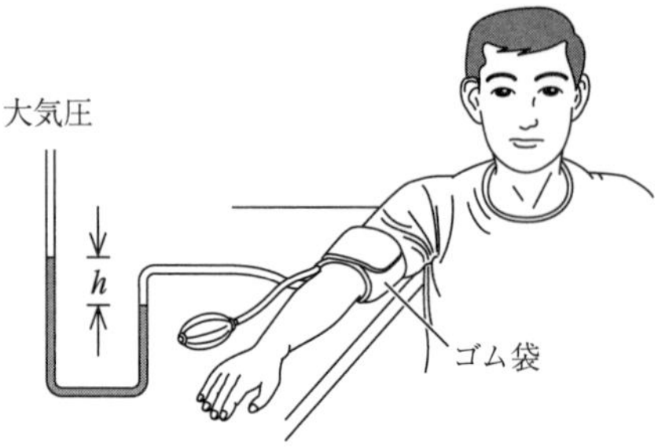

図 16.7　血圧の測定．mm を単位として測った水銀柱の高さの差 h が血圧の値である．上腕部を圧迫するゴム袋の中の空気の圧力が腕の血管の中の血液の圧力と等しくなる．

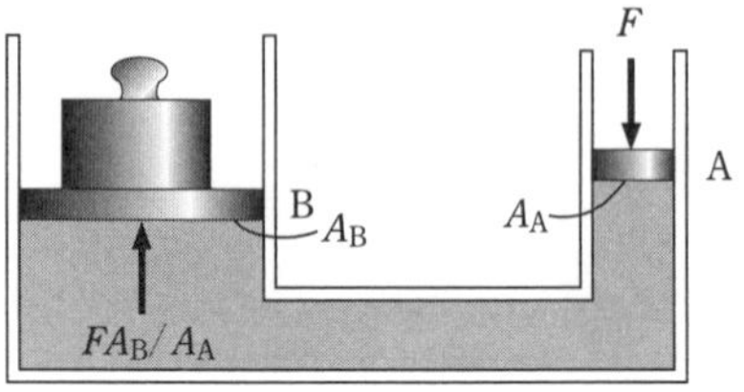

図 16.8　パスカルの原理

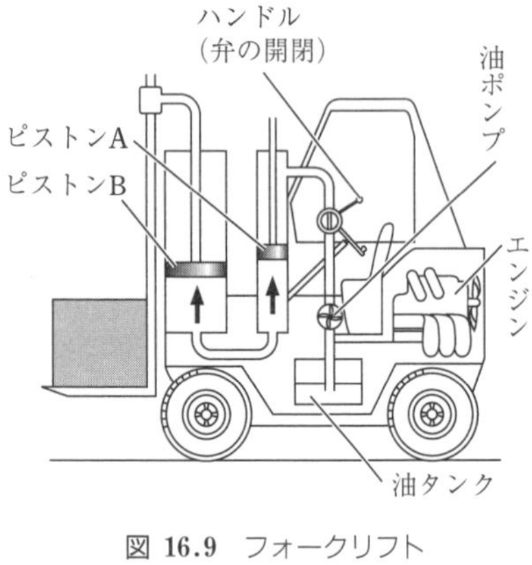

図 16.9　フォークリフト

である．

血圧の測定では最高血圧と最低血圧が測られるが，この血圧の値は図16.7のようにして血圧を測ったときの水銀柱の高さの差 h である．最高血圧が120，最低血圧が80だとすると，平均の血圧は

$$\frac{120+80}{2} = 100 \text{ [mmHg]}$$

である．もちろん血管中の血液の真の圧力はこれに大気の圧力を加えたものである．水中の圧力は1 cm上昇すると $0.001 \text{ kgf/cm}^2 \approx 0.001$ 気圧減少するので，心臓より約50 cm高い頭部の血圧は約0.05気圧 = 38 mmHg低くなる．したがって，頭部の平均血圧は $100-38 = 62$ となる．ただし，血管の太さは一定で，血液の流速は一定とした．

自動車のタイヤの圧力はふつう2気圧 $\approx 2 \text{ kgf/cm}^2$ である．したがって，ほんとうの圧力は大気の圧力を加えた 3kgf/cm^2 である．自動車の質量が1000 kg，重さが1000 kgfとすると，4本のタイヤと路面の接触面積は

$$\frac{1000 \text{ kgf}}{3 \text{ kgf/cm}^2} = 333 \text{ cm}^2$$

となり，1本のタイヤと路面の接触面積は 83 cm^2 であることがわかる．

■パスカルの原理■　密閉した容器の中で静止している液体あるいは気体の1点の圧力をある大きさだけ増すと，流体内のすべての点の圧力は同じだけ増加する．この事実はパスカルが1653年に発見したので，**パスカルの原理**という．

パスカルの原理はいろいろな機械に応用されている．たとえば，図16.8の水圧ジャッキでは，面積 A_A の小さな面Aを力 F で押すと，液体の圧力は F/A_A 増加するので，面積 A_B の大きな面Bには

$$\frac{F}{A_A} \times A_B = \frac{FA_B}{A_A} \tag{16.12}$$

の力が加わる．A_B を A_A よりはるかに大きくすれば，FA_B/A_A は F よりもはるかに大きくできるので，面Aにそれほど大きな力を加えなくても，面Bの上の重い物を上に持ち上げられる．図16.9にこの原理を使ったフォークリフトを示す．

自動車のブレーキペダルを足で踏むと，足の圧力は車輪とともに回転しているドラムにシュー（またはディスクにパッド）を密着させる．ペダルを踏む力をブレーキに伝えるには油圧が利用されている．

16.2　浮　　力

■浮　力■　風呂やプールに入ると，体が軽く感じられる．木片を水の中に入れると底には沈まず，浮く．石を水の中へ入れると底に沈むが，この石を水の中で持ち上げる場合は，空気の中で持ち上げる場合よりも軽い．

これらの事実から，これらの物体は水の中では水から上向きの力を受けることがわかる．このような，物体が水の中で受ける上向きの力を**浮力**という．図16.5の円柱の部分に水ではなく，固体の円柱があったとすると，

この円柱には水の圧力が作用する．水中では深いところほど圧力が大きいので，下面を上向きに押す力の方が上面を下向きに押す力より大きく，この差が浮力になる．図16.5に示されているように，力の差はこの円柱の部分にあった水に働く重力に等しい．したがって，

「水中にある物体は，その物体が押しのける水の重さに等しい大きさの浮力を受ける（水の重さだけ軽くなる）．」

ことがわかる．これを**アルキメデスの原理**という．紀元前220年頃，シシリー島のシラクサでアルキメデスが発見して，その著書『浮体について』に記されているからである．アルキメデスはシラクサの王様から，神々に捧げる黄金の冠が純金製かあるいは銀が混ぜられているかを，冠を傷つけることなく，確かめるよう命じられた．アルキメデスは，空気中でこの冠と同じ重さの金塊と冠の両方を糸で水の中に吊るして重さを測ると，水中では冠の方が軽かったので，冠は純金ではないことを証明できた．

伝説によれば，アルキメデスは公衆浴場で入浴中に浮力の法則を発見し，裸のまま，「ヘウレーカ，ヘウレーカ（見つけた，見つけた）」と叫びながら，街の中を走って家に帰ったということである．

「氷山の一角」という言葉がある．氷の密度は $0.92\ \mathrm{g/cm^3}$ なので，海上に見える氷山は，氷山全体の約1割程度である事実を指す言葉である（演習問題16 A 3参照）．

水素ガスを詰めた風船は空高くへ上昇する．水素ガスの密度は空気の密度より小さいので，風船に働く浮力は風船に働く重力よりも大きいからである．

16.3　ベルヌーイの法則

定常流　流れが時間とともに変化せず，一定な場合，この流れを**定常流**という．この流れの中にインクを点々とたらすと，インクが流れて何本もの線ができる．このような流れを表す線を**流線**という．

ベルヌーイの法則　自由落下運動や放物運動では，力学的エネルギー保存の法則 (4.51)

$$mgh+\frac{mv^2}{2} = 一定 \tag{16.13}$$

が成り立つ［(4.51) 式の y は基準の点からの高さなので，ここでは h という記号を使うことにした］．(16.13) 式は，たとえば，湖の水が滝となって空中を垂直に落下するときには，高いところにある水の重力による位置エネルギーが，水の落下につれて運動エネルギーになる，というような状況に対応する．

ところが，ダムの水が導水管を満たしながら落下するときは，落下するのにつれて速さが増加しない．どうなっているのだろう．この場合は，水が低いところへ落下するのにつれて圧力が増加する．

16.1節では，密度 ρ が一定な静止流体中では，高さ h と圧力 p の間に

$$p+\rho gh = 一定 \tag{16.14}$$

という関係があることを学んだ．一定な密度 ρ の定常流の中では，1本の流線上のすべての点に対して

$$\rho gh+\frac{1}{2}\rho v^2+p = 一定 \tag{16.15}$$

という，(16.13) 式と (16.14) 式が融合された，関係がある．これを**ベルヌーイの法則**という（証明略）．この法則はエネルギーと仕事の関係から導かれる．この法則は粘性の無視できる，密度が一定（非圧縮性）の定常流，すなわち，流体内で摩擦による力学的エネルギーの損失がない場合の非圧縮性の定常流で成り立つ．(16.15) 式の h は流体内部での高さで，v は流体の速さである．

したがって，流体中の任意の1つの流れに沿って，圧力 p は高さ h が高いところほど小さく，流速 v が大きいところほど小さい．

(16.15) 式で $v=0$ とおくと，静止流体に対する (16.14) 式が得られる．また，水道の蛇口から出てきた水が大気中を垂直に流れ落ちている場合には，圧力 p は大気圧に等しいので一定であり，したがって (16.13) 式と同等の関係の

$$\rho gh+\frac{1}{2}\rho v^2 = 一定$$

が得られる．

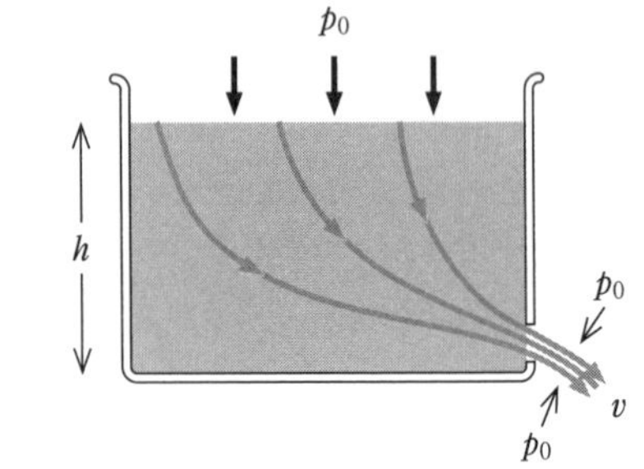

図 16.10　トリチェリの法則 $v=\sqrt{2gh}$

例1　トリチェリの法則　深さ h の貯水槽の底の穴から水が速さ v で流出している（図 16.10）．大気圧を p_0 とすると，ベルヌーイの法則から水の深さ h と穴からの流出速度 v の関係が導かれる．流速が0の水面と穴に法則を使うと

$$p_0+\rho gh = p_0+\frac{1}{2}\rho v^2 \tag{16.16}$$

$$\therefore \quad v=\sqrt{2gh} \tag{16.17}$$

ここで，水面の降下速度を無視した．水面が下がり h が小さくなると，水の流出速度 v は減少する．

■連続方程式■　定常流の中に小さな閉じた曲線を考え，この閉曲線を通るすべての流線の群を考えると，1つの管ができる．これを**流管**という．

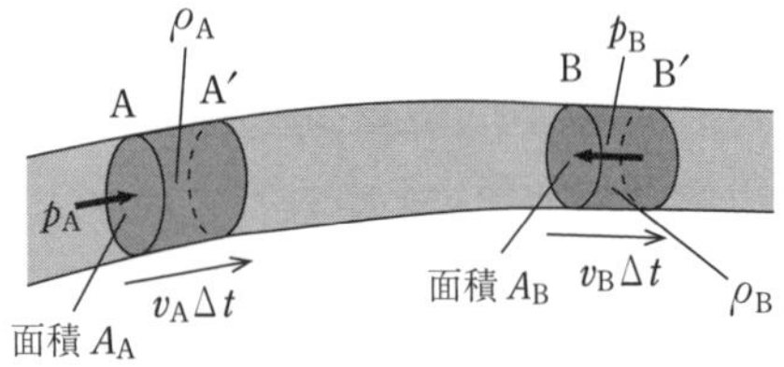

図 16.11
連続方程式 $\rho_A A_A v_A = \rho_B A_B v_B$

細い流管の流れに垂直な2つの断面AとBを考え，断面積を A_A, A_B とする（図 16.11）．流体のAでの密度を ρ_A，速さを v_A とし，Bでの密度を ρ_B，速さを v_B とする．そうすると，微小時間 Δt に断面Aを通過する流体の体積は $A_A v_A \Delta t$ で質量は $\rho_A A_A v_A \Delta t$ であり，断面Bを通過する流体の体積は $A_B v_B \Delta t$ で質量は $\rho_B A_B v_B \Delta t$ である．2つの断面AとBの間で流体が湧き出たり吸い込まれたりすることがなければ，入ってくる質量と出ていく質量は同じなので，

$$\rho_A A_A v_A \Delta t = \rho_B A_B v_B \Delta t \quad つまり \quad \rho_A A_A v_A = \rho_B A_B v_B$$

という関係がある．すなわち1本の流管に沿って，すべての断面で

$$\rho A v = 一定 \tag{16.18}$$

という関係がある．この関係を流体の**連続方程式**という．

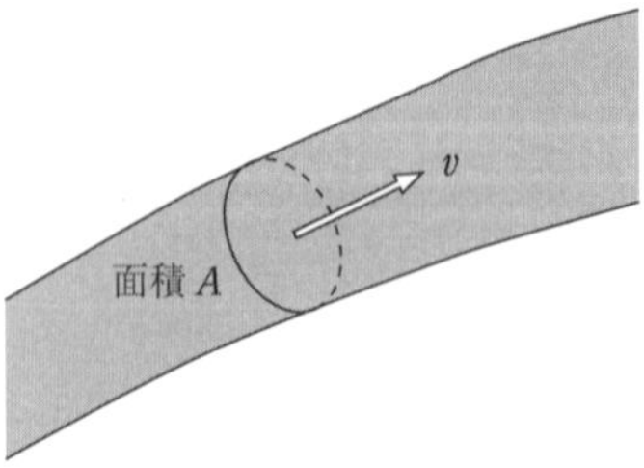

図 16.12　連続方程式 $Av=$ 一定

密度が一定な非圧縮性流体では，ρ は一定なので，1本の流管に沿ってすべての断面で

$$Av = 一定 \tag{16.19}$$

である（図 16.12）．この関係も流体の連続方程式という．

例 2　ベンチュリ管　密度 ρ の非圧縮性流体が流れている図 16.13 に示すベンチュリ管では，流れの高さ h が一定なので，ベルヌーイの法則は

$$p_A+\frac{\rho v_A{}^2}{2}=p_B+\frac{\rho v_B{}^2}{2} \tag{16.20}$$

となり，連続方程式は

$$A_A v_A = A_B v_B \tag{16.21}$$

である．断面積が小さく流れの速い A では圧力 p_A は低く，断面積が大きく流れの遅い B では圧力 p_B は高い．(16.21) 式を (16.20) 式に代入して，v_B を消去すると，

$$p_B-p_A=\rho v_A{}^2\frac{A_B{}^2-A_A{}^2}{2A_B{}^2} \tag{16.22}$$

が得られる．(16.6) 式を利用すると，2 点 A, B での圧力差は，液体柱の高さの差 y_B-y_A から

$$p_B-p_A=\rho g y_B-\rho g y_A \tag{16.23}$$

と決められる．

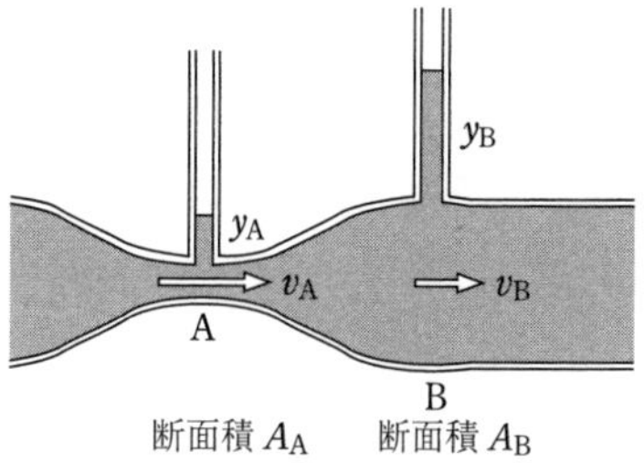

図 16.13　ベンチュリ管

■揚　力■　一般に，流れの中で物体は流れに垂直な方向の力を受ける．たとえば，図 16.14 のように一様な流体の中で飛行機の翼の形をした物体を一定の速度で動かし，物体とともに移動する座標系で観測すると，流体の流れは時間的に一定なので，ベルヌーイの法則が使える．

前方からやや上昇しながらやってきた流れは，翼を過ぎるとやや下降気味に流れる (図 16.14)．この流れは，前方からくる一様で水平な流れと (図 16.15 に示した機構で加速時に発生した渦とペアで発生した) 翼の回りを時計回りに循環する流れが重なった流れである．したがって，翼の上の気流は翼の下の気流より速い．そこで，ベルヌーイの法則によって，翼の下面を上向きに圧す空気の圧力 p_2 が，翼の上面を下向きに圧す空気の圧力 p_1 より大きい．このために翼に垂直に上向きに作用する力が**揚力**である．

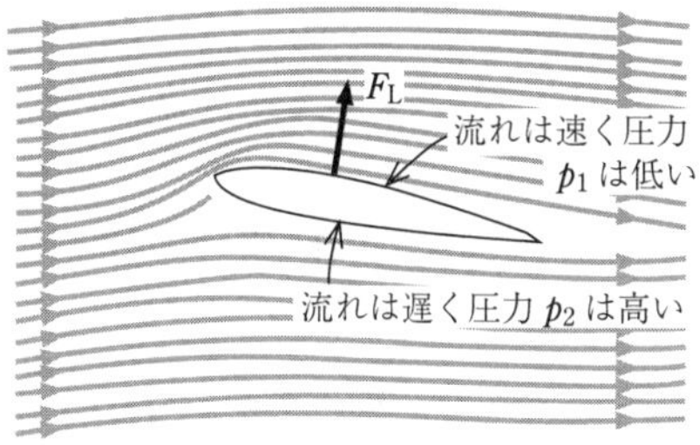

図 16.14　揚力．操縦士が見る気流は，前方からくる一様で水平な流れに，主翼のまわりを時計回りに循環する気流が重ね合わさった流れである．

面積 A の翼に作用する揚力 F_L は

$$F_L=(p_2-p_1)A=\frac{1}{2}\rho(v_1{}^2-v_2{}^2)A \tag{16.24}$$

となる．翼の上と下での流体の速さ v_1 と v_2 の両方とも流体の初速 (翼の速さ) v に比例すると考えられるので，揚力は

$$F_L=\frac{C_L\rho A v^2}{2} \tag{16.25}$$

と表される．比例定数 C_L は**揚力定数**とよばれ，翼の形と迎え角 (進行方向に対する翼の傾きの角) α に関係する．迎え角 α が小さい間は揚力は α にほぼ比例するが，迎え角が大きくなると，翼の背後に渦が生じ，揚力は減少し，抵抗が急に増加して失速する．

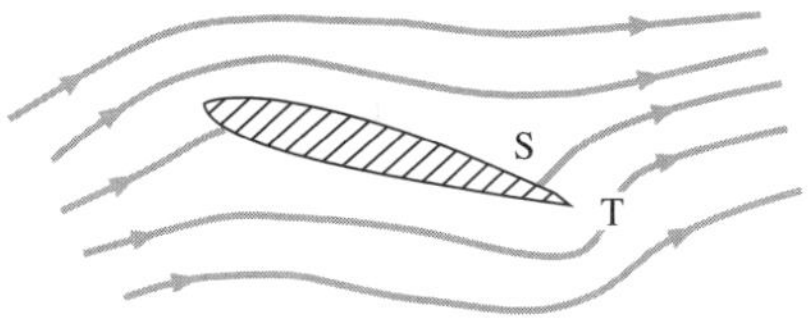

(a)　滑走路で動き始めたときの空気の流れ

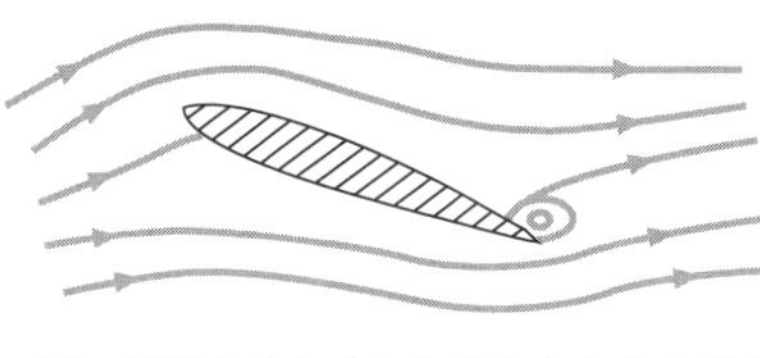

(b)　離陸するために加速したときの空気の流れ

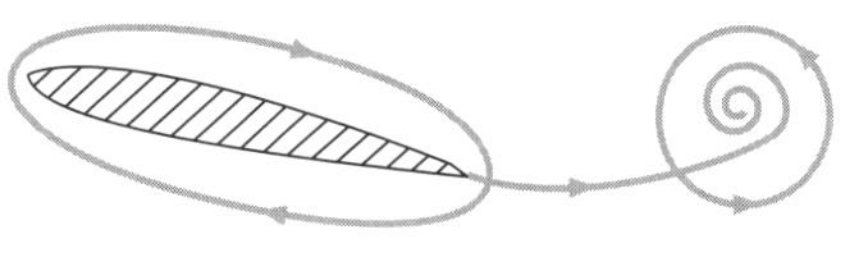

(c)　出発渦とペアで翼のまわりに循環気流が生じる．

図 16.15　渦とペアで翼の回りに循環気流が生じる．

16.4　粘　　性

■粘　性■　茶碗の中の紅茶をスプーンでかき混ぜると，紅茶は茶碗の中でぐるぐる回りはじめる．スプーンを紅茶の外に取り出すと，紅茶の回転速度は徐々に小さくなり，やがて静止する．これは，紅茶の速度の違う部分の間に速度の差を小さくするような力が働くためである．この力を粘

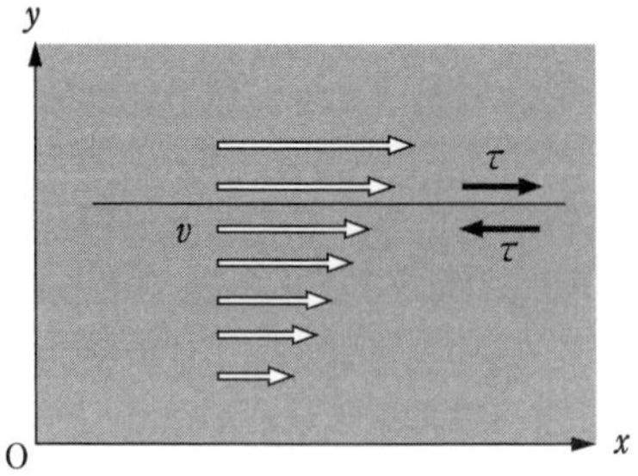

図 16.16　粘性力 $\tau = \eta \dfrac{dv}{dy}$. 速さの速い上の部分は速さの遅い下の部分に右向きの力，速さの遅い下の部分は速さの速い上の部分に左向きの力を作用する．

表 16.1　主な物質の粘度 η [Pa•s]（20 ℃，1 気圧）

空　　気	1.80×10^{-5}
二酸化炭素	1.47×10^{-5}
水	1.002×10^{-3}
水　　銀	1.56×10^{-3}
エタノール	1.197×10^{-3}
グリセリン	1.495×10^{3}

性力という．

流れの速さは一般に場所によって違う．図 16.16 に示すように，x 軸に平行な流れの速さ v が高さ y とともに変わっているとする．dv/dy は速度勾配である．この流れの中の任意の 1 点を通り流れに平行な平面を考えると，面の上の部分と下の部分の間に，面に平行な力が速度勾配を減らし速度が一様になるように働く．この力が粘性力である．単位面積あたりの粘性力を τ とすると，水，空気，油などの低分子（分子量の小さな分子）の流体の場合，実験によれば

$$\tau = \eta \frac{dv}{dy} \tag{16.26}$$

が成り立つ．比例定数 η は物質によって決まる定数で，その物質の**粘度**という．粘度の単位は $N \cdot s/m^2 = Pa \cdot s$ である（$N/m^2 = Pa$）．いくつかの物質の粘度を表 16.1 に示す．

粘性力の行う仕事が流体の力学的エネルギーの変化に比べて無視できない場合には，ベルヌーイの法則は適用できない．

例 3　水平な床の上の，厚さ Δy が 1 mm の空気のクッションの上を，速さが 1 m/s で等速直線運動している，底面積 A が 500 cm² のエア・トラックに働く粘性力の大きさ F を計算する．空気の粘度 η は 1.8×10^{-5} Pa•s なので，

$$F = \tau A = \eta \frac{\Delta v}{\Delta y} A$$
$$= \frac{(1.8 \times 10^{-5}\ \mathrm{Pa \cdot s})(1\ \mathrm{m/s})(0.05\ \mathrm{m^2})}{10^{-3}\ \mathrm{m}} = 9 \times 10^{-4}\ \mathrm{N}$$

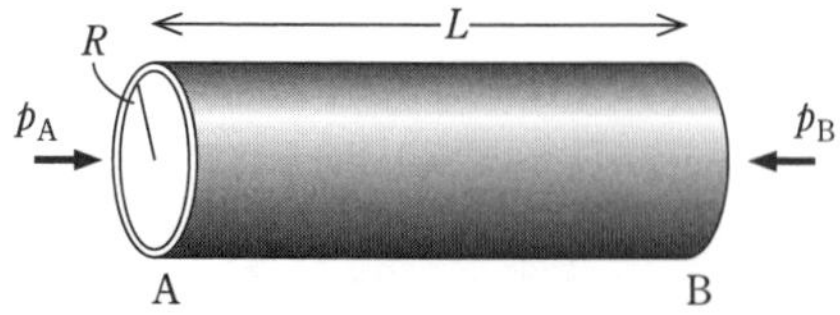

図 16.17　ハーゲン-ポアズイユの法則 $Q = \dfrac{\pi R^4}{8\eta L}(p_A - p_B)$

■ハーゲン-ポアズイユの法則■　粘性のある流体の流れている内径 R，長さ L の水平な円管の両端 A, B に圧力 p_A, p_B ($p_A > p_B$) が加わっているとき，この管を A から B の向きに，単位時間に流れる流体の体積 Q は

$$Q = \frac{\pi R^4}{8\eta L}(p_A - p_B) \tag{16.27}$$

である．これを**ハーゲン-ポアズイユの法則**という．この法則を利用して粘度 η を実験的に決められる（図 16.17）．(16.27) 式は水道管や血管の中の層流に対して成り立つ．

■粘性抵抗■　粘性流体の中で小さな速さ v で運動している長さ L の物体（固体）を考える（長さとは半径，対角線などの物体の代表的な長さである）．流体と固体の接触面では，流体は固体と同じ速度で運動する．すなわち，固体の表面とそこに接触している流体の相対速度は 0 である．これを**すべりなしの条件**という．したがって，流体の中を物体が運動する場合には，物体は表面付近の流体を引きずるので，流れの中に速度勾配が生じ，粘性力が働いて，物体の運動を止めようとする．これを**粘性抵抗**とよぶ．

この粘性抵抗 F は

「流体の粘度 η」×「速度勾配」×「物体の表面積」

に比例する．相似形の物体の速度勾配は v/L に比例し，表面積は L^2 に比例するので，粘性抵抗は

$$F \propto \eta \frac{v}{L} L^2 = \eta v L \tag{16.28}$$

となる．詳しい計算の結果，半径 r の球状の物体が粘度 η の流体の中を速さ v で動くときの粘性抵抗 F は

$$F = 6\pi\eta r v \tag{16.29}$$

である．これを**ストークスの法則**とよぶ．この法則は物体が流体の中をきわめてゆっくり運動するときに適用できる．

■慣性抵抗■　物体に対する粘性流体の速さ v が大きくなると事情は変わる．物体の後方に渦ができるようになると，渦の部分の圧力は物体から遠く離れた場所での圧力 p_∞ と同じになる（図 16.18）．物体とともに移動する座標系でベルヌーイの法則を適用すると，流速が 0 になる物体の前面での圧力 p は，物体から遠く離れた場所での圧力 p_∞ よりも $\rho v^2/2$ だけ高くなる．

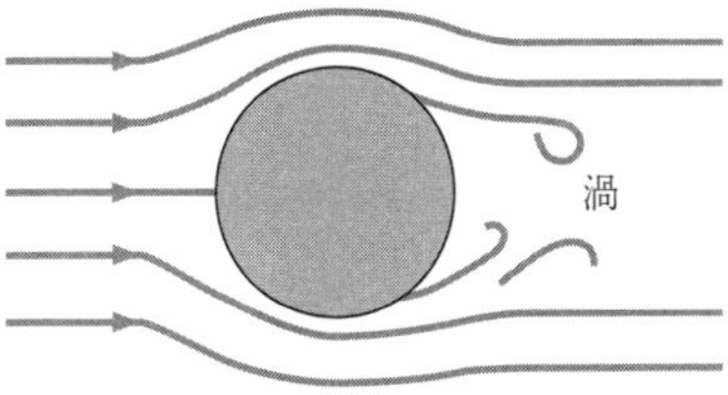

図 16.18　渦の生成

$$p = p_\infty + \frac{\rho v^2}{2}$$

ρ は流体の密度である．したがって，密度 ρ の流体中を速さ v で運動する断面積 A の物体に働く流体の抵抗は

$$F = \frac{1}{2} C \rho v^2 A \tag{16.30}$$

と表される．抵抗係数 C は，球の場合は約 0.5，流線形だともっと小さい．このような抵抗を**慣性抵抗**という．

自動車を高速で運転すると，空気の抵抗は速さの 2 乗に比例して増加するので，一定距離を旅行するときの燃料の消費量は速さの 2 乗に比例して増加することになる．

■層流と乱流■　流れには，**層流**とよばれるなめらかで規則正しい流れと，**乱流**とよばれる乱調で不規則な流れの 2 種類がある．層流では，流体粒子はなめらかで規則的な軌道を描いて下流に動き，異なる流体層の間で混合はあまり起こらない．乱流では，流体の平均的な下流方向への運動に不規則で乱雑な運動が重なり，異なる平均流線の間で運動量の交換が行われる．

■力学的相似則とレイノルズ数■　相似形の物体が流体から受ける抵抗を考えよう．流れが遅いときには大きさが $\eta v L$ に比例する粘性抵抗が効き，流れは層流である．流れが速くなると大きさが $\rho v^2 L^2$ に比例する慣性抵抗が効き，流れは乱流になる．そこで慣性抵抗と粘性抵抗の比

$$Re = \frac{\rho v^2 L^2}{\eta v L} = \frac{\rho v L}{\eta} \tag{16.31}$$

は流れの様子を特徴づける数で，この比が同じならば流れ方が同じだろうと考えられる．これを**力学的相似則**という．この比 Re は無次元の数で**レイノルズ数**とよばれる．層流から乱流への移行は $Re \fallingdotseq 3000$ 程度で起こる．船や飛行機の模型実験は，実物の場合とレイノルズ数が同じになるようにして行う．

例4　半径 1 cm の管を流れる流体の速さを大きくしていくとき，流れが層流から乱流に変わるときの流速 v を計算する．(16.31) 式から

$$v \fallingdotseq \frac{\eta Re}{\rho L} = \frac{3000\,\eta}{\rho(10^{-2}\,\mathrm{m})}$$

なので，

（1）　流体が 20 ℃ の水の場合には，$\eta = 1.0\times10^{-3}\,\mathrm{N\cdot s/m^2}$，$\rho = 10^3\,\mathrm{kg/m^3}$ なので，

$$v \fallingdotseq \frac{3000\times(1.0\times10^{-3}\,\mathrm{N\cdot s/m^2})}{(10^3\,\mathrm{kg/m^3})\times(10^{-2}\,\mathrm{m})} = 0.3\,\mathrm{m/s}$$

（2）　流体が 20 ℃，1 気圧の空気の場合には，$\eta = 1.8\times10^{-5}\,\mathrm{N\cdot s/m^2}$，$\rho = 1.3\,\mathrm{kg/m^3}$ なので，

$$v \fallingdotseq \frac{3000\times(1.8\times10^{-5}\,\mathrm{N\cdot s/m^2})}{(1.3\,\mathrm{kg/m^3})\times(10^{-2}\,\mathrm{m})} = 4\,\mathrm{m/s}$$

16.5　力と変形

弾性と塑性　固体に外から力を加えると変形するが，このとき変形をもとに戻そうとする復元力が働く．変形が小さいときは，外からの力を取り除くと物体は復元力によってもとの形に戻る．この性質を**弾性**という．一般に力を加えない自然な状態からの変形の大きさ（たとえば，ばねの伸び縮み）が小さいときには，復元力の大きさは変形の大きさに比例する．これを**フックの法則**という．この場合，物体の復元力を**弾力**という．弾力を F，変形量を x とすると，フックの法則は

$$F = -kx \tag{16.32}$$

と表せる．比例定数 k を**弾性定数**（ばねの場合は**ばね定数**）という．負符号をつけたのは，復元力の向きは変形の向きと逆向きだからである．つまり，復元力は棒が伸びている場合には棒を縮ませようとし，棒が縮んでいる場合には棒を伸ばそうとする．

変形が大きくなりすぎると，外からの力を取り除いても物体はもとの形に戻らない．この性質を**塑性**という．弾性だけが現れる限界を**弾性限界**とよぶ．フックの法則に従う限界を**比例限界**という．比例限界と弾性限界はだいたい同じ程度の大きさであり，比例限界は弾性限界に等しいか，あるいは小さい（図 16.19）．

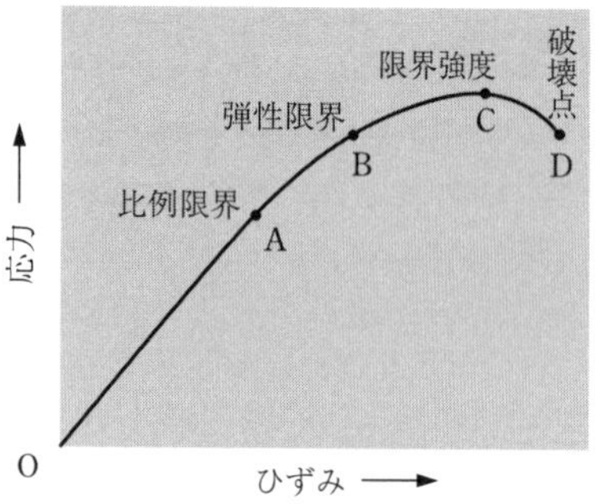

図 16.19　延びやすい金属（延性金属）の応力とひずみの関係

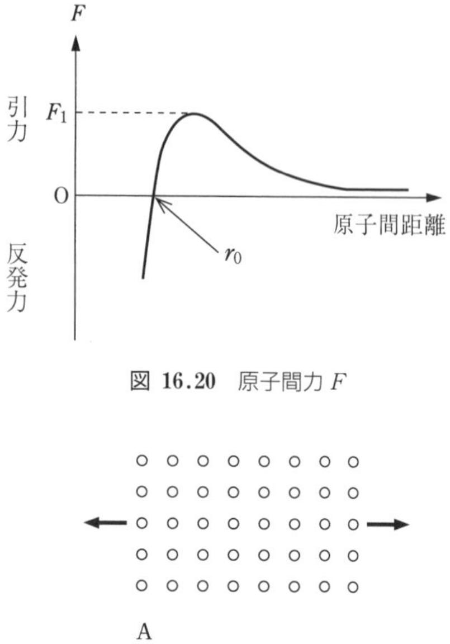

図 16.20　原子間力 F

塑性が現れるようになってさらに外力を加えると物体は破壊される．

弾性や塑性の原因は物質の原子構造によって異なるが，簡単のために結晶の場合を考える．結晶内では原子は規則的に並び，原子の間には図 16.20 に示すような力が働く．原子間力が引力と反発力の境界で 0 になる原子間距離が r_0 のところで原子はつり合っている．外力によって結晶を引き伸ばそうとすると原子間距離は大きくなり，原子間の引力が外力による張力につり合う長さまで変形する．原子間引力の最大値 F_1 より小さな引力が 1 つ 1 つの原子に働いている間は，外力を取り除くと原子はすぐにもとの距離 r_0 に戻る（**弾性変形**）．F_1 より大きな力が 1 つ 1 つの原子に働くと，原子を引き離すことができ，図 16.21 に示すように原子の配列はある面 AB を境にずれて，力を除いてももとの配列には戻らなくなる．これが塑性である．

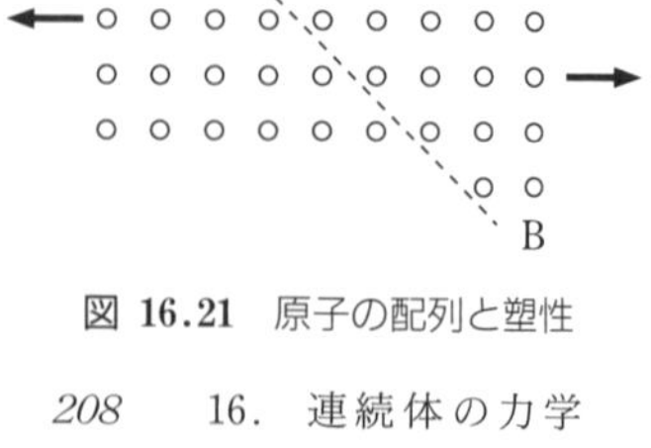

図 16.21　原子の配列と塑性

■応　力■　弾性体に外から力を加えると，弾性体の内部の隣り合った部分は力を及ぼし合う．例として，棒の両端 A, B を同じ大きさの力 F で引っ張る．任意の断面 C で棒を 2 つの部分に分けると，面 C の両側の部分はたがいに反対側を力 F で引っ張り合っている．この事実は，棒の AC の部分と CB の部分がそれぞれ静止していることから，つり合いの条件 (4.9) を使って示される (図 16.22 参照).

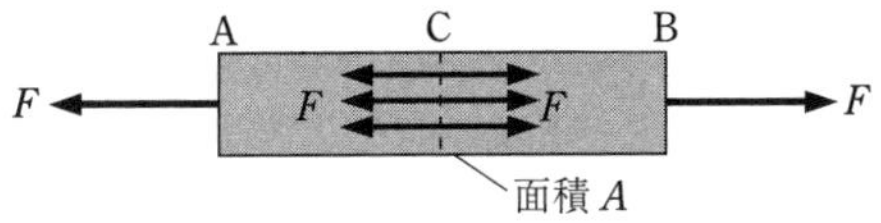

図 16.22　面 C における応力 F/A．棒の左の部分 AC は静止しているので，この棒のつり合い条件から，棒の右の部分 CB は面積 A の面 C を通して左の部分 AC に右向きで大きさが F の力を作用していることがわかる．同様に棒の左側の部分 AC は，面 C を通して右の部分 CB に左向きで大きさが F の力を作用している．

一般に弾性体に外から力が働いているとき，弾性体の内部の任意の面を考えると，この面の両側の部分はこの面を通してたがいに等しい大きさで向きが反対の力を及ぼし合っている．この面上の単位面積を通して働く力を**応力**という．応力には**張力** (**引っ張り応力**)，**圧力** (**圧縮応力**)，**ずれ応力**などがある．

応力の大きさの例として，いろいろな材料が耐えられる限界での応力の大きさを表 16.2 に示す．単位はすべて $\mathrm{kgf/cm^2} \approx 100000\ \mathrm{Pa}$ である．同じ鉄でもピアノ線は約 $15000\ \mathrm{kgf/cm^2}$ の張力まで耐えられる．

表 16.2　(単位：$\mathrm{kgf/cm^2} \fallingdotseq 10^5\ \mathrm{Pa}$)

	木	石	鉄	人間の大腿骨
圧力に対して	500	1000	4000	1600
張力に対して	400	60	4000	1200

■ひずみ■　応力によって物体は変形するが，変形の大きさは物体の大きさに比例する．たとえば，ゴムひもを引っ張ると伸びるが，同じ力で引っ張るとき，20 cm のゴムひもの伸びは 10 cm のゴムひもの伸びの 2 倍である．そこで，物体の大きさに無関係な量の「物体の変形量」/「物体の大きさ」を考え，これをその物体の**ひずみ**という．ひずみが小さいときには，ひずみと応力は比例する (フックの法則)．この比例定数を**弾性定数**という．物質によって決まった値になる定数だからである．

■弾性定数■　弾性体の伸び縮みの弾性定数であるヤング率とずれ変形の弾性定数であるずれ弾性率を説明しよう．

(1)　ヤング率　太さの一定な棒の両端を引っ張るとき，棒の伸び ΔL は，引っ張る力の大きさ F と棒の長さ L にそれぞれ比例し，棒の断面積 A に反比例する (図 16.23)．すなわち，$1/E$ を比例定数として，

$$\Delta L = (1/E)\times(FL/A)$$

と表せる．これを

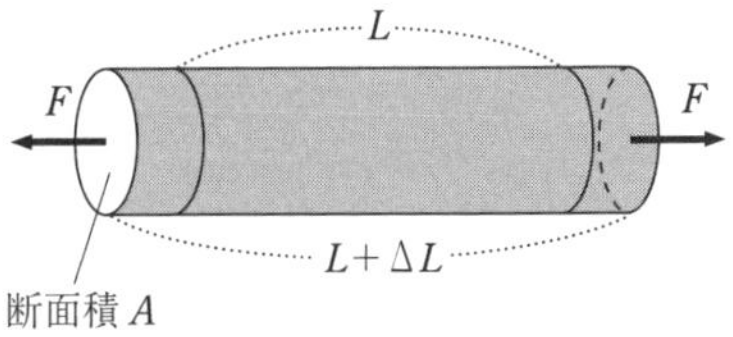

図 16.23　$\Delta L = \dfrac{1}{E}\dfrac{FL}{A}$

$$\Delta L = \frac{1}{E}\frac{FL}{A}, \quad \left(\text{応力}\,\frac{F}{A}\right) = (\text{弾性定数}\,E) \times \left(\text{ひずみ}\,\frac{\Delta L}{L}\right) \tag{16.33}$$

と表し，物質によって決まる定数 E を**ヤング率**という．棒を押し縮める場合には ΔL と F の両方が負だとすればよい．

（2） **ずれ弾性率**　図 16.24 のように，直方体の物体の底面を床に固定して，上の面（表面積 A）に横向きの力 F を加えて横にずらせると，ずれの角 θ は

$$F/A = G\theta, \quad \left(\text{応力}\,\frac{F}{A}\right) = (\text{弾性定数}\,G) \times (\text{ひずみ}\,\theta) \tag{16.34}$$

という関係を満たしている．比例定数 G を**ずれ弾性率**あるいは**剛性率**という．一般に $E > G$ である（角度 θ の単位にラジアンを使う（3.4 節参照））．

表 16.3 にいくつかの物質のヤング率とずれ弾性率を示す．

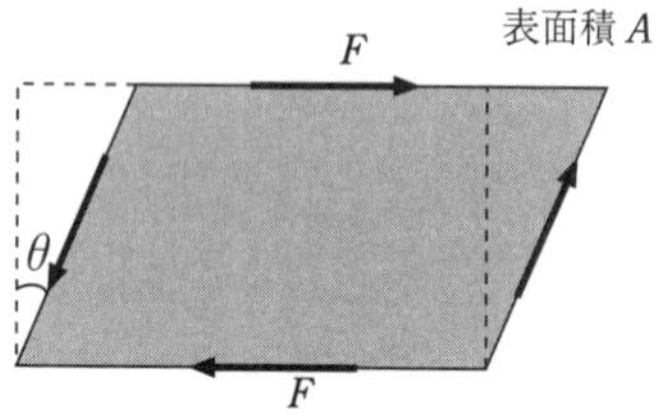

図 16.24　$F/A = G\theta$．直方体の底面を固定して，面積が A の上面に横向きの力 F を加える．このとき底面には逆向きの力 F が加わる．また直方体が回転しないように，側面にも図のような向きの力が加わっている．

表 16.3　主な物質の弾性定数

物　質	E [Pa]	G [Pa]
	$\times 10^{10}$	$\times 10^{10}$
アルミニウム	7.03	2.61
銅	12.98	4.83
鉄（鋼）	20.1〜21.6	7.8〜8.4
銀	8.27	3.03

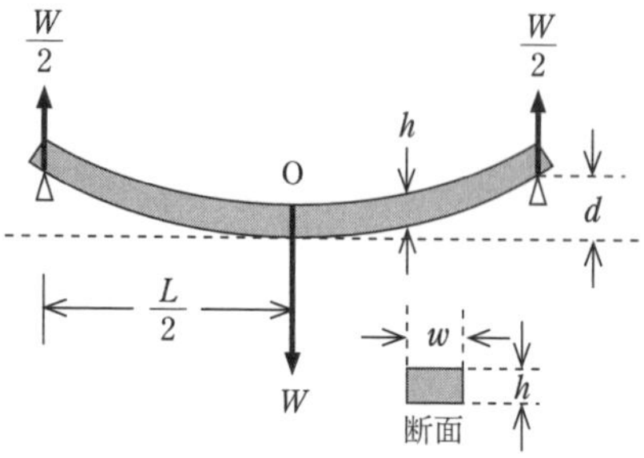

図 16.25　$E = \dfrac{WL^3}{4h^3wd}$

棒のたわみ　図 16.25 のように，長さ L，高さ h，幅 w の直方体の棒の両端を台の上に置き，棒の中央におもりをぶら下げる．おもりに働く重力を W とするとき，棒のたわみが d だとすると，この物体のヤング率 E は

$$E = \frac{WL^3}{4h^3wd} \tag{16.35}$$

であることが計算によって示せる．この方法はヤング率 E の測定に使われる．たわむ際には中間面は伸び縮みしないが，中間面より上は縮み，下は伸び，伸び縮みの量は中間面からの距離に比例する．

この物体の強さが圧力よりも張力に対して弱ければ，おもりの重さを増していくと，下面の伸びがある限度を越すと下面に裂け目が入る．破壊される際には，変形量が弾性限界を越えているので（16.35）式は使えない．しかし，このときの下面の伸びと上面の縮みは，（高さ h）^{2} ×（幅 w）$= h^2w$ に反比例することが（16.35）式から示唆される［h^3w ではなくて，h^2w に反比例する理由は，同じたわみ d でも，上面と下面の伸び縮みの量が h に比例するからである］．したがって，同じ断面積の棒でも，このようなたわみに対する強さは h^2w に比例する（図 16.26，16.27 参照）．

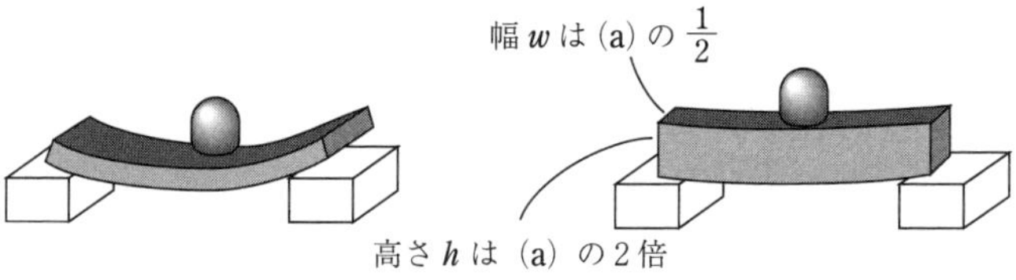

(a) $h=1$, $w=2$, $h^2w=2$　　(b) $h=2$, $w=1$, $h^2w=4$

図 16.26 (b) は (a) の 2 倍の強さである．

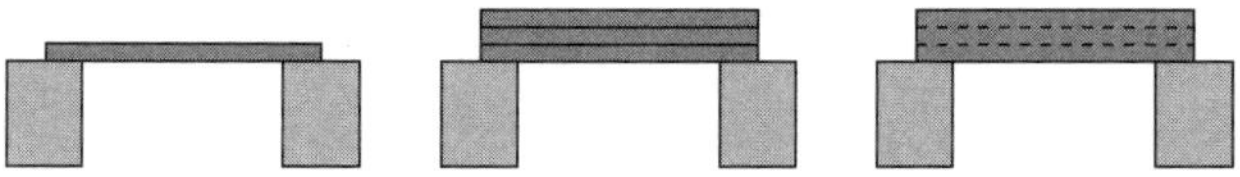

(a)　(b)　(c)

図 16.27 (a) 1 枚の板．(b) 3 枚の板を重ねると強さは 3 倍になる．(c) 3 枚の板を貼り合わせて合板にすると，強さは 9 倍になる．

円柱のねじれ　半径 R，長さ L の細い針金の上端を固定して鉛直に吊るし，下端におもりを固定して，おもりに力のモーメントが N の偶力を作用させてねじるとき，針金の下端のねじれの角 θ は (図 16.28)

$$\theta = \frac{2LN}{\pi G R^4} \tag{16.36}$$

であることが計算によって導かれる．この方法はずれ弾性率 G の測定に使われる．

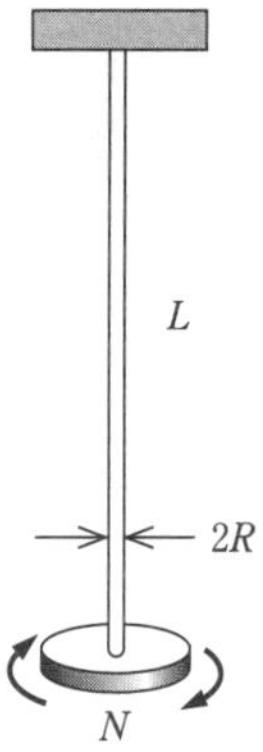

図 16.28

第 16 章のまとめ

圧　力

$$\text{圧力} = \frac{\text{面を垂直に押す力}}{\text{力が作用する面積}} \tag{1}$$

国際単位系での圧力の単位は 1 m^2 の面を 1 N の力が押すときの圧力の大きさで，これを 1 パスカル (Pa) という．

$$\mathrm{Pa} = \frac{\mathrm{N}}{\mathrm{m}^2} = \frac{\mathrm{kg}}{\mathrm{m \cdot s^2}} \tag{2}$$

流　体　液体と気体は容器の形に応じて自由に変形するので，まとめて流体という．

流体の圧力　静止している流体は流体中の任意の向きの面に垂直に圧力を加え，同一の点ではすべての方向への圧力の大きさは等しい．この圧力の大きさをその点での流体の静水圧という．

密　度　単位体積あたりの物質の質量をその物質の密度という．

$$\text{密度} = \frac{\text{質量}}{\text{体積}} \tag{3}$$

圧力と高さの関係　圧力は高さとともに減少していくが，同じ高さでは等しい．

$$p = p_0 - \rho g h \tag{4}$$

大気の圧力

$$1\,気圧 \approx 101300\,\mathrm{Pa} = 1013\,\mathrm{hPa} = 760\,\mathrm{mmHg} \tag{5}$$

アルキメデスの原理(浮力)　水中にある物体は，その物体が押しのける水の重さに等しい大きさの浮力を受ける(水の重さだけ軽くなる).

定常流　流れが時間とともに変化せず，一定な場合，この流れを定常流という.

ベルヌーイの法則　1本の流線上のすべての点に対して

$$\rho gh+\frac{1}{2}\rho v^2+p = 一定 \tag{6}$$

トリチェリの法則　深さ h の貯水槽の底の穴から流出する水の速さ v は

$$v = \sqrt{2gh} \tag{7}$$

連続方程式　1本の流管に沿って，すべての断面で

$$\rho Av = 一定 \tag{8}$$

$$Av = 一定 \quad (密度\ \rho\ が一定な非圧縮性流体) \tag{9}$$

粘性力　流れの速さは一般に場所によって違う．速度の違いを減らして速度が一様になるように働く力を粘性力という．単位面積あたりの粘性力を τ とすると

$$\tau = \eta\frac{\mathrm{d}v}{\mathrm{d}y} \tag{10}$$

$\mathrm{d}v/\mathrm{d}y$ は速度勾配．比例定数 η は物質によって決まる定数で，その物質の粘度という．粘度の単位は $\mathrm{N{\cdot}s/m^2} = \mathrm{Pa{\cdot}s}$ である.

ハーゲン-ポアズイユの法則　粘性のある流体の流れている内径 R，長さ L の水平な円管の両端 A, B に圧力 p_A, p_B ($p_\mathrm{A} > p_\mathrm{B}$) が加わっているとき，この管を単位時間に流れる流体の体積 Q は

$$Q = \frac{\pi R^4}{8\eta L}(p_\mathrm{A}-p_\mathrm{B}) \tag{11}$$

弾性と塑性　固体に外から力を加えると変形するが，変形が小さいときは，外からの力を取り除くと物体は復元力によってもとの形に戻る．この性質を弾性という．変形が大きくなりすぎると，外からの力を取り除いても物体はもとの形に戻らない．この性質を塑性という．弾性だけが現れる限界を弾性限界とよぶ.

応　力　一般に弾性体に外から力が働いているとき，弾性体の内部の任意の面を考えると，この面の両側の部分はこの面を通してたがいに等しい大きさで向きが反対の力を及ぼし合っている．この面上の単位面積を通して働く力を応力という．応力には張力(引っ張り応力)，圧力(圧縮応力)，ずれ応力などがある.

ひずみ　応力によって物体は変形する．「物体の変形量」/「物体の大きさ」をその物体のひずみという.

フックの法則　ひずみが小さいときには，ひずみと応力は比例する．比例定数を弾性定数という．物質によって決まった値になる定数だからである．代表的な弾性定数に，伸び縮みの弾性定数であるヤング率とずれ変形の弾性定数であるずれ弾性率がある.

ヤング率 E　太さの一定な棒の両端を引っ張るとき，棒の伸び ΔL は，引っ張る力の大きさ F と棒の長さ L にそれぞれ比例し，棒の断面積 A に反比例する．

$$\Delta L = \frac{1}{E}\frac{FL}{A} \tag{12}$$

棒を押し縮める場合には ΔL と F の両方が負だとすればよい．

ずれ弾性率 G　直方体の物体の底面を床に固定して，上の面（表面積 A）に横向きの力 F を加えて横にずらせると，ずれの角 θ は

$$\frac{F}{A} = G\theta \quad (\theta \text{ の単位はラジアン}) \tag{13}$$

演習問題 16

A

1．質量 1 t の自動車の 4 つのタイヤの圧力が 2 気圧であるとき，各タイヤの地面との接触面積はいくらか．

2．図 1 で，人の体重と板の重さを合わせて 60 kgf，板が袋に接している面積が 600 cm^2 であるとして，つぎの問に答えよ．

（1）ガラス管の中の水は，どのくらいの高さまで上がるか．

（2）ガラス管を太いものにすると，管の中の水の高さはどうなるか．

図 1

3．海水の密度は 1.025 g/cm^3，氷の密度は 0.917 g/cm^3 である．氷山の海面上の部分の体積は氷山全体の体積の何分の 1 か．

4．空気中で重さを測ったところ 1 t の綿と 1 t の鉄がある．どちらの質量が大きいか．

5．1 気圧，0 ℃での空気とヘリウムの密度は 1.29 kg/m^3 と 0.178 kg/m^3 である．容積 1 m^3 の気球にヘリウムを詰めると，気球が持ち上げられる質量はいくらか．気温は 0 ℃，気球の質量は 200 g とせよ．

6．0 ℃，1 気圧で空気の密度は 1.29 kg/m^3，水素の密度は 0.09 kg/m^3，ヘリウムの密度は 0.18 kg/m^3 である．同じ体積の水素入り風船とヘリウム入り風船が持ち上げられる質量の比を求めよ．ただし，風船のふくろの質量を無視せよ．

7．1654 年にマグデブルク市長だったゲーリッケはマグデブルクで，直径 40 cm の 2 つの銅の中空の半球のふちをぴったりと重なるようにして，その半球を合わせた中空の球の内部から空気を抜き取り，この半球を両側から各 8 頭の馬で引かせる実験を行い，2 つの半球を引き離せないことを示した．2 つの半球を引き離すには両側から 1300 kgf 以上の力で引かねばならないことを示せ．

8．ビニール管を水で満たし，両端を閉じ，一端を水の入ったタンクの水面下 0.20 m のところに置き，他端をタンクの外側で水中の端よりも 0.30 m だけ下のところに置いた．両端を開いたとき，管から外へ流れ出す水の速度はいくらか．（この管をサイフォン管とよぶことがある．）

9．細い部分の半径が 1 cm，太い部分の半径が 3 cm のベンチュリ管がある．太い部分での水の速さが 0.2 m/s のとき，（1）細い部分での速さ，（2）圧力降下，を計算せよ．

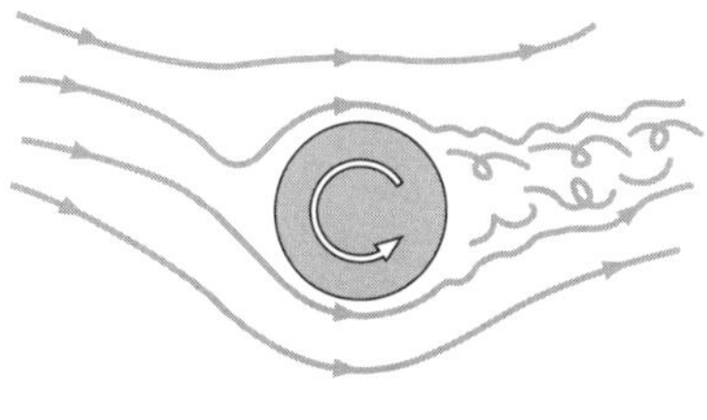

図 2

10. トラックの真後ろを自転車で走るとき，流体力学的に見て有利な点はあるか．

11. 回転する物体には流れの方向に垂直な力が作用する．これを**マグヌス Magnus 効果**という．図2で左方からやってきた気流は球の回転に引きずられて右上方へ向きを変えるので，球は空気から下向きの力を受けることを説明せよ．

12. 長さ 1 m，直径 0.2 mm の鋼鉄製の針金に 1 kg のおもりを吊るすと，針金はどれだけ伸びるか（ヤング率は 2×10^{11} Pa）．

13. 同じ力をもつ2人の人間が1本のロープを引き合ったとき，ロープが切れた．これと同じロープの一端を壁に固定し，もう一方の端を引っ張ってロープを切ろうとするとき，2人の人間と同じ力をもつ人が何人必要か．

14. 一辺の長さが 30 cm のゼラチンの立方体の各面に図3のように 100 gf（0.1×9.8 N $=$ 0.98 N）の力を加えたら，立方体の面が平行に 1.0 cm ずれた．

（1） ずれの角 θ はどれだけか．
（2） ずれの応力はどれだけか．
（3） このゼラチンのずれ弾性率を求めよ．

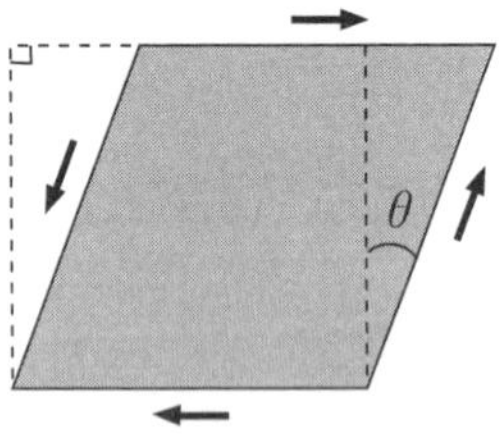

図 3

15. 細い針金の上端を天井に固定して吊るし，下端におもりを固定して，おもりにモーメントが N の偶力を作用させてねじったら，下端のねじれの角は θ であった（図 16.28 参照）．針金の半径を R，長さを L，ずれ弾性率を G とすると，このとき

$$N = (\pi G R^4/2L)\theta$$

という関係がある．おもりの針金に関する慣性モーメントを I とすると，おもりをねじって手を離したときの振動の周期 T を求めよ．

B

1. 潜水艦が海底で土や砂の上に着地すると，自分自身では浮上できなくなることがある．その原因は何か．

2. 図4は航空機の速さの測定に使われるピトー Pitot 管である．小さな穴Bでの流速が航空機の速さ u に等しいと考えると，$u=\sqrt{2\rho_0 g h/\rho_{\mathrm{air}}}$ であることを示せ．ρ_0 はU字管内の液体の密度であり，ρ_{air} は空気の密度である．

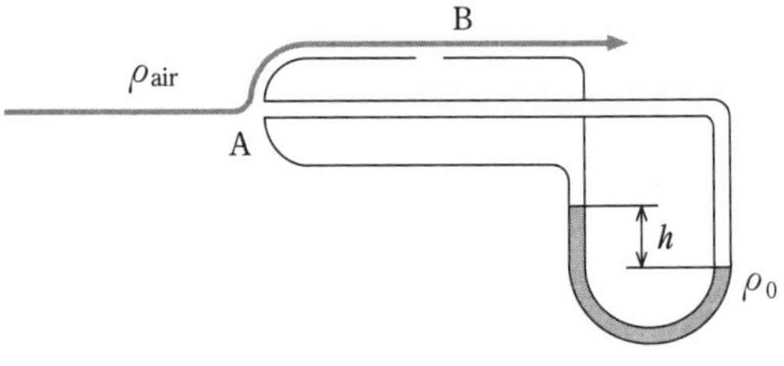

図 4

3. 底面積が A の円筒形のタンクの底に面積 S の小穴があいている．このタンクに深さ h の水が入っているとき，水が排水されるまでの時間は $t=\sqrt{2h/g}(A/S)$ であることを示せ．

4. 前問のタンクに給水蛇口から一定の割合で水を入れると 20 分で満杯になった．タンクの底の穴の栓を抜くと 10 分で空になる．給水しながら栓を抜くと何分で満杯のタンクは空になるか．

5. 空気中で大きな鉄球と小さな鉄球を同じ高さから同時に自由落下させると，2つの鉄球はほぼ同時に地面に到着する．この2つの鉄球を海面から同時に自由落下させると，2つの鉄球は同時に海底に届くだろうか．

6. 水の中に手を差し込んでもそれほど抵抗は感じない．しかし飛行機が海面に墜落するときには，海面は堅いという．同じ水でも，速さの違いで対応する性質が違うのはなぜか．

7. 人間の大腿骨は 1.6×10^8 Pa 以上の圧力，1.2×10^8 Pa 以上の張力で破断する．ヤング率は張力の場合 1.7×10^{10} Pa，圧力の場合 0.9×10^{10} Pa である．

（1） 大人の大腿骨の最も細い部分の断面積を 6 cm^2 として，大腿骨を破断する張力の大きさを計算し，kgf で表せ．

（2） 破断するまでにどのくらい伸びるか．

解　　答

第1章

問1　3，$8t$，$-6t+5$，$4t-6$

問2　0.5 m，2 m，4.5 m，8 m

問3　$3t^2/2+2t+C$，$4t^3/3+t^2/2+C$，t^3-t^2+t+C，$-2t^3/3+3t^2/2-2t+C$，C は任意定数

問4　$a=(0-20\ \mathrm{m/s})/5\ \mathrm{s}=-4\ \mathrm{m/s^2}$，$d=v_0t_1/2=(20\ \mathrm{m/s})(5\ \mathrm{s})/2=50\ \mathrm{m}$

問5　(1)　$x(2)=6$，$v(2)=8$，$a(2)=6$
(2)　$x(2)-x(1)=6-1=5$

問6　(1)　$a(t)=6-6t$，$x(t)=3t^2-t^3$
(2)　$v(5)=-45$，$-x$ 方向

問7　略

問8　$g=9.8\ \mathrm{m/s^2}=980\ \mathrm{cm/s^2}$ を使え．

問9　$H=v_0{}^2/2g>60\ \mathrm{m}$．
$v_0>\sqrt{2\times(9.8\ \mathrm{m/s^2})(60\ \mathrm{m})}=34\ \mathrm{m/s}$

演 習 問 題 1

A

1.　略

2.　$x=at+c$，$x=bt+d$ を解くと，$t=(d-c)/(a-b)$，$x=(ad-bc)/(a-b)$

3.　$0.6\ \mathrm{m/s^2}$

4.　(1)　3000 m　　(2)　20 m/s　　(3)　図S.1を参照

図 S.1

5.　$-V_0$，$2V_0(t-1)$

6.　略

7.　$122.5=9.8t^2/2$ から $t=5$[s]．$v=gt=9.8\times5=49$ [m/s]

8.　1 m/s = 3.6 km/h．$d=(100/3.6)^2/(2\times7)=55$ (m)

9.　(1.36)式の $v_0=V/3.6$ なので，$-a=b=v_0{}^2/2d=(V/3.6)^2/2(V^2/100)=3.9$ [m/s^2]

10.　着地直前の速さは $v_0=\sqrt{2gh}=12.5\ \mathrm{m/s}$，$-a=b=v_0{}^2/2d=(12.5)^2/(2\times0.02)=3.9\times10^3$ [m/s^2]

11.　$v_0{}^2/2d<6g$　∴ $d>v_0{}^2/12g=(200)^2/12\times9.8=340$ [m]

12.　$(330/3.6)^2/(2\times3300)=1.3$ [m/s^2]，$-(260/3.6)^2/(2\times1750)=-1.5$ [m/s^2]

13.　$d=a_0t^2/2$　∴ $2\times(80/2)^2/2=1600$ [m]，$1600+3\times(80/3)^2/2\approx2700$ [m]

14.　$(50/3.6)\times0.5=6.9$ [m]，$-(50/3.6)/1.5=-9.3$ [m/s^2]．$9.3\times1.5^2/2=10$ [m]

15.　(1)　$v(t)=10-5t$．$0\leqq t<2$ では $v>0$，$t=0$ で $v=0$，$2<t$ では $v<0$
(2)　$t=0$ での位置を x_0 とすると，$x(t)=x_0+10t-2.5t^2$．変位は $x(5)-x_0=-12.5$ m
移動距離は $x(2)-x_0+x(2)-x(5)=32.5$ m

B

1.　$a=-V_0v/2=-V_0{}^2(1-x/2)/2$

2.　$x=100+v_0t-gt^2/2=0$ の $t>0$ の解を求めると，$t=5.7$ s，$v=10-gt=-45$ [m/s]

3.　(1)　$v_1=2gt_1=2\times9.8\times60=1176$ [m/s] $=1.2\times10^3$ [m/s]，$h=2gt_1{}^2/2=9.8\times(60)^2=35280$ [m] $=3.5\times10^4$ [m]
(2)　$v=v_1-g(t_2-t_1)=0$，$t_2-t_1=v_1/g=2t_1$　∴ $t_2=3t_1=180$ s
$H-h=v_1(t_2-t_1)-g(t_2-t_1)^2/2=v_1{}^2/2g=2gt_1{}^2=2h$　∴ $H=3h=1.1\times10^5$ m
(3)　$v_2{}^2=2gH=6gh=6g^2t_1{}^2$．$v_2=\sqrt{6}\,gt_1=1440$ m/s
$T-t_2=\sqrt{2H/g}=\sqrt{6}\,t_1=147$ s　∴ $T=327$ s

4.　$L=\sqrt{h^2+x^2}=\sqrt{h^2+(v_0t)^2}$　∴ $v=\mathrm{d}L/\mathrm{d}t=v_0{}^2t/\sqrt{h^2+(v_0t)^2}=v_0x/L$
$a=\mathrm{d}v/\mathrm{d}t=v_0{}^2/\sqrt{h^2+(v_0t)^2}-v_0{}^4t^2/(\sqrt{h^2+(v_0t)^2})^3=v_0{}^2h^2/L^3$

5.　$x=v_0t+a_0t^2/2$ は $a_0>0$ なら下に凸，$a_0<0$ なら上に凸な放物線で，x-t 曲線の $t=0$ での接線の勾配は $t=0$ での速度 v_0 に等しいことからわかる．

6.　$v>0$ は $+x$ 方向への運動，$v<0$ は $-x$ 方向への運動．$a>0$ は速さを増している $+x$ 方向への運動，あるいは速さを減らしている $-x$ 方向への運動．$a<0$ は速さを減らしている $+x$ 方向への運動，あるいは速さを増している

$-x$ 方向への運動．

第2章

問1　(1)　ある座標系での太陽，地球，火星の位置ベクトルを $\boldsymbol{r}_S, \boldsymbol{r}_E, \boldsymbol{r}_M$ とすると，$\boldsymbol{r}_{ES} = \boldsymbol{r}_E - \boldsymbol{r}_S$，$\boldsymbol{r}_{SE} = \boldsymbol{r}_S - \boldsymbol{r}_E$，$\boldsymbol{r}_{MS} = \boldsymbol{r}_M - \boldsymbol{r}_S$，$\boldsymbol{r}_{ME} = \boldsymbol{r}_M - \boldsymbol{r}_E$ であることを使え．
(2)　(1) の 2 つの式を使え．

問2　(1)　11，(2)　2

演習問題2

A

1.　(1)　$\sqrt{41}$，$2\sqrt{10}$　(2)　$(3, 10)$，$\sqrt{109}$　(3)　$(7, -2)$，$\sqrt{53}$　(4)　$(11, 24)$　(5)　14

2.　$(20\ \mathrm{m/s})\cos 30° = 10\sqrt{3}\ \mathrm{m/s}$，$(20\ \mathrm{m/s})\sin 30° = 10\ \mathrm{m/s}$

3.　略

4.　(1)　点Bを始点とし点Aを終点とするベクトルと同じ向きで長さが 1/2 のベクトル．$\boldsymbol{r}_B + (\boldsymbol{r}_A - \boldsymbol{r}_B)/2 = (\boldsymbol{r}_A + \boldsymbol{r}_B)/2$ は原点を始点とし，2 点 A, B の中点 P を終点とするベクトル．
(2)　$P = (5/2, 5/2)$

5.　(1)　$5\sqrt{2}$，$5\sqrt{2}$　(2)　$(2, 0, 8)$，$2\sqrt{17}$　(3)　$(8, 8, -2)$，$2\sqrt{33}$　(4)　$(9, 4, 19)$
(5)　-16

6.　$\boldsymbol{A}\cdot\boldsymbol{B} = 0$ なので垂直．

7.　$100\ \mathrm{cm} = 1\ \mathrm{m}$，$(60\ \mathrm{cm})\sin 60° = 30\sqrt{3}\ \mathrm{cm} = 52\ \mathrm{cm}$

B

1.　(1)　$(5, -1)$　(2)　$(-6, -2)$
(3)　$(14/3, -2)$

2.　$\boldsymbol{A}\cdot\boldsymbol{B} = 2c + 22 = 0$　$\therefore\ c = -11$

3.　$\boldsymbol{A}\cdot\boldsymbol{B} = AB\cos\theta = 0$　$\therefore\ \theta = 90°$

4.　$|\boldsymbol{A}+\boldsymbol{B}|^2 = A^2 + B^2 + 2AB\cos\theta_{AB}$，$|\boldsymbol{A}-\boldsymbol{B}|^2 = A^2 + B^2 - 2AB\cos\theta_{AB}$　$\therefore\ \cos\theta_{AB} = 0$，$\theta_{AB} = 90°$

5.　$\boldsymbol{C} = (a, b, c)/\sqrt{a^2+b^2+c^2}$ という形をしている．$\boldsymbol{A}\cdot\boldsymbol{C} = 0$，$\boldsymbol{B}\cdot\boldsymbol{C} = 0$ から $a + 2b = 0$，$a + b - c = 0$　$\therefore\ a : b : c = 2 : -1 : 1$　$\therefore\ \boldsymbol{C} = (2/\sqrt{6}, -1/\sqrt{6}, 1/\sqrt{6})$，またはこれと逆向きのベクトル．

6.　$\boldsymbol{a}\times\boldsymbol{b}$ は大きさ $|\boldsymbol{a}\times\boldsymbol{b}|$ が平行六面体の底面の面積に等しい，底面に垂直なベクトルである．$\boldsymbol{c}$ の $\boldsymbol{a}\times\boldsymbol{b}$ 方向の成分は平行六面体の高さなので，$|(\boldsymbol{a}\times\boldsymbol{b})\cdot\boldsymbol{c}|$ = 底面積×高さ = 体積

第3章

演習問題3

A

1.　0

2.　0，$\pi/6$，$\pi/4$，$\pi/3$，$\pi/2$，$2\pi/3$，π

3.　鉛直下方を向いた，大きさが $1.5\sqrt{2}\ \mathrm{m/s}$ のベクトル

4.　$\omega = 2\pi f = 2\pi\times 45/60 = 4.7\ [\mathrm{rad/s}]$

5.　$\omega = 2\pi/T = 2\pi/(24\times 60\times 60) = 7.3\times 10^{-5}\ [\mathrm{s^{-1}}]$．$v = r\omega = 6.4\times 10^6 \times 0.82\times 7.3\times 10^{-5} = 383\ [\mathrm{m/s}]$．$a = r\omega^2 = v\omega = 0.028\ [\mathrm{m/s^2}]$

6.　(1)　$\omega = 2\pi/T = 2\pi/12 = \pi/6\ [\mathrm{rad/s}] = 30$ [度/秒]
(2)　$s = r\theta = r\omega t = 12\times(\pi/6)\times 2 = 4\pi = 13\ [\mathrm{m}]$
(3)　$2\times 12\times\sin 30° = 12\ [\mathrm{m}]$
(4)　$\bar{v} = 12\ \mathrm{m}/2.0\ \mathrm{s} = 6.0\ \mathrm{m/s}$
(5)　$v = r\omega = 12\times\pi/6 = 2\pi = 6.28\ [\mathrm{m/s}]$

7.　$108\ \mathrm{km/h} = 30\ \mathrm{m/s}$，$a = v^2/r = (30)^2/200 = 4.5\ [\mathrm{m/s^2}]$

8.　$\omega = 2\pi f = 2000\pi$，$a = r\omega^2 = 0.03\times(2000\pi)^2 = 1.2\times 10^6\ [\mathrm{m/s^2}] = 1.2\times 10^5 g$

9.　追い越し中の相対距離の変化は $20+10+25+5 = 60\ \mathrm{m}$ である．「追い越し時間」=「相対距離の変化」/「相対速度」なので，$60\ \mathrm{m}/(10\ \mathrm{m/s}) = 6\ \mathrm{s}$　$\therefore\ 6\ \mathrm{s}\times 30\ \mathrm{m/s} = 180\ \mathrm{m}$

B

1.　図2の右の図から $(vt)^2 = (ut)^2 + L^2$　$\therefore\ t = L/\sqrt{v^2-u^2}$．最短時間で着くには川の水に対するボートの相対速度ベクトル $\boldsymbol{v}$ が岸に垂直になるように進めばよい．このとき $t = L/v$ で，対岸の $ut = uL/v$ だけ下流側に着く．

2.　(1)　$\omega = 0.01\ \mathrm{rad/s}$　(2)　$v = r\omega$　$\therefore\ r = v/\omega = (20\ \mathrm{m/s})/(0.01/\mathrm{s}) = 2000\ \mathrm{m}$
(3)　$a = r\omega^2 = 2000\times(0.01)^2 = 0.2\ [\mathrm{m/s^2}]$

3.　$\boldsymbol{r}(t)\cdot\boldsymbol{r}(t) =$ 一定 を t で微分すると，$\boldsymbol{r}(t)\cdot \mathrm{d}\boldsymbol{r}/\mathrm{d}t + \mathrm{d}\boldsymbol{r}/\mathrm{d}t\cdot\boldsymbol{r} = 2\,\boldsymbol{r}\cdot\boldsymbol{v} = 0$　$\therefore\ \boldsymbol{r}\cdot\boldsymbol{v} = 0$，$\boldsymbol{v}(t)\cdot\boldsymbol{v}(t) =$ 一定 を t で微分し，$\boldsymbol{a} = \mathrm{d}\boldsymbol{v}/\mathrm{d}t$ であることを使うと，$\boldsymbol{a}\cdot\boldsymbol{v} = 0$ が導かれる．

4.　$v_1 = 10\ \mathrm{m/s}$，$v_2 = r\omega = (0.30\ \mathrm{m})(2\pi\ \mathrm{rad})\times 120/60\ \mathrm{s} = 3.77\ \mathrm{m/s}$．$\boldsymbol{v} = \boldsymbol{v}_1 + \boldsymbol{v}_2$，$v = [v_1{}^2 + v_2{}^2 + 2v_1v_2\cos 45°]^{1/2} = 12.9\ \mathrm{m/s}$

第4章

問1　略

問2　(a)　$2F\cos 60^\circ = F = 30$ kgf　(b)　$2F\cos 30^\circ = \sqrt{3}F = 30$ kgf．$F = 10\sqrt{3}$ kgf $= 17.3$ kgf

問3　略

問4　略

問5　$t = \sqrt{2H/g} = \sqrt{2\times 4.9/9.8} = 1$ [s]，$x = v_0 t = 5$ m

問6　滞空時間は $2t_1 = 2v_0\sin\theta_0/g$ なので，θ_0 の小さな 45° より小さな場合

演習問題 4

A

1.　加速度 a が 0 になるようにしないと，$F = ma$ の大きさの力を受けるので危険．

2.　ポイントのところで車輪の運動方向が短時間 τ に有限な角 θ だけ変化するので，速さ v が小さくても車輪の加速度 $v\theta/\tau$ は大きい．

3.　洗濯物の水分が円運動するのに十分な向心力を受けないので，水分は容器の穴から飛び出す．

4.　(1)　$a = (30-20)[\mathrm{m/s}]/5\,\mathrm{s} = 2\,\mathrm{m/s^2}$
(2)　$F = 1000\times 2 = 2000$ [N]

5.　$F = 20\times(0-30)/6 = -100$ [N]．運動方向に逆向きの 100 N の力

6.　$a = F/m = 12/2 = 6$ [m/s^2]

7.　(1)　$r\omega^2 = r(2\pi f)^2 = 36\pi^2\,\mathrm{m/s^2} = 360\,\mathrm{m/s^2}$
(2)　$F = mr\omega^2 = 5\times 360\,\mathrm{N} = 1800\,\mathrm{N}$

8.　合力の水平方向成分は $200\times(4/5)-260\times(5/13) = 60$ [N]（右向き），合力の鉛直方向成分は $200\times(3/5)+260\times(12/13)-150 = 210$ [N]（上向き）

9.　(1)　$a = F/m = 20/10 = 2$ [m/s^2]　(2)　$a = 10/10 = 1$ [m/s^2]，$x = at^2/2 = 1\times 10^2/2 = 50$ [m]，$v = at = 1\times 10 = 10$ [m/s]
(3)　$a = -20/10 = -2$ [m/s^2]，$t = v_0/(-a) = 10$ s，$x = 2\times 10^2/2 = 100$ [m]
(4)　$a = (20\,\mathrm{m/s})/5\,\mathrm{s} = 4\,\mathrm{m/s^2}$，$F = ma = 40$ N

10.　$50a = 50g - S$．$S = 50(9.8-a) < 200$ N．$a > 5.8$．$a_{\min} = 5.8\,\mathrm{m/s^2}$．$v = \sqrt{2ax} > \sqrt{2\times 5.8\times 30} = 19$ [m/s]

11.　$ma = S - mg$．$S = m(a+g)$．　(1)　790 N
(2)　290 N

12.　$100 = 18a$．$F = ma = 90\times 100/18 = 500$ [N]

13.　(1)　$a_1 = 2\,\mathrm{m/s^2}$，$a_2 = 0.25\,\mathrm{m/s^2}$　(2)　$a_1t^2/2 + a_2t^2/2 = 9$．$t = \sqrt{8}$ [s]，$a_2t^2/2 = 0.25\times 8/2 = 1$ [m]

14.　(1)　$(M+Nm)a = F$．$a = F/(M+Nm)$
(2)　$T_K = (N-K)ma = (N-K)mF/(M+Nm)$

15.　3つの球を1つの物体と考えると，
$3ma = F - 3mg$．$a = \dfrac{F}{3m} - g = \dfrac{9.0\,\mathrm{N}}{3\times(0.2\,\mathrm{kg})} - (9.8\,\mathrm{m/s^2}) = 5.2\,\mathrm{m/s^2}$．球B, Cを1つの物体と考えると，$S_{\mathrm{AB}} = 2ma + 2mg = 2\times(0.2\,\mathrm{kg})\times\{(5.2\,\mathrm{m/s^2})+(9.8\,\mathrm{m/s^2})\} = 6.0$ N，球Cに対して $S_{\mathrm{BC}} = ma + mg = 3.0$ N

16.　(a)の方．(a)では $a = F/m = 0.98\,\mathrm{N}/0.4\,\mathrm{kg} = 2.5\,\mathrm{m/s^2}$．(b)では $a = 0.98\,\mathrm{N}/(0.4+0.1)\,\mathrm{kg} = 2.0\,\mathrm{m/s^2}$

17.　(1)　同じ　(2)　同じ　(3)　a → b → c の順に大きい．　(4)　a → b → c の順に大きい．

18.　$60\,\mathrm{s} = 2t_1 = 2v_0\sin 45^\circ/g$　∴ $v_0 = 60\times 9.8/\sqrt{2} = 416$ [m/s]．$R = v_0{}^2\sin 90^\circ/g = 416^2/9.8 = 17640$ [m]

19.　$(v_0{}^2/g)\sin 2\theta = (20^2/9.8)\sin 120^\circ = 35$ [m]

20.　(1)　(4.39)，(4.45)式を使え．
(2)　$\tan\theta_0 = 4$　∴ $\theta = 76^\circ$

21.　$x = v_0t$，$y = y_0 - gt^2/2 = y_0 - gx^2/2v_0{}^2$，$x = 12$ m では $y = 2.5 - 0.54 = 2.0$ [m]　∴ 越える．$t = \sqrt{2y_0/g}$ を $x = v_0t$ に代入すると，$x = v_0\sqrt{2y_0/g} = 26$ [m]

B

1.　$m_{\mathrm{A}}a = m_{\mathrm{A}}g - S$，$m_{\mathrm{B}}a = S$ から $(m_{\mathrm{A}}+m_{\mathrm{B}})a = m_{\mathrm{A}}g$　∴ $a = m_{\mathrm{A}}g/(m_{\mathrm{A}}+m_{\mathrm{B}})$．$S = m_{\mathrm{A}}m_{\mathrm{B}}g/(m_{\mathrm{A}}+m_{\mathrm{B}}) < m_{\mathrm{A}}g$．$m_{\mathrm{B}}$ が増加すると S も増加．$m_{\mathrm{B}}\to\infty$ で $S\to m_{\mathrm{A}}g$

2.　略

3.　次問の (1) の結果を使う．$T = 2\pi\sqrt{L\cos\theta/g} = 2\pi\sqrt{5\times 0.50/9.8} = 3.2$ [s]

4.　(1)　$S\cos\theta = mg$，$mv^2/r = S\sin\theta = mg\sin\theta/\cos\theta$．$v = \sin\theta\sqrt{gl/\cos\theta}$，$T = 2\pi l\sin\theta/v = 2\pi\sqrt{l\cos\theta/g}$　(2)　$\cos\theta = mg/S = 0.5/1.0 = 0.5$，$\theta = 60^\circ$　(3)　$T = 2\pi\sqrt{1.0\times 0.866/9.8} = 1.9$ [s]

5.　質量 M_1 のかごの運動方程式は $M_1a = S_1 - M_1g$　∴ $S_1 = M_1(a+g)$．$a = 0$ のとき $S_1 = 2400\times 9.8 = 2.35\times 10^4$ N．$a = 0.7\,\mathrm{m/s^2}$ のとき，$S_1 = 2.52\times 10^4$ N．質量 M_2 のおもりの運動方程式は $M_2a = M_2g - S_2$　∴ $S_2 = M_2(g-a)$．$a = 0$ のとき，$S_2 = 1.86\times 10^4$ N，$a = 0.7\,\mathrm{m/s^2}$ のとき $S_2 = 1.73\times 10^4$ N

6.　(1)　できる．ロープを手で引く力 F の大きさがロープの張力の大きさである．ロープの両端が上向きの力 F を作用するので，$2F - mg =$

$ma = 0$. $F = mg/2 = 80 \times 9.8/2 = 392$ [N]
(2) $2F = m(g+a) = 80 \times 10.8$ ∴ $F = 432$ [N]

7. 50 kgf = 490 N

8. 綱の長さは一定なので，$2s_A + 2s_B + s_C =$ 一定．この式を t で微分すれば求められる．

9. $-h = -(g/2v_0{}^2)x^2$ と $-h = -(\tan\theta_0)x$ から $x = 2v_0{}^2(\tan\theta_0)/g = h/\tan\theta_0$ ∴ $\tan\theta_0 = \sqrt{gh/2v_0{}^2} = \sqrt{9.8 \times 100/2 \times 80^2} = 0.277$. $\theta_0 = \tan^{-1} 0.277 = 15.5°$

10. $y = (\tan 15°)x - [9.8/2(17\cos 15°)^2]x^2$ と $y = -(\tan 50°)x$ から着地点の x, y 座標は $x_1 = 2(\tan 15° + \tan 50°)(17\cos 15°)^2/9.8 = 80$ [m]，$y_1 = -(\tan 50°)x_1 = -96$ m．$d = \sqrt{80^2 + 96^2} = 124$ [m]．$t_1 = x_1/v_0 \cos 15° = 4.9$ s

11. ボールの中心がリングの中に入ればリングを通過すると仮定すると，ゴールは $x = (3.47 \sim 3.93)$ m，$y = 1.0$ m．$y = x\tan 55° - [9.8/2(v_0\cos 55°)^2]x^2$ から導かれる．$v_0 = (x/\cos 55°)\sqrt{9.8/2(x\tan 55° - 1.0)} = (6.7 \sim 7.1)$ [m/s]

12. $v_0{}^2 \sin 2\theta_0/g = 50$ m．$v_0{}^2 \sin^2\theta_0/2g > 10$ m．v_0 が最小なのは $\theta_0 = 45°$ のときで，$v_0 = \sqrt{9.8 \times 50} = 22$ [m/s]．このとき，$v_0{}^2 \sin^2\theta_0/2g = 12.5$ m > 10 m なので木を越える．$v_0 > 22$ m/s のときは $\sin 2\theta_0 = 50g/v_0{}^2$ の 2 つの解がある．$\theta_0 > 45°$ の方は，$v_0{}^2 \sin^2\theta_0/2g = (v_0{}^2 \sin 2\theta_0/g)(\sin\theta_0/4\cos\theta_0) = (12.5\text{ m})\tan\theta_0 > 10$ m なので，つねに越える．$\theta_0 < 45°$ の場合は $\tan\theta_0 < 0.8$ の解，すなわち ($\theta_0 < 39°$，$v_0 > 22.4$ m/s) の解は許されない．

13. 最高点に達するまでとそれ以後を別に考えて H と T を求める．
$H = y_0 + (v_0{}^2 \sin^2\theta_0/2g)$
$= 150\text{ m} + (180\text{ m/s})^2(1/4)/(2 \times 9.8\text{ m/s}^2)$
$= 563$ m
$T = (v_0\sin\theta_0/g) + \sqrt{2H/g} = 20$ s
$R = v_{0x}T = v_0\cos\theta_0\, T$
$= (180\text{ m/s})(\sqrt{3}/2) \times (20\text{ s}) = 3100$ m

14. $y = 0 = v_0 T\sin\alpha - gT^2(\cos\theta)/2$ から $T = 2v_0\sin\alpha / g\cos\theta$．$X = (v_0{}^2 / g\cos^2\theta) \times [\sin 2\alpha\cos\theta + (\cos 2\alpha - 1)\sin\theta] = (v_0{}^2/g\cos^2\theta)[\sin(2\alpha+\theta) - \sin\theta]$．$X$ が最大になるのは，$2\alpha + \theta = 90°$ ∴ $\alpha = 45° - \theta/2$

第5章

問1 自動車を減速させる力は $\mu' N + W\sin\theta = mg \times (\mu'\cos\theta + \sin\theta)$ なので，$a = g(\mu'\cos\theta + \sin\theta)$ である．

問2 $t_2 = v_t/g = 2t_1 = 5.7$ s

演習問題5

A

1. 空気の抵抗 $\boldsymbol{f}$，前輪への摩擦力 $\boldsymbol{F}_1$，後輪への前向きの摩擦力 $\boldsymbol{F}_2$，重力 $\boldsymbol{W}$，垂直抗力 $\boldsymbol{N}_1$，$\boldsymbol{N}_2$（図 S.2 を参照）．$m\boldsymbol{a} = \boldsymbol{f} + \boldsymbol{F}_1 + \boldsymbol{F}_2$

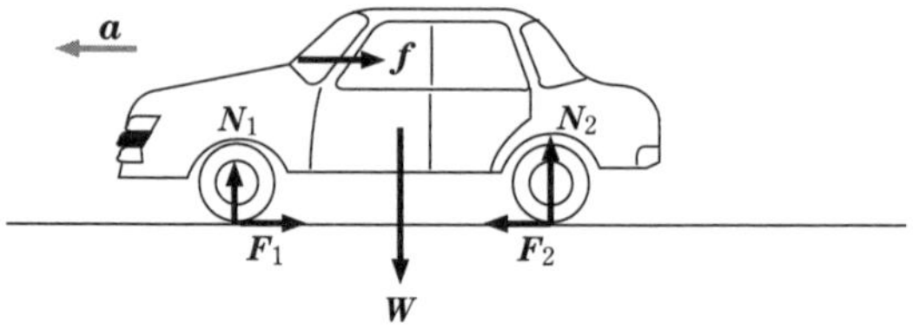

図 S.2

2. (1) $N = mg\cos 45° = mg/\sqrt{2}$，$ma = mg \times \sin 45° - F = mg/\sqrt{2} - \mu' N = 0.9mg/\sqrt{2}$ ∴ $a = 0.9\sqrt{2}\,g/2 = 6.2$ m/s^2
(2) $v = \sqrt{2ax} = \sqrt{2 \times 6.2 \times 40} = 22$ [m/s]
(3) $a = g\sin 45° = g/\sqrt{2} = 6.9$ m/s^2

3. $F > 0.30 \times 25 \times 9.8 + 0.15 \times 5 \times 9.8 = 81$ [N]

4. 壁面とオートバイの間に働く垂直抗力は向心力 mv^2/r なので，オートバイが壁面上を落下しない条件は $mg < \mu mv^2/r$．$v = 15$ m/s ∴ $\mu > rg/v^2 = 15 \times 9.8/15^2 = 0.65$

5. $2as = v^2$ から加速度 $a = v^2/2s = 4^2/(2 \times 16) = 0.50$ [m/s^2]
$F = ma + \mu' mg$
$= 5(0.50 + 0.25 \times 9.8) = 15$ [N]

6. $ma = mg\sin\theta + \mu mg\cos\theta$．$a = 9.8(\sin 30° + 0.20\cos 30°) = 6.6$ [m/s^2]，$s = v^2/2a = 7.6$ [m]

7. $m_A a = m_A g\sin 30° + S - 0.2m_A g\cos 30°$，$m_B a = m_B g\sin 30° - S - 0.1m_B g\cos 30°$．$(m_A + m_B)a = (m_A + m_B)g/2 - (0.2m_A + 0.1m_B)g(\sqrt{3}/2)$．$a = 0.38g = 3.8$ m/s^2

8. $m_A a = m_A g - S$，$m_B a = S - m_B g\sin 30° - 0.1m_B g\cos 30°$．$(m_A + m_B)a = (m_A - m_B/2 - 0.1\sqrt{3}\,m_B/2)g$，$a = 0.21g = 2.0$ m/s^2

9. 同じ点では落下速度の方が上昇速度より小さいので，落下時間の方が長い．

B

1. 摩擦力 $F = \mu' mg = 0.30mg$. 加速度 $a = F/m = 0.30g$. $v = at = 0.30gt = 3$. $t = 1.02\,\mathrm{s}$. $d = at^2/2 = 1.5\,\mathrm{m}$
2. (1) $mg\tan\theta = mv^2/r$, $v = \sqrt{rg\tan\theta} = 23\,\mathrm{m/s}$ (2) $\tan\theta < \mu = 0.8$ なので, $v_{\min} = 0$. $N\cos\theta = mg + \mu N\sin\theta$, $N\sin\theta + \mu N\cos\theta = m{v_{\max}}^2/r$. $v_{\max} = [rg(\sin\theta + \mu\cos\theta)/(\cos\theta - \mu\sin\theta)]^{1/2} = 58\,\mathrm{m/s}$
3. (1) $F < F_0$ ならば, $a = F/2m$. $ma_{\mathrm{A}} = ma = F/2 < \mu mg$ ∴ $F_0 = 2\mu mg$
   (2) $ma_{\mathrm{A}} = \mu mg$ ∴ $a_{\mathrm{A}} = \mu g$. $ma_{\mathrm{B}} = F - \mu mg$ ∴ $a_{\mathrm{B}} = F/m - \mu g > \mu g$
4. $mg = 0.25\rho_2(\pi r^2){v_{\mathrm{t}}}^2$ ∴ $v_{\mathrm{t}} = [(4\pi/3)\rho_1 r^3 g/0.25\rho_2\pi r^2]^{1/2} = [(16/3)(\rho_1/\rho_2)rg]^{1/2} = [(16/3)(0.8\times10^3/1.2)\times0.03\times9.8]^{1/2} = 32\,[\mathrm{m/s}]$. 半径が 1.5 mm の雨滴の場合は, $v_{\mathrm{t}} = [(16/3)(10^3/1.2)\times1.5\times10^{-3}\times9.8]^{1/2} = 7.2\,[\mathrm{m/s}]$
5. $v_{\mathrm{t}} = (4\pi/3)\rho r^3 g/6\pi r\eta = 2\rho r^2 g/9\eta = 2\times1\,[\mathrm{g/cm^3}]\times(10^{-3}\,\mathrm{cm})^2\times980\,[\mathrm{cm/s^2}]/(9\times2\times10^{-4}\,[\mathrm{g/cm\cdot s}]) = 1\,\mathrm{cm/s} = 1\times10^{-2}\,\mathrm{m/s}$. $t = m/b = v_{\mathrm{t}}/g = 1\times10^{-3}\,\mathrm{s}$
6. $m\,\mathrm{d}v/\mathrm{d}t = mg - cv^2$. $\mathrm{d}v/(v^2 - {v_{\mathrm{t}}}^2) = -(c/m)\,\mathrm{d}t = -(g/{v_{\mathrm{t}}}^2)\,\mathrm{d}t$ $({v_{\mathrm{t}}}^2 = mg/c)$.

$$\int\frac{\mathrm{d}v}{v^2 - {v_{\mathrm{t}}}^2} = \frac{1}{2v_{\mathrm{t}}}\int\left[\frac{1}{v - v_{\mathrm{t}}} - \frac{1}{v + v_{\mathrm{t}}}\right]\mathrm{d}v = \frac{1}{2v_{\mathrm{t}}}\log\left|\frac{v - v_{\mathrm{t}}}{v + v_{\mathrm{t}}}\right| = -\frac{gt}{{v_{\mathrm{t}}}^2}$$

∴ $\exp(-2gt/v_{\mathrm{t}}) = (v_{\mathrm{t}} - v)/(v_{\mathrm{t}} + v)$. $v = v_{\mathrm{t}}[1 - \exp(-2gt/v_{\mathrm{t}})]/[1 + \exp(-2gt/v_{\mathrm{t}})]$

第6章

問1 略

問2 $T = 2\pi\sqrt{2/9.8} = 2.8\,[\mathrm{s}]$

問3 $T = 2\pi\sqrt{34/9.8} = 12\,[\mathrm{s}]$

問4 振幅は $A\mathrm{e}^{-\gamma t}$ のように減衰する. 周期 $T = 2\pi/\sqrt{\omega^2 - \gamma^2}$ なので, $x_n/x_{n+1} = \mathrm{e}^{\gamma T}$ ∴ $\log(x_n/x_{n+1}) = \gamma T = 2\pi\gamma/\sqrt{\omega^2 - \gamma^2}$

問5 $mf_0/k = mf_0/m\omega^2 = f_0/\omega^2$ なので, $\beta = [f_0/(\omega^2 - {\omega_{\mathrm{f}}}^2)]/[f_0/\omega^2] = \omega^2/(\omega^2 - {\omega_{\mathrm{f}}}^2)$.
　$\omega_{\mathrm{f}} < \omega$ では $\beta > 0$ なので, $|\beta| - 1 = [\omega^2/(\omega^2 - {\omega_{\mathrm{f}}}^2)] - 1 = {\omega_{\mathrm{f}}}^2/(\omega^2 - {\omega_{\mathrm{f}}}^2) > 0$ ∴ $|\beta| > 1$. $\omega_{\mathrm{f}} > \omega$ では, $\beta < 0$ なので, $|\beta| - 1 = [\omega^2/({\omega_{\mathrm{f}}}^2 - \omega^2)] - 1 = (2\omega^2 - {\omega_{\mathrm{f}}}^2)/({\omega_{\mathrm{f}}}^2 - \omega^2)$. ${\omega_{\mathrm{f}}}^2 > \omega^2$ なので, $\sqrt{2}\,\omega > \omega_{\mathrm{f}}$ なら $|\beta| - 1 > 0$ ∴ $|\beta| > 1$. $\sqrt{2}\,\omega < \omega_{\mathrm{f}}$ なら, $|\beta| - 1 < 0$ ∴ $|\beta| < 1$

演習問題6

A

1. 切れた瞬間の速度を初速度とする放物運動
2. (1) $U = kx^2/2 = 100\times0.2^2/2 = 2\,[\mathrm{J}]$
   (2) $mv^2/2 = 2\,[\mathrm{J}]$ ∴ $v = \sqrt{4/4} = 1\,[\mathrm{m/s}]$
3. $T = 2\pi\sqrt{m/k}$. $k = 4\pi^2 m/T^2 = 4\pi^2 2/2^2 = 20\,[\mathrm{N/m}]$
4. $\sqrt{1/0.17} = 2.4$(倍)
5. 変わらない.
6. ウ
7. (1) $m\,\mathrm{d}^2x/\mathrm{d}t^2 = -2S\sin\theta \approx -2S\tan\theta = -2S(2x/l) = -(4S/l)x$ ∴ $x = a\cos(2\sqrt{S/ml}\,t + \alpha)$, 周期 $T = \pi\sqrt{ml/S}$
   (2) $m\,\mathrm{d}^2x/\mathrm{d}t^2 \approx -S(3x/l) - S(3x/2l) = -(9S/2l)x$ ∴ $x = a\cos(\sqrt{9S/2ml}\,t + \alpha)$. 周期 $T = 2\pi\sqrt{2ml/9S}$
8. (1) $F = kx = 1.0\,k = 25\times9.8 = 245\,[\mathrm{N}]$. $k = 245\,\mathrm{N/m}$
   (2) $mv^2/2 = kx^2/2$, $v = x\sqrt{k/m} = 1.0\sqrt{245/28\times10^{-3}} = 94\,[\mathrm{m/s}]$
9. (1) ばねの上端の加速度が下向きで大きさが g のとき (2) $a = kx/m = g$ ∴ $x = mg/k = 0.050\times9.8/100 = 0.0049\,\mathrm{m} = 0.49\,\mathrm{cm}$. 0.5 cm 伸びた状態 (3) 0.39 m/s

B

1. $\omega_{\mathrm{R}} = \sqrt{{\omega_0}^2 - 2\gamma^2} \approx \omega_0 = \sqrt{k/m} \approx 2\pi f_{\mathrm{R}}$ ∴ $k = m(2\pi f_{\mathrm{R}})^2 = 60\times(2\times2\pi)^2 = 9\times10^3\,[\mathrm{N/m}]$
2. $ma = -kx$. $2\pi f = \sqrt{k/m}$. 最大加速度は $kX/m = X(2\pi f)^2 = 4g$ ∴ $X = 4g/(2\pi\times4)^2 = 0.06\,[\mathrm{m}] = 6\,[\mathrm{cm}]$
3. $(g + \Delta g)^{-1/2} - g^{-1/2} = -(1/2)g^{-3/2}\Delta g$. $T = 2\pi\sqrt{l/g}$ なので, $\Delta T \approx -\pi\sqrt{l/g^3}\,\Delta g$. $\Delta T/T \approx -\Delta g/2g = -1/200$. 周期は1/200減少する.
4. (1) $2at + b$, $2a$
   (2) $-am\sin mt$, $-am^2\cos mt$
   (3) $am\cos mt$, $-am^2\sin mt$
5. (1) $x(t) = \mathrm{e}^{-\gamma t}y(t)$ を(6.41)式に代入して, fg に対する微分の公式(6.43), (6.44)式を使え.
   (2) (1)式の一般解は, (a) $\omega > \gamma$ の場合 y

$= A\cos[\sqrt{\omega^2-\gamma^2}\,t+\alpha]$，(b) $\omega = \gamma$ の場合 $y = A+Bt$，(c) $\omega_0 < \gamma$ の場合 $Ae^{pt} + Be^{-pt}$　$(p = \sqrt{\gamma^2-\omega^2})$

第7章

問1　略

演習問題7

A

1.　(1)　$W = 15\times9.8\times1 = 1.5\times10^2$ [J]
(2)　-1.5×10^2 J

2.　0

3.　$U = mgh = 100\times9.8\times10$ [J] $= 9.8\times10^3$ [J]

4.　$v = 144$ km/h $= 40$ m/s．$K = mv^2/2 = 0.15\times40^2/2 = 120$ [J]

5.　$(1/2)mv^2 = mgh$ から $v = \sqrt{2gh}$

6.　$h = v^2/2g = (6.0)^2/(2\times9.8) = 1.8$ [m]

7.　$v^2 \approx 2gh$．$v \approx \sqrt{2\times9.8\times2} = 6$ [m/s]

8.　同じ（エネルギー保存則を使え）

9.　b．空中での軌道の最高点で球は水平方向の運動エネルギーをもつので最高点の高さは点Aよりも低い．

10.　$mgl = mv^2/2$，$S = mv^2/l+mg = 3mg$

11.　2点A, Bの高さが等しいので，$1.00\times\cos30° = \sqrt{3}/2 = 0.5+0.5\cos\theta$　$\therefore$ $\cos\theta = \sqrt{3}-1 = 0.732$，$\theta = \cos^{-1}0.732 = 43°$

12.　$mg = kx$．$k = 0.2\times9.8/0.10 = 19.6$ [N/m]．$U = kx^2/2 = 19.6\times(0.15)^2/2 = 0.22$ [J]

13.　(1)　$U = kx^2/2 = 100\times0.2^2/2 = 2$ [J]
(2)　$mv^2/2 = 2v^2 = 2$　$\therefore$ $v = 1$ [m/s]

14.　$K = \dfrac{1}{2}mv^2 = \dfrac{1}{2}\times50\text{ kg}\times(8\text{ m/s})^2 = 1600\text{ J} = W$

15.　水平なので $U_i = U_f$，$K_f = 0$ なので，$0 = K_i - fd = (1/2)mv^2 - \mu mgd$　$\therefore$ $d = v^2/2\mu g$．72 km/h $= 72\times10^3$ m/3600 s $= 20$ m/s なので，$d = (20\text{ m/s})^2/(2\times1.0\times9.8\,[\text{m/s}^2]) = 20$ m

16.　(1)　$K_i+U_i = K_f+U_f$ で $K_i = 0$，$U_i = mgh$，$K_f = (1/2)mv_f^2$，$U_f = 0$ なので，$mgh = mv_f^2/2$　$\therefore$ $v_f = \sqrt{2gh} = \sqrt{2\times9.8\,[\text{m/s}^2]\times2.0\text{ m}} = 6.3$ m/s
(2)　動摩擦力 $f = \mu' N = \mu' mg\cos30°$ が行う負の仕事 $-fd$ $(d = h/\sin30° = 2h)$ のために力学的エネルギー $U+K$ は fd だけ減少するので，

$$U_f+K_f = \frac{1}{2}mv_f^2 = U_i+K_i-fd = mgh-\mu' mg(\cos30°)(2h)$$

$$\therefore\quad v_f = \sqrt{2gh(1-\sqrt{3}\,\mu')} = 5.1\text{ m/s}$$

17.　略

18.　略

19.　0

20.　(1)　$W = mgh = 3\times10^3\text{ kg}\times9.8\text{ m/s}^2\times10\text{ m} = 2.9\times10^5$ J
(2)　$P = 2.9\times10^5\text{ J}/(20\times60\text{ s}) = 2.5\times10^2$ W

21.　$P = mgv$．$v = P/mg = 1\times10^3/(10\times9.8) = 10$ [m/s]

22.　(1)　$W = mgh = 60\times9.8\times10 = 5.9\times10^3$ [J]
(2)　$P = W/t = 5.9\times10^3/20 = 3.0\times10^2$ [W]

23.　(1)　仕事をする外力は重力だけなので，$K_f = K_i + W = mgh$ $(K_i = 0)$，$K_f = (1/2)mv^2 = mgh$　$\therefore$ $v = \sqrt{2gh} = \sqrt{2\times9.8\,(\text{m/s}^2)\times20\text{ m}} = 20$ m/s
(2)　スキーヤーに仕事をする力は動摩擦力 $\mu' N = \mu' mg$．水平面を滑る距離を d とすると，$K_f - K_i = W$ で $K_f = 0$，$K_i = (1/2)mv^2$，$W = -\mu' mgd$

$$\therefore\ d = \frac{v^2}{2\mu' g} = \frac{2gh}{2\mu' g} = \frac{h}{\mu'} = \frac{20\text{ m}}{0.20} = 100\text{ m}$$

24.　$mv^2/2 = mgL\sin20° + \mu(mg\cos20°)L = mgL(0.34+1.13)$
$L = (27.8\text{ m/s})^2/[2\times1.47\times(9.8\text{ m/s}^2)] = 27$ m

25.　$4.6\times10^7/65\times10^3\times9.8\times77 = 0.94$　$\therefore$ 94%

26.　求める熱量を Q，衝突直前の速さを v，高さを h $(= 1.6$ m$)$ とすると，エネルギー保存則から $mgh = mv^2/2+Q$．落下の加速度を a とすると，$h = at^2/2$，$v = at = 2h/t$ となる．$\therefore$ $Q = mgh - 2mh^2/t^2 = 9.8\times1.6 - 2\times(1.6)^2/(0.8)^2 = 7.7$ [J]

27.　$E = 10^{16.7}$ J $= 5.0\times10^{16}$ J．1 kWh $= 3.6\times10^6$ J なので 8881億 kWh $= 3.2\times10^{18}$ J．$5.0\times10^{16}/(3.2\times10^{18}) = 0.016 = 1.6\%$

28.　電池の面積を S [m^2] とすると，$(1.96\times4.2\times10^4/60)S\times0.1 = 10^3$．$S = 7.3$ m^2

29.　(1)　$8.0\times10^3/22.4 = 3.6\times10^2$ [J/m]
(2)　$3.6\times10^2/(1.0\times10^4) = 0.036$
(3)　$3.6\times10^2\times1.7\times10^4/(3.3\times10^7) = 0.19$

19%

30. 略

31. 蛍光灯

32. (1) $40\times3000\times9.8=1.2\times10^6$ [J]

(2) $1.2\times10^6/(3.8\times10^7\times0.20)=0.16$[kg]

33. 略

34. $h=v^2/2g$ から助走の速さ $v=10$ m/s なら $h=5.1$ m, $v=9$ m/s なら $h=4.1$ m が目安になる.

B

1. 最高点から y だけ落下したとき，力学的エネルギー保存則から $mv^2/2=mgy$. 法線方向の運動方程式は $mv^2/r=mg\cos\theta-N$, $\cos\theta=(r-y)/r$ $\therefore$ $N=mg(r-3y)/r$. $y>r/3$ では $N<0$ なので球面上では運動できない. $\therefore$ $y=r/3$ すなわち $\cos\theta=2/3$. $\theta=\cos^{-1}(2/3)=48°$

2. 半径 r の円周の最高点での速さを v とすると，$mv^2/2=mg(d-r)$. 糸がたるまない条件は糸の張力 $S\geqq0$, $S=mv^2/r-mg=2mg(d-r)/r-mg\geqq0$, $2d\geqq3r=3(L-d)$, $5d\geqq3L$ から $d\geqq3L/5$

3. 力学的エネルギーは保存するので，$m_Agh-m_Bgh+(1/2)m_Av^2+(1/2)m_Bv^2=0$

$$\therefore\quad v=\sqrt{2gh\frac{m_B-m_A}{m_A+m_B}}$$

4. (1) 図9(a)の荷物を重力 $\boldsymbol{W}$ と逆向きの力 $\boldsymbol{F}_2\cong-\boldsymbol{W}$ でゆっくりと持ち上げるかわりにてこを使うと，てこを押し下げる力の大きさ F_1 は($l_1\gg l_2$ なので)，$F_1\cong F_2l_2/l_1\ll F_2$. しかし，力の作用点の移動距離は $l_1\theta$ と $l_2\theta$ なので，力 F_1, F_2 のする仕事 W_1, W_2 は，$W_1=F_1l_1\theta\cong(F_2l_2/l_1)l_1\theta=F_2l_2\theta=W_2$

(2) 図9(b)からわかるように，滑車と綱の質量を無視すると，質量 m の物体を高さ h だけ上昇させるためには，大きさがほぼ $mg/2$ の力で距離 $2h$ だけ引っ張らねばならない. 物体を直接に持ち上げるときの仕事は $W_1=mgh$ で，綱を引っ張るときの仕事は $W_2=(mg/2)\times(2h)=mgh$

図9(a), (b)の両方の場合，道具を使うと，手の作用する力は小さいが，移動距離は長くなるので，仕事としては得をすることはない.

5. 略

6. $(1/2)mv^2+mgh=(1/2)kx^2$. $(1/2)\times500\times1.0^2+500\times9.8\times1.0=(1/2)k\times0.6^2$. $k=28600$ N/m. $x=mg/k=500\times9.8/28600=0.17$ m

7. (1) 滝の上の1gの水の位置エネルギーは $mgh=10^{-3}\times9.8\times50=0.49$ [J] $=0.12$ [cal]. これは滝を落下すると運動エネルギーになり熱になる. 水の比熱は1 cal/g･°C なので，水温は0.12 °C上昇する.

(2) 水力発電に使われる水の質量は1秒あたり $(4\times10^5\times10^3/60)\times0.20=1.3\times10^6$[kg/s] $\therefore$ $P=1.3\times10^6\times9.8\times50\fallingdotseq6\times10^8$ [W]

第8章

問1 $\Delta p=m\,\Delta v=0.15$ kg$[40-(-40)]$[m/s] $=12$ kg･m/s. $\langle F\rangle=\Delta p/\Delta t=120$ N

問2 (a) 最初の10円玉は静止し，上の10円玉が同じ速さで動き出す. (8.28)式で $m_A=m_B$ とおくと，$v_A'=0$, $v_B'=v_A$ となることで証明される.

(b), (c) 最初の10円玉は静止し，いちばん上の10円玉だけが同じ速さで動き出す. (a)の衝突のくり返しと考えればよい.

問3 例4の衝突のくり返しを考えれば理解できる.

問4 $(v_B'-v_A')/v_A=e=1$ から $v_A+v_A'=v_B'$

演習問題8

A

1. てのひらの側面は狭い. てのひらが瓦に力を及ぼしているきわめて短い時間にてのひらの速度は大きく変化するので，てのひらに瓦が及ぼす力(質量×加速度)は大きい. したがって，作用反作用の法則により，てのひらが瓦に及ぼす力は大きく，しかも接触面積が小さいので，圧力は大きい.

2. (1) $-v^2=2as$. $a=-v^2/2s=-72$ m/s^2, $F=ma=-3600$ N

(2) $a=-7200$ m/s^2, $F=-3.6\times10^5$ N

3. $v=144$ km/h $=40$ m/s. $a=-v^2/2s=-4000$ m/s^2. $F=-600$ N

4. (1) $p=0.90$ kg$\times0.15$ m/s $=0.135$ kg･m/s

(2) $J=\int_0^{0.6}(3.0-5t)\,dt=0.9$ [N･s]

(3) $p'=p+J=1.035$ N･s, $v'=1.15$ m/s

5. (1) 土砂がベルトに接触した瞬間の水平方向の速度成分は0であるが，摩擦力ですぐに v になる.

$$\frac{dp}{dt}=\frac{d}{dt}(mv)=v\frac{dm}{dt}$$
$$=(1.0\text{ m/s})(20\text{ kg/s})$$
$$=20\text{ kg･m/s}^2=20\text{ N}$$

(2)　$F = \mathrm{d}p/\mathrm{d}t = 20\ \mathrm{N}$

6.　$4mv' = 3mv$. $v' = 3\times4\ [\mathrm{km/h}]/4 = 3\ \mathrm{km/h}$

7.　(1)　$mV = (m+M)v$

$\therefore\ v = mV/(m+M) = 0.87\ \mathrm{m/s}$

(2)　$h = v^2/2g = (0.87\ \mathrm{m/s})^2/(2\times9.8\ \mathrm{m/s^2}) = 0.039\ \mathrm{m} = 3.9\ \mathrm{cm}$

8.　(1)　$v_A = \sqrt{2gL}$　(2)　(8.28)式で$v_A = \sqrt{2gL}$とおけばよい．$v_A' = (m_A-m_B)\sqrt{2gL}/(m_A+m_B)$，$v_B' = 2m_A\sqrt{2gL}/(m_A+m_B)$

(3)　$v_A' = -v_B'$なので，$m_A - m_B = -2m_A$　$\therefore\ m_B = 3m_A$

9.　$e = \sqrt{h'/h} = 0.59\sim0.61$

10.　ロケット本体と噴出された燃料の重心は等速直線運動をつづける．

B

1.　(1)　$v = \sqrt{2gh} = \sqrt{2\times9.8\times3.0} \approx 7.7\ [\mathrm{m/s}]$

(2)　減速時間tと加速度$-a$は$0.6 = (1/2)\times at^2$，$at = 7.7$　$\therefore\ a = (7.7)^2/1.2 = 49\ [\mathrm{m/s^2}] = 5.0g$　$\therefore\ F = ma+mg = 40\times6\times9.8 = 2.4\times10^3\ [\mathrm{N}]$

2.　$v = 0$のとき$F = m(h/L)g$．$v \fallingdotseq 0$のとき$F = mgh/L + mv^2/L$　$\therefore\ F = (0.50\ \mathrm{kg}/1.0\ \mathrm{m})[(9.8\ \mathrm{m/s^2})\times0.50\ \mathrm{m}+(0.30\ \mathrm{m/s})^2] = 2.5\ \mathrm{N}$

3.　$h = 0$のとき$F = \dot{m}v = (30\ \mathrm{kg/s})\times(1.0\ \mathrm{m/s}) = 30\ \mathrm{N}$．$h \fallingdotseq 0$のとき，コンベア上の土砂の質量は$\dot{m}L/v$，コンベアの面と水平のなす角を$\theta$とすると$\sin\theta = h/L$なので，重力の斜面方向成分は$(\dot{m}L/v)g(h/L) = \dot{m}gh/v = (30\ \mathrm{kg/s})\times(9.8\ \mathrm{m/s^2})\times(1.5\ \mathrm{m})/(1.0\ \mathrm{m/s}) = 440\ \mathrm{N}$

$\therefore\ F = \dot{m}v + \dot{m}gh/v = (30+440)\ \mathrm{N} = 470\ \mathrm{N}$

4.　1秒間の運動量変化は$(\rho Sv)v = \rho v^2S$なので，$F = \Delta p/\Delta t = \rho v^2S$．$F = (1\ \mathrm{g/cm^3})(2\ \mathrm{m/s})^2\times(5\ \mathrm{cm^2}) = 2\ \mathrm{N}$

5.　(1)　$v_A = \sqrt{2gL} = 4.43\ \mathrm{m/s}$

(2)　$S = mg + mv^2/L = 3mg = 147\ \mathrm{N}$

(3)　(8.37)の第2式から，$v_B' = m_A(1+e)\times\sqrt{2gL}/(m_A+m_B) = 1.51\ \mathrm{m/s}$

(4)　$kx^2/2 = mv_B'^2/2$，$k = m_Bv_B'^2/x^2 > 20\times(1.51/0.15)^2 = 2\times10^3\ [\mathrm{N/m}]$

6.　(1)　力積＝運動量変化 なので，$J = mv - m(-v) = 2mv$

(2)　仕事＝運動エネルギーの変化 なので，$W = (1/2)mv^2 - (1/2)m(-v)^2 = 0$

(3)　力積$J = mv$，仕事$W = (1/2)mv^2$

第9章

問1　$F_1l_1 - F_2l_2 + F_3l_3 + F_4l_4$

問2　略

問3　腕を例題1の物体と考え，角運動量保存則を使え．腕の筋力のする仕事

問4　略

問5　$\boldsymbol{N} = (\boldsymbol{r}+\boldsymbol{a})\times\boldsymbol{F} + \boldsymbol{r}\times(-\boldsymbol{F}) = \boldsymbol{a}\times\boldsymbol{F}$

演習問題9

A

1.　略

2.　遅くなる．角運動量は不変

B

1.　$L = mlv = ml(l\,\mathrm{d}\theta/\mathrm{d}t)$．$N = -mgl\sin\theta$．$\mathrm{d}L/\mathrm{d}t = N$　$\therefore\ l\,\mathrm{d}^2\theta/\mathrm{d}t^2 = -g\sin\theta$

2.　中心力によってxy面上の平面運動を行うとする．

(1)　運動方程式は$m\,\mathrm{d}^2x/\mathrm{d}t^2 = -kx$，$m\,\mathrm{d}^2y/\mathrm{d}t^2 = -ky$なので，運動は$x$方向と$y$方向の単振動の合成．$r$が最大の点が$x$軸上にあるように座標軸を選ぶと，$|x|$が最大のとき$y = 0$　$\therefore\ x = A\cos(\omega t+\alpha)$，$y = B\sin(\omega t+\alpha)$　$\therefore\ (x/A)^2+(y/B)^2 = 1$

(2)　中心力だから

(3)　$T = 2\pi/\omega = 2\pi\sqrt{m/k}$は振幅$A, B$に無関係

3.　遅くなる．

4.　最低点付近で立ち上がることによって，例題1のrを小さくすることで，速さvを大きくする．

第10章

問1　$mv^2/r = Gm_Sm/r^n$と$vT = 2\pi r$から$v^2r^{n-1} = 4\pi^2r^{n+1}/T^2 = Gm_S$．ケプラーの第3法則から$T^2$は$r^3$に比例するので，$n+1 = 3$　$\therefore\ n = 2$

問2　$R_E + h = a_M(1/27.32)^{2/3} = 3.844\times10^8\ \mathrm{m}/9.07 = 4.24\times10^7\ \mathrm{m}$．$h = 42.4\times10^6\ \mathrm{m} - 6.4\times10^6\ \mathrm{m} = 3.6\times10^7\ \mathrm{m} = 3.6\times10^4\ \mathrm{km}$

問3　物体の運動の向きは万有引力の向きに逆なので，万有引力のする仕事は負．万有引力による位置エネルギーの増加量だけ正の仕事をする必要がある．

演習問題10

A

1．$mv^2/r = Gmm_E/r^2$，$v^2 = Gm_E/r$　$\therefore$ $v = \sqrt{Gm_E/r}$．$T = 2\pi r/v = 2\pi r^{3/2}/\sqrt{Gm_E}$．$r = R_E = 6.4\times10^6$ m とおくと，$v = \sqrt{Gm_E/R_E} = \sqrt{gR_E} = \sqrt{9.8\times6.4\times10^6} = 7.9\times10^3$ (m/s) $= 7.9$ [km/s]．$T = 2\pi R_E/v = 2\pi\times6.4\times10^6/7.9\times10^3 = 5.1\times10^3$ [s] $= 85$ [分]

2．(10.13) 式から $v = \sqrt{Gm_S/r} \propto 1/\sqrt{r}$

3．$a^3/T^2 =$ 一定 なので，T が 70 倍なら，a は $70^{2/3} = 17$ 倍

4．1段ロケットは，地球の中心を焦点の1つとする楕円軌道上を運動するので，必ず地球に衝突する．

5．(10.27) 式の $v_E = \sqrt{2gR_E}$ を導いたのと同じようにして，$v_M = \sqrt{2g_M R_M}$　$\therefore$ $v_M = (g_M R_M/gR_E)^{1/2} v_E = v_E/\sqrt{6\times3.7} = 2.4$ [km/s]

B

1．$mv^2/r = Gmm_E/r^2$ から $v^2 = Gm_E/r$　$\therefore$ $K = mv^2/2 = Gmm_E/2r$．$U = -Gmm_E/r$．$K = -U/2$ なので，$K+U = U/2$．r が増加すると，K は減少する（E は増加する）．

2．(10.14) 式から $r_E{}^3/T_E{}^2 = Gm_S/4\pi^2$．$mv_S{}^2/2 = Gmm_S/r_E$ なので，$v_S{}^2 = 2Gm_S/r_E = 8\pi^2 r_E{}^2/T_E{}^2$　$\therefore$ $v_S = 2\sqrt{2}\,\pi r_E/T_E$．$r_E = 1.5\times10^{11}$ m と $T_E = 365.25$ 日 $= 3.16\times10^7$ s を使うと，$v_S = 4.2\times10^4$ m/s $= 42$ km/s

3．$v = \sqrt{2GM/R} = \sqrt{2\times6.67\times10^{-11}\times4\times10^{30}/9\times10^3} = 2.4\times10^8$ [m/s]，真空中の光の速さに近い速さである．

4．月に近い点Aでの月の引力は中心Oでの引力よりも強く，月から遠い点Bでの引力は中心Oでの引力よりも弱いので，実質的に海水には図S.3に示す力が働く．月と地球の全角運動量は保存するが，月の角運動量は増加し，地球の角運動量は減少する．

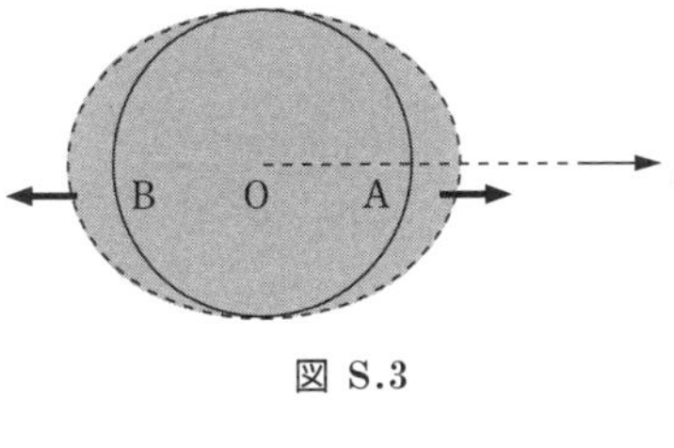

図 S.3

5．銀河系の構成要素はエネルギーを失えば，万有引力によって近づく傾向がある．回転軸に平行な方向には近づけるが，角運動量保存の法則のために回転軸の方へは近づけない．その結果，円盤状になる．

6．星の運動方程式 $mv^2/r = GmM/r^2$ から導かれる $rv^2 = GM$ と地球の公転運動の方程式から導かれる $r_E v_E{}^2 = GM_S$ の両方および第1章例題1の結果 $v_E = 30$ km/s から

$$M = (r/r_E)(v/v_E)^2 M_S$$
$$= [(7\times24\times3600\times3\times10^5\ \text{km})/(1.5\times10^8\ \text{km})]\times[(2000\ \text{km/s})/(30\ \text{km/s})]^2 M_S$$
$$= 5\times10^6 M_S$$

第11章

問1　略

問2　丸太に働く重力 W は，$F_A = 80$ kgf と $F_B = 70$ kgf の和なので，$W = 150$ kgf．丸太の質量は 150 kg．端Aから重心までの距離を x [m] とすれば，$xF_A = (6-x)F_B$．$80x = 70(6-x)$．$x = 2.8$ [m]

問3　重心が同じ放物線上を運動する．

演習問題11

A

1．三角形の重心は，中線上の頂点から（中線の長さの）2/3 のところにある．正方形の辺の長さを a とすると，重心の位置は中心の $(1/3)(a/3) = a/9$ だけ右

2．可能（山を越える長い列車の重心はつねに山の頂上より低い）

3．重心は放物運動をつづける．

4．氷からの力を無視すると，2人とボールの運動量の和は保存する．Aは速度 $-mv/M_A$，Bは $mv/(M_B+m)$ で等速度運動を始める．

5．重心まで動くので 3 m

B

1．密度を ρ とする．半球を薄い円板に分割する．半球の中心から円板の中心までの距離を x とすると，円板の半径は $\sqrt{R^2-x^2}$．厚さ dx の円板の質量は $dm = \rho\pi(R^2-x^2)\,dx$　$\therefore$ $X = \int_0^R \rho\pi(R^2-x^2)x\,dx \Big/ \int_0^R \rho\pi(R^2-x^2)\,dx = (3/8)R$．球の中心から距離 $(3/8)R$ の点

2．(1)　$(30\ \text{kg}\times3\ \text{m}+100\ \text{kg}\times5\ \text{m})/130\ \text{kg} = 4.54$ m．乗り場の端から 4.54 m

(2)　$(x+2)\times 100+(x+4)\times 30 = 130\times 4.54$

$\therefore\ x = 2.1$ [m]

3． m_1 と m_2 に働く重力の合力は，2つの質点の重心 $\boldsymbol{R}_{12} = (m_1\boldsymbol{r}_1+m_2\boldsymbol{r}_2)/(m_1+m_2)$ に働く鉛直下向きの力 $(m_1+m_2)\boldsymbol{g}$ である．したがって，求める合力は，点 $\boldsymbol{R}_{12}$ に働く $(m_1+m_2)\boldsymbol{g}$ と点 $\boldsymbol{r}_3$ に働く $m_3\boldsymbol{g}$ の合力なので，点

$$\boldsymbol{R} = \frac{(m_1+m_2)\boldsymbol{R}_{12}+m_3\boldsymbol{r}_3}{(m_1+m_2)+m_3} = \frac{m_1\boldsymbol{r}_1+m_2\boldsymbol{r}_2+m_3\boldsymbol{r}_3}{m_1+m_2+m_3}$$

に働く鉛直下向きの力 $(m_1+m_2+m_3)\boldsymbol{g}$ である．

第12章

問1　$I = mr^2$

問2　(b)

演習問題12

A

1． 円板A, Bの角速度，角加速度を ω, α とする．$\omega = (r_C/r_B)\omega_C = (2/3)2\ \mathrm{s}^{-1} = (4/3)\ \mathrm{s}^{-1}$，$\alpha = 4/\mathrm{s}^2$．おもりの速度，加速度 v, a は，$v = r_A\omega = 12\ \mathrm{cm}\times(4/3)\ \mathrm{s}^{-1} = 0.16\ \mathrm{m/s}$，$a = r_A\alpha = 0.48\ \mathrm{m/s}^2$

2． $I = MR^2/2 = 8\pi\times 10^6\times 10^{-3}/2 = 4\pi\times 10^3$ [kg・m^2]．$\omega = 2\pi\times 600/60\ \mathrm{s} = 20\pi/\mathrm{s}$．$K = I\omega^2/2 = 8\pi^3\times 10^5 = 2.5\times 10^7$ [J]

3． $I = 3ML^2/3 = 200\times 5.0^2 = 5\times 10^3$ [kg・m^2]．$\omega = 2\pi\times 300/60\ \mathrm{s} = 10\pi\ \mathrm{s}^{-1}$．$K = I\omega^2/2 = (5\pi^2/2)10^5 = 2.5\times 10^6$ [J]

4． I が小さい (a) の場合

5． (1)　$I = mr^2 = 5\times 0.5^2 = 1.25$ [kg・m^2]

(2)　$Ma = Mg-S$，$I\alpha = mr^2\alpha = rS$，$a = r\alpha$．

$$a = \frac{Mg}{m+M} = \frac{2}{3}g = 6.5\ [\mathrm{m/s^2}],$$

$$\alpha = \frac{a}{r} = 13\ [1/\mathrm{s}^2],$$

$$S = \frac{mMg}{m+M} = 33\ [\mathrm{N}]$$

6． 慣性モーメントを大きくするため．バランスがくずれても角速度が小さいので，バランスを回復する時間的余裕ができる．

B

1． (1)　タイヤに働く摩擦力 F と回転軸のまわりのモーメント N は $F = \mu Mg$，$N = FR = \mu MgR$．タイヤの回転の角加速度 $\alpha = N/I = 0.50\times 15\times 9.8\times 0.28/0.9 = 22.9$ [s^{-2}]．$\omega_0 = 0$ なので，$\omega = \alpha t$．最終角速度 $\omega_f = v/R = 10/0.28 = 35.7$ [s^{-1}]．$T = \omega_f/\alpha = 35.7/22.9 = 1.56$ [s]

(2)　$L = vT = 10\times 1.6 = 16$ [m]

2． $I = ML^2/3$，$N = k(L\theta)L = kL^2\theta$．$I\,\mathrm{d}^2\theta/\mathrm{d}t^2 = -kL^2\theta$ から $\mathrm{d}^2\theta/\mathrm{d}t^2 = -(3k/M)\theta$ $\therefore\ \omega = \sqrt{3k/M}$，$T = 2\pi/\omega = 2\pi\sqrt{M/3k}$

3． $L = \sqrt{a^2+b^2}/2$，$I/ML = (2/3)\sqrt{a^2+b^2}$

$T = 2\pi[(2/3g)\sqrt{a^2+b^2}]^{1/2}$

4． おもりと滑車の運動方程式は，$a = R\alpha$ を使うと，図8の場合，$m_1a = m_1g-S_1$，$m_2a = S_2-m_2g$，$I\alpha = Ia/R = S_1R-S_2R$

$$a = \frac{(m_1-m_2)g}{m_1+m_2+I/R^2},$$

$$S_1 = \frac{2m_2+I/R^2}{m_1+m_2+I/R^2}m_1g,$$

$$S_2 = \frac{2m_1+I/R^2}{m_1+m_2+I/R^2}m_2g$$

$m_1 = 20$ kg，$m_2 = 10$ kg，$M = 20$ kg，$R = 20$ cm のときは $I/R^2 = M/2 = 10$ kg で，$a = 2.5\ \mathrm{m/s^2}$，$S_1 = 147$ N，$S_2 = 123$ N

第13章

演習問題13

A

1． 中空の球の方が I_G/MR^2 が大きい．斜面を転がり落ちるとき，遅い方．

2． 加速度 A で距離 d だけ動くと，速さ $V = \sqrt{2Ad}$．加速度の比は 1：5/7 = 7：5 なので，速さ V の比は $\sqrt{7}:\sqrt{5}$

3． I_G/MR^2 が最小の液体のビールの入ったかん．つぎが中の凍ったビールかん．

4． $g\sin 30°/[1+(I_G/MR_0{}^2)] = g/2[1+(I_G/MR_0{}^2)]$

5． 最初のエネルギーは $(7/5)(MV^2/2)$．これが Mgh に等しいので，$h = 7V^2/10g$

B

1． 突く力を F とすると，重心運動の方程式は $MA = F$，重心のまわりの回転運動の方程式は $I_G\alpha = (2/5)MR^2\alpha = (2/5)RF$．床との接触点の加速度は $A-R\alpha = 0$

2． 床と接している糸巻きの部分の速さは0なの

で，接触点Pのまわりでの回転運動の法則は $I_P\alpha = N$ である．$\boldsymbol{F}_1$ の場合は $N < 0$ なので糸巻きは右に動き，$\boldsymbol{F}_2$ の場合は $N = 0$ なので糸巻きは動かず，$\boldsymbol{F}_3$ の場合は $N > 0$ なので糸巻きは左に動く．

3. (1) $I\alpha = (1/3)ML^2\alpha = N = (L/2)Mg$ $\therefore$ $\alpha = 3g/2L$，$A = (L/2)\alpha = 3g/4$
(2) $Mg(L/2) = I\omega^2/2 = (1/3)ML^2\omega^2/2$ $\therefore$ $\omega = \sqrt{3g/L}$，$V = (L/2)\omega = (1/2)\sqrt{3gL}$

4. 角運動量はどの段階でも保存している(0である)．

5. 円板の角速度を $-\mathrm{d}\theta/\mathrm{d}t$，Bの円板に対する角速度を $\mathrm{d}\varphi/\mathrm{d}t$ とすると，慣性系に対するA，Bの速さは $-r\,\mathrm{d}\theta/\mathrm{d}t$，$r(\mathrm{d}\varphi/\mathrm{d}t-\mathrm{d}\theta/\mathrm{d}t)$ $\therefore$ 角運動量 $L = -Mr^2\,\mathrm{d}\theta/\mathrm{d}t+mr^2(\mathrm{d}\varphi/\mathrm{d}t-\mathrm{d}\theta/\mathrm{d}t)$．最初は静止していたので，$L = 0$ $\therefore$ $(M+m)\,\mathrm{d}\theta/\mathrm{d}t = m\,\mathrm{d}\varphi/\mathrm{d}t$．これから $\theta = m\varphi/(M+m)$，$\varphi = \pi$ を代入すると $\theta = m\pi/(M+m)$

6. 宇宙空間では宇宙船の全角運動量は保存する．車輪を軸Oのまわりに回すと，宇宙船は逆向きに回る．車輪を停止させると宇宙船も止まるので，向きが変えられる．

7. 身体を丸めると慣性モーメントが小さいので，身体の向きの調節がしやすい．

第14章

演習問題14

A

1. $F\times 15\,\mathrm{cm} = 3\,\mathrm{kgf}\times 2.5\,\mathrm{cm}$ $\therefore$ $F = 0.5\,\mathrm{kgf}$

2. (1) 綱の長さ $L = \sqrt{h^2+l^2} = \sqrt{4.0^2+3.0^2} = \sqrt{25.00} = 5.0\,[\mathrm{m}]$．ちょうつがいと張力 $\boldsymbol{S}$ の距離 $d = l\times(h/L) = (3.0)\times(4/5) = 2.4\,[\mathrm{m}]$．ちょうつがいのまわりの力のモーメントの和 $= 0$ という条件から

$$2.4S = 1.8W = 1.8\times 40\,\mathrm{kgf}$$
$$\therefore\quad S = 30\,\mathrm{kgf}$$

(2) つり合い条件から，$N = (3/5)S = 18\,\mathrm{kgf}$，$F = W-(4/5)S = 16\,\mathrm{kgf}$

3. 脊柱の下端のまわりの力のモーメントの和 $= 0$ から，$T(\sin 12^\circ)(2L/3)-0.4W(\cos\theta)(L/2)-(0.2W+Mg)(\cos\theta)L = 0$，$T\sin 12^\circ = [0.6W+(3/2)Mg]\cos\theta$ $\therefore$ $T = 2.5W+6.2Mg = 2.7\times 10^2\,\mathrm{kgf}$

4. $MgL\sin\theta+mg(L/2)\sin\theta = Tx\cos\theta$ $\therefore$ $T = (gL\sin\theta/2x\cos\theta)(2M+m)$

B

1. y 方向のつり合いの式は $S\cos\theta = W$，点Oのまわりの外力のモーメントの和が0という式は $Sl = Wd$ $\therefore$ $d\cos\theta = l$．したがって，張力 $\boldsymbol{S}$，重力 $\boldsymbol{W}$，垂直抗力 $\boldsymbol{T}$ の作用線は1点で交わる．

2. $2S_2 = 200g/\sqrt{2} = 100\sqrt{2}\,g$．$S_2 = 50\sqrt{2}\,g$．$S_1 = mg$．$S_1(3r) = S_2r$ $\therefore$ $3m = 50\sqrt{2}$ $\therefore$ $m = 50\sqrt{2}/3 = 24\,[\mathrm{kg}]$

3. 床の抗力は半球の球面の中心を通るので，おもりと半球の重心が半球の外に出ると不安定になる．$\therefore$ $mh > M(3R/8)$ $\therefore$ $h > 3MR/8m$

第15章

問1 略

問2 左方へそれて進む．

問3 地面の上から見ると直線運動．台の上から見ると，ボールは右方へそれて進むように見える．

演習問題15

A

1. (1) 成立　(2) 不成立　(3) 不成立

2. (1) 図15.2を見よ．
(2) 3.5°，6°～9°，25°，−17°～−27°
(3) $\tan\theta = v^2/rg = 15^2/(30\times 9.8) = 0.77$，$\theta = 37^\circ$

3. 斜面と水平のなす角を θ とする．スキーヤーの加速度は $g\sin\theta$．質量 m のおもりに働く力の斜面方向成分は $mg\sin\theta$ と糸の張力 S の斜面方向成分 $S_{斜}$ の和なので，おもりの加速度は $g\sin\theta+S_{斜}/m$．したがって，定常状態では $S_{斜} = 0$．すなわち糸は斜面に垂直．摩擦がある場合には $S_{斜} = -\mu mg\cos\theta$ で，糸の向きは角 $\tan^{-1}\mu$ だけ鉛直方向にずれる．

4. $v^2/r = g\tan\theta$．$\tan\theta = 30^2/(800\times 9.8) = 0.11$．$\theta = 6.5^\circ$

5. $mr\omega^2 = mr(2\pi f)^2 = mg$ $\therefore$ $f = \sqrt{g/r}/2\pi = \sqrt{9.8/1.2}/2\pi = 0.45\,[回/\mathrm{s}]$

6. $r\omega^2 = g$．$T = 2\pi/\omega = 2\pi\sqrt{r/g} = 2\pi\sqrt{980/9.8} = 63\,[\mathrm{s}]$

B

1. 地面の上の人は，ひもが切れた瞬間から球には力が作用しなくなるので，等速直線運動すると考える．メリーゴーラウンド上の人は，遠心力とコリオリの力が作用すると考える．ひもが切

れた直後は，メリーゴーラウンドに対する球の速さ $v' = 0$ なので遠心力だけが作用するが，やがて v' が大きくなるとコリオリの力も重要になる．

2． 略

3． マストに固定した非慣性系と鉛の球が落下しはじめた瞬間に（根本では相対速度がなく）一致している慣性系では，高さ h のマストの先端は東方へ速さ ωh で運動しているので，球はマストの根本より東方に落下する（$h = 60$ m なら 0.8 cm 東）．

4． (1) $\mu N = \mu m r \omega^2 > mg$. $\omega > \sqrt{g/\mu r} = \sqrt{9.8/(0.4\times 2.8)} = 3.0$ [$\mathrm{s^{-1}}$]．$f = \omega/2\pi > 0.47$ [回転/s] $= 28$ [回転/分]

(2) 鉛直下向き → 外向き → 鉛直下向き．見かけの重力の逆向きを上の方と感じるから．

第16章

演習問題16

A

1． $10^3\times 9.8/4\times 3\times 1.01\times 10^5 = 0.008$ [$\mathrm{m^2}$]，80 $\mathrm{cm^2}$

2． (1) 人と板の圧力は 0.1 $\mathrm{kgf/cm^2}$ なので，1 $\mathrm{cm^2}$ あたり 100 g の水の圧力に等しいので，高さは 100 cm = 1 m

(2) 変わらない．

3． 氷の全体の体積を V [$\mathrm{cm^3}$] とし，海面下の体積を xV [$\mathrm{cm^3}$] とすると，$0.917V$ [gf] $= 1.025xV$ [gf]，$x = 0.895$ $\therefore$ $1-0.895 = 1/9.5$

4． 綿の方が体積が大きいので，綿の浮力が大きい．よって綿の方が質量が大きい．

5． 浮力は 1.29 kgf，重力は (0.178+0.200) kgf = 0.378 kgf $\therefore$ 0.91 kg

6． $(1.29-0.09)/(1.29-0.18) = 1.20/1.11 = 1.08$

7． 半径 20 cm の円に働く空気の圧力 $\pi(20\ \mathrm{cm})^2 \times 1.033$ [$\mathrm{kgf/cm^2}$] = 1298 kgf 以上の力で両方から引かねばならない．

8． ベルヌーイの法則は，$p_\infty + 0.50\rho g = p_\infty + \rho v^2/2$ $\therefore$ $v = \sqrt{2\times 0.50\times 9.8} = 3.1$ [m/s]

9． (1) $v = 0.2\times 3^2/1^2 = 1.8$ [m/s] (2) $p_\mathrm{A} - p_\mathrm{B} = \rho {v_\mathrm{B}}^2/2 - \rho {v_\mathrm{A}}^2/2 = 10^3\times(1.8^2 - 0.2^2)/2 = 1.6\times 10^3$ [Pa] $= 1.6\times 10^{-2}$ [気圧]

10． 空気との相対速度が小さいので，圧力（慣性抵抗）が小さくなる．

11． 略

12． $\Delta l = 9.8\times 1/\pi(10^{-4})^2\times 2\times 10^{11} = 1.6\times 10^{-3}$ [m] = 1.6 [mm]

13． 1人

14． (1) $\theta \fallingdotseq 1/30 = 0.033$ (2) $\tau = 0.98/(0.3)^2 = 11$ [$\mathrm{N/m^2}$] (3) $G = \tau/\theta = 11/0.033 = 3.3\times 10^2$ [$\mathrm{N/m^2}$]

15． $$I\frac{\mathrm{d}^2\theta}{\mathrm{d}t^2} = N = -(\pi G R^4/2L)\theta,$$
$$T = 2\pi(2LI/\pi G R^4)^{1/2}$$

B

1． 艦底が海底に密着すると，海底は艦底に浮上するのに十分な圧力を加えない．

2． $$p_\mathrm{A} = \frac{1}{2}\rho_\mathrm{air} u^2 + p_\mathrm{B},$$
$$\frac{1}{2}\rho_\mathrm{air} u^2 = p_\mathrm{A} - p_\mathrm{B} = \rho_0 g h$$
$$\therefore\ u = \sqrt{2\rho_0 g h/\rho_\mathrm{air}}$$

3． $A\,\mathrm{d}h = -vS\,\mathrm{d}t = -\sqrt{2gh}\,S\,\mathrm{d}t$，$(A/S)(\mathrm{d}h/\sqrt{h}) = -\sqrt{2g}\,\mathrm{d}t$
$$\therefore\ 2A\sqrt{h}/S = \sqrt{2g}\,t$$

4． 単位時間あたりの排水量は $S\sqrt{2gh}$ なので，タンクの水が少なくなると給水量の方が大きくなり，この場合にはタンクの水は 1/16 以下にはならない．

5． 届かない．大きな鉄球の方が先に届く．

6． 抵抗は速さとともに増加する．

7． (1) $1.2\times 10^8\times 6\times 10^{-4} = 7\times 10^4$ [N] $= 7\times 10^3$ [kgf]

(2) $\Delta L/L = 1.2\times 10^8/(1.7\times 10^{10}) = 7\times 10^{-3}$．0.7% 伸びる．

索　引

あ 行

圧縮応力 compressive stress 209
圧力 pressure 198, 209
アルキメデスの原理 Archimedes' principle 203
安定なつり合い stable equilibrium 187
安定なつり合い点 stable equilibrium point 108
位置 position 4
位置エネルギー potential energy 105, 111, 147
位置ベクトル position vector 26
一般解 general solution 62
因果律 causality 62
運動エネルギー kinetic energy 111
運動の第 1 法則 first law of motion 45
運動の第 2 法則 second law of motion 46
運動の第 3 法則 third law of motion 52
運動の法則 law of motion 46
運動量 momentum 118, 156
運動量保存則 law of conservation of momentum 122
エネルギー energy 111
エネルギー保存の法則 law of conservation of energy 109
遠隔力 action at a distance 49
遠心力 centrifugal force 193
応力 stress 209

か 行

外積 outer product 30
回転運動の法則 law of rotational motion 133
外力 external force 52
角運動量 angular momentum 132, 168, 179
角運動量保存則 law of conservation of angular momentum 133
角加速度 angular acceleration 160
角振動数 angular frequency 82
角速度 angular velocity 38, 160
過減衰 overdamping 88
加速度 acceleration 10, 36
ガリレオ Galileo Galilei 14
ガリレオの相対性原理 Galilean principle of relativity 89, 191
換算質量 reduced mass 157
慣性 inertia 45
慣性系 inertial system 189
慣性質量 inertial mass 88
慣性抵抗 inertial resistance 74, 207
慣性の法則 law of inertia 45
慣性モーメント moment of inertia 162
慣性力 inertial force 192
完全非弾性衝突 completely inelastic collision 125
逆関数 inverse function 25
キャベンディッシュ Cavendish, H 140
境界条件 boundary condition 62
共振 resonance 89
強制振動 forced oscillation 89
共鳴 resonance 89
極座標 polar coordinates 27
近接力 action through medium 49
偶力 couple of forces 132
血圧 blood pressure 202
ケプラーの法則 Kepler's laws 141
減衰振動 damped oscillation 88
向心加速度 centripetal acceleration 40
剛性率 rigidity 210
剛体 rigid body 150
剛体の運動エネルギー kinetic energy of rigid body 173
剛体の運動法則 law of motion of rigid body 172
剛体の平面運動 planar motion of rigid body 172
剛体振り子 physical pendulum 167
こまのみそすり運動 precession of top 180
コリオリの力 Coriolis' force 195
転がり摩擦 rolling friction 73

さ 行

最大摩擦力 maximum frictional force 68
作用線 line of action 48
作用点 point of action 48
作用反作用の法則 law of action and reaction 52
仕事 work 97, 98
仕事と運動エネルギーの関係 work-energy theorem 105
仕事率 power 110
質点 mass point 1
質点系 system of particles 150
質量 mass 88
周期 period 40
重心 center of mass 150
重心の運動方程式 equation of motion of center of mass 154
終端速度 terminal velocity 74
自由落下運動 free fall 14
重力 gravity 50
重力加速度 gravitational acceleration 15
重力質量 gravitational mass 88
重力定数 gravitational constant 140
重力による位置エネルギー gravitational potential energy 19, 103
ジュール（単位）Joule 99
瞬間加速度 instantaneous acceleration 36
瞬間速度 instantaneous velocity 5, 35
初期条件 initial condition 62
振幅 amplitude 92
垂直抗力 normal force 68
スカラー scalar 24
スカラー積 scalar product 28
ストークスの法則 Stokes' law 74, 207
ずれ応力 shear stress 209
ずれ弾性率 shear modulus 210
正弦波 sinusoidal wave 92
静止摩擦係数 coefficient of static friction 69
静止摩擦力 static friction 68
接線加速度 tangential acceleration 161
線積分 line integral 146
相対速度 relative velocity 7, 36
層流 laminar flow 207
速度 velocity 5, 34, 35
相対位置ベクトル relative position vector 27
束縛力 constraining force 106
塑性 plasticity 208

た 行

太陽定数 solar constant 116
ダークマター dark matter 143
縦波 longitudinal wave 91
単位ベクトル unit vector 25
単振動 simple harmonic motion 81
弾性 elasticity 208
弾性衝突 elastic collision 124
弾性定数 elastic constants 209
弾性変形 elastic deformation 208
単振り子 simple pendulum 86
弾力 elastic force 80
弾力による位置エネルギー elastic potential energy 85
力 force 48
力のつり合い条件 conditions for equilibrium of force 183
力のモーメント moment of force 131

地球の質量 mass of the Earth 140
中心力 central force 133
定積分 definite integral 8
定常流 steady flow 203
電力 electric power 110
電力量 electric energy 110
等加速度直線運動 uniformly accelerated motion 11
導関数 derivative 7
等速運動 uniform motion 3
等速円運動 uniform circular motion 38, 39
動摩擦係数 coefficinet of kinetic friction 71
動摩擦力 kinetic friction 70
特殊解 particular solution 62

な 行

内積 inner product 28
内部エネルギー internal energy 109
内力 internal force 52
2 体問題 two-body problm 157
ニュートン Newton, I 42
ニュートン（単位） Newton 46
ニュートンの運動方程式 Newton's equation of motion 46
熱力学の第 1 法則 first law of thermodynamics 112
粘性 viscosity 205
粘性抵抗 viscous drag 73, 206
粘性力 viscous drag 205
粘度 coefficient of viscosity 206

は 行

ハーゲン-ポアズイユの法則 Hagen-Poiseuille's law 206
パスカルの原理 Pascal's principle 202
波長 wavelength 92
波動 wave 91
はね返り係数 coefficient of restitution 125
ばね定数 spring constant 80, 208
速さ speed 2, 3
万有引力 universal attraction 139
万有引力による位置エネルギー gravitational potential energy 145
万有引力の法則 law of universal attraction 139
非慣性系 non-inertial frame 189
ひずみ strain 209
非弾性衝突 inelastic collision 125
引っ張り応力 tensile stress 209
微分 differential 7
微分方程式 differential equation 61
非保存力 nonconservative force 107
フックの法則 Hooke's law 80, 208
フーコーの振り子 Foucault pendulum 196
不定積分 indefinite integral 9
振り子の等時性 isochronism of pendulum 87
浮力 buoyant force 202
平均速度 mean velocity 5
平行軸の定理 parallel-axis theorem 164
ベクトル vector 24
ベクトル積 vector product 30
ベルヌーイの法則 Bernoulli's law 204
変位 displacement 5
保存力 conservative force 106, 147
ポテンシャルエネルギー potential energy 111
ボルダの振り子 Borda's pendulum 165

ま 行

マグヌス効果 Magnus effect 214
摩擦力 frictional force 68
見かけの力 apparent force 192
右手系 right-handed frame 31
密度 density 200
無重量状態 null gravitational state 56, 193
面積速度一定の法則 law of constant areal velocity 142
モーメント moment 131

や 行

ヤング率 Young's modulus 210
揚力 lift 205
横波 transverse wave 91
ヨーヨー yo-yo 178

ら 行

ラジアン radian 38
力学的エネルギー保存則 law of conservation of mechanical energy 19, 107, 112
力学的相似則 mechanical scaling law 207
力積 impulse 120
臨界減衰 critical damping 88
レイノルズ数 Reynolds number 209
零ベクトル zero vector 24
ロケット rocket 127
ワット（単位） Watt 110

【著者略歴】

原　康夫

1934年　神奈川県鎌倉にて出生
1957年　東京大学理学部物理学科卒業
1962年　東京大学大学院修了（理学博士）
1962年　東京教育大学理学部助手
1966年　東京教育大学理学部助教授
1975年　筑波大学物理学系教授
1997年　筑波大学名誉教授．帝京平成大学教授
2004年　工学院大学エクステンションセンター客員教授
この間　カリフォルニア工科大学研究員，シカゴ大学研究員，プリンストン高級研究所員．
1977年　仁科記念賞受賞
現　在　筑波大学名誉教授

理工系の基礎物理 力学 新訂版

1998年10月30日　第1版　第1刷　発行
2016年 3 月10日　第1版　第18刷　発行
2016年10月20日　新訂版　第1刷　発行
2022年 2 月25日　新訂版　第6刷　発行

著　者　原（はら）　康（やす）　夫（お）
発行者　発 田 和 子
発行所　株式会社 学術図書出版社
〒113-0033　東京都文京区本郷5-4-6
TEL 03-3811-0889　振替 00110-4-28454
印刷　中央印刷(株)

定価はカバーに表示してあります．

本書の一部または全部を無断で複写(コピー)・複製・転載することは，著作権法で認められた場合を除き，著作物および出版社の権利の侵害となります．あらかじめ小社に許諾を求めてください．

© 1998，2016　Y. HARA Printed in Japan

ISBN 978-4-7806-0541-9

単位の 10^n 倍の接頭記号

倍数	記号	名称		倍数	記号	名称	
10	da	deca	デ　カ	10^{-1}	d	deci	デ　シ
10^2	h	hecto	ヘクト	10^{-2}	c	centi	センチ
10^3	k	kilo	キ　ロ	10^{-3}	m	milli	ミ　リ
10^6	M	mega	メ　ガ	10^{-6}	μ	micro	マイクロ
10^9	G	giga	ギ　ガ	10^{-9}	n	nano	ナ　ノ
10^{12}	T	tera	テ　ラ	10^{-12}	p	pico	ピ　コ
10^{15}	P	peta	ペ　タ	10^{-15}	f	femto	フェムト
10^{18}	E	exa	エクサ	10^{-18}	a	atto	ア　ト
10^{21}	Z	zetta	ゼ　タ	10^{-21}	z	zepto	ゼプト
10^{24}	Y	yotta	ヨ　タ	10^{-24}	y	yocto	ヨクト

ギリシャ文字

大文字	小文字	相当するローマ字		読み方
A	α	a, ā	alpha	アルファ
B	β	b	beta	ビータ(ベータ)
Γ	γ	g	gamma	ギャンマ(ガンマ)
Δ	δ	d	delta	デルタ
E	ε, ϵ	e	epsilon	イプシロン
Z	ζ	z	zeta	ゼイタ(ツェータ)
H	η	ē	eta	エイタ
Θ	θ, ϑ	th	theta	シータ(テータ)
I	ι	i, ī	iota	イオタ
K	κ	k	kappa	カッパ
Λ	λ	l	lambda	ラムダ
M	μ	m	mu	ミュー
N	ν	n	nu	ニュー
Ξ	ξ	x	xi	ザイ(グザイ)
O	o	o	omicron	オミクロン
Π	π	p	pi	パイ(ピー)
P	ρ	r	rho	ロー
Σ	σ, ς	s	sigma	シグマ
T	τ	t	tau	タウ
Υ	υ	u, y	upsilon	ユープシロン
Φ	ϕ, φ	ph (f)	phi	ファイ
X	χ	ch	chi, khi	カイ(クヒー)
Ψ	ψ	ps	psi	プサイ(プシー)
Ω	ω	ō	omega	オミーガ(オメガ)